# 大气污染化学基础

陈敏东　盖鑫磊　胡建林 等　编著

## 内 容 简 介

大气污染科学是环境化学的分支学科之一，也是大气科学的重要组成部分。本书是根据目前我国大气污染化学学科发展趋势，以及结合大气污染化学教学过程中的经验，突出理论和实践相结合，瞄准大气污染化学相关前沿动态编写而成，是以大专院校环境类、大气科学类、化学、毒理学专业的高年级本科生和研究生为主要使用对象来编写的。本书主要介绍地球大气的组成、形成过程、大气化学基础、臭氧化学、大气气溶胶化学、大气液相化学等、温室气体及效应；也简单介绍了大气颗粒物与人体健康方面的内容。

本书可作为上述各类有关专业的教材，也可以供环境保护和气象等部门有关科技人员参考。


**图书在版编目（CIP）数据**

大气污染化学基础 / 陈敏东等编著. -- 北京 : 气象出版社, 2022.8
ISBN 978-7-5029-7761-0

Ⅰ. ①大… Ⅱ. ①陈… Ⅲ. ①空气污染－环境污染化学 Ⅳ. ①X51②X131

中国版本图书馆CIP数据核字(2022)第125047号


**大气污染化学基础**

Daqi Wuran Huaxue Jichu

---


**出版发行**：气象出版社

**地　　址**：北京市海淀区中关村南大街 46 号　　**邮政编码**：100081

**电　　话**：010-68407112(总编室)　010-68408042(发行部)

**网　　址**：http://www.qxcbs.com　　**E-mail**：qxcbs@cma.gov.cn

**责任编辑**：黄红丽　林雨晨　　**终　　审**：吴晓鹏

**责任校对**：张硕杰　　**责任技编**：赵相宁

**封面设计**：地大彩印设计中心

**印　　刷**：北京中石油彩色印刷有限责任公司

**开　　本**：720 mm×960 mm　1/16　　**印　　张**：16.75

**字　　数**：338 千字　　**彩　　插**：6

**版　　次**：2022 年 8 月第 1 版　　**印　　次**：2022 年 8 月第 1 次印刷

**定　　价**：92.00 元


---

# 前 言

《大气污染化学基础》是根据目前我国大气污染化学学科发展趋势，以及结合大气污染化学教学过程中的经验，突出理论和实践相结合，瞄准大气污染化学相关前沿动态编写而成。教材自成独立体系，强化基础，突出内容的新颖性和可读性，以提高教和学的效率。

大气污染化学(atmospheric pollution chemistry)是环境科学的分支学科之一，也是大气科学的重要组成部分。其主要研究大气环境中污染物的化学组成、性质、存在状态等物理化学特性，化学行为，存在状态及化学现象，包括污染物的来源(或形成)、分布、迁移、转化、累积与消除(即汇)等过程及其变化规律；探讨大气污染对自然环境的影响和生态环境可能产生的效应；研究控制和预防大气污染的技术与物理化学原理等。作为大气污染化学学习和研究的基础教材和参考书，本教材具体包括绪论(陈敏东)、大气污染化学基础(李海玮、胡建林)、臭氧化学(李楠、胡建林、李婧祎)、大气气溶胶化学(秦墨梅、盖鑫磊)、大气液相化学(盖鑫磊)、温室气体和温室效应(李海玮)等。因大气污染与人体健康密切相关，国家自然科学基金委员会也于2015年设立大气污染与人体健康的重大研究计划，大气污染化学与人体健康之间的关系亟待研究，公众对这方面的了解亦有迫切需求，基于普及相关知识，启迪兴趣的视角，培养相关研究领域人才的目的，本教材也将近期大气细颗粒物与人体健康(陈敏东)的内容编入教材，扩展相关内容，以飨读者。

本教材可供大气科学类、环境类、化学类、环境毒理学等专业本科生、研究生阅读，也可作为高等院校教师、科技工作者等的参考书籍。

参加本书编写工作的有(以拼音字母为序)：陈敏东、盖鑫磊、胡建林、李楠、李海玮、李婧祎、秦墨梅。部分博士研究生(葛鹏翔、秦阳、陆振宇、陈艳芳)也参与了部分资料收集、编写和编辑的工作。本教材由陈敏东、盖鑫磊、胡建林负责统稿。

在编写过程中，得到了南京信息工程大学教务处、环境科学与工程学院等学校有关部门的大力支持和帮助，也得到了学校教材基金、江苏省优势学科和江苏省大气环境与装备技术协同创新中心的支持，在此向所有提供帮助的领导、同仁、作者表示衷心的感谢！

由于编者水平有限，书中错误和不当之处难免，恳请读者批评指正。

编者

2021 年 10 月

于南京信息工程大学

# 目　录

# 第1章　绪　论

大气污染化学是环境科学的分支学科之一，也是大气科学的一个组成部分。其主要研究大气环境中污染物的化学组成、性质、存在状态等物理化学特性，化学行为及化学现象，包括污染物的来源（或形成）、分布、迁移、转化、累积与消除（即汇）等过程及其变化规律；探讨大气污染对自然环境的影响和生态环境可能产生的效应；研究控制和预防（Shao M et al.，2006）大气污染的技术与物理化学原理等，是典型的交叉性学科，也是一门快速发展中的新兴学科。它主要的研究领域有大气气溶胶（大气颗粒物）化学、大气液相化学、臭氧化学、温室气体及效应。大气污染化学的研究对象包括大气微量气体、气溶胶等。研究的空间范围涉及对流层和平流层，即约 50 km 高度以下的整个大气层。研究的地区范围包括全球、大区域和局部地区。大气污染化学是交叉学科，与大气科学、大气物理学、大气边界层物理、云和降水物理学、大气辐射学、大气光学、大气电学、天气学、农业气象学、军事气象学、空气污染气象学、环境科学、环境工程、化学、生物学、生态学等密切相关。本章主要介绍大气污染化学的研究内容与方法，大气的结构与组成及其形成和演变，简要地介绍近年来国内外的大气污染化学研究进展，对大气污染化学的发展作出展望。

## 1.1　大气污染化学基础课程的基本内容和研究方法

### 1.1.1　大气污染化学基础课程的基本内容

大气与人类生活息息相关。古希腊人认为，空气与土、水和火是构成一切的四个要素。自工业革命以来，伴随着人类对自然界认识的加深以及大气环境污染问题的日益凸显，大气污染逐渐受到人们的关注。近 100 年来，人们对大气污染化学成分、平流层和对流层化学、城市空气污染、大气水化学以及气相化学中大气颗粒形成的认识取得了显著进展。这一进展在很大程度上与人们对臭氧以及氮氧化物在平流层和对流层的形成和作用的理解有关。1931 年英国人 Chapman 开创性地提出了平流层臭氧光化学理论，随后 Crutzen，Rowland 和 Molina 发现了催化臭氧循环、氟氯烃对臭氧的破坏以及极地臭氧洞，因此被授予 1995 年的诺贝尔化学奖。20 世纪 40 年代洛杉矶光化学烟雾事件和 50 年代伦敦烟雾事件引起了科学家的高度关注，从而奠定了对流层化学现代认识的基础。羟基自由基（OH·）的重要性及其与氮氧化物（NO和$NO_2$）的关系逐渐被揭示，间接导致酸雨的化学过程得到了阐明。大气中含有大量的气相有机化合物，它们是动植物排放、自然和人为燃烧、海洋排放和释放到大气中的有机物进一步氧化的结果。大气中的有机颗粒物主要是由气态有机化合物经过氧化并冷凝成颗粒相而生成。研究表明，大气中不仅包括迁移、扩散等物理过程，而且自始至终都充满了化学过程。大气化学过程能够改变大气组分和性状，从而改变环境空气质量，对生态环境和人体健康产生不利的影响。这些化学过程还能借助物理过程，将改变组成后的空气输送到更远的地区，使得大气环境污染问题具有区域性和全球性。

我国的大气化学研究始于20世纪70年代唐孝炎院士等老一辈科学家对兰州光化学烟雾现象的研究。20世纪90年代，中国开始了对酸雨的监测和研究，阐明了中国酸雨的污染状况、来源、成因等一系列重要规律，为中国制定“酸雨控制区”和“$SO_2$控制区”提供了科学依据。21世纪，气溶胶和臭氧污染先后成为影响我国城市和区域空气质量的主要污染物，呈加重和蔓延趋势，我国大气污染化学研究进入了区域性大气复合污染机制的新阶段，进而同时进行边研究边应用的污染防治新策略。相较于传统的煤烟型污染，以臭氧和二次气溶胶为主的大气复合污染对光化学污染的形成、气候变化影响作用开始显现。臭氧和二次气溶胶的协同控制已成为我国改善空气质量和打赢蓝天保卫战的关键（Shao M et al.，2006）。

大气污染化学研究内容十分广泛（图1.1），本书主要介绍最为基础的大气污染化学基础内容，对于当前的前沿课题不作深入探讨。本书第1、2章系统介绍了大气化学基础知识；第3、4、5章分别介绍了臭氧化学、大气气溶胶化学、大气液相化学；第6章介绍了温室气体和温室效应；第7章介绍了大气污染（大气细颗粒物）对人体健康的影响。

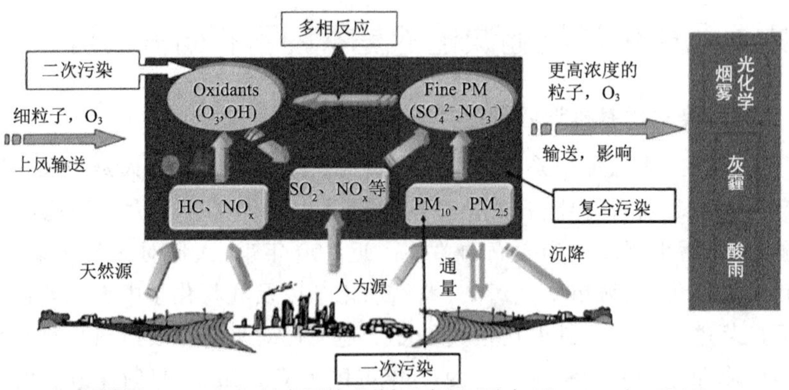


[彩]图1.1　大气复合污染机制示意图（引自Shao et al.，2006）

### 1.1.2　大气污染化学的研究方法

大气污染化学作为一门交叉学科，它的研究内容非常广泛，有着不同于其他学科的特点。首先它具有大气科学的特征，需要运用外场观测和数值模拟实验等研究手段。其次，他兼顾了化学等学科的特点，它的不少研究需要借助室内实验室进行实验。因此大气污染化学开展研究采用的方法主要可概括为以下三类：外场观测研究、实验室研究和数学模式研究。

#### 1.1.2.1　外场观测研究

外场观测是最为重要的研究手段。因为外场观测可以提供研究地区真实大气中大气污染物的时、空分布和变化情况，为研究提供详细的第一手资料。由此可以直接了解研究对象，同时也能为实验室研究和数值模拟研究提供数据支持与校验。

常规的外场观测是在地面布设观测点进行的，近些年为了获得大气污染物在边界层内的垂直空间变化情况，垂直观测逐渐被利用起来。垂直观测是当前较为前沿的科学技术，可以有效弥补当前外场观测以地面观测为主的环境监测体系的不足，从而为大气污染研究提供更好的技术手段。目前，国内垂直观测技术主要包括激光雷达、卫星遥感、系留气艇、高塔和飞机等。提升观测准确性，在线测量和可移动是当前及今后外场观测技术的发展方向。虽然外场观测是研究大气污染最直接的手段，但是也存在实验条件不易控制，周期较长，花费较多的人力和物力并受观测仪器和技术条件的限制等情况。

#### 1.1.2.2　实验室研究

实验室研究是围绕着解决重点污染问题开展的阐明污染机制和过程的基础性研究。实验室研究是为了排除气象、地形和污染源等因素的限制，仅模拟大气中的化学过程，同时实验条件可以人为地加以改变、控制和重复，从而能够在大气化学的机理性研究方面具有较大优势。目前常用的实验技术是“烟雾箱”实验技术，主要用于光化学烟雾机制、新增痕量气体的大气化学行为和二次有机气溶胶（secondary organic aerosols，SOA）的形成机制等方面的研究。烟雾箱通常是由惰性材料制成的容器（材料可以是塑料膜、玻璃、不锈钢等）模拟大气层，用不同波长的紫外光源模拟太阳光辐射。几乎每个烟雾箱都配置有先进的检测仪器，如激光诱导荧光检测器（Laser Induced Fluorescence Detector，LIF）、气溶胶质谱仪（Aerosol Mass Spectrometer，AMS）以及气溶胶飞行时间质谱仪（Aerosol Time-of-Flight Mass Spectrometer，ATOFMS）等，可以分析和了解其中的反应物和产物的大气化学转化动态规律。近些年来，颗粒物表面上的非均相反应成为烟雾箱研究的主要方向之一。

#### 1.1.2.3　数学模式研究

数学模式研究包括经验统计模式和数值模拟等，它已经涵盖到了大气化学研究的各个领域。统计模式是基于大量数据的统计描述，利用回归分析等统计方法得到经验关系式，用于预计物种未来浓度。数值模式则通过求解表述大气物理、化学过程的数学方程组，代表着各种物理化学过程当前认知水平的集成。数值模式一般考虑了排放（人为和自然源）、输送、扩散、化学转化（气、液、固相化学反应）、清除机制（干湿沉降）等过程，这需要数十个甚至数百个以上的物理和化学反应来表述物种在大气中的生成和消亡。随着计算机技术的迅速发展，我们已经可以通过数值模拟计算来处理浩大并且复杂的物理化学过程。通过构建空气质量模型，来描述污染物在大气中时空分布和变化规律。

大气污染化学的特点决定了大气污染化学研究不能仅仅依赖某一种方法，需要将外场观测、实验室研究和数学模式三种研究方法紧密地结合起来。现今一个大的课题研究往往将三者结合运用，首先利用现场观测记录污染物在大气环境中的分布和变化趋势，然后通过实验室研究理清化学变化机制，最后通过数学模拟重现并描述污染物在大气环境中的时空变化，并可以预测污染物的变化趋势。

## 1.2 大气的结构和组成

我们生活的这颗蓝色星球的外围是由一层气体包围着的，这层美丽而又千变万化的气体被称为大气或者大气层。大气为地球的生命和人类的发展，提供了理想的环境，它的状态和变化与人类的活动和生存关系密切。大气在水平方向上比较均匀，而在垂直方向上不同高度范围内的大气存在明显的层状分布。根据大气本身的物理化学特性，常用的分层法有以下三种：①按大气温度的垂直分布；②按大气化学成分的垂直分布分层；③按大气的电磁性分层。

### 1.2.1 大气温度的垂直分布

按大气温度垂直结构分层是目前应用最广泛的分层法，它根据温度垂直递减率的变化，把大气层分为对流层、平流层、中间层、热层和散逸层。

#### 1.2.1.1 对流层

对流层是靠近地面大气的最底层，也是大气中最活跃的一层。大气中的温度随高度而降低；垂直混合作用强；气象要素的水平分布不均匀，大气中主要的天气现象如云、雨、雾、冰雹都发生在这一层。同时作为大气中最稠密的一层，集中了约 80% 的大气质量和 90% 以上的水汽质量。对流层的实际高度一般随季节和纬度的变化而变化，夏季的高度大于冬季，平均来说，在赤道附近对流层平均高度为 17～18 km，高纬度地区平均为 8～9 km。

在对流层中的最下面即从地面到其上空 1～2 km 高度存在着受地面摩擦阻力影响的摩擦层，又称大气边界层或行星边界层。当前与人类生活关系最密切、最直接空气污染问题均来自这一层。大气边界层以上的大气层称为自由大气层。在自由大气中，地表的摩擦作用可以忽略不计。

#### 1.2.1.2　平流层

对流层顶往上至 50 km 为平流层，这层大气空气比下层稀薄得多，水汽与尘埃的含量极少，一般不出现天气现象。它的温度分布下半部随高度变化很缓慢，上半部由于臭氧层的存在，能够吸收紫外辐射从而使得温度随着高度增加而增加。这层大气存在逆温，大气比较稳定，垂直运动微弱，所以只有大尺度的平流运动。

#### 1.2.1.3　中间层

从平流层顶到大约 85 km 的一层大气叫作中间层（或称中层）。中间层内气温随着高度的升高而降低，大约在 80 km 处，气温达到极低值，是大气中最冷一层。该层内臭氧含量低，同时由于能被氮、氧等直接吸收的太阳短波辐射大部分已经被上层大气吸收，所以温度垂直递减率很大，大气又可以发生垂直对流运动。中间层中的大气水汽含量极低，但是由于对流运动的发展，在高纬度某些特定条件下会观测到一种发光而透明的夜光云。

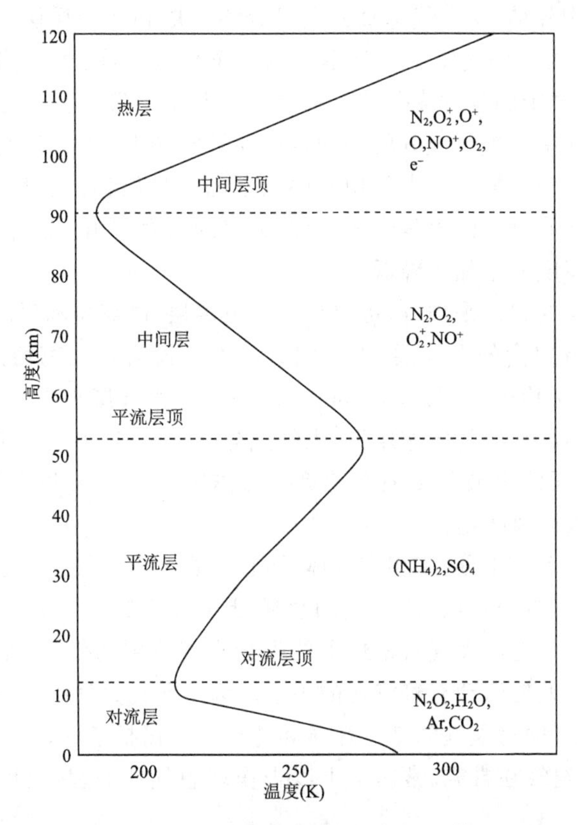


图 1.2　大气温度分层结构（引自唐孝炎 等，2006）

1.2.1.4 热层

中间层顶以上的大气层为热层。热层中的大气温度随高度增加而迅速升高。这是由于波长小于 0.17 μm 的紫外辐射几乎全部被该层中的原子氧吸收。吸收的能量被用于气层的增温，因此热层温度可达 1000 K 以上。其增温程度与太阳活动有关，当太阳活动加强时，温度随高度增加快速升高，这时 500 km 处的气温可达到 2000 K；当太阳活动减弱时，温度随高度的增加较慢，500 km 处的温度只有 500 K。

1.2.1.5 散逸层

散逸层又称外层，是热层以上的大气层，同时是地球大气圈向外太空过渡的地带，也是地球大气的最外层，没有确定的上界。散逸层空气极为稀薄，此层的地球引力很小，气体及微粒可以从这层飞出地球引力场进入太空。

### 1.2.2 大气化学成分的垂直分布

按照大气的成分结构，大气垂直方向可分均质层和非均质层。均质层是指从地面到 90 km 高度，大气中气体成分基本上以分子形式存在，由于湍流扩散作用大气成分均匀混合，大气中的各种成分的比例除臭氧和水汽等可变成分外在垂直方向保持均一。均质大气中的气体成分的平均相对分子质量为 28.966，与大气中的氮气相对分子质量(28.016)相接近。大气均质层以上的大气层称为非均质层，又称非匀和层。由于氧分子和氮分子的大量光解，以及大气的重力作用扩散作用，大气的平均相对分子质量随着高度的增加而降低。

按大气被电离的状态来划分，可以分成非电离层、电离层和磁层。非电离层是在海平面以上 60 km 以内的大气层，大气组分基本上没有被电离而处于中性状态，即非电离状态，因此又称中性层。60～500 km 高度的大气层称为电离层，这一层大气在太阳紫外辐射和微粒辐射的作用下，大气成分开始电离，形成大量的正离子和自由电子，这一层对于无线电波的传播有着重要的作用。500 km 以上称为磁层，其作用是保护地球不被太阳风袭击。

地球大气是一个多组分、多相态的体系，它主要由多种气体和悬浮于其中的固态或液态粒子(称为气溶胶)组成。大气的总质量约为 $5.136\times10^{18}$ kg，仅相当于地球质量的百万分之一。地球大气对地球上的生命有着重要的作用，在大气中所发生的物理化学过程都与人类活动有着密切的关系。为了研究大气中所发生的物理化学现象及其过程，首先必须对大气的基本性质和特点有一概括了解。

一般情况下，空气在常温、常压下可以当作理想气体处理，用理想气体状态方程表示：

$$pV=nRT \tag{1.1}$$

式中，$p$ 是空气压强；$V$ 是体积；$n$ 是摩尔数；$R=8.3145\ \mathrm{J/(K\cdot mol)}$ 为理想气体常数；$T$ 是空气绝对温度。

大气中的许多重要组分可以通过化学变化在源和汇之间得以不断交换。为了准确描述大气组分的变化，本书将介绍下面三种表示大气各种组分浓度的方法。

混合比浓度表示法。混合比是无量纲量，这种浓度表示方法主要是用于低浓度的气态污染物。当表示浓度相对较高的物质（如氮气），可以直接用百分数表示。对于理想气体（大气近似接近理想气体），混合比具有守恒性，不因混合气体温度和压力的变化而变化，混合比相当于单一气体组分占整个空气体积或质量之比。1 ppm $=1\times10^{-6}$，1 ppb $=1\times10^{-9}$，1 ppt $=1\times10^{-12}$。

数浓度表示法，用来表示每立方厘米空气中有多少个分子或原子数，常用单位，个/$\mathrm{cm^3}$。

质量浓度表示法，是指单位体积空气中物种的质量。气溶胶等颗粒物的浓度常用这种方法来表示，常用的单位是 $\mathrm{mg/m^3}$ 和 $\mathrm{\mu g/m^3}$ 等。但这种方法表示的浓度与观测时的大气状态有关，因为观测时收集的气体体积随大气温度和压强的变化而变化，为便于相互比较，常需要换算成标准状况下的体积再计算浓度，体积换算公式是：

$$V_0=V_t\times\frac{298}{T}\times\frac{p}{1013.25} \tag{1.2}$$

式中，$V_0$ 为标准状态下（298 K，1个标准大气压）的体积；$V_t$ 是实际体积；$p$ 是观测时的大气压力；$T$ 是实际温度的绝对温标（开尔文温度）。

通常情况下，对于一般气体，混合比（ppm）与质量浓度（$\mathrm{mg/m^3}$）换算公式可以表示为：

$$X=M\times\frac{C}{24.5} \tag{1.3}$$

式中，$X$ 是污染物质量浓度，$C$ 是污染物混合比浓度，$M$ 是气体摩尔质量，单位 g/mol。

对于大气中的各种组分，出于不同的研究目的，一般按浓度和平均停留时间将大气组分进行分类。

按照大气中的浓度的多少，可以分成主要成分、微量成分和痕量成分三部分：①主要成分，一般指氮（$N_2$），氧（$O_2$）和氩（Ar），它们的浓度在百分之几的量级；②微量成分，或称次要成分，浓度在 1 ppmv 到 1%，主要有二氧化碳（$CO_2$），水汽（$H_2O$），甲烷（$CH_4$），氦（He），氖（Ne）等；③痕量成分，这些物种的浓度一般在 1 ppmv 以下。重要的有氢气（$H_2$），臭氧（$O_3$），一氧化碳（CO），氧化氮（NO），二氧化氮（$NO_2$），氨气（$NH_3$），二氧化硫（$SO_2$）和气溶胶。

在大气化学中我们主要关注的是对流层中的大气成分。在对流层中，$N_2$，$O_2$，Ar和$CO_2$，这四种气体就占了大气体积的99.99%，其余的次要成分所占比例极小。虽然这些次要成分含量少，但是与人类的活动关系密切。近百年来，伴随着人类工业化和城市化进程，大量污染物进入大气，一些微量成分的含量在不断增加，同时大气中也增加了一些以前没有的成分，如人为排放的氯氟烃等化合物。

大气是各种气体和微粒组分的储库。大气中某种成分的分子更新一次所需要的平均时间称为平均停留时间，也称“平均寿命”(Seinfeld et al.，2006)。在准平衡的稳态条件下，一种大气成分的分子在大气中的平均停留时间定义为：

$$\tau=\frac{M}{F}=\frac{M}{R} \tag{1.4}$$

式中，$M$是这种成分在大气中的总质量；$F$是该成分向大气的输入速率(包括源和化学转化)；$R$是这种成分消失的速率(向地面的沉降，向空间的逃逸以及在大气中的化学转化)。对于处于准平衡状态的成分，物种消失速率等于输入速率，即$F=R$，该成分的大气浓度不变。一般而言，长寿命的成分其浓度也比较大。

在大气污染化学中，按照大气成分在大气中停留的时间可以分成三类，准定常成分，可变成分和变化很快的成分(表1.1)：①基本不变的成分或称准定常成分的平均寿命要大于1000 a，各成分之间一般保持着固定比例，这些气体主要有$N_2$，$O_2$，Ar还有一些微量的惰性气体及He，Ne，Kr，Xe等；②可变成分平均寿命为几年到十几年，它们在大气中所占比例随时间、地点的变化而变化，它们是$CO_2$，$CH_4$，$H_2$，$N_2O$和$O_3$等。$CO_2$和$CH_4$等气体自工业革命以来组分含量有了明显增长，这两种气体又是重要的温室气体；③变化很快的成分的寿命小于一年，如水汽，CO，NO，$NO_2$，$NH_3$，$SO_2$和气溶胶等。这些物种虽然含量少，但是由于人类的排放和特殊自然条件下，在局部地区浓度会很大，造成一定的危害。

**表1.1 地球大气气体的组成**

| 气体 | 平均浓度(ppm) | 停留时间 | 循环 |
| --- | --- | --- | --- |
| 氩(Ar) | 9340 | — | — |
| 氖(Ne) | 18 | — | 无循环 |
| 氪(Kr) | 1.1 | — | — |
| 氙(Xe) | 0.09 | — | — |
| 氮($N_2$) | 780840 | $10^6$ a | 生物和微生物 |
| 氧($O_2$) | 209460 | 10 a | 生物和微生物 |
| 甲烷($CH_4$) | 1.65 | 7 a | 生物过程和化学过程 |

续表

| 气体 | 平均浓度(ppm) | 停留时间 | 循环 |
|---|---|---|---|
| 二氧化碳($CO_2$) | 332 | 15 a | 人类活动和化学过程 |
| 一氧化碳(CO) | 0.05～0.2 | 65 d | 人类活动和化学过程 |
| 氢($H_2$) | 0.58 | 10 a | 生物过程和化学过程 |
| 一氧化氮($N_2O$) | 0.33 | 10 a | 生物过程和化学过程 |
| 二氧化硫($SO_2$) | $10^{-5}$～$10^{-4}$ | 40 d | 人类活动和化学过程 |
| 氨气($NH_3$) | $10^{-4}$～$10^{-3}$ | 20 d | 生物活动,化学过程,雨除 |
| 氮氧化物($NO_x$) | $10^{-6}$～$10^{-2}$ | 1 d | 生物活动,化学过程,闪电 |
| 臭氧($O_3$) | $10^{-2}$～$10^{-1}$ | — | 化学过程 |
| 硝酸($HNO_3$) | $10^{-5}$～$10^{-3}$ | 1 d | 化学过程、雨除 |
| 水汽($H_2O$) | 变化 | 10 d | 物理化学过程 |
| 氦(He) | 5.2 | 10 a | 物理化学过程 |

引自 Seinfeld et al.,2006。

## 1.3　大气的形成和演变

### 1.3.1　地球大气环境

行星大气是由于引力作用而包裹行星表面的大气圈层(唐孝炎 等,2006)。作为目前太阳系中唯一在行星表面有生命活动的星球,地球的大气成分与结构与其他行星相比非常特殊。地球大气的平均气压为 101.325 kPa,99%的质量集中在离地35 km的高度以下,由 78%的氮气,20%的氧气,0.934%的氩气,0.25%的水汽,0.032%的二氧化碳和其他微量气体组成。地球大气为生命繁衍提供了理想的生存环境。

将地球大气与相邻行星的大气进行对比(表 1.2),更能体现出地球大气的特殊性。在太阳系中金星和火星是距离地球最近的两颗行星,这三颗行星的大气组分完全不同。金星是太阳系中距离太阳第二近的行星,半径约为 6073 km,体积是地球的88%,质量为地球的 80%。金星周围包裹着浓密的云层和大气,其密度约为地球大气的 90 倍,其中 $CO_2$ 占 96%。由于金星与太阳的距离更近,所以进行表面温度很高,可达大约 750 K。火星与地球相比与太阳距离稍远,直径约为地球的 53%,质量为地球的 11%,表面重力约为地球的 40%。火星表面的大气非常稀薄,其密度只有地球大气的 0.5%。火星大气的主要成分也是 $CO_2$,占比约为 95%。受运行轨道影响,火星表面温度在近日点和远日点相差极大,冬季平均温度－133 ℃,夏季平均温度 27 ℃,相差接近 160 ℃。

表 1.2 地球、金星、火星主要大气成分占比

| | $N_2$ | $CO_2$ | $O_2$ | $H_2O$ |
|---|---|---|---|---|
| 金星 | $3.4\times10^{-2}$ | 0.96 | $6.9\times10^{-5}$ | $3\times10^{-3}$ |
| 地球 | 0.78 | $4\times10^{-4}$ | 0.21 | $2.5\times10^{-3}$ |
| 火星 | $2.7\times10^{-2}$ | 0.95 | $1.3\times10^{-3}$ | $3\times10^{-4}$ |

合适的日地距离和地球尺度可能是地球独特大气环境形成重要的原因。适当的日地距离使得地球在固体核心形成后保持了合适的地表温度。这些因素均有利于原始大气的产生，并且使得地球表面在一定阶段出现了液态水。有利的大气条件和地表液态水的存在使得地球上的生命的出现和发展成为了可能。

### 1.3.2 地球大气的演化

#### 1.3.2.1 初始形成阶段

地球的大气演化按照主要成分的变化可以大致分为三个阶段：初始形成阶段，次生大气阶段和现代大气阶段。目前的普遍观点认为，在大约 46 亿年前，太阳系是由气体和尘埃组成的星际云凝聚而成，称为"原始太阳星云"。在初始形成阶段，地球与太阳系其他行星一样，是一个包含固态、液态、气态三相的弥散体系。体系核心是密度和尺寸较大的固体和液体颗粒，距离核心越远粒子越稀薄，体系外层主要为气体。地球在形成之初其成分以宇宙空间内丰度较高的氢、氦等轻元素为主，气相物质主要由 $H_2$，He 组成，同时包含 $N_2$，$CO_2$ 和水蒸气。气相物质向宇宙空间逸散，脱离地球，粒子组成的核心不断固化。这一过程大概持续了 1 亿年左右，逸散造成的质量损失大概是如今地球质量的 190 倍。在大约 30 亿年前，地球的地质结构开始发生了元素的化学分异过程。原始地球的物质体系中，主要元素包括铁、镁、硅、氧、硫等，其中铁的丰度较大，氧元素的含量不足以使全部的铁、镁元素被氧化，因此体系中产生了 $FeSiO_3$ 和 $MgSiO_3$。硅酸盐由于密度与金属相较低向上层移动，金属铁下沉成为核心。

#### 1.3.2.2 次生大气阶段

随着地球核心逐渐冷却凝固和地壳的逐渐形成，固体核心外的气体逸散已经非常缓慢。由于存在放射性衰变和因重力积聚在内部的能量，早期的地球高度火山化。通过火山喷发的形式逸出地球表面的液体和气体以及地球内部因热力和化学过程发生的固体吸附气体的再游离产物，被称为次生大气。在次生大气阶段，地球大气逐渐从还原性向氧化性转变。

对当时火山释放气体的物质组成的研究可以从对现代火山喷发出的烟流的观察中得到启示(Jacob，1999)。火山释放出的气体中几乎不含有氧气，主要由 $H_2O$，

$CO_2$，$N_2$ 和硫黄气组成。地质学研究表明，地幔上层的铁元素主要处于还原态，最古老的岩石是在不含 $O_2$ 的还原性大气中形成的。这也表明了释放出的气体中不含有 $O_2$。

由于地壳相对较冷，因此喷发出的气体迅速冷却，其中大部分水汽凝结成液态水，在地表汇集形成了水圈。这段时期地球大气中的 $H_2O$ 只占 $H_2O$ 总量的 $10^{-5}$，而且大气中的 $H_2O$ 可以通过海洋的蒸发得到补充，因此地球因为向外层空间逸散造成的 $H_2O$ 损失非常缓慢。水分子在高能太阳光短波辐射下，可能会发生如下的光化学分解反应：

$$H_2O + h\nu \rightarrow H + OH \tag{1.5}$$

$$H_2O + h\nu \rightarrow H_2 + O \tag{1.6}$$

式中，$h$ 为普朗克常数；$\nu$ 为光波的频率。反应产生的氧原子在第三体存在的条件下可能结合生成氧气分子：

$$O + O + M \rightarrow O_2 + M \tag{1.7}$$

由于这段时期地球上的氢元素的主要存在形式是 $H_2O$，而 $H_2$ 在这样的大气中会向外层空间逸散，这可能使得 $O_2$ 产生净积累。

由于金属铁迁移成为了地球核心，因此地球内部产出的气体不再与铁接触。$CH_4$，$NH_3$ 等还原性气体被氧化成 $CO_2$ 和 $N_2$。此时的地球大气中 $CO_2$ 浓度大约为如今浓度的 10 倍。高浓度 $CO_2$ 的大量溶于海洋，形成碳酸盐沉积岩。这一过程使得大气中的 $CO_2$ 浓度大幅降低，地壳中积累了大量碳酸盐。据估计，大气中存在的 $CO_2$ 分子的数量与生成碳酸盐固定在沉积岩中 $CO_2$ 的数量的比值大约为 $10^5$。上文提到金星大气温度太高，因此金星表面无法形成凝结水，$CO_2$ 只能保留在大气中，不具备发生上述反应的条件，大气中的水蒸气被光解成 $O_2$ 和 $H_2$，$O_2$ 被岩石捕捉氧化去除，$H_2$ 脱离引力场逸散。因此金星大气中 $CO_2$ 浓度远高于地球，而 $H_2O$ 浓度远低于地球。

由于 $N_2$ 化学性质很不活泼具有高度的稳定性，并且 $N_2$ 几乎不溶于水，因此大部分释放出的 $N_2$ 保留在大气中，成为大气中占比最高的组分。部分 $N_2$ 会在雷电的作用下，被氧化生成 $NO_x$。

#### 1.3.2.3　现代大气阶段

最后一个阶段就是现代地球大气圈层的形成和发展阶段，在这一阶段生物圈与大气圈层之间的相互作用共同决定了现今地球大气的面貌。包括能源使用和传输、工业和农业活动、植被燃烧、森林砍伐等在内的人类活动对地球气候与大气环境造成了巨大影响，使得地球大气中的痕量气体发生了急剧变化。

地球区别于其他行星最主要的方面就在于大气中 $O_2$ 浓度的差别。生命体的生存与发展与氧分子的存在是密切相关的。高能短波辐射使得分子化学键断裂，生物分子难以稳定存在，生物没有生存条件。而大气中的 $O_2$ 可以吸收太阳辐射发生如下的反应：

$$O_2 + h\nu(\lambda < 240\ \text{nm}) \rightarrow O + O \tag{1.8}$$

$$O_2 + O + M \rightarrow O_3 + M \tag{1.9}$$

臭氧形成后可以吸收太阳短波辐射分解生成氧气：

$$O_3 + h\nu(\lambda > 290\ \text{nm}) + M \rightarrow O_2 + O \tag{1.10}$$

这些反应可以反复循环发生，使得臭氧在距离地表一定的高度发生聚集形成臭氧层。臭氧层的存在使得短波辐射被过滤吸收，到达地球表面的高能短波辐射大幅减少。

在 38 亿年前地球上就开始出现生物，但是那时的大气中 $O_2$ 浓度很低，在那样的 $O_2$ 浓度下，只有少量的 $O_3$ 聚集于地表附近。太阳辐射可以直接穿过到达地球表面。水体的存在为生命体提供了保护。在水面 10 m 以下的深处，短波辐射被吸收而波长大于 290 nm 的辐射被保存。某些生命体在这样的环境下得以生存，并且具备了吸收 $CO_2$ 以及其他还原性气体成分供给能量产生有机质的能力。此时的大气中依然存在大量 $H_2$、$CH_4$ 等还原性气体。

27 亿年前，古细菌等原核生物开始出现，蓝藻作为最古老的绿色植物，是其中唯一能够进行光合作用的生物。蓝藻在太阳辐射下吸收 $CO_2$ 释放 $O_2$ 到水体中，部分 $O_2$ 被水体中沉积物和岩石捕获，剩余部分的 $O_2$ 在大气中聚集。到 23 亿年前，地球大气中的 $O_2$ 浓度开始快速增加。但是，蓝藻出现与 $O_2$ 浓度的快速增加之间存在 4 亿年的时间间隔，其原因目前并不明确尚待研究。

到 6 亿年前，地球中 $O_2$ 浓度上升到如今浓度的 1%，在这样的浓度条件下，$O_3$ 浓度显著增加，到达地球表面的短波辐射被大幅吸收，地表具备了生命体生存的条件。水生生物开始在水面出现，吸收 $CO_2$ 产生有机质释放出氧气。这进一步加速了大气中 $O_2$ 浓度的提升。

在 4 亿年前，大气中的 $O_2$ 浓度达到如今浓度的 10%。在这样的浓度下，$O_3$ 浓度显著上升，并且在距离地表 20 km 左右高度有极大值。臭氧层对太阳辐射的吸收对大气结构的形成起到了决定性的作用，将地球大气圈层分为对流层和平流层。对流层中存在风、雨、雷、电的各种大气物理过程，这些天气现象直接影响大气中各痕量组分的浓度和分布、物质的源汇。平流层臭氧的保护作用使得陆地表面具备了生物生存的条件，海洋生物开始走上陆地，陆地出现了动物和绿色植物。在太阳辐射下，绿色植物吸收 $CO_2$ 和水分经过复杂的内部反应生成有机物和氧气，地球大气中的 $CO_2$ 浓度进一步下降，$O_2$ 浓度上升。

在人类出现前，地球大气中的 $O_2$ 浓度是通过光合作用生产和通过呼吸、有机碳的腐败去除之间的平衡来维持的。绿色植物的光合作用产生的 $O_2$ 向大气中输送，

曾经使得大气中 $O_2$ 达到过比现在还要高的程度。但是 $O_2$ 浓度和绿色植物在地面累积的有机物的量的增加使得有机物腐败所消耗的 $O_2$ 也随之增加。光合作用的 $O_2$ 生产量与氧化作用的耗氧量最终达到平衡。

从第一次工业革命开始，以煤炭、石油为代表的化石燃料的使用量迅速增长，燃料燃烧释放出大量的 $CO_2$ 和 CO 以及颗粒物。将仪器观测的结果与冰芯气泡中的古代气体分析结果进行对比，结果显示在全球尺度上，$CO_2$ 和 $CH_4$ 从大约 1 万年前的最后一个冰河时代末到大约 300 年前几乎没有发生变化，混合比大致分别为 260 ppm 和 0.7 ppm(Jacob，1999)。大约 300 年前 $CH_4$ 含量开始上升，100 年前这两种气体的含量显著增加。这些温室气体吸收来自地球表面的长波辐射，并将其部分反馈回地面。

北半球工业化地区大气中的固体和液体微粒(大气气溶胶)数量也显现出明显的增加。大气气溶胶的来源可能是污染源的直接排放，也可能是气态前体物的气固分配。大气气溶胶在气候变化中有重要的作用：一方面，不同光学特性的气溶胶会散射或者吸收太阳和陆地辐射将其反射回宇宙空间，直接影响辐射平衡；另一方面，不同吸湿性的气溶胶作为云凝结核会影响云层反照率，改变云滴的浓度和大小以及其他微物理性质，这一机制会对地球气候产生间接影响。

地球大气接纳了人类活动产生的大量产物，这些产物破坏了原有的大气动态平衡，可能对大气会造成各种不可预见的后果。氟氯烃(CFCs)曾经作为冰柜制冷剂被广泛使用，其具有较强的化学稳定性和热稳定性，在对流层中不能分解。但是氟氯烃漂浮到平流层后会在紫外辐射下分离出氯离子，大量消耗 $O_3$(以 $CF_2Cl_2$ 为例)，由方程可以看出，反应可以不断地产生 $Cl^-$ 与 $O_3$ 分子发生反应。据估计一个 CFC 分子可以消耗几万个 $O_3$ 分子。由于氟氯烃的使用，平流层臭氧被大量消耗，这对人体健康和植物生长产生了不利影响。

$$CF_2Cl_2 + h\nu \rightarrow 2Cl^- + CF_2^+ \tag{1.11}$$

$$Cl^- + O_3 \rightarrow ClO^- + O_2 \tag{1.12}$$

$$O_2 + h\nu(\lambda < 240\ \text{nm}) \rightarrow O + O \tag{1.13}$$

$$ClO^- + O \rightarrow Cl^- + O_2 \tag{1.14}$$

机动车行驶过程中产生的氮氧化物($NO_x$，主要是 NO)。溶剂或涂料使用过程中产生的挥发性有机物(volatile organic compounds，VOCs)。这些污染物会参与光化学反应生成光化学烟雾，光化学烟雾形成的简化机制主要包括基本化学循环反应、自由基形成反应、自由基传递反应、自由基终止反应。反应机制的具体内容和反应方程式在第 3 章中详细介绍(Chameides et al.，2000；王雪松，2002；唐孝炎 等，2006；Environ，2006)。反应使得对流层中局部地区的 $O_3$ 产生了净积累浓度提升。臭氧是一种具有强氧化性的气体，对流层臭氧浓度过高会造成大气能见度下降、动物呼吸道和眼睛受损、橡胶加速老化、破坏生态系统等一系列环境问题，详细的生成机制在下文中将会详细介绍。

人类活动的加剧对大气环境的影响导致各类空气污染事件频发。1948 年，多纳拉河谷发生了美国历史上第一次严重的污染事件。山谷中大量累积的二氧化硫和硫酸盐导致了 20 人丧生。1952 年 12 月 5 日至 9 日发生的伦敦烟雾事件导致大气能见度急剧下降，致使交通瘫痪，4000 多人因呼吸系统受损诱发病症丧生。1940 年至 1960 年间，洛杉矶数次发生光化学烟雾事件，汽车尾气排放出的烯烃类物质与 $NO_x$ 在日间强烈的太阳光辐射下发生光化学反应生成了以过氧乙酰硝酸酯、$O_3$、含氮颗粒物为主要组分的光化学烟雾，其中过氧乙酰硝酸酯和 $O_3$ 均为强氧化剂。在三面环山地形和逆温层的这两个条件的作用下，污染物扩散缓慢不断累积，最终导致上千人因呼吸系统衰竭死亡，植被大面积枯死。20 世纪 70—80 年代北欧、北美和亚洲均多次发生了大范围的酸雨灾害，社会经济遭受了巨大损失。2013 年 1 月，我国京津冀地区经历了数次严重的雾霾污染事件，由此引发了公众对于霾污染的广泛关注。数值模拟研究结果显示，全球在 2013 年因 $PM_{2.5}$ 浓度超标导致的过早死亡人数就已经超过了 130 万，其中由于缺血性心脏病、脑血管疾病、慢性阻塞性肺气肿和和肺癌导致的过早死亡人数分别达到了 30 万、73 万、14 万和 13 万（Hu J L et al.，2017）。大气环境问题得到了公众越发广泛的关注，大气化学研究在这样的背景下得以快速发展。

## 1.4 大气污染化学的研究进展和展望

大气污染化学主要研究大气中对环境质量有影响的组分的物理化学性质、浓度水平、分布状况、主要来源、化学反应机制、大气污染对环境和生态及人体健康的影响等。大气污染化学的主要研究手段有外场观测、实验室模拟以及模式模拟，集合了数学、物理学、化学、计算机科学等许多学科的技术成果。大气污染化学的研究方向总是受重要公共污染问题发生的引导，从伦敦烟雾事件到洛杉矶光化学烟雾事件到 2013 年以来北京地区经历的数次严重的雾霾事件，空气污染对生态环境、人体健康、社会经济发展等各个方面产生了重大影响。这些由大气污染引起的公共事件的发生使得大气环境问题真正地得到重视，推动了一系列大气污染防治政策的制定（中华人民共和国国务院，2013）。现代大气污染化学研究以解决环境问题为目标，服务于环境控制政策，在科学技术的推动下得到了飞速发展，获得了丰硕的科研成果，为改善人类环境做出了重大贡献。

### 1.4.1 大气污染化学外场观测研究进展

人们很早就开始了对自身生活所处的大气环境的研究。早期的大气化学研究关注与大气的化学组成成分的发现。18世纪 Joseph Priestley、Antoine-Laurent Lavoisier和 Henry Cavendish 等化学家就开始了对于大气化学组分的探索。近代化学之父,法国科学家 Antoine-Laurent Lavoisier 在 1772 年识别出氮气,在 1774 年制造出一种支持燃烧的气体,并且在 1777 年将其命名为氧气,用实验事实推翻了“燃素说”开启了近代大气污染化学的大门。

通过大量物理学家、化学家的努力,大气是以 $N_2$、$O_2$、水蒸气、$CO_2$ 和稀有气体为主要组分的体系这一统一认识被建立起来。$O_2$、水蒸气、$CO_2$ 的浓度因为其在气候变化和空气污染中重要的贡献受到持续的关注,主要的测量方法有卫星遥测和双波长干涉测量法等。随着重大空气污染事件的发生,更多痕量组分,即摩尔分数低于 $10^{-6}$,体积分数低于百万分之一(ppm)的组分被发现,大气污染化学的研究重点开始从大气主要组分转变为痕量组分。痕量组分的物种的存在可以回溯到地质、生物、化学和人为过程。随着工业革命后社会经济的飞速发展,越来越多的痕量组分被排放到大气中,人为因素正在区域环境和气候变化中扮演着越重要的角色。但是在受限于早期的监测技术和分析手段,各类痕量组分的形成和变化机制也并不明确。20世纪 60 年代气相色谱一火焰离子化检测器(GC-FID)技术的出现使得甲烷($CH_4$)在大气中的浓度得以被准确测量。20 世纪 70 年代,$O_3$ 浓度的卫星测量结合太阳后向散射紫外仪(Solar Backscatter Ultraviolet,SBUV)、臭氧总量测绘光谱仪(Total Ozne Monitoring Spectroscope,TOMS)、全球臭氧监测仪(Global Ozone Monitoring Experiment,GOME)、大气制图扫描成像吸收光谱仪(Scanning Imaging Absorption spectroMeter for Atmospheric CHartoghraphY, SCIAMACHY)和臭氧监测仪(Ozne Monitoring Instrument,OMI)与地面观测数据的信息构成了 $O_3$ 柱密度浓度。20 世纪 70 年代早期,福特汽车实验室开发出化学发光分析仪,通过检测 NO 与臭氧反应产生的电子激发的 $NO_2$ 产物的化学发光来测量大气中 NO 浓度。20 世纪 60 至 80 年代,电子捕获器(Electron Capture Detector,ECD)技术被开发出来,结合 GC 技术,大气中的含卤素化合物浓度得以被精确测定。70 年代末,GC-ECD 技术开始被应用于偏远监测点的氧化亚氮($N_2O$)浓度测定。这些技术的应用使得南极上空的臭氧空洞问题被发现并得到充分的重视,对流层臭氧的累积和平流层臭氧的消耗机制得以被广泛深入地了解,臭氧层空洞得到有效的抑制并开始逐渐恢复。

我国的大气污染化学外场观测研究虽然与国外相比起步较晚,但是在政策的支持下,在仪器科学、计算机等学科进步的推动下,我国大气化学研究迎来了快速的发展,目前已产生了重要的国际影响力。

20 世纪 70 年代,由唐孝炎院士领导的,在中国兰州地区进行的光化学烟雾观测开创了我国大气光化学综合观测的先河(张远航 等,1998)。在“八五”期间由周秀骥指导的“中国区域大气臭氧变化及其对气候环境的影响”是中国第一次对大气臭氧进行综合的跟踪研究(周秀骥,1996)。

在 20 世纪 70 年代末期,中国开始将酸雨的观测和研究作为国家五年规划中的重大科研课题。1982 年国家环保部门开展了全国酸雨普查和西南地区实地调研,建立了全国酸雨监测网。1989 年气象部门建立了全国酸雨监测网。这两大监测网为我国降水化学采集了大量数据,阐明了酸雨来源、酸雨形成原因、酸雨的时空分布特征、酸雨的跨境传输过程和影响因素,对于酸雨污染的评估、预测和控制起到了至关重要的作用。从 1985 年开始,中国科学院大气物理研究所对我国稻田甲烷排放进行了系统的田间观测实验,形成了一系列新的规则,国际上对甲烷排放总量的估计也发生了变化。进入 21 世纪后,我国在大气自由基观测、新粒子生成的观测和机制研究、二次气溶胶的生成机制和气溶胶对气候变化的影响等方面取得长足的进步。目前,中国在大气自由基化学、新粒子生成、二次气溶胶(secondary organic aerosol,SOA)形成机制等热点研究领域获得了一系列突出成果。

在大气污染化学中,自由基扮演了非常重要的角色,参与了大气中各种痕量组分的氧化和清除反应。20 世纪 50 年代以前,研究重点在 O 原子上。80 年代 Atkinson 对 OH 的实验室反应动力学研究模拟对流层化学结果表明,OH 自由基引发了大部分被排放到大气中的有机和无机化合物的氧化,是新粒子生成、促进雾霾形成和爆发性增长的主要驱动因子。由于 OH 自由基在大气中的浓度非常低,直接测量非常困难。激光诱导荧光(Laser-induced Fluorescence,LIF)和化学电离质谱(Chemical Ionization Mass Spectrometry,CIMS)技术在 20 世纪 80 年代和 90 年代发展起来,但早期技术对于 OH 自由基的观测结果可信度过低,无法用于估测大气的氧化性。从 2006 年开始,北京大学开始使用激光诱导荧光系统在广州和北京进行了大气中 $HO_x$ 的观测活动,发现了中国的 OH 非传统再生机制(Ren et al.,1999;Lu et al.,2010)。

在日间 OH 自由基总生成量中,HONO 光解产生的 OH 的占比达到 34%～56%,因此 HONO 在全世界范围内被广泛关注。北京大学、中国科学院化学研究所、中国科学院安徽光学和精密机械研究所(下文简称为“安光所”)等机构利用自主研发的 HONO 分析仪在各个地区组织的观测结果表明被吸附的硝酸和硝酸盐的光解以及农业活动(例如施肥)是 HONO 的重要来源,大气中的 $NH_3$ 会促进 $NO_2$ 水解生成 HONO。在夜间,由于缺乏光化学来源,OH 自由基浓度非常低。因此 $NO_3$ 自由基和 $O_3$ 成为了主要的大气氧化物。$NO_3$ 的寿命短,活性高,浓度低,但是在大气中的氧化反应和各种痕量气体的损失中扮演了重要的角色。

自从 Aitken 在 1897 年报告了大气中新粒子生成的证据,粒子成核一直是大气化学领域最前沿的科学研究。从北极到欧洲森林地区,沿海地区到城市群,都能观察到新的大气颗粒物的形成。新的大气粒子是二次气溶胶的重要来源,可以贡献约一半的云凝聚核。目前,新粒子的国际成核理论主要包括水一硫酸的二元成核、三元成核、离子诱导成核和碘参与成核。国内陆续开展了相关研究在近20年取得了一系列重要的研究成果。北京大学团队自2004年以来进行的一系列的现场观测,证实了硫酸在新粒子形成中的重要作用,发现了有机物在新粒子成核中的作用。

探索新粒子生成机制需要解决两方面的问题。首先是空气动力学等效直径小于3 nm的粒子或分子团簇尺寸分布的测量。第二是明确这些颗粒或分子团的化学组成,对团簇和气态前驱体进行实时化学成分分析。清华大学进行了一系列用于3 nm以下颗粒测量的仪器设备的技术开发,成功对1～3 nm的颗粒进行了测量。复旦大学在上海进行的大气观测活动与实验室模拟结果进行对比,发现硫酸盐-二甲基胺-水三元成核体系能有效地解释大气新粒子生成事件。北京理工大学提出了高污染地区间由化学反应引起的新的新粒子生成的新的物理化学机制,为我国复合空气污染条件下颗粒物的形成提供新的研究思路和理论指导。

### 1.4.2 大气污染化学实验室研究进展

受限于现有的测量技术,大气中的SOA观测集中在空气动力学直径在700 nm以下的亚微米级颗粒物。SOA大多数通过挥发性有机物(volatile organic compounds,VOC)气相氧化生成低挥发性有机物凝结成颗粒物而来。由于自然环境的高可变性,大气中的有机SOA生成途径广泛,前体物复杂,因而自然界中的SOA生成机制难以定量评估。烟雾箱由于其反应物种、反应条件可选可控的特性,是目前公认的模拟研究光化学反应机制尤其是二次气溶胶形成机制的高效装置。1982年,唐孝炎院士参考国外研究经验,成功领导组织了中国首次性能接近同期国外设备水平的室内烟雾箱的试制并进行了净化空气照射效应、臭氧衰减、一氧化氮氧化、二氧化氮衰减、烯烃衰减等主要性能测试(唐孝炎 等,1982)。目前,中国已有中国科学院大气物理研究所、中国科学院化学研究所、中国科学院广州地球化学研究所、清华大学、北京大学等单位的多个科研小组搭建了大型烟雾箱系统,配套有SMPS、HR-TOF-AMS、PTR-TOF-MS以及GC-MS、IC等高分辨率分析仪器(Ren et al.,2005;Lu et al.,2009;Gai et al.,2009;Wang et al.,2004;Liu et al.,2015)。中国的烟雾箱主要用于检测初始阶段的气态污染物,目前已实现了多物种化学成分、粒径分布、光学和吸湿性等的全面检测,研究水平目前处于世界领先地位。结合流动管、漫反射红外光谱、克努森池、X射线衍射、电子显微镜和拉曼光谱等手段,可利用烟雾箱研究二次气溶胶的形成机理。

非均相反应对二次气溶胶的形成起着重要的作用,研究发现,相对湿度、温度等环境条件对二次气溶胶的形成速率、形貌、产率和光学性质具有重要的作用。$NO_2$ 的存在可以促进 $SO_2$ 的吸附和硫酸盐的形成，这可以在一定程度上解释现场观测的结果。混合颗粒中的硫酸盐或硝酸盐参与反应也能促进二次微粒物质的形成。

SOA 在中国有机气溶胶的占比超过一半，通过大气中有机化合物被 OH 自由基、$NO_3$ 自由基、$O_3$ 和 Cl 离子等氧化剂的氧化作用形成。中国科学院化学研究所等国内科研院所对不饱和烯烃、烷烃、含硫有机物与臭氧、OH 自由基、Cl 原子和 $NO_3$ 自由基的反应动力学进行了研究，解析了 OH 自由基和 Cl 原子与含硫、不饱和酯类、不饱和醇类等挥发性有机物的反应动力学机制。中国科学院安光所与清华大学合作分析了甲苯和烯光氧化中 SOA 的形成及产物。北京大学发现大气芳香烃的排放对 $PM_{2.5}$ 的形成有重要影响。中国科学院广州地化所发现车辆怠速排气对 SOA 产生的贡献是初级有机气溶胶（POA）的 12～259 倍。此外，研究发现在实验中向真实大气中加入 $NO_x$、$SO_2$ 和 $NH_3$ 有助于模拟实际空气污染过程。

中国科学院化学所独立开发了一套光腔衰荡光谱，研究了芳香族化合物（苯、甲苯、乙苯、二甲苯、苯的衍生物（BTEX））和长链烷烃等典型的人为挥发性有机化合物生成的 SOA 的光学性质，以及以生物挥发性有机物（BVOCs）为代表的柠檬烯光氧化反应产生的 SOA 的光学性质。研究表明，SOA 的光学特性直接受 SOA 化学成分的影响。

大气氧化能力（atmospheric oxidation capacity，AOC）决定着大气二次污染的转化强度和空气的自洁净能力。目前对 AOC 气相光化学过程的认识仍然不清，对其在多介质非均相化学过程中的作用机制认知更是匮乏，AOC 量化研究多年来一直停滞不前，成为当前大气化学研究领域世界难题。针对 AOC 的定量表征问题，中国科学院王跃思研究员和北京大学张远航院士团队合作开展了大气氧化能力定量表征方法的创建，以北京等超大城市的外场观测结果为例，在深刻认知 AOC 内涵的基础上，从宏观热力学和微观动力学双方向，分别建立了 AOC 定量表达式 AOIe 和 AOIp，并通过二者闭合研究寻求复杂大气环境条件下大气氧化过程的新机制或新通道；进而建立了归一化大气氧化能力指标体系，并进一步探索了气相化学和非均相化学对 AOC 的贡献，从而提出了现有大气化学机制严重低估 AOC 的重要创新性结论（图 1.3）（Liu et al.，2021）。

### 1.4.3　大气化学数值模拟研究进展

数值模拟是研究大气污染化学的重要途径。空气质量数值模拟研究开始于 20 世纪 60 年代的美国，1960 年代末，美国开始了对光化学烟雾污染的模式开发和研究，开发了仅采用高度参数化公式来代替化学转化过程，不考虑云和降水的清除过程的第一代空气质量模式，这些模型又分为箱式模型、高斯扩散模型和拉格朗日轨迹模型等。20 世纪 70 年代末，空气质量模式考虑了较复杂的气相、液相化学

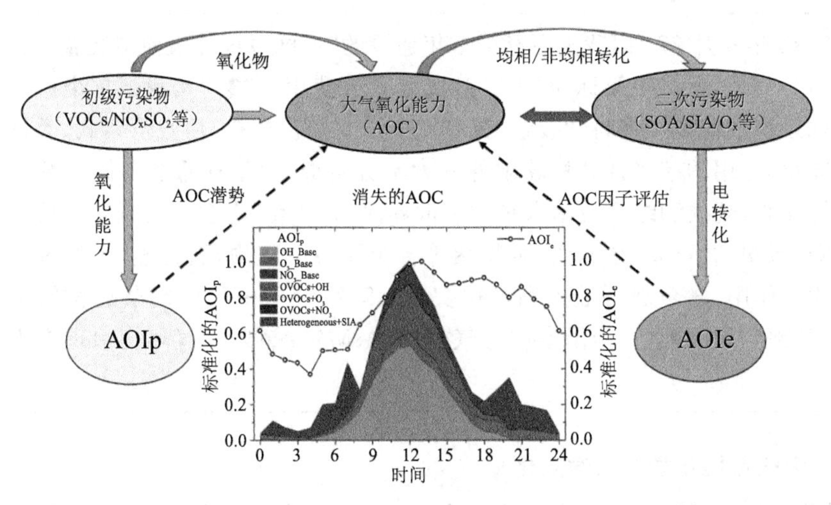


[彩]图 1.3 大气氧化性的定量特征(引自 Liu et al. ,2021)

反应机理并且加入了较为复杂的气象模型能够详细地计算发生在云中及云下的物理、化学过程,形成了第二代空气质量模式。20 世纪 90 年代末,美国环保局全力推进第三代空气质量模式系统的研发,该类模式基于"一个大气"的理念,考虑到了实际大气中不同物种之间的相互转换和相互影响,将所有的大气问题均考虑到模式之中,可以同时模拟多种污染物和污染问题,能够全面有效地评估空气质量控制对策。第三代主流空气质量模型主要包括 CMAQ,CAMx,WRF-CHEM 等。随着时代的发展,目前第四代空气质量模式,能够实现全球、区域、城市尺度的气象模块与化学模块实现双向在线耦合,且各尺度的物理化学过程处理方案一致的全耦合空气质量模式,正在发展之中。数值模拟能够最大限度地模拟真实的大气,方便、迅速且灵活地将最新研究成果纳入模式系统中来,是预测空气质量状况,制定污染控制对策的关键手段。

在过去的 40 年中,随着许多自主开发的空气质量模型的发展,大气环境数值模拟的技术在中国飞速发展。从 20 世纪 80 年代早期的分析模型到如今的数值模型,从单一污染到复合空气污染,从单一污染源到多污染源,从传输扩散过程到沉降、化学、生物多重过程,从单一大气介质到大气—土壤—植被多介质,从当地尺度到全球尺度,如今的大部分大气环境模型拥有模拟多物种、多污染源、复杂过程、多介质、多尺度的大气过程的能力。这些自主开发的模型已经被广泛应用于对大气污染机制、大气污染预报、环境管理、政策评估和环境影响的研究中。它们已经成为了模拟复杂环境问题的重要工具,在重大国家活动空气质量保障、污染物总量控制、区域间预防和控制空气污染中扮演了不可替代的重要角色。

2021 年 6 月 27 日，我国历经十多年建设的“地球系统数值模拟装置”(公开征集取名为“寰”，下文中简称为“寰”)落成并投入使用。“寰”是我国首个研制成功的地球系统数值模拟大科学装置，具有完全自主知识产权，由数值模式、数据库和资料同化、专用的超级计算机软硬件三大部分组成，以地球系统各圈层数值模拟软件为核心，规模和综合技术水平位于世界前列。“寰”将被广泛应用于研究地球大气圈、水圈、岩石圈、冰冻圈、生物圈等各个圈层中的物理、化学、生物过程及之间的相互作用，融合观测数据和模拟实现地球系统的中尺度复杂过程的定量描述，提高预测的准确性，为国家应对气候变化、防灾减灾、大气环境治理提供科学支撑。

### 1.4.4 大气污染化学与气候变化

随着大气化学研究领域的拓展，空气污染物对于气候变化、生态系统以及人体健康等方面的重要影响也得到日益增长的关注。以 $CO_2$，$N_2O$，$CH_4$ 为代表的长寿命的温室气体以及对流层 $O_3$ 造成的辐射强迫对边界层具有显著的增温作用，其中 $O_3$ 的贡献仅次于 $CO_2$ 和 $CH_4$。此外，黑炭气溶胶，尤其是老化的黑炭气溶胶对可见光有强烈的吸收。中国与美国的实验均表明，黑碳在空气中老化后的光吸收量增加了大约 3 倍。气溶胶影响气候变化的途径主要由两种机制：一方面，不同光学特性的气溶胶会散射或者吸收太阳和陆地辐射导致能见度下降，辐射平衡直接受到气溶胶影响；另一方面，不同吸湿性的气溶胶作为云凝结核会影响云反照率，改变云滴的浓度和大小以及其他微物理性质。这一途径会对气候产生间接影响。同时，气溶胶本身的生成和增长也受气候和天气条件作用。气溶胶的含水量主要取决于其在特定相对湿度下的化学成分和混合状态。中国气象科学研究院气溶胶吸湿性生长特征的现场观测表明，海盐气溶胶具有最强的吸湿性，且随着人类活动影响的增加而减弱。城市气溶胶的吸湿性第二强，而生物质燃烧气溶胶的吸湿性最弱。来自北京大学的团队使用自建的吸湿性串联差分迁移率分析仪(Hygroscopicity Tandemdifferential Mobility Analyzer，HTDMA)来测量颗粒物的吸湿性。研究发现不同环境和季节大气颗粒物的吸湿性不同，而颗粒物的粒径分布和状态分布变化很大。中国科学院化学所也利用自建的 HTDMA 研究了一系列有机和无机气溶胶的吸湿性。研究发现了化学成分的变化与气溶胶的吸湿性的高度相关性。

气候也在影响着大气污染化学过程。随着全球气温的升高，大气中的水汽含量显著增加，平均每上升一摄氏度，大气中的水汽含量大约上升 7%。水汽含量的提高对辐射强迫作用以及 OH 自由基和 $O_3$ 的生成具有重要的影响。

未来，在大气污染化学中，随着自由基检测技术的创新和发展，有必要对相关大气物种进行封闭观测研究阐明自由基的机制及其在大气环流中的作用，有必要开发和改进新粒子、中间团簇形成的关键前驱体的测量，当颗粒物粒径小于 30 nm，颗粒的化学成分及其吸湿和挥发性等物理化学参数是必要的(Wang R et al.，2019)。同时，迫切需要在不同的区域进行观测，评估不同条件下粒子的关键成核机制，并获得普遍的参数化 进一步促进模型发展的方案，评价成核过程对区域污染和全球气候的影响。气溶胶酸碱度和含水量的精确测量仍然面临着巨大的困难。如何更好地结合外部现场观测、实验室模拟和模型也是一个挑战。为了研究气溶胶粒子的长期性质，还必须建立一个全面的监测网络，包括大气物理、化学成分、物理和化学性质、大气能见度和天气雷达，结合三维地面观测、实验室模拟和模式模拟进行综合研究。

鉴于空气污染物的气候影响，未来的观测和建模研究应强调气溶胶的大小和混合状态以及气溶胶与云的相互作用。此外，陆地生态系统通过影响生物、物理和化学过程，在空气质量和气候中发挥重要作用。未来的空气质量和气候建模研究还需要与社会经济模型相结合，以评估政策对大气环境、气候和生态系统的实际效用，以及为空气污染物的控制和全球变暖的缓解提供基础科学支持。

## 1.5 大气污染化学研究的新领域

随着公众对大气污染化学研究关注度的提升，气候变化的影响、臭氧化学等热门研究课题都取得了长足的进展，近年在大气污染化学研究方面，一些新的领域也逐步受到空前的重视和关注。

### 1.5.1 室内环境污染研究

我们通常关注室外大气环境污染问题，对室内大气环境污染问题的关注度不高，而事实上室内环境污染的危害程度有时甚至会更加严重。目前大部分人在室内的时间约占 70%～80%，老年人和小孩在室内的时间可能更多，文献估计在 90%或以上，如果长时间在过度装修的室内并吸入含有污染物的空气，会引起一系列不良反应。有研究表明，如果对室内大气环境的污染源不加以防范和控制的话，其对人的危害是比较大的。室内环境的研究内容主要就是室内大气环境污染物对人体健康危害以及如何防止、消除这些危害等。目前对室内大气环境污染的有效控制有待进一步深入研究。

### 1.5.2 异味污染研究

异味污染是指可以引起人们嗅觉器官的各种臭感物质对环境的污染，危害着人们的身体健康。长期受到恶臭物质的刺激，会危害神经系统，导致嗅觉失灵、大脑皮层某些调节功能失调；遇到氨等刺激性臭气，还会使血压出现先下降后上升，脉搏先变慢后变快的变化，持续作用可能导致烦躁、忧郁、失眠等不良反应，同时可能影响生活、学习、工作等各个方面。目前异味污染的监测仍然是难题，处理方法主要采取固相和固液相反应器中微生物的生命活动降解气流中所携带的异味气体，将其转化为臭味强度较低或者是无臭的简单无机物或生物质等。未来在异味去除脱臭领域仍然是具有挑战性的难题。

### 1.5.3 温室效应

大气中有一类对红外辐射有较强吸收作用的气体，被称为温室气体，主要有 $CO_2$，$CH_4$，$O_3$，$N_2O$ 和氟氯烃等物种。温室气体使对流层的大气温度升高的效应称为温室效应。由于煤、石油和天然气等化石燃料的使用不断增加，大气中的 $CO_2$ 含量每年以 0.00007％的速率增长。预测未来 50 年中，大气中的 $CO_2$ 含量增加原有的 30％，这会使地球中纬度的气温上升 2～3 ℃，而两极的气温上升 6～10 ℃，出现全球性的气温升高。科学家预测如果大气中 $CO_2$ 含量再升高一倍，地球气温上升 1.5～4.5 ℃，海平面将上升 20～165 cm，给地球生态系统带来灾难性的影响。因此温室效应对人类危害和全球气候影响，已引起人们高度重视。

### 1.5.4 "霾化学"的概念及发展

大气污染对人体健康和生存构成巨大威胁。在（World Health Organization，WHO）发布的《2018 人类健康面临的十大威胁》中，空气污染居于首位。2013 年 1 月，我国中东部灰霾污染事件对约 130 万 $km^2$ 的国土面积和约 8 亿人口造成明显影响。这是由成分复杂的、高浓度的大气细颗粒物形成。目前霾可认为是多介质复合污染，同时涉及 $O_3$ 等大气氧化性物种的参与。中国科学院贺泓院士领导的团队提出"霾化学"概念，霾化学烟雾污染具有典型的区域特异性和过程复杂性，不同于洛杉矶光化学烟雾和伦敦烟雾。"霾化学"区别现有的理论认识，可能是解析典型多介质复合污染环境下 $PM_{2.5}$ 成因和 $PM_{2.5}$ 与 $O_3$ 污染间非线性复杂关系，也是综合研究气、液、固多相过程的大气污染化学的重要组成部分。这一概念重点包括大气颗粒物均相成核及快速生长机制、大气硫－氮－有机物微界面反应机制、有机－无机耦合非均相致霾机制、复合污染条件下的大气氧化性变化和非光化学条件下的氧化剂源汇机制、气溶胶及 $O_3$ 双向反馈作用机理等。

## 本章小结

本章内容主要概述了大气污染化学课程的基本内容，简述了地球大气的元素构成、组分分类和物理结构，介绍了大气污染化学的研究方法，简要概括了近年来国内外在大气污染化学研究方法、发展进程，并对大气污染化学未来的发展方向做出了展望。

# 本章习题

1. 简述现代大气组成成分及分类。

2. 简述大气层垂直温度结构。

3. 在常温下($p$＝1013.25 hPa，$T$＝298 K)，空气中的 $SO_2$ 气体的混合比为 1.6 ppbv，求其质量浓度。

4. 简述地球大气的演化过程大致经历的各个阶段。

5. 简述大气化学研究的主要研究方法。

6. 简述气溶胶对气候的影响机制。

# 第2章 大气化学基础

大气中除大量存在的氮、氧和惰性气体以外的其他气体组分被称为微量气体，因其在大气化学反应中的复杂性与重要性，且多与大气污染现象相关，近年来成为研究的热点。

这些物质在大气中有着不同的寿命(停留时间)，因其寿命与光化学反应程度的不同，其在大气中的积累浓度也不同，当某些物质的浓度超过一定的环境限度时，便可能会对人类、自然环境和社会环境造成不同程度的不良影响，这些物质又被称为大气污染物。大气是一个动态循环体系，污染物质一旦进入(输入)，便会参与其中，通过与海洋、土壤和生物体系进行交换，构成了包括物理过程和化学过程在内的气体循环。同时这些由大气自身发生反应、生物活动、火山喷发、放射性蜕变和人类的工农业生产所产生的气体，也往往会因为大气中的化学反应、生物活动、物理过程(如微粒形成)和海洋的摄取或沉积而被除去(输出)。因此气体的循环不限于大气圈，它还涉及水圈、生物圈、岩石圈甚至地球的深层。以碳为例，海洋中的二氧化碳约为大气中的60倍，而地球上以石灰岩等沉积形式存在的二氧化碳的量，又是海洋和大气中总含量的600倍。当输入的速率小于输出时，便会造成物质的累积，当某些物质的累积到一定限度时，便会对当地的人、畜、植物和建筑等造成影响。

因此，研究人员的重点是针对已知的大气污染组分，对其生成的来源和去除机制进行探究，以期未来能够在污染物质的控制政策上给出更具体有效的解决措施。目前，受到人们重视的大气污染物主要有以下六种：

(1)含氮化合物(氮氧化物等)；

(2)含硫化合物(二氧化硫等)；

(3)悬浮颗粒物(粉尘、烟雾、$PM_{2.5}$、硝酸盐和硫酸盐等)；

(4)挥发性有机化合物(碳氢化合物、苯等)；

(5)光化学氧化物(臭氧、过氧乙酰硝酸酯等)；

(6)温室气体(二氧化碳、氧化亚氮、甲烷等)。

上述各种大气微量成分并非是单独存在的，而是相互影响、相互作用的，例如，许多含硫化合物也包括碳原子。事实上，所有的大气卤素都有一个碳原子骨架。在大气物理和化学的作用下，每种物质排放到大气中的元素会不断转化，从而建立了该元素在大气中的物质循环，这被称为元素的地球化学循环。参与循环过程的元素或化合物包括该物质在大气、海洋、生物圈和陆地分区，不同储层中的含量(储层包括大气海洋、沉积物和生物等)，源汇。地球化学循环一词常被用来描述全球或生命元素 C，H，O，N，S 的区域性和跨储层循环。目前，空气污染多被视为城市和工业化地区的特有现象，其主要是人类活动排放的化学物质远远高于正常环境对于人类、动物、植被的承载能力和容量，是众多地球化学成分以超限浓度参与生消和迁移转化的持续循环过程。在本章中，我们将介绍化学反应动力学基本概念并重点讨论大气中存在的主要微量成分、浓度、迁移转化、反应特征以及环境影响。

## 2.1　化学反应动力学基本概念

### 2.1.1　基元反应与总包反应

反应物微粒(分子、原子、离子或自由基)在碰撞中相互作用直接转化为生成物分子，称为基元反应(或简单反应)。基元反应是无法被分解为两个或两个以上更简单的反应，没有任何中间产物。

作为反应物参加每一基元化学物理反应的化学粒子(包括分子、原子、自由基或离子)的数目称为反应分子数(molecularity)。通常，根据反应物分子数可将基元反应划分为单分子反应(unimolecular)、双分子反应(bimolecular)和三分子反应(termolecular)。三类反应的方程简式如下所示：

单分子：　$A \rightarrow B$ 或 $A \rightarrow B+C$

双分子：　$A+B \rightarrow C+D$

三分子：　$A+B+C \rightarrow D+E$

在大气环境中，四分子及以上碰撞的反应概率非常小，可以忽略不计。我们处理的大多数反应为双分子反应，少数为三分子反应和单分子反应。

在对流层中，$N_2$ 和 $O_2$ 作为第三种惰性分子通常不参与反应，通过移去多余的能量来稳定由两种物质重组而形成的富含能量的中间体，从而防止反应逆向进行。这种情况下，三分子反应写成：

$$A+B+M \rightarrow AB+M$$

M 因为不发生化学变化，为了防止将其计入化学计量式，三分子反应也可以用以下方式表达：

$$A+B \xrightarrow{M} AB$$

由多个基元反应所构成的反应称为总包反应(或复杂反应)。总包反应方程式只能表达反应前后物种的变化及各种物质间的计量关系，但不能确定地表达反应机理。反应机理表示一个反应是由哪些基元反应组成或从反应形成产物的具体过程，又称反应历程。在研究任何一个特定的反应是否是基元反应时，除非是含有四个及以上的反应物可以确定其一定不是基元反应，否则仅由化学方程式是无法判断的。

> 例：$H_2$ 和 $Cl_2$ 的反应的总包反应和基元反应如下。
>
> 总包反应：
>
> $$H_2 + Cl_2 \rightarrow 2HCl$$
>
> 基元反应：
>
> $Cl_2 \rightarrow 2Cl\cdot$　　（单分子反应）
>
> $H_2 + Cl\cdot \rightarrow HCl + H\cdot$　　（双分子反应）
>
> $H\cdot + Cl_2 \rightarrow HCl + Cl\cdot$　　（双分子反应）
>
> $2Cl + M \rightarrow Cl_2 + M$　　（三分子反应）
>
> * 反应分子数仅针对于基元反应，化学计量数不可随意书写。

### 2.1.2　反应速率

反应速率就是化学反应的快慢。考虑以下常见的化学反应：

$$aA + bB \rightarrow cC + dD \tag{2.1}$$

又可写为：

$$0 = \sum_i \upsilon_i [R_i] \tag{2.2}$$

式中，$[R_i]$为物质浓度；$\upsilon_i$ 称为化学计量系数，它对于反应物为负，对于生成物为正；对反应(2.1)$\upsilon_A=-a$，$\upsilon_B=-b$，$\upsilon_C=c$，$\upsilon_D=d$。式(2.2)表示的是化学反应质量守恒。

在起始状态，体系中反应物 $R_i$ 的粒子数额为 $n_i(0)$；经过 $t$ 时刻，基于反应(2.2)的基元化学物理反应已经进行了 $\xi$ 次，则此时有 $R_i$ 粒子个数：

$$n_i(t) = n_i(0) + \upsilon_i \xi \tag{2.3}$$

$$\xi = \frac{n_i(t) - n_i(0)}{\upsilon_i} \tag{2.4}$$

式中，$\xi$ 称为反应的进度(extent of reaction)。根据反应进度，可以将反应速率 $r$ 定义为：

$$r = \frac{1}{V}\frac{d\xi}{dt} = \frac{1}{V\upsilon_i}\frac{dn_i}{dt} \tag{2.5}$$

式中，$V$ 是 $t$ 时刻反应体系的体积。式(2.5)的物理意义为：单位体积中反应进度随时间的变化率；或者是在单位体积中基元反应发生的次数 $n_i$ 对于时间 $t$ 的微分。对于反应(2.1)，其反应速率可以写为：

$$r = -\frac{1}{aV}\frac{dn_A}{dt} = -\frac{1}{bV}\frac{dn_B}{dt} = \frac{1}{cV}\frac{dn_C}{dt} = \frac{1}{dV}\frac{dn_D}{dt} \tag{2.6}$$

式中，$n_A$，$n_B$，$n_C$ 和 $n_D$ 分别为反应体系中各物质在 $t$ 时刻的量(如物质的量)。如果反应发生在刚性容器或稀溶液等体积视为恒定的体系中，则可以将式(2.6)改写为：

$$r=-\frac{1}{a}\frac{\mathrm{d}[A]}{\mathrm{d}t}=-\frac{1}{b}\frac{\mathrm{d}[B]}{\mathrm{d}t}=\frac{1}{c}\frac{\mathrm{d}[C]}{\mathrm{d}t}=\frac{1}{d}\frac{\mathrm{d}[D]}{\mathrm{d}t} \tag{2.7}$$

式中，$[R_i]=n_i/V$ 是反应体系中各物种的浓度。反应速率与各组分消耗或生成速率之间的关系为：

$$r=\frac{r_i}{v_i} \tag{2.8}$$

化学反应速率 $r$ 是一个标量(常用的单位有 mol/(m$^3$ · s)、mol/(m$^3$ · min)等)，其数值的大小与选择的物质种类无关，对于同一反应，只有一个值。在实际应用中，常选浓度变化易测定那种物质来表示化学反应速率。

### 2.1.3　反应速率方程

在一定的温度下，反应速率往往可以通过反应系统中各个组分浓度的函数关系来表达，这种关系式称为反应速率方程。反应速率的一般表达方式为：

$$r=f([R_i],[X_j])(i=1,2,\cdots;j=1,2\cdots) \tag{2.9}$$

式中，$[R_i]$为反应体系中个反应物和产物的浓度；$[X_j]$为除反应物与产物以外其他组分的浓度。

对于反应(2.1)式，其总包反应速率方程可表达为：

$$r=k[\mathrm{A}]^m[\mathrm{B}]^n[\mathrm{C}]^p[\mathrm{D}]^q \tag{2.10}$$

式中，$k$ 为常数；$m,n,p$ 和 $q$ 取决于反应机理，它们可以是零、整数或分数。对于大多数气相化学反应来说，产物的指数项 $p$ 和 $q$ 一般为零，所以反应速率方程仅与反应物的浓度有关，与产物的浓度无关。

反应速率方程可以通过实验测定测得，也可以依据反应机理推得。反应速率方程的形式有的十分简单，也有的非常复杂。以氢气和卤素的反应为例。氢气与碘、溴和氯气的总包反应形式类似，分别表示为：

$$H_2+I_2\rightarrow 2HI$$

$$H_2+Br_2\rightarrow 2HBr$$

$$H_2+Cl_2\rightarrow 2HCl$$

但这三个反应的反应速率方程却截然不同，分别为：

$$r_{\mathrm{HI}}=k[\mathrm{H_2}][\mathrm{I_2}],r_{\mathrm{HBr}}=\frac{k[\mathrm{H_2}][\mathrm{Br_2}]^{1/2}}{1+\frac{[\mathrm{HBr}]}{10[\mathrm{Br_2}]}}\text{和 }r_{\mathrm{HCl}}=k[\mathrm{H_2}][\mathrm{Cl_2}]^{1/2}$$

质量作用定律：质量作用定律由古德贝格（G. M. Guldberg）和瓦格（P. Waage）1867 年提出。定义是：基元反应的反应速率与各反应物的浓度的幂的乘积成正比，其中各反应物的浓度的幂的指数即为基元反应方程式中该反应物化学计量数的绝对值。即式（2.10）中 $m=a$，$n=b$，$p=q=0$，速率方程为：

$$r=k[A]^a[B]^b$$

例 1：

$$NO+O_3 \rightarrow NO_2+O_2$$

$$r=k[NO][O_3]$$

例 2：

$$2Cl\cdot+M \rightarrow Cl_2+M$$

$$r=k[Cl\cdot]^2[M]$$

### 2.1.4 反应级数

由常见的具有简单形式的反应速率方程式（2.9）说明，反应速率与反应体系中某些组分的某一方次之积成比例。这种形式的反应称为具有简单级数（order）的反应。各组分的级次即为反应速率方程中该组分的指数方次，而一个反应的级数是各组分的级数之和。如反应 $NO+O_3 \rightarrow NO_2+O_2$，对组分 NO 和 $O_3$ 来说反应级数都为一（称为一级的），总反应级数为二（称为二级的）。

反应级数可以有正整数、零、分数甚至负数，有些复杂反应无法用简单的数字来表示级数。常见的零级反应有表面催化反应和酶催化反应：如氨在铂或钨金属表面分解；一级反应有放射性衰变等；二级反应有乙烯、丙烯的二聚作用，碘化氢的热分解反应等。

反应级数的大小表示浓度对反应速率的影响程度，反应级数越大，说明反应速率受到浓度的影响越大。反应级数也常被用来表明一个反应不可能是基元反应，因为在后一种情况下，指数必须是整数，且整个反应级数必须是小于等于 3 的。

如果反应体系中某一反应组分大量存在，反应前后浓度基本不变，则可以对反应级数进行约减。例如分子氧对 NO 的热氧化反应 $2NO+O_2 \rightarrow 2NO_2$，它的反应速率方程与化学计量数相关，为：$r=K^{\mathrm{III}}[NO]^2[O_2]$，因此反应速率与 $O_2$ 浓度的一次方和 NO 浓度的平方成正比，反应级数为 1+2=3。然而在对流层大气中，$O_2$ 的浓度相对于 NO 是相当大的，所以可以看成是不变的常数并且并入常数项 $K^{\mathrm{III}}$，得到新的常数项 $K^{\mathrm{II}}$，此时反应速率表达式为：$r=K^{\mathrm{II}}[NO]^2$。这个反应称为假二级反应（pseudo-second-order）。

反应分子数和反应级数根据定义是完全不同的概念，但两者非常容易混淆。反应级数是对总包反应而言的，是宏观上通过化学动力学实验测定的体系中化学组分的浓度对反应速率影响的总结果，它可正、可负，也可以是零或分数，即使是同一反应，因实验条件的不同而有所变化。反应分子数是基于微观的基元反应而言的，是必然存在的，数值为1,2或3。可以有零级反应，却没有零分子反应。对于基元反应，两者在数值上相同。

### 2.1.5　反应速率常数

反应速率方程(2.10)式中的 $k$ 是一个与浓度无关的比例系数，称为速率常数(rate constant)。其实 $k$ 并不是一个绝对的常数，温度、反应介质、催化剂的存在与否等都对 $k$ 的值有影响，甚至有时与反应容器的器壁性质也有关系，只有在这些变量均已经固定时，$k$ 才真正是一个常数。温度对 $k$ 的影响会在后面章节里介绍。

在气相反应中，如果浓度用分子 $1/cm^3$ 表示，时间用秒(s)表示，则 $k$ 的单位为：一级反应 1/s；二级反应分子 $1/(分子 \cdot cm^3 \cdot s)$；三级反应分子 $1/(分子^2 \cdot cm^6 \cdot s)$；如果污染物的浓度用ppmv(parts per million by volume)来表示，时间用分钟(min)表示，则 $k$ 的单位为：一级反应 1/min；二级反应 $1/(ppmv \cdot min)$；三级反应 $1/(ppmv^2 \cdot min)$。可见，反应速率常数 $k$ 的单位与反应级数有关；反之，从 $k$ 的单位也可以推测反应的级数。

反应速率常速可有实验数据推断，例如 $H_2$ 和 $Cl_2$ 的反应的总包反应和基元反应如下。

总包反应：

$$H_2 + Cl_2 \rightarrow 2HCl$$

基元反应：

$Cl_2 \rightarrow 2Cl \cdot$　　　　(单分子反应)

$H_2 + Cl \cdot \rightarrow HCl + H \cdot$　　　　(双分子反应)

$H \cdot + Cl_2 \rightarrow HCl + Cl \cdot$　　　　(双分子反应)

$2Cl + M \rightarrow Cl_2 + M$　　　　(三分子反应)

* 反应分子数仅针对于基元反应，化学计量数不可随意书写。

### 2.1.6　反应动力学方程

根据实验测得的往往是反应体系不同时间各组分的浓度数据，而要得到速率常数则需要求得各组分浓度和反应时间之间的函数关系：

$$\varphi([R_i],[X_j];t)=0 \tag{2.11}$$

反应物浓度和时间之间的关系一般可以通过列表法、作图法和解析表达式法来表示。而上面这种定量描述浓度与反应时间的方程称为反应动力学方程。它通过对反应速率方程(组)的积分运算或求解微分方程组得到，所以式(2.11)这样的称为反应速率方程的积分式，式(2.8)这类反应速率方程称为反应速率方程的微分式。

利用反应动力学方程通过对时间求导是可以求得相应的反应速率方程(表2.1)。

**表 2.1 不同反应级次的反应速率方程、反应动力学方程和常数 $k$ 的单位**

| 级次 | 反应速率方程 | 反应动力学方程 | $k$ 的单位 |
| --- | --- | --- | --- |
| 0 | $r=k$ | $[C]=[C_0]-kt$ | 分子/($cm^3$·s) |
| 1 | $r=k[C]$ | $[C]=[C_0]\times\exp(-kt)$ | 1/s |
| 2 | $r=k[C]^2$ | $\frac{1}{[C]}-\frac{1}{[C_0]}=kt$ | 1/(分子·$cm^3$·s) |
| 3 | $r=k[C]^3$ | — | 1/(分子$^2$·$cm^6$·s) |

### 2.1.7 平均寿命与分数寿期

在反应体系(2.1)中，反应物 A 自反应开始时间 $t=0$ 时刻，到因化学反应而消耗掉所平均经历的时间定义为反应物 A 的平均寿命。如果在时间 $t$ 至 $t+\mathrm{d}t$ 的时间间隔内，单位体积中消耗的 A 的量为 $-\mathrm{d}[\mathrm{A}]$，这些消耗的反应物 A 的寿命为 $t$，那么 A 的平均寿命 $\bar{t}$ 为：

$$\bar{t}=\frac{1}{[\mathrm{A}]_0}\int_0^{\infty}t(-\mathrm{d}[\mathrm{A}])=\frac{a}{[\mathrm{A}]_0}\int_0^{\infty}tr\,\mathrm{d}\,t \tag{2.12}$$

式中，$r$ 为反应速率，$t$ 为反应时间，$[\mathrm{A}]_0$ 为开始时刻反应物 A 的浓度，$a$ 为 A 的化学计量系数，积分区间为 $t=0$ 至 A 全部消耗完所经历的时间。

对于多组元反应的情况，如果不按等当量配比组成各组元的初始浓度，除了当量比最小的反应物之外，其他组元无法全部消耗，所以是无法讨论这些反应组分的平均寿命的。

对于单组分 A 反应物的一级反应，它的反应速率 $r=k[\mathrm{A}]=k[\mathrm{A}]_0\mathrm{e}^{-akt}$，将 $r$ 代入式(2.12)即得到平均寿命为：

$$\begin{aligned}\bar{t}&=\frac{a}{[\mathrm{A}]_0}\int_0^{\infty}tk[\mathrm{A}]\mathrm{d}t=\frac{a}{[\mathrm{A}]_0}\int_0^{\infty}t(k[\mathrm{A}]_0\mathrm{e}^{-akt})\mathrm{d}t\\&=\frac{1}{ak}\int_0^{\infty}q\mathrm{e}^{-q}\mathrm{d}q=\frac{1}{ak}\end{aligned} \tag{2.13}$$

一级反应的平均寿命与速率常数 $k$ 的倒数呈正比关系：$\bar{t}=1/(ak)$，$a$ 是化学计量系数。若是 $a$ 为 1，则平均寿命就为 $k$ 的倒数。当反应经过平均寿命时间 $\bar{t}$，反应物 A 剩余浓度下降到：

$$[A]_{\bar{t}}=[A]_0 e^{-ak\bar{t}}=\frac{1}{e}[A]_0 \quad (2.14)$$

但不能将平均寿命定义为反应物浓度下降至初始浓度的 1/e 所经过的时间，这只是在一级反应的条件下数值相同的特例。一级反应的平均寿命值可以直接反映指定条件下某个化学反应在动力学上进行的难易程度，平均寿命值越短，反应越易于进行。

对于一个非一级的反应（设为 $n$ 级），将反应速率 $r=k[A]^n$ 代入平均寿命的定义式(2.12)得到：

$$\bar{t}=\frac{a}{[A]_0}\int_0^{\infty} tk[A]^n \mathrm{d}t=\frac{a}{[A]_0}\int_0^{\infty} tk\left[\frac{1}{[A]_0^{n-1}}+(n-1)akt\right]^{\frac{-n}{n-1}}\mathrm{d}t \quad (2.15)$$

速率常数是一个反应进行得有多快的定量指示，能给出一组给定的反应物在一组特定的反应物浓度下能在大气中存活多久。然而，速率常数本身并不容易与反应前物种在大气中存活的平均时间长短相联系。而且由于非一级反应平均寿命表达困难，常引用分数寿期。反应物分数寿期的定义是，反应物消耗了某一分数 $\theta$ 所需要的时间 $t_\theta$。此时反应物的浓度为：

$$[A]_{t_\theta}=(1-\theta)[A]_0 \quad (2.16)$$

式中，$\theta$ 是介于 0 到 1 之间的正数。将$[A]_{t_\theta}$代替一级反应和 $n$ 级反应的平均寿命表达式中的$[A]$，得到分数寿期为：

$$t_\theta=\frac{1}{ak}\ln\frac{1}{1-\theta}(n=1) \quad (2.17)$$

$$t_\theta=\frac{1}{(n-1)ak[A]_0^{n-1}}\left[\frac{1}{(1-\theta)^{n-1}}-1\right](n\neq 1) \quad (2.18)$$

常用的、更直观的有意义的参数是半寿期（或半衰期）和自然寿期。半寿期是反应物浓度达到初始浓度的一半（$\theta=0.5$）时所经过的时间，表示为 $t_{1/2}$；自然寿期是反应物浓度下降到初始浓度的 1/e（$\theta=1-1/e$）时所经过的时间，表示为 $\tau$。自然寿期通常称为寿命（某个污染物与不稳定物质发生反应时，比如 OH 或 $NO_3$ 自由基）。由半寿期和自然寿期的数据可以确定反应级数（表 2.2）。

根据式(2.17)，对于化学反应计量系数为 1 的一级反应，反应物的寿命为：

$$\tau=\frac{1}{k} \quad (2.19)$$

表 2.2 一、二和三级反应的速率常数、半寿期和寿命之间的关系

| 反应级数 | 反应式 | 反应物 A 的 $t_{1/2}$ | 反应物 A 的 $\tau$ |
|---|---|---|---|
| 1 | A→产物 | $0.693/k$ | $1/k$ |
| 2 | A+B→产物 | $0.693/k[B]$ | $1/k[B]$ |
| 3 | A+B+C→产物 | $0.693/k[B][C]$ | $1/k[B][C]$ |

### 2.1.8 温度对反应速率的影响

(1)范特霍夫规则

对于大多数化学反应,提高温度可以使反应速率加快。通常认为温度的变化对于浓度的影响可以忽略,所以反应速率随温度的变化体现在对速率常数 $k$ 的改变上。范特霍夫(van't Hoff)根据大量实验事实,提出一个经验规则:温度每上升 10 K,反应速率近似提高 2～4 倍。用经验公式表示为:

$$\frac{k_{T+10}}{k_T}=\gamma \text{ 或 } \frac{k_{T+10n}}{k_T}=\gamma^n,\gamma=2\sim4 \tag{2.20}$$

该式称为范特霍夫规则。式中,$k_T$ 和 $k_{T+10}$ 分别为 $T$(℃)和($T$+10)(℃)时的反应速率常数;比值 $\gamma$ 也称为反应速率的温度系数。

然而事实上范特霍夫规则只是在反应温度不是太高,温度变化幅度不太大,反应活化能比较低(50～240 kJ · mol)的基元反应这一范围中有规律可循。有些化学反应低于某一温度几乎观察不到其作用,当温度达到一定值后反应瞬间近乎完全,很难观察到和温度的关系;有的化学反应随温度的增加,其反应速度反而下降;有些反应温度升到一定值后回去出现分解、气化或产生其他副反应。范特霍夫规则在缺少数据时,用来粗略计算反应速率随温度的变化有一些作用。

温度对反应速率的影响十分复杂,归纳下来有以下五种(图 2.1)。

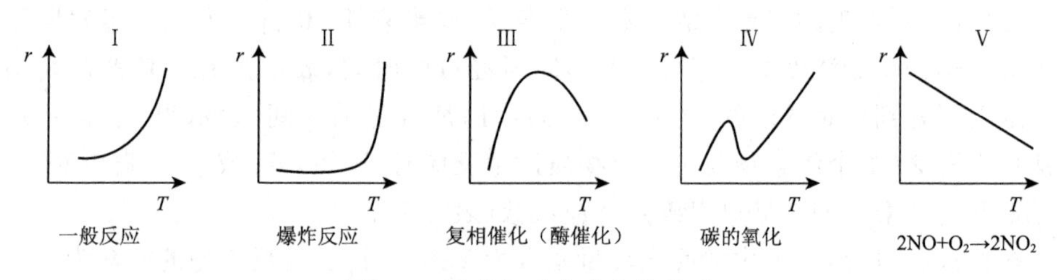


图 2.1 温度与反应速率的关系

第Ⅰ种:反应速率随温度的升高而逐渐加快,它们之间呈指数关系。这种关系是最为常见的阿伦尼乌斯型,在后面的内容会具体讲解

第Ⅱ种:在开始时温度影响不大,到达一定温度极限时,反应以爆炸的形式迅速

进行。

第Ⅲ种：在温度不太高时，反应速率随温度的升高而加快，到达一定温度时，速率反而下降。

第Ⅳ种：反应速率随温度升高到某一高度时下降，温度继续升高，速率又迅速增加，可能是发生了副反应。

第Ⅴ种：随着温度升高，反应速率反而下降。这种类型的反应比较少。如一氧化氮氧化成为二氧化氮。

(2)阿伦尼乌斯定理

1)阿伦尼乌斯表达式

阿伦尼乌斯(Arrhenius)通过大量实验与理论的论证揭示了反应速率常数对温度的依赖关系，逐步建立了反应动力学中著名的阿伦尼乌斯定理。该定理表明反应速率常数与温度呈指数关系，因此，人们将此式称为反应速率随温度而变的指数定律：

$$k = A\mathrm{e}^{-E_a/RT} \tag{2.21}$$

对方程两边取对数可以得到对数式表达：

$$\ln k = \ln A - \frac{E_a}{RT} \tag{2.22}$$

式中，$k$ 为当反应温度为 $T$(K)时的反应速率常数；$R$ 为理想气体常数；$A$，$E_a$ 为与反应温度无关、数值取决于反映本性的常数，$A$ 称为指数前因子(指前因子，也称为频率因子)，$E_a$ 称为活化能(activation energy)。

利用式(2.22)，由 $\ln k$ 对 $1/T$ 作图，可以得到一条直线，由直线的截距和斜率可以分别求出 $A$ 和 $E_a$。如果有两个不同温度下的反应速率常数，$T_1$ 温度时的速率常数为 $k_1$，$T_2$ 温度时的速率常数为 $k_2$，分别代入式(2.22)后相减得到：

$$\ln\frac{k_2}{k_1} = \frac{E_a}{R}\left(\frac{1}{T_1} - \frac{1}{T_2}\right) \tag{2.23}$$

也可以求得活化能 $E_a$；或者在已知活化能的情况下，求解某一温度下的速率常数。

2)活化能

为了得到活化能 $E_a$ 的表达式，对阿伦尼乌斯定理指数表达式(2.23)求微分，得到以下关系：

$$\frac{\mathrm{d}\ln k}{\mathrm{d}T} = \frac{E_a}{RT^2} \tag{2.24}$$

或

$$E_a = -R\frac{\mathrm{d}\ln k}{\mathrm{d}\,\frac{1}{T}} \tag{2.25}$$

有些反应的速率常数并不满足阿伦尼乌斯定理，即由 $\ln k$ 对 $1/T$ 作图无法得到直线，此时活化能就不是一个与温度无关的常数了，而是与温度有关。但此时我们仍然可以引用(2.25)式来决定活化能。由于这是由阿伦尼乌斯定理的微分表达形式得到的，所以 $E_a$ 称为微分活化能，或者直接称之为阿伦尼乌斯活化能。阿伦尼乌斯活化能的定义说明 $k$ 值随着 $T$ 的变化率取决于 $E_a$ 值的大小，$E_a$ 值大的反应，反应速率常数随温度的变化更为敏感：对同一反应，升高一定温度，在高温区值增加较少，因此对于原本反应温度不高的反应，可采用升温的方法提高反应速率；对不同反应升高相同温度，$E_a$ 大的反应 $k$ 增大倍数多，因此升高温度对反应慢的反应有明显的加速作用。

通过指数阿列尼乌斯方程可在较窄的温度范围内拟合许多速率常数对温度依赖关系。在温度变化范围较小的对流大气层中，指前因子 $A$ 可以近似得看为一个与温度无关的常数，一般可以直接使用阿伦尼乌斯定理。然而，当活化能很小或等于零的时候，指前因子 $A$ 与温度有关，随着实验温度范围的扩大，则会与阿伦尼乌斯定理产生较大的误差。在这种情况下，常用的表达式为：

$$k = BT^{n}e^{-E_a/RT} \tag{2.26}$$

式中，$B$ 是与温度无关的常数，$n$ 是拟合之后与实验数据吻合的调节指数。

当然，除了式(2.26)外，还有其他形式的表达式。

3)反应温度对总包反应速率的影响

虽然阿伦尼乌斯定理是描述基元反应的，但是对于包含多个步骤基元反应的复杂反应有时也同样适用。阿伦尼乌斯定理适用于速率方程为幂函数形式的反应，当 $k$ 为某个复杂的总包反应的反应速率时，由式(2.24)决定的活化能，则称为表观的微分活化能，或者就简称为表观活化能。对于许多复杂反应，可以用其表观速率常数(或反应速率)的对数对绝对温度的对数作图，其活化能曲线在一定温度范围内可以得到一条直线，符合这一规律的反应称为阿伦尼乌斯型反应，否则为反－阿伦尼乌斯型反应。但是 $E_a$ 只对基元反应有物理意义。

(3)碰撞理论和过渡态理论

碰撞理论(collision theory)或过渡态理论(transition state theory)是解释速率常数及其与温度的依赖关系的两种最常见的说明，这里只简要介绍碰撞理论。

想象一下，这些反应分子就像台球一样，它们之间没有相互作用，直到它们接触，它们是不可穿透的，所以它们的中心之间的距离不会小于它们的半径之和。当分子像硬质球体一样发生碰撞时，可能发生反应。对于一个双分子反应的反应物 A 和 B 发生碰撞，首先需要计算每秒单位体积内发生的碰撞次数，即碰撞频率 $Z_{AB}$ 为：

$$Z_{AB} = (r_A + r_B)^2\left(\frac{8\pi k_B T}{\mu}\right)^{1/2} N_A N_B \tag{2.27}$$

式中，$\mu$ 为分子 A 和 B 的折合质量，$\mu = m_A m_B/(m_A + m_B)$；$N_A$，$N_B$ 为分别为单位体

积中 A 和 B 的分子数；$r_A + r_B$ 为分别为 A 和 B 的分子半径；$k_B$ 为玻尔兹曼常数，$k_{B=}$ $1.3810^{-23} J \cdot K^{-1}$；$T$ 为绝对温度。

发生化学反应的首要条件是发生碰撞接触，但并不是每一次碰撞都会导致反应发生，必须考虑另外两个因素：

首先，分子碰撞时会以不同的能量发生，这取决于分子碰撞时的速度。一般大多数反应的发生都必须克服某一能量阈值（称为能垒或能阈）（表 2.3）。能垒产生于同时发生的旧键断裂和新键形成的净效应；在反应的过渡态，成键释放的能量一般小于键断裂所需的能量。这之中产生的能量差也就是能垒，必须以其他方式提供足够的能量来克服能垒才能使反应发生。

**表 2.3　一些气体分子的平均速率 $\bar{v}$ 和分子直径（273 K）**

| 分子 | $\bar{v}$(m/s) | 分子直径($10^{-10}$m) |
|---|---|---|
| $H_2$ | 1687 | 2.74 |
| CO | 453 | 3.12 |
| $N_2$ | 450 | 3.5 |
| $O_2$ | 420 | 3.1 |
| $H_2O$ | 560 | 3.7 |
| $CH_4$ | 593 | 4.1 |
| NO | 437 | 3.7 |

其次，即使反应物碰撞产生以足够的能量以克服能垒，如果它们相对于彼此的碰撞方向不恰当，它们也可能不会反应。这种所谓的空间角度条件的重要性可以用氧原子与 OH 自由基的碰撞反应的例子来说明。假定氧原子与 OH 自由基的氧原子端碰撞，空间方位正好适合于生成 $O_2 + H$ 的总包反应：

$$O + O-H \rightarrow [O-H-O] \rightarrow O_2 + H \tag{2.28}$$

然而，如果它与氢原子端发生碰撞，没有产生净的化学变化的结果，尽管事实上可能发生了氧原子交换反应：

$$O + H-O \rightarrow [O-H-O] \rightarrow OH + O \tag{2.29}$$

考虑到能量需求，可以修改一下式(2.27)，即只计算分子 A 和 B 之间具有一定最小能量 $E_0$ 的碰撞次数。最便捷的处理方法是，假定当碰撞对能量低于 $E_0$ 时，反应不发生；而当能量$\geqslant E_0$ 时，反应则百分之百地发生。或者说，可以假定当碰撞能量$>E_0$ 时，反应的概率随相对碰撞能量的增加而增加。

考虑到这种对能量的依赖，可以修改 A 和 B 是半径为 $r_A$ 和 $r_B$ 的硬球的概念。假设 $\sigma_{AB} = \pi(r_A + r_B)^2$ 为硬球分子 A 和 B 的碰撞截面，$\sigma_R$ 为分子 A 和 B 的反应截面。当碰撞能量$<E_0$ 时，$\sigma_R = 0$，即没有反应发生；而当能量$>E_0$ 时，$\sigma_R$ 可看作一个

和 $\sigma_{AB}$ 相等的常数，即高于该能量阈值的所有碰撞都能使反应发生。用 $\sigma_R$ 是总能量 $E$ 的函数来表达反应概率随超过阈值的能量增加而增加的情况：

$$\sigma_R = \sigma_{AB}\left(1-\frac{E_0}{E}\right), E \geqslant E_0 \tag{2.30}$$

$$\sigma_R = 0, E < E_0 \tag{2.31}$$

对于式(2.30)中 $\sigma_R$ 的形式，对从零到无穷大的所有能量范围进行积分，反应性碰撞的频率就表达为：

$$Z_R = \sigma_{AB}\left(\frac{8k_B T}{\pi\mu}\right)^{1/2} e^{-E_0/K_B T} N_A N_B \tag{2.32}$$

由式(2.32)可以确定速率常数 $k$ 为：

$$k = \sigma_{AB}\left(\frac{8k_B T}{\pi\mu}\right)^{1/2} e^{-E_0/K_B T} \tag{2.33}$$

然而上式没有考虑到为了使反应发生，碰撞分子的方向要求。这时通常引入一个额外因素，即空间因子 $P$。$P$ 代表了碰撞分子具有恰当的空间取向的概率。因此，速率常数表达式又变为：

$$k = P\sigma_{AB}\left(\frac{8k_B T}{\pi\mu}\right)^{1/2} e^{-E_0/K_B T} \tag{2.34}$$

比较(2.33)和(2.34)两式可以看出，阿伦尼乌斯公式的指前因子 $A$ 相当于 $P\sigma_{AB}\left(\frac{8k_B T}{\pi\mu}\right)^{1/2}$，而活化能 $E_a$ 相当于能量阈值 $E_0$（图 2.2）。值得注意的是，碰撞理论预测了指前因子与温度($T^{1/2}$)成正比。然而如此多的反应似乎都遵循阿伦尼乌斯方程，其中指前因子 $A$ 与温度无关。原因是指前因子对温度依赖性由于指数项 $T^{1/2}$ 而比

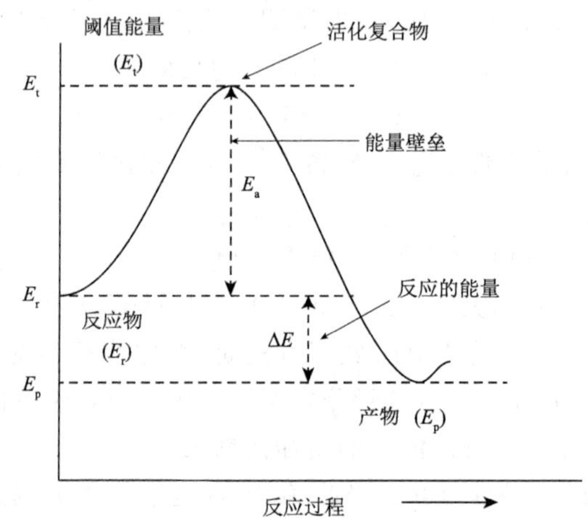


图 2.2 化学反应过程中的能量变化(引自 Feltham，2000)

较小。但是,对于 $E_a$ 趋近于零的反应,指数前因子对于温度的依赖性是会非常显著的。

碰撞理论主要用于比较反应效率。比如,在温度 25 ℃(298 K)下,半径为 0.2 nm的分子,摩尔质量为 50 g·mol$^{-1}$,$P=1$,$E_0=0$,那么根据式(2.34),得到反应速率常数为 $2.5\times10^{-10}$ cm$^3$/(分子·s)。也就是说,当反应没有空间位阻或能垒时,速率常数应该在 $10^{-10}$ cm$^3$/(分子·s)量级,同时速率常数在 $10^{-15}$ cm$^3$/(分子·s)量级的反应,该体系大约是每 $10^5$ 次碰撞发生一次反应。

## 2.2 氮和硫的循环

### 2.2.1 氮和硫的源汇分布

大气中含氮的化合物含量较高的成分是 NO、$NO_2$ 和 $N_2O$。这主要是由于其余含氮物质的化学性质不稳定,例如三氧化二氮($N_2O_3$)、五氧化二氮($N_2O_5$)、大气硝基($NO_3$)等易在白天对流层大气的光照条件下发生多种化学反应直接或间接转化为 NO 和 $NO_2$,因此在实际情况下这些物质的浓度很低,大气中的氮氧化物($NO_x$),专指 NO 和 $NO_2$,目前国际上确定的全球 $NO_x$ 释放源包括:化石燃料燃烧排放(主要是高温燃烧时燃料中 N 的氧化和对大气 $N_2$ 的固定,包括汽车尾气、电厂和冶炼厂的排放等)、生物质燃烧释放、土壤中 N 的微生物过程释放、闪电合成、平流层光化学反应、飞机排放和大气中 $NH_3$ 的氧化(张朝晖 等,2005)。$NO_x$ 主要来源是人为贡献,即化石燃料的燃烧。自然和人为源释放的大多数 $NO_x$ 最初以 NO 的形式存在于大气中,例如土壤释放的 $NO_x$ 中 90%是 NO。同时,NO 是化石燃料燃烧的主要生成物,其中氮的来源有两部分:空气中的 $N_2$ 和燃料中的有机氮。高温条件下,空气中的 $N_2$ 与氧自由基和 $O_2$ 反应生成 NO。此外,化石燃料中的含氮有机物在燃烧过程中先转化为胺与氰化物,之后被氧自由基及羟基氧化为 NO,由于 C—N 键与 N—H 键比 $N_2$ 的 N≡N 键打开所需的能量要低得多,所以燃料中含氮化合物生成 NO 的速度大于空气脱氮所形成的 NO。

$NO_x$ 的大气寿命很短,一般只有 1～10 d。地表释放的 $NO_x$ 无法到达平流层,在对流层 NO 转变为 $NO_2$ 前其大气寿命只有几秒到几分钟,而 $NO_x$ 被氧化成其大气化学转化过程的最终产物气态硝酸($HNO_3$)也仅需几天。生成的 $HNO_3$ 很快与气溶胶、云水和降雨结合,通过干、湿沉降从大气中清除掉。$NO_x$ 的大气浓度与其大气寿命和源的分布关系极大,在底层大气中浓度分布很不均匀,有较大的时空变化,因而在特定时间、特定地点测得的 $NO_x$ 大气浓度数据很难具有全球代表性。在背景大气中,$NO_x$ 在大气中的体积浓度大约为 1 pptv,但在距地表释放源的污染大气中 $NO_x$ 浓度可高达 0.1 ppmv 以上。

大气中 $NO_x$ 的消除过程主要通过在大气中的氧化过程及其后的干、湿沉降过程,

$NO_x$ 氧化成的 $HNO_3$ 很容易被气溶胶、云水和降水所吸收从而通过干、湿沉降清除掉。

$N_2O$ 作为一种具有较大增温潜势的温室气体，是二氧化碳增温效率的 310 倍(Golubyatnikov et al.，2013)。作为生物圈中土壤、水体以及有机物堆积过程中微生物作用的产物，地表生物源是其在大气中的最主要来源，约占 70%以上。自然土壤向大气排放的 $N_2O$ 约为 2.8～7.7 MtN/a，其中热带的土壤便贡献了一半以上，这是由于热带广阔的土地面积和气候条件，加速了氮元素的循环(郭李萍 等，1999)，促进了该地区的排放。此外，由于人类大量的使用氮肥，也不可避免地会向大气排放相当数量的 $N_2O$。水体中的排放同样是因为人类施肥导致水中氮元素大量积累，在微生物的作用下(主要是反硝化过程)释放出 $N_2O$。海洋中 $N_2O$ 的储量有 900～1100 MtN/a，也是 $N_2O$ 的重要来源，海水与大气间的 $N_2O$ 的交换会显著的影响大气中 $N_2O$ 的浓度。除了这些生物源外，化石燃料的燃烧同样也会向大气释放一部分的 $N_2O$，约占全球排放量的 2%～3%(郭李萍 等，1999)。

大气中的 $N_2O$ 的汇[(式(2.35)和式(2.36)]主要是平流层光化学反应对其的消除及其后的干湿沉降过程，土壤和水体也会吸收一部分。在平流层发生光解反应后，生成 NO，进而引起臭氧层的破坏。

$$N_2O + h\nu(< 315nm) \rightarrow N_2 + O \quad (2.35)$$

$$N_2O + O \rightarrow 2NO \quad (2.36)$$

氨气同样是大气污染物的一种，它主要来自于动物废弃物、土壤腐殖质的氨化、铵态氮肥的释放以及工业排放(图2.3)。其主要的去除机制是转化为气溶胶铵盐，

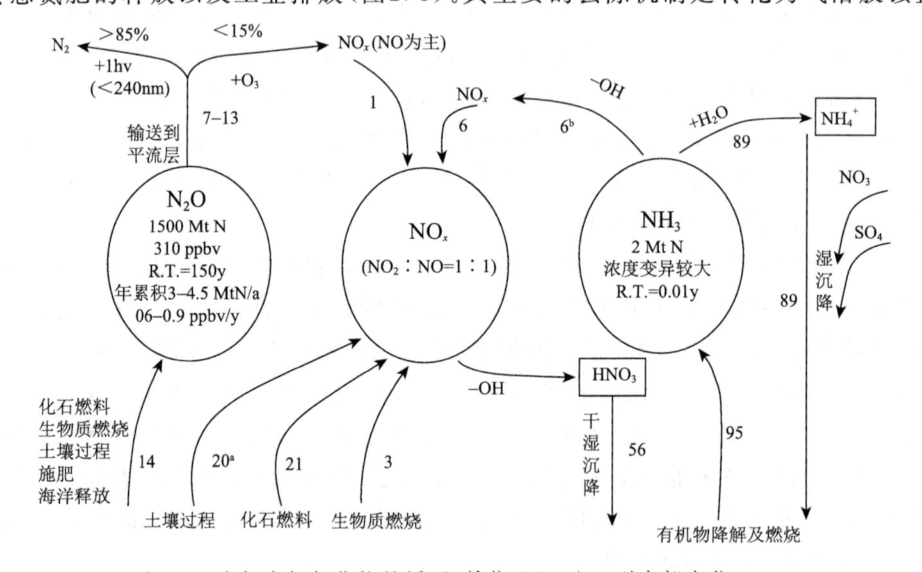


图 2.3 大气中氮氧化物的循环(单位：MtN/a)(引自郭李萍，1999)

而后经过干湿沉降去除。此外，氨气还可与羟基自由基反应，经一系列步骤生成 NO 和 $NO_2$。所以氨气也可以被认为是氮氧化物一个重要的潜在源(胡清静，2015)。

在人类和自然环境中，最重要的含硫气体是二氧化硫($SO_2$)、二甲硫醚(dimethyl sulfide，$(CH_3)_2S$，DMS)、硫化氢($H_2S$)、羰基硫(COS)、二硫化碳($CS_2$)和二甲基二硫(dimethyl disulfide，$CH_3SSCH_3$，DMDS)等。硫酸盐是大气气溶胶 $PM_{2.5}$(也称作大气细粒子)中主要组分之一，它对云的形成、酸雨、能见度和人体健康有着重要影响。大气中的硫酸盐主要是二氧化硫经光化学氧化形成。二氧化硫氧化形成硫酸盐既可通过气相均相反应发生，也可通过非均相反应在云滴或气溶胶液相氧化形成，而后者是全球硫酸盐的主要形成途径，但是相关化学转化机制还不是很清楚。如图 2.4 所示，$SO_2$ 作为人为硫排放的最主要气体，主要来源是化石燃料的燃烧，其在空气中易被氧化生成 $SO_3$，再与水分子结合生成硫酸分子，经过成核反应，形成硫酸盐气溶胶，通过干湿沉降的方式从大气中去除，但其去除过程中易形成硫酸型烟雾和酸雨，对环境破坏性极大

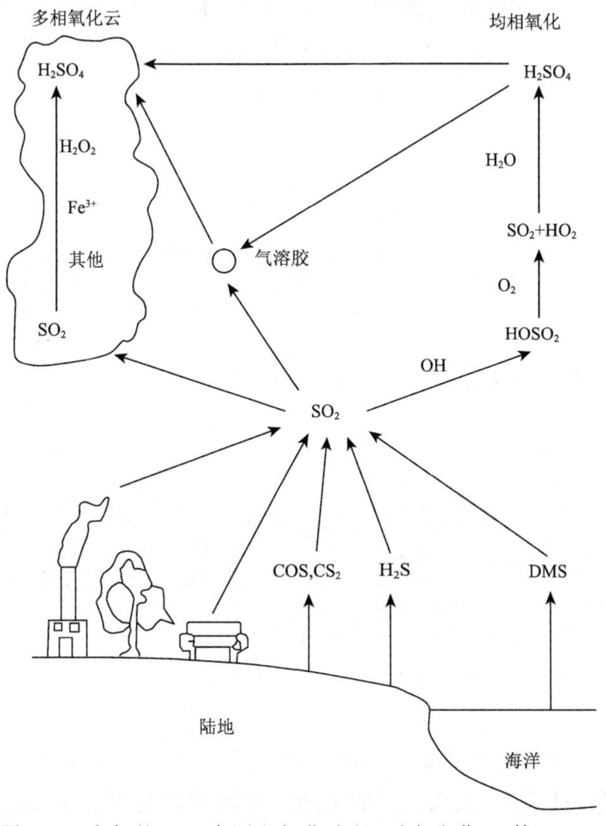


图 2.4　大气的 $SO_2$ 来源和氧化途径(引自张苗云 等，2011)

(Badr et al. ,1994)。大气中的 $SO_2$ 除部分被植物、地面等直接吸收外,绝大部分被氧化形成硫酸盐,其中均相氧化和多相氧化是两种主要的氧化途径。

如图 2.5 所示,硫主要以还原形式排放到大气中如 DMS 和 $H_2S$(生物成因)或处于部分氧化状态例如 $SO_2$(人为和火山),并且在几天内,在大气中氧化形成 $SO_4^{2-}$ 云滴或气溶胶液滴。大多数环境影响是与大气氧化的最终产物有关:硫酸盐。因为 $H_2SO_4$ 的蒸汽压相对较低,大多数大气硫酸盐最终存在于气溶胶中,即部分结晶和/或浓缩液滴。因此,硫排放的最终影响取决于多相循环分支过程的准确量化,大气中的硫的氧化过程相对速率又强烈依赖于气象条件。由于 $SO_2$ 的溶解度相对较高,因此其氧化作用很小复合物,如已知的黏附在表面(干沉积),在气相中能直接与 OH 自由基发生反应,并被提取和处理(液相氧化)或以雨水稀释溶液(湿沉降)。DMS 由其前体二甲基巯基丙酸(Dimethylsulfoniopropionate,$(CH_3)_2SCH_2CH_2COO$,DMSP)通过藻类的酶或微生物酶解而来。DMSP 由藻类利用海水中的硫酸盐经过一系列的反应合成产生,不同藻类产生 DMSP 的能力不同。DMS 通过海一气交换进入大气后,主要被大气中的 OH 自由基和 $NO_3$ 自由基等物质氧化,产生甲磺酸(Methanesulfonic acid,$CH_4O_3S$,MSA)、$SO_2$ 等产物,$SO_2$ 可以进一步参与形成硫酸盐,成为海洋大气气溶胶的重要组成部分(张麋鸣 等,2013)。

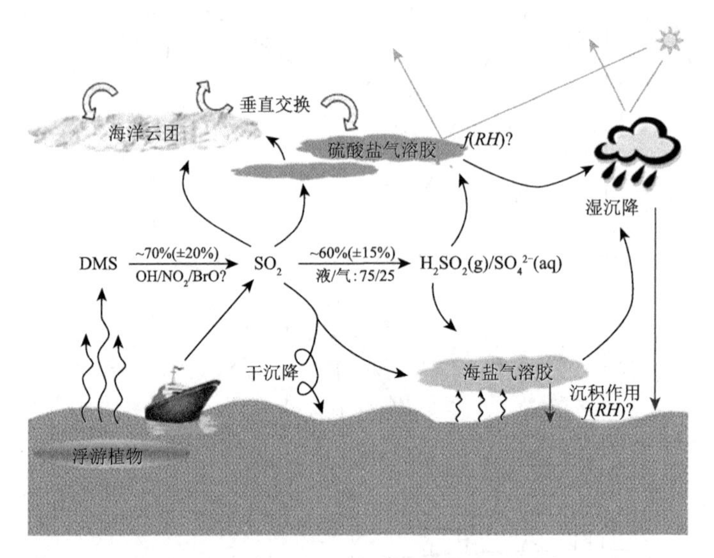


[彩]图 2.5　海洋大气边界层中硫循环的重要过程(引自 Faloona,2009)

事实上,自然源排放的含硫气体贡献同样不可忽视,有报道指出,自然源的排放量超过人为源,且海洋、火山、土壤、植物、生物质燃烧被认为是自然硫的来源。

$H_2S$ 曾经被认为是对流层中唯一存在的自然含硫气体，因而研究前期对它格外重视，其来源除火山喷发外，主要来源于动植物机体的腐烂，即主要由机体中的硫酸盐经微生物的厌氧活动还原产生，其去除机制主要是与空气中的羟基自由基反应加以去除。随着研究的深入，人们发现在全球尺度中，硫化氢的重要性并不十分突出，DMS 才是自然硫源释放的主要含硫气体，DMS 是一种重要的海洋源气体，是参与全球硫循环的一个重要组成部分，在海洋与大气相互作用中扮演着重要的角色。

### 2.2.2 大气化学转化过程中氧化态活性氮和活性硫循环

大气中氧化态活性氮主要包括 $NO_x$ 和气态 $HNO_3$ 等。$NO_x$ 的循环过程会影响臭氧和羟基自由基的浓度，进而影响大气氧化能力。$NO_x$ 的氧化终端产物硝酸是颗粒污染物的重要组成部分，其干湿沉降过程会对生态系统产生影响。硝酸是大气颗粒污染物的重要组成成分之一，而过量的大气硝酸沉降会导致森林退化、土壤酸化、湖泊河口的富营养化等，使得生物多样性减少。

$NO_x$ 与对流层的主要氧化物质如臭氧($O_3$)、OH 自由基和 $HO_2$ 自由基有着密切的联系，可以通过影响它们的浓度影响大气环境的氧化能力。在白天，NO 被 $O_3$ 或 $HO_2$ 自由基氧化为 $NO_2$ 后(如公式(2.37))，$NO_2$ 会被光解重新生成 NO(如公式(2.38))，反应过程中生成的 O 原子会与 $O_2$ 结合产生臭氧，式(2.39)是对流层 $O_3$ 的主要生成途径。NO 和 $NO_2$ 之间的循环反应会在短时间内达到稳态，这一过程被称为雷顿循环(Leighton cycle)。反应的主要方程式如下：

$$NO+O_3 \rightarrow NO_2+O_2 \tag{2.37}$$

$$NO_2+h\nu \rightarrow NO+O(^3P) \tag{2.38}$$

$$O(^3P)+O_2+M \rightarrow O_3+M \tag{2.39}$$

$O_3$ 浓度和 $NO_2$ 光解速率影响雷顿循环过程。雷顿循环控制着 NO 和 $NO_2$ 两个组分的相对浓度。除了 NO 与 $NO_2$ 之间的快速循环反应，$NO_2$ 会经历不同氧化机制形成硝酸。硝酸的生成反应可以分为白天和夜晚反应。在白天，硝酸主要通过 OH 氧化的方式[式(2.40)]形成：

$$NO_2+OH \rightarrow HNO_3 \tag{2.40}$$

夜间 OH 浓度极低，$NO_2$ 先经臭氧氧化生成 $NO_3$[式(2.41)]，$NO_3$ 再与二甲基硫醚(DMS)或碳氢化合物(HC)反应生成硝酸[式(2.42)]，或者 $NO_3$ 与 $NO_2$ 结合形成 $N_2O_5$[式(2.43)]，$N_2O_5$ 通过水解生成硝酸[式(2.44)]。式(2.40)表示的反应在白天也可以发生，但是生成的 $NO_3$ 在光照条件下很快光解，阻止其进一步反应成硝酸(周涛 等，2019)。

$$NO_2 + O_3 \rightarrow NO_3 + O_2 \tag{2.41}$$

$$NO_3 + DMS/HC \rightarrow HNO_3 + \text{产物} \tag{2.42}$$

$$NO_2 + NO_3 \rightarrow N_2O_5 \tag{2.43}$$

$$N_2O_5 + H_2O(aq) \rightarrow 2HNO_3(aq) \tag{2.44}$$

1979 年 Perner 首次对大气中 HONO 进行了检测，之后有许多关于 HONO 的研究。HONO 的光解反应是对流层中 OH 的重要来源，因此认识大气 HONO 的来源很重要。机动车尾气的直接排放以及大气中 NO 与 OH 的气相反应均会产生 HONO，但是其贡献很小。研究发现 HONO 的浓度在夜间逐渐增加，清晨达到最大值后降低，因此夜间 $NO_x$ 与 $H_2O$ 的非均相水解反应是 HONO 最主要的来源[式(2.45)，式(2.46)]：

$$NO_2 + H_2O \rightarrow HONO + HNO_3 \tag{2.45}$$

$$NO + NO_2 + H_2O \rightarrow 2HONO \tag{2.46}$$

地表土壤、建筑物表面以及大气气溶胶都可为该水解反应提供反应界面。水蒸气存在下，$NO_2$ 可以与大气中烟炱表面的还原性物质反应，其对 HONO 的贡献可能比上述水解反应更加重要。最近的外场观测数据表明还存在重要的 HONO 日间源，这是目前 HONO 研究的热点。

早在 1987 年，Akimoto 等在进行烟雾箱实验时发现光照促进 $NO_2$ 的水解反应。Ramazan 等指出，这是因为 $NO_2$ 水解生成的 $HNO_3$ 光解产生 HONO。随后发现 $NO_2$ 在不同界面上（腐殖酸、土壤、Soot、矿尘等）都存在着光化学反应。目前，HONO 源问题的研究还存在着许多的不确定性，其产生机理以及定量测定是未来大气化学研究的重要方向。

大气中主要的硫态氧化物是 $SO_2$ 和硫酸盐等，化石燃料的燃烧、火山爆发和微生物的分解作用是它的重要来源。通常情况下，空气中的 $SO_2$，一部分被绿色植物吸收，一部分与大气中的水结合，形成硫酸，随降水落入土壤和水体之中，以硫酸盐的形式被植物的根系吸收，转化成蛋白质等有机物质，进而被各类物质吸收，当动植物腐化后，硫元素又被释放到空气之中，这样一个过程便构成了硫元素的大气循环。当某一地区的二氧化硫浓度突然升高时，空气中硫酸盐的浓度增加，易形成硫酸型酸雨，对地区建筑和人员健康造成威胁。

目前，单一的控制因素并不能完全解释研究区域大气 $NO_x$ 与 $SO_2$ 季节性浓度特征，由于稳定氮和硫同位素组成“指纹”特征，同位素示踪技术已被广泛地应用到环境领域中的氮硫循环和源解析等研究中。同位素的定义是拥有同一质子，而中子数目不同的一类原子。同位素稳定的意义是不同地区和排放源的氮硫大气污染物中其氮硫同位素的比值范围一定，有利于进行溯源，寻找重要污染源(Elliott et al.，2019；李佩霖 等，2016)。周涛等(2019)同样对氮氧化物中的同位素$^{15}N$进行了研究，发现其在大气活性氮循环、示踪区域和全球活性氮排放、传输和沉降等研究方面都展现出了一定的潜力。$N_2O$是一种重要的温室气体，了解其排放特征有利于为控制$N_2O$的排放提供理论和技术支持，不同的源释放的$N_2O$应该伴随有不同的同位素信号，比如农业无机肥料源产生的$N_2O$比自然源产生的$N_2O$中$^{15}N$同位素的比例明显下降，最终认为在实验室培养下进行的$N_2O$排放实验无法满足实际状况，但为$N_2O$的产生路径的探究提供了很好的方法。

如图 2.6 所示，$NO_x$的$\delta^{15}N$研究表明，化石燃料燃烧源占据$NO_x$排放清单的首要地位。化石燃料燃烧(如燃煤发电厂和汽车尾气)产生的$NO_x$的$\delta^{15}N$值有较大范围，为$-23.3‰\sim25.6‰$。化石燃料燃烧排放的$NO_x$主要来源于两个方面：一是燃料内部氮氧化生成$NO_x$(燃料$NO_x$)，二是大气中$N_2$氧化生成的$NO_x$(热裂解$NO_x$)。燃烧装置构造的不同会导致燃料$NO_x$和热裂解$NO_x$生成效率的差别。如燃煤发电厂由于燃烧装置温度较低(1277～1402 ℃)，故其排放的$NO_x$主要来源于燃料$NO_x$，而汽车引擎内部温度足够高(＞1727 ℃)，足以将大气氮源氧化，其尾气排放的$NO_x$主要源于热裂解$NO_x$。目前报道的汽车尾气排放$NO_x$的$\delta^{15}N$值超过10.2‰以上的，皆未直接测定汽车排气管排放的$NO_x$，而是测定了隧道、路边以及道路旁植物中$NO_x$的$\delta^{15}N$值。这些研究的测量对象为汽车排放的$NO_x$与周围空气混合形成的二次产物，很难代表汽车原始尾气排放$NO_x$的$\delta^{15}N$值。

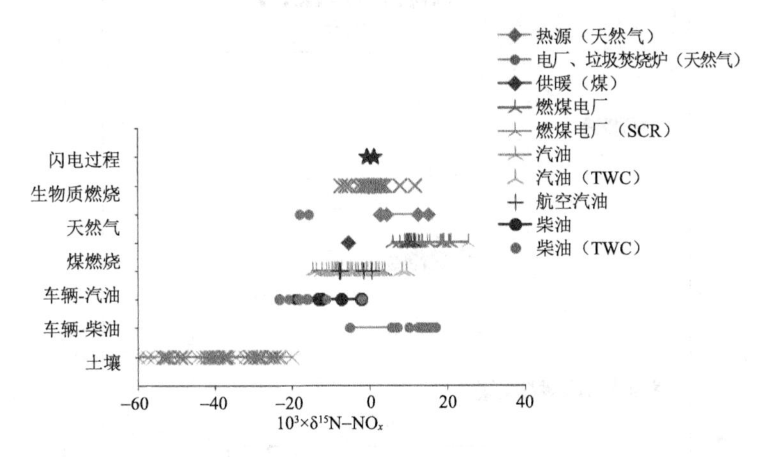


[彩]图 2.6　不同污染源排放的$NO_x$的$\delta^{15}N$值(引自周涛 等，2019)

基于此原理，江浙地区的大气与气溶胶中的$SO_2$中的$^{34}S$研究表明，相对湿度对大气二氧化硫的氧化机制有影响，导致大气与气溶胶中$^{34}S$存在差异(Zhang et al.，

2010）。图 2.7 是不同地区大气 $SO_2$ 和气溶胶硫同位素组成的变化范围。浙江中部地区与贵阳地区和湘桂走廊地区有着明显的区别，与华南的珠江三角洲地区及衡阳地区也有一定的差别，这种区域分异现象主要与各地区使用的化石燃料的不同来源密切相关，也是造成大气 $SO_2$ 和气溶胶的硫同位素组成区域分异的根本原因。不同地区的化石燃料由于其形成的地质背景不同，它们的硫同位素组成有很大的差异。浙江中部地区消耗的煤炭主要来自中国北方地区，与贵阳地区和湘桂走廊地区差异明显。煤因产地不同硫同位素组成变化较大，煤炭硫同位素组成的区域特征造成其燃烧产物，即排放的污染物（如 $SO_2$ 和颗粒物），其硫同位素组成的不同。中日合作开展对中国贵阳、北京、大连、长春、哈尔滨、上海、南京、青海瓦里关、日本筑波(Tsukuba)等城市的大气 $SO_2$ 和气溶胶硫同位素及铅同位素组成研究，同样观察到了这种明显的区域分异现象，北方地区大连、长春、哈尔滨的大气 $SO_2$ 的 $\delta^{34}S$ 值大约为 5‰，而南方的贵阳约在 −3‰左右，南京和上海的均值则在 3‰左右。因此，大气 $SO_2$ 硫同位素组成的区域分异与各地区煤的硫同位素组成相一致，是由化石燃料的硫同位素组成差异造成的。

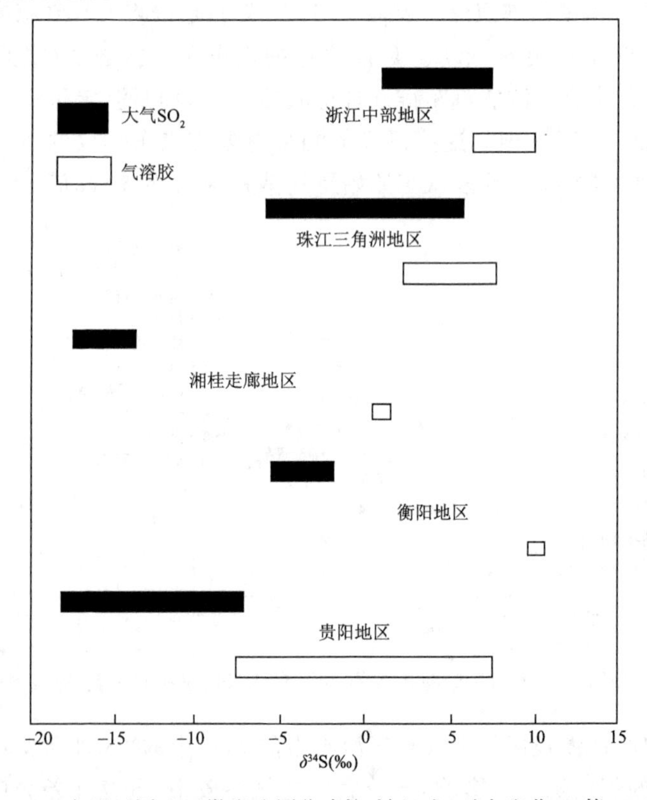


图 2.7　中国不同地区煤炭硫同位素 $^{34}S$‰组成（引自张苗云 等，2011）

### 2.2.3　大气气溶胶中的氮和硫

气溶胶的定义是液体或者固体颗粒均匀地分散在气体中形成的相对稳定的悬浮体系。气溶胶粒子的来源很复杂，既有人为源也有自然源。一次生成的粒子有风沙、岩石风化、火山喷发等，二次粒子则是来源于上述过程中排放气体的化学反应形成新的气溶胶粒子，其中硫酸盐、硝酸盐和铵盐等二次气溶胶粒子对环境的影响最大。上述三种物质重要的形成方式是气粒的转化，其气态前体物分别是二氧化硫、氨和氮氧化物。

硫酸盐的一次排放源是硫酸工业和硫酸矿，但其硫酸盐的生成比例在大气气溶胶中的占比很低。二氧化硫氧化生成的二次硫酸盐才是大气中硫酸盐气溶胶粒子主要来源。人类社会每年向大气中排放大量的二氧化硫，继而在大气中被氧化生成硫酸和硫酸盐，是大气细粒子的重要组成部分。硫酸盐主要分布在亚微米级微粒之中，不易沉降，可通过呼吸道进入人体，对人的健康造成巨大的威胁，最为典型的事件便是 20 世纪的伦敦烟雾事件，短时间内便造成大量的人员伤亡(吴蓬萍，2008)。

大气中的硝酸盐是光化学反应的典型产物，氮氧化物在光的作用下生成了气态硝酸，一定条件下形成硝酸盐颗粒，成为大气气溶胶的一部分。由于氮氧化物的主要来源是汽车尾气的排放，对于尾气污染严重的城市地区来说，硝酸型酸雨更易形成(朱彬 等，2002)。

氨气是空气中唯一的碱性气体，在大气中易与硝酸盐和硫酸盐反应生成硫酸铵和硝酸铵，这两种物质同样也是大气二次污染物的标志产物。氨也可以与排放到大气中气态氯化氢反应生成氯化铵，这也是大气气溶胶粒子中的常见组分(胡清静，2015；Wei et al.，2015)。

如图 2.8 所示，在西安和北京外场观测中发现雾霾期间高湿度下硫酸盐浓度迅速增加，二氧化硫在气溶胶液相转化成硫酸盐随着相对湿度的增加而呈指数型增长，同期伴随着高浓度的氮氧化物和氨气。传统理论对大气中二氧化氮氧化二氧化硫的效应并未给予足够重视，当前国内外学者对大气气溶胶液相二氧化氮、氧化二氧化硫的作用也大多处于猜测与争议中，缺乏直接证据。通过实验室烟雾箱模拟，研究团队发现：二氧化氮可在大气气溶胶液相中快速氧化二氧化硫，生成硫酸盐；并且，只有当二氧化硫、二氧化氮、氨气、高相对湿度以及吸湿性晶种五个条件同时满足时，上述非均相反应才能发生，且硫酸盐形成速率与二氧化氮浓度的平方成正比(二阶反应)，即在雾霾天高浓度氮氧化物条件下，上述反应更为显著。

二氧化硫液相氧化受颗粒物酸度影响，在酸性条件下，二氧化硫难以溶解到气溶胶液相中；但当气溶胶液相酸度较低甚至接近中性时，二氧化硫的溶解度和氧化速率均会迅速提高，比如当气溶胶液相 pH 值由 2 增加到 4，二氧化硫的亨利常数和氧化速率分别会增加 2 个数量级。一方面，我国农田大量施用氮肥，大气中氨气浓度高，

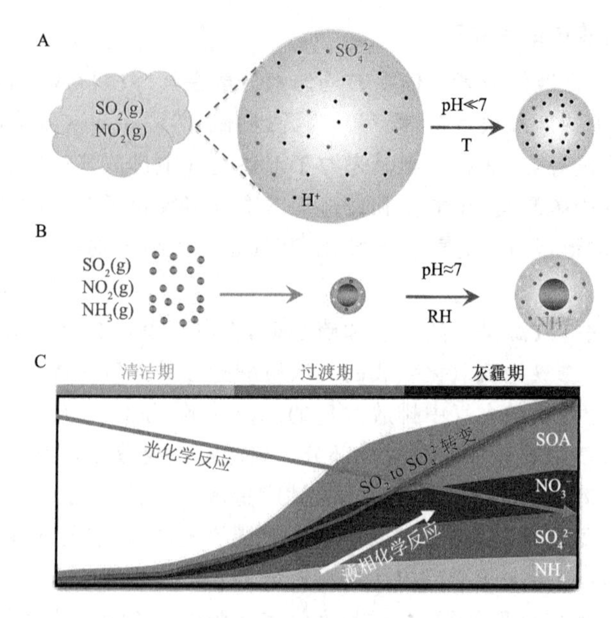


[彩]图 2.8　大气氮氧化物与硫氧化物的交互反应机制(引自 Wang et al.,2016)

有效降低了大气气溶胶的酸度,从而大大促进气态二氧化硫向气溶胶液相的转移,另一方面,雾霾天气下高浓度二氧化氮提供了有效氧化剂,从而导致气溶胶上二氧化硫快速氧化生成硫酸盐(硫酸铵或硫酸氢铵)。

类似机制也曾导致著名的 1952 年英国伦敦烟雾(London fog)事件。虽然伦敦当时并没有大量氨气存在,但是由于工厂和居民大量燃煤排放,大气中存在高浓度二氧化硫和二氧化氮,在浓雾天气条件下,雾滴上发生二氧化硫氧化,生成大量硫酸。由于雾滴直径在数十微米,其体积比灰霾粒子大 2～3 个数量级,因此,所形成的硫酸被高度稀释,雾滴并没有显现强酸性。但是在中午时分随着气温升高,雾滴上水汽蒸发,雾滴直径由数十微米变小为 1～2 μm,硫酸被高度浓缩,产生大量强酸性气溶胶,从而引发大规模呼吸道疾病,导致三周内数千人死亡。

大气细颗粒物上二氧化氮液相氧化二氧化硫是我国当前雾霾期间硫酸盐的重要形成机制。由于具有强吸水性,形成的硫酸盐在雾霾天高湿度条件下会促进硝酸盐和二次有机气溶胶的形成,这些物质之间的协同效应进一步加剧我国华北雾霾污染。根据这些新认识,研究团队指出:当前我国大气二氧化硫有效减排控制的同时,亟需进一步加强氮氧化物、氨气和挥发性有机污染物减排控制,本着由易到难的原则,应优先加强氮氧化物减排控制。

### 2.2.4　全球氮和硫的气候及环境效应

虽然人为源排放的含氮、硫气体在全球尺度上远低于自然源的排放，但长时间的积累和局部地区浓度的升高依旧会对全球和地区的气候与环境造成影响。

$N_2O$ 在大气中有双重作用，它在对流层大气中是一相当稳定的温室气体，其停留时间长达 120 年，由于其吸收波长为 4.41～4.72 μm、7.41～8.33 μm 和 15.15～19.23 μm 的红外光波，使得大气温升高，并且其百年尺度上的辐射强迫分别是 $CO_2$ 和 $CH_4$ 的 21 倍和 310 倍。在平流层中，$N_2O$ 与 $O_3$ 反应而使臭氧分解，并通过该分解及消除作用调节对流层 $N_2O$ 向平流层的输送过程，使对流层 $N_2O$ 的平衡被打破而加快了其累积速度，成为平流层 NO 的主要来源，并使平流层 $O_3$ 被破坏，导致太阳辐射中小于 0.3 μm 的紫外线穿透大气的能力增强，对地球生物造成伤害。

人类排放的氮氧化物和二氧化硫有相当一部分会在大气中被氧化，生成硫酸盐与硝酸盐气溶胶粒子。这些物质在湿沉降的过程中，会形成硫酸型和硝酸型酸雨，造成当地土壤的酸化、建筑的腐蚀损害和一系列的生态环境问题。此外，还有报道认为硫酸与硫酸盐具有较高的消光系数，是影响城市能见度的重要因素之一(葛茂发 等，2009)。

## 2.3　碳和氢的循环

### 2.3.1　大气碳的源汇分布

大气中含碳的微量气体主要有 CO、$CO_2$ 以及一部分 VOCs(挥发性有机物)。CO 是大气中重要的微量气体，是大气中仅次于 $CO_2$ 和 $CH_4$ 的第三大含碳微量气体。其主要的生成途径有 4 个，分别是：化石燃料的不完全燃烧、生物质燃料的燃烧、甲烷的氧化以及非甲烷烃的氧化。

大气中的 CO 的产生既有自然生成也有人为影响。其天然来源一个重要途径是大气中碳氢化合物的氧化。对流层中的碳氢化合物经过一系列反应生成 CO。以甲烷为例，对流层中近 80%的甲烷被氧化成 CO，占 CO 来源的 25%～35%，氧化流程如下所示：

$$OH + CH_4 \rightarrow H_2O + CH_3 \tag{2.47}$$

$$O_2 + CH_3 + M \rightarrow CH_3O_2 + M \tag{2.48}$$

$$CH_3O_2 + NO \rightarrow CH_3O + NO_2 \tag{2.49}$$

$$CH_3O + O_2 \rightarrow H_2CO + HO_2 \tag{2.50}$$

$$H_2CO + h\nu \rightarrow H_2 + CO \tag{2.51}$$

$$H_2CO + h\nu \rightarrow H + HCO \tag{2.52}$$

$$HCO + O_2 \rightarrow CO + HO_2 \tag{2.53}$$

另一个一氧化碳的天然源是海洋的释放，海洋中一氧化碳的过饱和程度很高，有研究发现，海水中的CO相比近海面大气的浓度高出7～90倍，因此CO在海气交换中被大量释放。

对流层中超过一半的CO源自人类活动，主要是化石燃料的不完全燃烧。人为排放被认为是大气中CO最大的来源，在北半球，其生成比例甚至达到了四分之一。另一个CO的重要人为来源是生物质的燃烧，这在南半球较为常见，研究认为，热带森林和草原燃烧生成的CO在某种程度上与化石燃料的贡献量相当。生物质燃烧生成CO的量受生物质种类和燃烧程度的影响很大。

大气中CO的汇主要是被对流层中的羟基氧化，另外就是沉降到地表被土壤中的生物吸收。羟基可以氧化掉大气中85%～90%的CO，其氧化方程式如下：

$$OH+CO \rightarrow H+CO_2 \tag{2.54}$$

有近10%的CO被土壤吸收，土壤中生活的细菌能将CO代谢为$CO_2$和$CH_4$，且含有较高浓度有机质的土壤在CO的吸收过程中具有更高的活性(赵保振，2014)。

$CO_2$作为最重要的温室气体，主要来自源于人为排放。由于近代以来化石燃料大量使用、森林损毁和生物质燃烧，其排放量逐年增长，造成大气中$CO_2$浓度不断累积，引起全球环境的重大变化，尤其是全球气温的上升，引起大范围的积雪和冰川融化，导致海平面上升，威胁人类的生存。$CO_2$的汇概括起来主要有三种，分别是：溶于海水，改变海水的pH值；为地表的绿色植物吸收；还有最后一种便是停留于大气之中，增加空气中$CO_2$的浓度(陈碧辉 等，2006)。

$CH_4$(甲烷)是大气有机物中含量丰度最高的物质。就全球尺度而言，大气$CH_4$的源主要是天然湿地、稻田、动物反刍、化石燃料生产过程、垃圾处理及浅水湖沼。其中80%左右是由生物过程产生的，可见生物源是大气$CH_4$的主要来源。人为源主要包括化石燃料的生产和使用过程的泄漏。生物源甲烷的产生是来自复杂的生物化学反应，通过厌氧细菌的活动使有机质分解，分解产物乙酸和$CO_2$在产甲烷菌的作用下生成甲烷。产甲烷菌是严格的厌氧细菌，需要很高的还原条件才能生存。因此，淹水的土壤及沉积物、水稻田、食草动物的肠胃、垃圾填埋场等处成为甲烷生物来源的主要场所(李红军 等，2014)。大气$CH_4$的汇主要是在大气中被氧化和土壤吸收。由于厌氧环境中产生的$CH_4$，在输送到大气以前，有相当一部分在好氧区域被氧化，只有未被氧化的部分才排放到大气中，且排放到大气中的$CH_4$约有85%在对流层中与OH自由基结合发生氧化作用。因此，OH可能控制大气$CH_4$汇的强度。此外，还有少量的$CH_4$与平流层中的氟氯化合物进行光解产生氯自由基，平流层所消耗的$CH_4$约占$CH_4$总汇的10%左右。其反应方程式分别为：

$$CH_4+OH \rightarrow H_2O+CH_3 \tag{2.55}$$

$$CH_4+Cl \rightarrow HCl+CH_3 \tag{2.56}$$

通气良好的表层土壤通常是大气 $CH_4$ 的汇，在调节大气 $CH_4$ 浓度方面起着十分重要的作用。据估计，全球由好气土壤所消耗的大气甲烷的量约占 $CH_4$ 总汇的8%左右，其中温带常绿和阔叶林土壤 $CH_4$ 消耗约占土壤 $CH_4$ 吸收总量的37%。能氧化大气 $CH_4$ 的微生物主要是 $CH_4$ 氧化菌，在甲烷单氧化酶的作用下，将大气 $CH_4$ 氧化为 $CO_2$。大量的资料表明，森林土壤、草原土壤、农田土壤、荒原土壤以及垃圾填埋覆土都起着 $CH_4$ 汇的作用，此外一些冻原和沼泽土，在无水层覆盖时也具有吸收作用(张秀君，2004)。

VOCs 作为大气中一种普遍存在的一类化合物，是形成细颗粒物($PM_{2.5}$)、臭氧($O_3$)等二次污染物的重要前体物。而非甲烷挥发性有机物(none methane volatile organic compounds，NMVOCs)的种类很多，就全球尺度来说，自然排放的量远超人为源的释放量。其中排放量最大的是由自然界植物释放的萜烯类化合物。在以往的报告中，异戊二烯作为最主要的天然排放物，常被认为是生物源排放挥发性有机物的示踪气体。生物源释放的 NMVOCs 往往与植物的活性相关，例如异戊二烯往往随着光强和温度的升高而排放增强。生物源最重要的排放源是热带雨林和草原(张运涛 等，2011)。虽然人为源在全球尺度的排放上比重不高，但在局部地区人为源的排放占据主导地位，通常是经济发达地区。NMVOCs 的人为源主要有交通排放、燃料燃烧、溶剂挥发和生物质燃烧等，其排放成分与燃剂和溶剂的种类有关，不同种类间的排放差异较大，例如，汽油的主要组成成分是 $C_5 \sim C_9$ 的烷烃，而柴油是 $C_8$ 以上的高碳烷烃，而燃煤的排放则又是集中于 $C_2 \sim C_3$ 部分。NMVOCs 的去除同样是通过与大气中的羟基或者臭氧发生反应生成 CO。尽管 NMVOCs 的含量在大气中的含量较低，在全球尺度上的影响不及自然源，但其化学活性很高，因此发生氧化的速率和效率很高，在一些人为源排放源占据优势的地区，NMVOCs 氧化生成的 CO 量要超过甲烷的氧化量，也可以被认为是 CO 的重要潜在来源之一。还有一部分 NMVOCs 在大气中发生光化学反应生成气溶胶，经由雨水的冲刷作用从大气中去除(范辞冬 等，2012)。

燃料燃烧、汽车尾气排放等人为活动和主要通过植物排放的 VOCs 和 $NO_x$ 等污染物与 $O_3$、OH 自由基及 $NO_3$ 自由基等大气氧化剂经过复杂的光化学反应将 SOA 和 $O_3$ 污染引入大气，对气候变化、空气质量和人类健康产生不利影响。大气中 $O_3$ 的主要反应是与含有 C=C 的 VOCs 发生初始反应，因此分别开展了异戊二烯(典型自然源)和甲苯(典型人为源)臭氧光氧化反应过程中 SOA 形成的烟雾箱模拟实验研究。异戊二烯和甲苯均能通过光解反应、与 OH 自由基反应以及与 $O_3$ 反应启动光化学过程，经过引发反应与中间反应之后，产生了复杂程度不同的“初级臭氧化物”，其包括羰基化合物和有机过氧化物等。

最新研究发现，大气中萜烯类 BVOCs 与 $NO_x$ 之间发生一系列复杂光化学反应则会生成有机硝酸酯，其普遍存在于大气颗粒物中，是大气活性氮氧化物和 SOA 的成分，并潜在更为严重的健康和环境风险。有机硝酸酯的生成、转化、水解、光解和沉降过程对 $NO_x$ 的收支、$O_3$ 和 SOA 的生成具有重要影响。有机硝酸酯还具有吸光性，对全球的气候有净增温效应，对大气光化学有一定影响。与其醛酮类 OVOCs 前体物相比，有机硝酸酯往往含有羟基、酯基、羰基等多种官能团，因此挥发性较低，更易于分配到颗粒相中，在颗粒物形成初期，有机硝酸酯占 SOA 的比例高达 40%，颗粒态有机硝酸酯与 SOA 颗粒物粒子数浓度相关性显著，低挥发性有机硝酸酯，对 SOA 的成核和增长起到重要作用，严重影响大气能见度、人体健康、农作物生长和工业活动。

除异戊二烯外，萜烯类化合物特别是单萜烯和倍半萜烯也是生成有机硝酸酯的重要前体物，对大气中 OH 自由基、$NO_3$ 自由基和 $O_3$ 等氧化剂具有较高反应活性，在 $NO_x$ 的存在下可生成有机硝酸酯。有机硝酸酯的生成路径经 VOCs 与 OH 自由基或 $O_3$ 经摘氢反应和氧化作用生成 $RO_2$ 自由基，$RO_2$ 自由基与 NO 反应一部分生成有机硝酸酯，另一部分生成 $NO_2$ 和 RO 自由基；可与 $NO_3$ 自由基发生加成反应再经过氧化作用生成有机硝酸酯。有机硝酸酯的生成和 $NO_2$ 的生成是$RO_2$自由基和 NO 这一反应的两个分支。高浓度的有机硝酸酯往往出现在 $NO_x$ 排放量大、受人为活动影响显著的地区。在白天，$NO_2$ 发生光解反应形成 $O_3$，而当硝酸酯产率高时，会抑制 $NO_2$ 的生成，从而影响区域臭氧的生成。然而，部分硝酸酯在生成后并不稳定且易光解，可继续与其他物质发生反应，部分较为稳定的硝酸酯可经过长距离传输在清洁地区释放 $NO_x$，因此，另一方面有机硝酸酯通过 $NO_x$ 循环会促进下风向地区的臭氧生成。异戊二烯 SOA 的挥发性和氧化态对 $NO_x$ 含量敏感并且呈现出非线性依赖性，受大气湿度和 BVOCs 排放影响之外，与 NO、$NO_2$ 和 $HO_2$ 自由基反应中形成的 SOA 挥发性可能更低。如图 2.9 所示，在 $NO_2$ 持续存在下，$C_1$～$C_4$ 羰基硝酸酯(carbonyl nitrate)基本维持在万亿分之一(parts per trillion, ppt)体积分数水平，而挥发性较小的 $C_3$～$C_5$ 烷基硝酸酯(alkyl nitrate)浓度呈现递增趋势，硝酸酯基团的增加可使有机物分子的饱和蒸气压降低 2.5～3 个数量级，羟基和羰基的存在也更有利于其保留在颗粒相中，从而不断形成趋于稳定的异戊二烯 SOA。有机硝酸酯化学成分复杂，多为多官能团化合物，目前缺乏商品化标准品进行准确定量和在线快速识别其组成及其同分异构体的检测方法。因此，研究有机硝酸酯的浓度水平与生成转化，对深入理解 SOA 成因分析和污染防治具有重要意义。

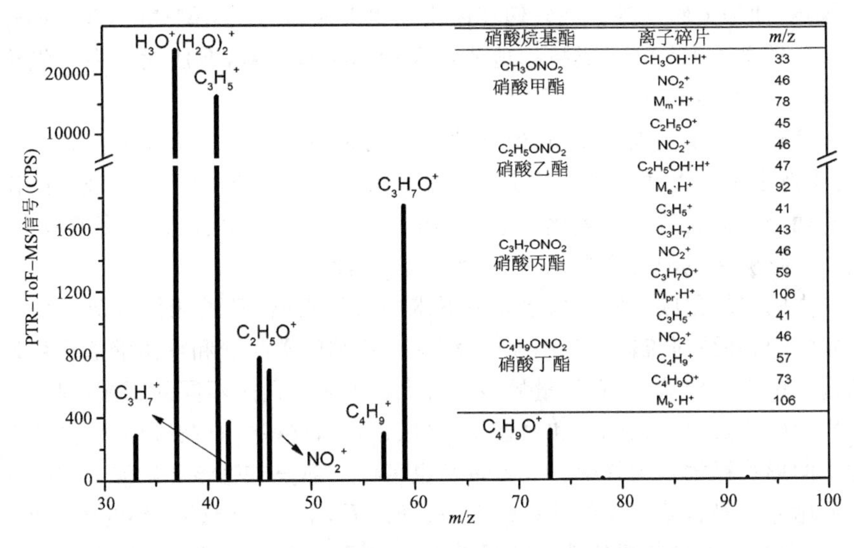


| 硝酸烷基酯 | 离子碎片 | $m/z$ |
|---|---|---|
| $CH_3ONO_2$ 硝酸甲酯 | $CH_3OH \cdot H^+$ | 33 |
| | $NO_2^+$ | 46 |
| | $M_m \cdot H^+$ | 78 |
| $C_2H_5ONO_2$ 硝酸乙酯 | $C_2H_5O^+$ | 45 |
| | $NO_2^+$ | 46 |
| | $C_2H_5OH \cdot H^+$ | 47 |
| | $M_e \cdot H^+$ | 92 |
| $C_3H_7ONO_2$ 硝酸丙酯 | $C_3H_5^+$ | 41 |
| | $C_3H_7^+$ | 43 |
| | $NO_2^+$ | 46 |
| | $C_3H_7O^+$ | 59 |
| | $M_{pr} \cdot H^+$ | 106 |
| $C_4H_9ONO_2$ 硝酸丁酯 | $C_3H_5^+$ | 41 |
| | $NO_2^+$ | 46 |
| | $C_4H_9^+$ | 57 |
| | $C_4H_9O^+$ | 73 |
| | $M_b \cdot H^+$ | 106 |

图 2.9　异戊二烯臭氧光氧化反应中 $NO_2$ 引发 $C_1$～$C_4$ 醛酮硝酸酯(carbonyl nitrate)生成($NO_2$ 浓度为 215 ppb)

目前,对二次有机气溶胶(SOA)和 $O_3$ 的研究与协同控制上存在许多不足,最大的困难在于其极其复杂的化学组成和转化形成过程。针对 SOA 和 $O_3$ 协同污染的实验室研究方法主要是通过烟雾箱模拟在光强、温度、湿度、前体物浓度等可控参数下的光氧化过程和反应机理研究,探讨 SOA 和 $O_3$ 的形成机制和影响因素以及控制 VOCs 和 $NO_x$ 等关键前体物对于控制光化学烟雾的重要理论和数据支撑。

### 2.3.2　大气圈碳循环

碳组分通过生物过程、溶解过程在地球系统中的大气圈、生物圈、水圈、岩石圈之间交换。大气圈碳循环被定义为大气圈中的碳与其他圈层各种碳源汇间循环交换的全过程。在大气中,二氧化碳是含碳的主要气体,也是大气圈参与碳循环的主要形式。自然界碳循环的基本过程如下:大气中的二氧化碳($CO_2$)被陆地和海洋中的植物吸收,然后通过生物或地质过程以及人类活动,又以二氧化碳的形式返回大气中(周存宇,2006)。

绿色植物从空气中获得二氧化碳,经过光合作用转化为葡萄糖,再综合成为植物体的碳化合物,经过食物链的传递,成为动物体的碳化合物。植物和动物的呼吸作用把摄入体内的一部分碳转化为二氧化碳释放入大气,另一部分则构成生物的机体或在机体内贮存。动、植物死后,残体中的碳,通过微生物的分解作用也形成二氧化碳而最终排入大气。一部分(约千分之一)动、植物残体在被分解之前即被沉积物所掩埋而成为有机沉积物。这些沉积物经过悠长的年代,在热能和压力作用下转变成矿物燃料煤、石油和天然气等。当它们在风化过程中或作为燃料燃烧时，其中的碳氧化成为二氧化碳排入大气。人类持续地消耗大量的化石燃料，造成大气中二氧化碳浓度不断累积，导致温室效应的加剧(张含，2008)。

大气圈也可与水圈发生交换，但这种交换较为平衡。二氧化碳可由大气进入海水，也可由海水进入大气。这种交换发生在气和水的界面处，由于风和波浪的作用而加强。这两个方向流动的二氧化碳量大致相等，大气中二氧化碳量增多或减少，海洋吸收的二氧化碳量也随之增多或减少(严国安 等，2001)。

大气中的二氧化碳溶解在雨水和地下水中成为碳酸，碳酸能把石灰岩变为可溶态的重碳酸盐，并被河流输送到海洋中，海水中接纳的碳酸盐和重碳酸盐含量是饱和的。新输入多少碳酸盐，便有等量的碳酸盐沉积下来。通过不同的成岩过程，又形成为石灰岩和碳质页岩。在化学和物理作用(风化)下，这些岩石被破坏，所含的碳又以二氧化碳的形式释放入大气中。火山爆发也可使一部分有机碳和碳酸盐中的碳再次加入碳的循环。岩石圈碳库的活动缓慢，短期来看，对大气圈碳循环的影响不大，但长久来看，大气圈与岩石圈的碳循环缓慢交换才是地球对大气中过量累积二氧化碳去除的重要手段(Malhi，2002)。

### 2.3.3 碳循环与气候变化的相互反馈

气候变化是全球变化的主要表现之一，它对全球碳循环有着巨大的影响，同样，不同情况下的碳循环参与对各地环境气候有着不同的影响。

海洋在全球碳循环中起着极其重要的作用，海洋是地球上最大的碳库。海洋储存碳是大气的60倍，是陆地生物土壤层的20倍；大约50%人为排放的碳被海洋和陆地吸收。海洋中的碳主要以溶解无机碳、溶解有机碳、颗粒有机碳等形式存在，以溶解无机碳居多，海洋碳循环可以分为三个方面。第一方面是“碳酸盐泵”，就是大气中的$CO_2$气体被海洋吸收，并在海洋中以碳酸盐的形式存在；第二方面是“物理泵”，即混合层发展过程和陆架上升流输入，它与海洋环流密切相关，通过海气交换输入与输出碳；第三方面是“生物泵”，即生物净固碳输出，它是浮游植物光合固碳速率减去浮游植物、浮游动物和细菌的呼吸作用速率，也就是通过生物的新陈代谢来实现碳的转移，在海洋中主要是通过海洋浮游植物的光合作用来实现的。虽然海洋中的生物只有陆地生物生产率的30%～40%，但是它们有很高的循环速度。浮游植物由于生活在上层海洋，能够直接吸收太阳辐射，通过光合作用将$CO_2$转化为有机碳；而有机碳又通过浮游动物的生命过程或其他物理化学过程形成颗粒碳，以这种形式沉积到深层海洋。颗粒有机物由于重力的作用沉降到下层海洋，一部分被再矿化，即颗粒碳通过真菌或细菌的分解又转化为有机碳，进入再循环过程；另一部分则被沉积埋藏在深海里(金心 等，2001)。大气与海洋的$CO_2$交换主要发生在海水表层，海水表层储存碳的空间是有限的，表层海水与深层海水之间的交换是一个长期的缓慢过程，其发生的时间尺度在几百年至上千年。但浮游生物的死亡却可以加快这一进程，从而减少海洋表面的含碳量。也可以让海洋吸收大气中 $CO_2$ 的速率大大提高，从而减少大气中 $CO_2$ 的含量，达到辐射能量平衡。这也证明，可以通过加速生物泵对大气二氧化碳的吸收作用，可以在某种程度上减缓全球变暖趋势，说明了海洋碳循环在全球气候变化中起着重要作用。同样由于人类活动使大气中二氧化碳浓度增加，温室效应导致全球变暖，全球气候变化使海洋对碳的吸收有负效应，甚至会导致 $CO_2$ 吸收的减弱。大气中二氧化碳增加，海水表面的温度会随之增高，海水对二氧化碳的溶解度降低，从而海洋吸收二氧化碳的能力就会降低，大气中二氧化碳的含量会相应增加，形成二氧化碳不断累积的循环（谭娟 等，2009）。

气候变化同样对陆地生态系统碳循环有着巨大的影响，具体表现在气温和降水两个方面。二氧化碳等温室气体的大量排放，导致温室效应，全球温度上升，降雨量增大，在一定程度上增强了陆地生态系统碳吸收能力，植物的呼吸作用明显。但随着温度的持续上升，植物活性降低，土壤湿度增大，呼吸作用减弱，植物根系遭到破坏，碳吸收反而开始下降（陶波 等，2001；王凯雄 等，2001）。

因此，我们可以发现，海洋和陆地碳循环能减缓 $CO_2$ 引起的气候变化，但碳循环的过程对气候变化是极其敏感的，两者互为反馈（陈碧辉 等，2006；王天华 等，2019）。

## 2.4　水循环

### 2.4.1　全球水循环

水循环是指地球上的水分在太阳辐射、地心引力等作用下，通过蒸发、水汽输送、降水、下渗以及径流等过程不断地转化、迁移的现象。如图 2.10 所示，从全球整体角度来说，这个循环过程可以设想是从海洋的蒸发开始，蒸发的水汽升入空中，并被气流输送至各地，大部分留在海洋上空，少部分深入内陆，在适当条件下，这些水汽凝结降水。其中海面上的降水直接回归海洋，降落到陆地表面的雨雪，在太阳能、重力势能和土壤吸力的驱动下，经植被冠层截留、地表洼地储留、地表径流、蒸发蒸腾、入渗、壤中径流和地下径流等迁移转化过程，一部分成为地面径流补给江河、湖泊，另一部分渗入岩土层中，转化为地下径流。各种径流成分通过河流等多种途径最后流入海洋，构成全球性统一的、连续有序的动态大系统（徐力刚 等，2013）。

在水循环的过程中（主要是蒸发和降雨），伴随着海洋、大气之间能量和水汽的交换。蒸发与降雨的改变能够影响海洋淡水通量，大气中的水汽含量。海洋淡水通量在海洋环流变化中起着非常重要的作用，特别是以海水密度驱使的海洋环流。水以水汽、云、液态水、雪、冰，或者非均相过渡态等形式存在，在气候系统中扮演加热和制冷两种角色。50％的表层变冷是由于蒸发造成的。大气中的水汽是最有效的温室气

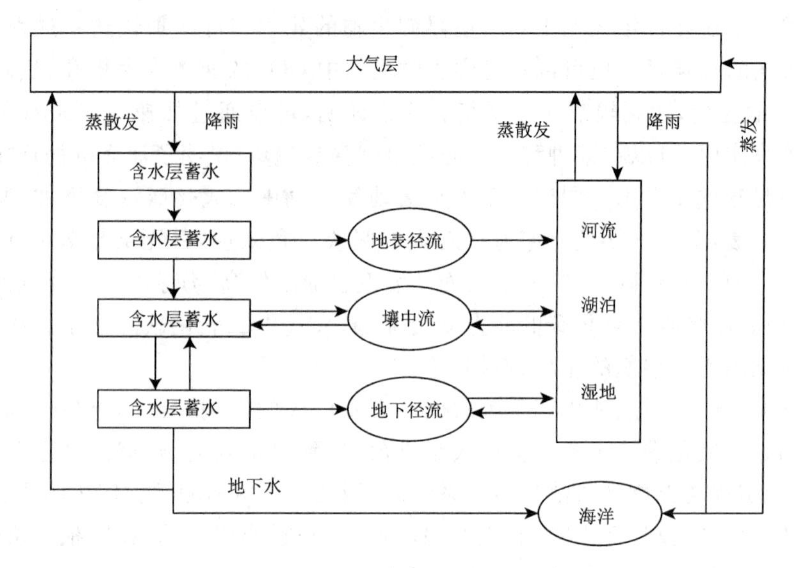


图 2.10　大气水循环过程(引自徐力刚 等,2013)

体之一,它能够放大CO,$O_3$等引起的温室效应,使得地球表面的温度放大一到两倍。水汽压缩凝结成的云部分地控制了地球上的辐射平衡,为大气环流的驱动提供了30%的热能。因此水循环能够显著地影响海洋大气系统中的动力学和热力学过程,从而影响全球的气候变化(郭东林 等,2009)。

总的来说,水循环在全球气候调节方面有着极其重要的作用,而气候的改变又势必会反过来作用于水循环。正如在当今全球变暖的条件下,水循环的增强,近年来极端气候频发,旱涝程度较往年更甚(张丽萍,2012)。

### 2.4.2　大气水汽氢氧同位素

自然界中不同形式的水分子($H_2^{16}O$,HDO,$H_2^{18}O$)存在质量和组合形式的差别,导致在不同气象条件下相态转化中的同位素分馏,所以水体稳定同位素的含量差异反映了其形成过程中水汽交换及传输等物理特征,因此被作为信息追踪指标广泛应用于古气候重建和水循环研究中。

大气水汽中的同位素含量/比率受一系列水循环过程影响,如海洋表面蒸发影响到全球大气水汽同位素比率的初始背景值,陆面蒸发则使得大气水汽同位素比率进一步降低,气团混合造成大气水汽同位素比率重新调整,甚至植物茎叶的呼吸作用和蒸腾作用也会对区域内的大气水汽同位素比率产生影响。具体而言,大气中的稳定同位素水分子,是水循环过程中水汽源区与最终降水之间的可变中间产物,认识它有助于明确我们对水循环过程的了解。研究表明,大区域的降水同位素特征能反映大尺度区域(如流域)气候背景以及大气输送方式,因此,可以通过对大气降水中氢氧稳定同位素丰度的涨落来反映大气水循环的信息，并追踪水汽的来源。与降水同位素观测相比，水汽同位素观测更为复杂，但它可以提供比降水更加重要的信息，能更直接全面地反映水循环过程中同位素转化机制，因为水汽稳定同位素的观测不受季节（如非雨季）和天气（如晴天）的影响，即不只局限于雨天采样监测，而且也不受地域如干旱区的限制，具有全时域和全空域观测的优点（柳景峰 等，2015）。

利用大气水汽氢氧稳定同位素比率（$^{18}O/^{16}O$，$^{2}H/^{1}H$）解读气候及水循环信息，不仅需要建立在对水体同位素与相关气候因素相互作用机制的认识基础：如与气温、降水量、湿度等有关的蒸发、凝结、凝华以及再蒸发等，而且是基于研究区域内水体同位素转移转化机制的建立。换言之，大气环境中所有的同位素转化过程，即从洋面的蒸发、水平及垂直层面上大气水体的运移传输、成云致雨的过程以及云底的变化等过程都应有定量的分析和描述工具，这是目前认识和分析同位素水循环的依据和基础。陈衍婷等（2016）对厦门地区的降水同位素进行探究，并探索水汽来源，发现厦门地区大气降水中氢氧同位素组成具有明显季节性差异，其中，夏季降水中氢氧同位素最为贫化，春季降水氢氧同位素相对偏正。这种季节性差异与厦门地区水汽来源有重要的关系，夏季降水气团主要来自于湿润温暖的西太平洋和南海，从海上带来的较为湿润的水汽导致了降水同位素值偏低，而春季的气团主要来自于寒冷干燥的亚欧大陆、俄罗斯及我国华北地区，干燥的气团，蒸发作用强烈而产生同位素富集，使得蒸发水汽中同位素值偏高，说明水汽来源是影响厦门地区大气降水稳定同位素组成的最重要原因。

### 2.4.3　地表一大气界面水分传输

陆地与大气的水分传输没有海气间水分交换影响力巨大，可以调节全球温度。陆气间水分的主要循环流程是水分经由土壤到达植物根表皮、进入根系后，通过植物茎，到达叶片再由叶气孔扩散到空气层，最后参与大气的湍流交换，形成一个统一的动态的相互反馈连续系统。水分在此系统中的运行贯穿于土壤、作物与大气三者之间。水分的运行流程包含了由土壤到植物，由土壤与植物到大气等多个界面过程。影响局部地区的气候条件，常常应用于森林和农田生态系统（李秩涛，2014）。

土壤裸露，如植株棵间的裸土，直接与大气进行水分与能量交换。土一气界面易于界定，其界面上的水分通量向上是壤面的蒸发，向下则是水分的入渗（降雨或灌溉）。其水分、能量的通量相对比较容易测定。但是棵间裸土比无作物的裸地的条件要复杂得多，棵间裸土能量分配受外围作（植）物的生长的影响，土壤热通量不仅与土壤水分有关，而且与植（作）物叶面积指数有密切关。土壤的蒸发与作物的蒸散是同时发生的，因此，常常把这两者合在一起称为蒸散。

地表一大气界面的水汽传输多被应用于农业，刘昌明（1997）研究小麦生长期间，作物间裸土蒸腾量各是多少，结果发现，在小麦生长的各阶段土壤的水分蒸腾量不同,在小麦发育期间,土壤蒸腾量约占总体的30%。通过此项研究,我们可以在特定时期抑制土壤的蒸腾作用避免不必要的水分损失,保障作物的供水充足(刘昌明,1997)。

### 2.4.4 大气液态水界面化学反应

液态水是对流层的主要和关键组成部分。研究发现,过度污染大气低层积云与边界层气溶胶发生相互作用。行星边界层(planetary boundary layer,PBL)是最低的大气层,直接受地球表面的影响。水一气溶胶相互作用对于控制地球系统中痕量物种的命运和迁移及其对空气质量、辐射强迫和区域水文循环的影响的过程至关重要。如图2.11所示,在大气边界层中,空气包裹液态水并在其表面逐渐吸热,同时吸湿性气溶胶吸收水分,并作为云凝结核(cloud condensation nuclei,CCN)形成云。大气水溶性痕量气体在湿气溶胶和云滴中分配为液态水,并进行水相光化学反应。大多数云滴蒸发,在水相化学过程中形成的低挥发性物质留在凝聚相中,增加了气溶胶质量。由此产生的边界层气溶胶与原始云凝聚核具有不同的物理化学性质。在大气液态水中参与多相化学反应的有机物种将液态水界面气体转化为高浓度、非理想的离子态水溶液,并形成二次有机气溶胶(secondary organic aerosol,SOA)。近年来,由大气液态水界面化学反应支配SOA的形成机制受到了广泛关注。低层积云与边界层SOA相互作用,边界层SOA亦可形成云凝聚核,并形成调节气溶胶物理化学性质的液滴。云是地球反照率和对流层垂直传输的主要驱动因素。水溶性气体向云滴的分配以及随后液态水中的氧化化学从污染边界层转移物种,并在高空产生颗粒物,如硫酸盐和水溶性有机碳(water-soluble organic carbon,WSOC),如有机硫化合物和棕碳等。形成云凝结核的吸湿性气溶胶的化学性质与有机物种的相互作用有关。除先前存在的凝聚相之外,有机化合物的气一液滴或气一水气溶胶分配还受有机物种固有化学性质的影响。大气气溶胶的环境相关条件是不理想的。除气溶胶相态外,盐的特性和浓度可显著影响许多化合物的有机气体混溶性,特别是当离子强度和盐的摩尔浓度超出极限定律的范围时。在环境条件下,大气多相液态水界面化学反应在气溶胶总质量和粒径、空气质量控制因素和与气候相关的气溶胶特性中起着决定性作用。大气对流层中的辐射影响很大,特别是当位于云层上方时,气溶胶散射并吸收来自云层的入射太阳辐射和漫反射后向散射。气溶胶一云相互作用在模型中仍然高度不确定,跨尺度的准确预测仍然难以捉摸,部分原因是控制无机和有机物种之间相互作用和反应机制尚不明晰。

最新研究发现,气溶胶液态水(aerosol liquid water,ALW)作为一种普遍存在和丰富的大气气溶胶成分,其对颗粒物表界面化学、能见度、人类健康和区域气候变化的影响十分显著。在我国,随着大气污染防治对硫排放的控制,颗粒物及其中硫酸盐的质量浓度得以有效降低,硝酸盐的吸湿性较硫酸盐更强,使得气溶胶液态水的含量

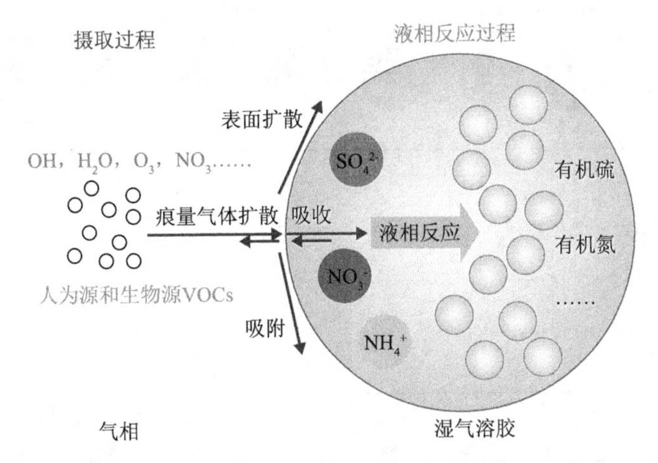


[彩]图 2.11　大气多相液态水界面化学反应(引自严国安 等,2000)

呈现出增加的趋势。气溶胶液态水中的湿气溶胶(aqueous SOA,aqSOA)生成可能会变得更加重要,成为持续改善空气质量需要关注的科学问题。如图 2.12 所示,痕量气体,即 aqSOA 前体物,包括以自由基为主的氧化剂和非自由基类的化合物,如甲基乙二醛。气溶胶液态水可通过影响气溶胶离子强度、气溶胶黏度、前体物扩散速度等改变 aqSOA 前体物在气溶胶上的摄取,但当前的研究对不同前体物和不同种子气溶胶得到的摄取系数差异较大,对应用于实际大气湿气溶胶的摄取,难以总结出较完善的参数。aqSOA 生成机制可按照是否有自由基参与 aqSOA 生成,分为自由基化学过程和非自由基化学过程。自由基液相反应,以 OH 自由基为例,除与气相化学类似的反应外,还包括:醛类向羧酸的有效转化、羧酸盐的快速 OH 自由基氧化、自由基引发的低聚化反应等。非自由基液相反应有:半缩醛生成、羟醛缩合、亚胺的生成以及其他的非自由基液相反应。目前对于 aqSOA 生成机制的了解仍较为局限,很多关键参数具有极大的不确定性甚至暂时缺乏,因而难以对大气中 aqSOA 的贡献进行准确的定量。

在全球范围内,SOA 是大气有机气溶胶负荷的主要贡献者,大部分 SOA 产率可追溯到生物圈排放的挥发性有机化合物(VOCs)。大部分大气细粒子($PM_{2.5}$)是二次形成的,其化学性质复杂,包含无机和有机材料的混合物,包括气溶胶液态水,并表现出可变的相态和混合状态,其中有机组分普遍存在,而且往往非常丰富。在陆地上层大气中,气溶胶液态水多由颗粒硫酸铵和硝酸铵促成,这些无机盐颗粒来自于人为排放的 $NH_3$、$SO_2$ 和 $NO_x$。实地观测和模拟验证结果表明(图 2.13,图 2.14),气溶胶液态水界面的非均相反应是 SOA 形成的主要途径,在美国西部干旱地区也产生了决定性的影响。在相对湿度(RH)升高的条件下,aqSOA 形成过程中使含有硫酸

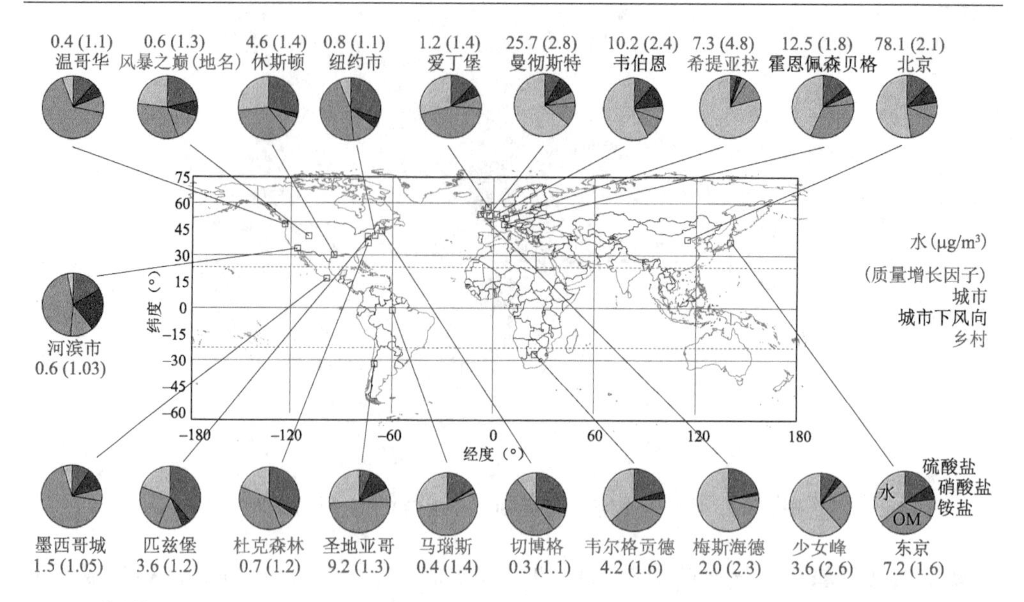


[彩]图 2.12　全球尺度城市、城市下风向及农村地区气溶胶液态水质量浓度对比

(引自 Nguyen et al. ,2016)

盐和硝酸盐颗粒向有机质形成成为可能。期间,无机盐可直接反应形成含 S 和 N 的物种,或在与大气相关的条件下改变有机化合物的分配和挥发性。在过去几十年中 $SO_2$ 和 $NO_x$ 的排放大幅减少,正如相应的水溶性硫酸盐、硝酸盐以及气溶胶液态水质量浓度变化一样。总有机碳(TOC)颗粒的减少也与 ALW 影响的化学有关。

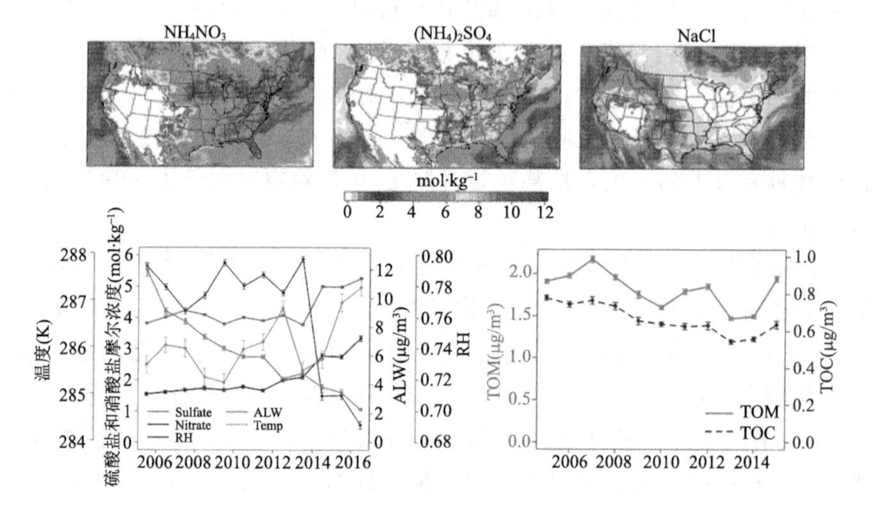


[彩]图 2.13　美国西部大气气溶胶液态水中三种主要大气无机盐平均摩尔浓度([盐]/[ALW])

(引自 Carlton et al. ,2020)

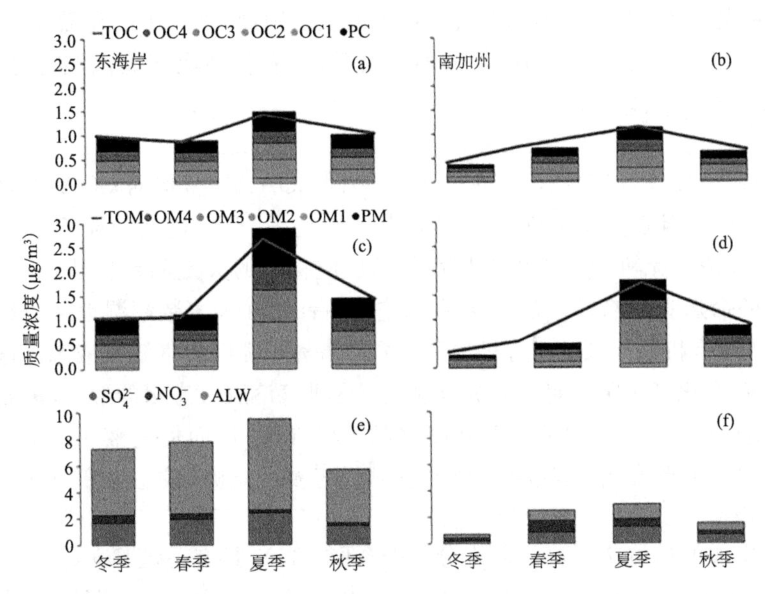


［彩］图 2.14　美国西海岸和东海岸大气颗粒物中主要组分的季节变化
（引自 Carlton et al.，2020）

硫酸盐质量浓度在美国东部最高，在[ALW]较低的干旱西部，摩尔浓度最高（上图亮白色区域的摩尔浓度大于 12）；美国东部大气无机盐平均摩尔浓度、气溶胶液态水、TOM 和 TOC 浓度逐年变化趋势。

由于 VOCs，尤其是异戊二烯、单萜烯类、倍半萜烯类化合物等生物源挥发性有机物（biogenic volatile organic compounds，BVOCs）在 $O_3$ 及大气颗粒物污染过程中都扮演重要角色，其中所有碳氢化合物的大气氧化均会产生含氧挥发性有机物（oxygenated volatile organic compounds，OVOCs），主要形成醛、醇、有机硝酸盐、过氧酰基硝酸盐、羧酸以及过氧羧酸。通常情况下，OVOCs 比其相对应的烷烃物质的活性更高，OVOCs 的饱和蒸气压低于相应的烷烃，对于具有相同碳原子数的化合物，饱和蒸气压的一般趋势是烷烃＞醚＞醛＝酯＞醇＞羧酸。同时，蒸汽压会随着氧原子的增加和分子氧化程度的增加而急剧下降。低挥发性多官能团含氧有机化合物会凝结在现有的大气颗粒上，从而增加 SOA 中有机组分的含量。就其对空气质量、人类健康和气候的潜在影响而言，OVOCs 光解、氧化对 SOA 形成的贡献是非常重要的。研究发现，与其他萜类化合物相比，异戊二烯（isoprene，$C_5H_8$）氧化产生的稳态 SOA（stabilized SOA，SSOA）质量一般适中。异戊二烯、一氧化碳和甲烷都可以抑制大气液态水参与单萜烯反应生成 SOA。异戊二烯“捕获”羟基自由基，阻止它们与单萜烯反应，由此产生的异戊二烯过氧自由基清除高含氧单萜烯产物。这些影响降低了低挥发性产品的产率，否则会形成二次有机气溶胶。因此，大气中的高活性挥发性有机物（如异戊二烯）不一定是 SOA 生成的净贡献者，它们在大气蒸汽混合物中的氧化可抑制 SOA 粒子数量和质量。

最新研究发现，尽管已经开展了几十年的 SOA 研究，但对 SOA 化学的理解仍然不完整，并且在大多数常规应用的大气模型中，形成过程的应用也得到了简化。关于高浓度无机盐溶液中有机物化学反应机制的关键问题仍然存在，妨碍了对 SOA 的命运和传输及其后续影响的定量估计。在大多数潮湿地区的环境条件下，大气气相有机物比颗粒相有机物更可能与高离子强度的气溶胶液态水进行界面分配、反应、老化等作用机制。无机盐颗粒能促进气溶胶液态水的形成，进而可作为将极性水溶性气相有机物种分配和凝聚的关键介质，从而促进液相 SOA（aqueous SOA，aqSOA）的形成，然而液相 SOA 的生成路径及反应机理往往被低估了。

SOA 生成的前体物反应机制十分复杂（图 2.15），具有适度 SOA 产率的前体物（如异戊二烯）实质上抑制了具有较高 SOA 产率的前体物（如单萜烯）光化学反应。

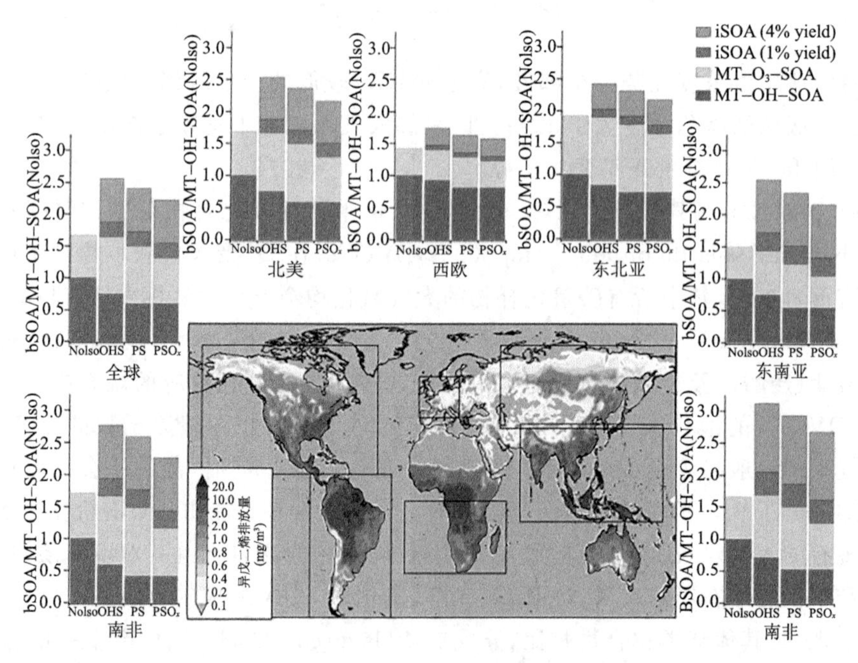


［彩］图 2.15 全球模型计算表明在异戊二烯存在下捕获 OH·（OHS）和异戊二烯光化学产物（PS）抑制单萜烯光化学反应形成的 MT-OH-SOA（photochemically generated from monoterpenes）浓度（引自 McFiggans et al.，2019）

因此,SOA 产率的简单线性相加则会高估挥发性有机化合物混合物中各组分的单独产率。测量单个化合物的 SOA 产量有助于深入了解 SOA 产生的机制,然而结果并不能真实反映复杂的大气 SOA 生成的化学反应和机理机制。因此,在模拟气溶胶形成的研究中,不同前体物的 SOA 产率数据须谨慎分析。不同大气条件下 SOA 产率及相互影响表明有效控制 VOCs 前体物和细颗粒物仍存在很大挑战。同时,除非模型准确地运用了潜在的基本化学机制及其反馈,否则就会出现对空气质量和气候的人为左右,这将阻碍制定有效的战略来保护人类健康和环境。

## 本章小结

总的来说,大气主要的微量成分的分布和变化的研究就显得非常重要,当前各种动力过程对微量气体分布和输送的影响及机理的共识相对多一些。尽管在理想条件下的纯理论研究有了较大的发展,但实际过程中大气光化学及辐射过程有复杂的多重耦合,实验的结果和纯理论往往差异较大,不同实验之间的差异也很大。所以,研究平流层微量气体的分布和变化特征,辅以数值模式模拟化学、动力和辐射等过程对臭氧及其他微量气体的分布和变化也是平流层大气研究的前沿课题。微量气体的改变引起的大气结构的变化及对大气化学的影响还不是很了解,需要进一步深入研究大气各层之间能量、质量和动量的相互交换以及对流层与平流层之间的交换也是研究的重点。

## 本章习题

1. 简述地气系统中三种主要的温室气体的源汇以及循环过程。
2. 简述参与大气循环的主要微量成分分为哪几部分。
3. 简述 $NO_x$ 与 NMHCs 中在 SOA 形成中的交互反应机制。
4. 简述氮循环与硫循环中在大气气溶胶粒子形成中的交互反应机制。
5. 简述水循环如何影响和作用于大气细粒子的形成过程中。
6. 简述大气中含硫成分的生消过程。

# 第3章 臭氧化学

臭氧，又称三氧，化学式为$O_3$。臭氧具有极强的氧化性和杀菌性能，是自然界最强的氧化剂之一。在近地层，长时间直接接触高浓度臭氧的人出现疲乏、咳嗽、胸闷胸痛、皮肤起皱、恶心头痛、脉搏加速、记忆力衰退、视力下降等症状，对人体健康造成伤害。在平流层，臭氧吸收紫外辐射，保护了地球上的生物免受远紫外辐射的伤害。臭氧在大气中主要是通过一系列光化学反应生成的，其在对流层和平流层的生成机制不同。在本章中，我们将分别介绍光化学反应的基本定律、对流层臭氧生成机制和平流层臭氧生成机制。

## 3.1 光化学反应机理

### 3.1.1 光化学基本定律

(1)光化学第一定律

格罗杜斯—德拉波定律(Grotthus-Draper，1818年)：只有被分子吸收的光才能引发分子的化学变化。

(2)光化学第二定律

斯塔克—爱因斯坦定律(Stark-Einstein)：在初级过程中，一个被吸收的光子只活化一个分子。分子吸收光的过程是单分子过程。

定律基础：电子激发态分子的寿命很短($\leqslant 10^{-8}$ s)，在此期间吸收第二个光子的概率很小。(不适用于高通量光子的激光化学，但适用于对流层大气中的化学过程)

根据普朗克定律，一个频率为$\nu$的光子的能量是$h\nu$。在大气光化学中，光子是化学反应的一个反应物，被写作$h\nu$，例如，$NO_2$光分解：$NO_2 + h\nu \rightarrow NO + O$。光子能量可以被表示为1 mol的光子乘以$h\nu$，乘以阿伏伽德罗常数$6.022\times10^{23}$，1 mol光子的能量称为1爱因斯坦，用符号$\varepsilon_E$表示，即：

$$\varepsilon_E = 6.022\times10^{23}h\nu = 6.022\times10^{23}hc/\lambda \tag{3.1}$$

光能量与波长$\lambda$有关，$\lambda$以nm表示；$c$为光速$2.9979\times10^8$ m/s；$h$为普朗克常数$6.626\times10^{-34}$ J·s/光量子，于是有：

$$\varepsilon_E(\text{kJ/mol}) = 1.19625 \times 10^5/\lambda \tag{3.2}$$

表 3.1 中列出了各种光的典型波长及其相应的能量。

**表 3.1 各种光的爱因斯坦能量($\varepsilon_E$)值**

| 光名称 | 典型波长/nm | 能量/(kJ/mol) |
|---|---|---|
| 可见光 | — | — |
| 红光 | 700 | 170 |
| 橙光 | 620 | 190 |
| 黄光 | 580 | 210 |
| 绿光 | 530 | 230 |
| 蓝光 | 470 | 250 |
| 紫外光 | 420 | 280 |
| 近紫外光 | 400～200 | 300～600 |
| 真空紫外光 | 200～50 | 600～2400 |

(3)朗伯-比尔定律

平行的单色光通过浓度为 $c$，长度为 l 的均匀介质时，未被吸收的透射光强度 $I$ 与入射光强度 $I_0$ 之间的关系为($\varepsilon$ 为摩尔消光系数)：

$$\lg(I_0/I) = \varepsilon c l \tag{3.3}$$

或

$$\ln(I_0/I) = \alpha c l$$

式中：$\lg(I_0/I)$ 为吸光度/吸光率，常用 $A$ 表示，$A$ 与透射率 $T(T=I/I_0)$ 的关系为 $A=-\lg T$；$\varepsilon$ 和 $\alpha$ 为吸收系数，$\alpha=2.303\ \varepsilon$；$c$ 为浓度，单位：分子/cm$^3$，用 $N$ 表示；$l$ 为光路长度，单位：cm；$\sigma$ 为气相吸收系数，单位：cm$^2$/分子，被称为吸收截面。

这样朗伯-比尔定律就成为：

$$\ln(I_0/I) = \sigma N l \quad \text{或} \quad I/I_0 = e^{-\sigma N l} \tag{3.4}$$

### 3.1.2 光化学反应过程

光化学反应，即一个原子、分子、自由基或离子吸收一个光子所引发的反应。只有当激发态的分子的能量足够使分子内最弱的化学键发生断裂时，才能引起化学反应。

(1)初级过程

光化学反应的第一步是化学物种吸收光量子形成激发态物种：

$$A + h\nu \rightarrow A^*$$

分子接受光能后可能产生三种能量跃迁：电子的(UV-vis)，振动的(IR)，转动的(NMR)，只有电子跃迁才能产生激发态物种 $A^*$。

激发态物种能发生如下反应：

辐射跃迁（通过辐射磷光或荧光失活）：

$$A^* \rightarrow A + h\nu$$

碰撞失活（为无辐射跃迁）：

$$A^* + M \rightarrow A + M$$

以上两种是光物理过程

光离解（生成新物质）：

$$A^* \rightarrow B_1 + B_2$$

与其他分子反应生成新物种：

$$A^* + C \rightarrow D_1 + D_2$$

这两种过程为光化学过程。

此外，还有电离过程：

$$A^* \rightarrow A^+ + e^-$$

次级过程：初级过程中反应物与生成物之间进一步发生的反应，如大气中 HCl 的光化学反应过程：

$$HCl + h\upsilon \rightarrow H + Cl（初级过程）$$

$$H + HCl \rightarrow H_2 + Cl（次级过程）$$

$$Cl + Cl \rightarrow Cl_2（次级过程）$$

（2）量子产额

初级量子产额 $\varphi_i$：初级过程的相对效率，可表示为：

$$\varphi_i = \frac{i\text{ 过程所产生的的激发态分子数目/（单位体积 · 单位时间）}}{\text{吸收光子数目/（单位体积 · 单位时间）}} \tag{3.5}$$

总量子产额 $\Phi$：包括初级过程和次级过程在内的总效率。

初级荧光产率：

$$\varphi_f = \frac{\text{产生荧光的激发光子数}}{\text{吸收的光子数}} \tag{3.6}$$

初级量子产额总和为 1，总量子产额可能超过 1，甚至远远大于 1

$$\varphi_1 + \varphi_2 + \cdots + \varphi_n = 1.0 \quad 或 \quad \sum \varphi_i = 1.0$$

（3）几种初级光化学过程

1）光解离

大气化学中最普遍的光化学反应，可解离产生原子、自由基等，它们可以通过次级过程进行热反应。这类反应在大气中很重要，光解产生的自由基及原子往往是大气中 OH ·，$HO_2$ ·，$RO_2$ · 等的重要来源。

2）分子内重排

有时吸收光子会导致分子内重排。例如，邻硝基苯甲醛在蒸汽、溶液或固相中的光解：

$$\overset{O\quad H}{C}\text{(苯环)}-NO_2 + h\nu \longrightarrow \overset{O\quad OH}{C}\text{(苯环)}-NO$$

3）光异构化

在光的作用下产生异构化。

$$\begin{array}{c} O \\ \| \\ CH_3-C \quad\quad H \\ C{=}C \\ H \quad\quad CH_3 \end{array} + h\nu \longrightarrow \begin{array}{c} O \\ \| \\ CH_3-C \quad\quad CH_3 \\ C{=}C \\ H \quad\quad H \end{array}$$

4）氢原子摘取

$$\begin{array}{c} O \\ \| \\ C \\ \text{(苯环)}\quad\text{(苯环)} \end{array} + \begin{array}{c} OH \\ | \\ CH_3CCH_3 \\ | \\ H \end{array} + h\nu \longrightarrow \begin{array}{c} OH \\ | \\ C \\ \text{(苯环)}\quad\text{(苯环)} \end{array} + \begin{array}{c} OH \\ | \\ CH_3CCH_3 \end{array}$$

### 3.1.3　光化辐射和光化通量

大气中存在各种光吸收物质，使到达对流层的都是波长大于 290 nm 的光，只有这部分光才能在对流层产生光化学反应。因此，将波长大于等于 290 nm 的光称为光化辐射（actinic radiation）。光化通量指光化辐射强度，是单位体积所受到的阳光通量。考虑光化通量时，要考虑两部分的光：

（1）直接太阳辐射：由太阳发射经过一定的大气层被大气中气体及粒子吸收、散射削弱后到达某一体积的光，其中包括被反射回宇宙空间的部分。

（2）间接太阳辐射：包括两种：①地面反射辐射，即入射到地面的光被地面反射回来的部分，可以用反射率（albedo）来表示反射的程度；②散射辐射，即由太阳来的直接光或地面来的反射光被大气中气体及粒子散射后进入给定体积的部分。

大气中一给定体积受到的各种光照的情况如图 3.1 所示。对于大气中某一给定的体积来说，波长为 $\lambda$ 的辐射其光化通量 $J(\lambda)$ 为 $\lambda$ 的直接辐射 $I_d(\lambda)$、地面反射辐射 $I_r(\lambda)$ 和散射辐射 $I_s(\lambda)$ 强度之和，若用 $I_i$ 表示某一定体积空气所得到的波长为 $\lambda$ 的入射光的总强度，则有：

$$J(\lambda)=I_i(\lambda)=I_d(\lambda)+I_r(\lambda)+I_s(\lambda) \tag{3.7}$$

$I_i(\lambda)$是一球体积的积分通量，可以用辐射计在一选定地点测定，也可以进行计算。计算时需要考虑各种因素的影响，任何能使光的吸收和散射程度改变的因素都会使得 $J(\lambda)$改变。天顶角、削弱系数、所处位置、季节和云等是影响光化通量的主要因素。

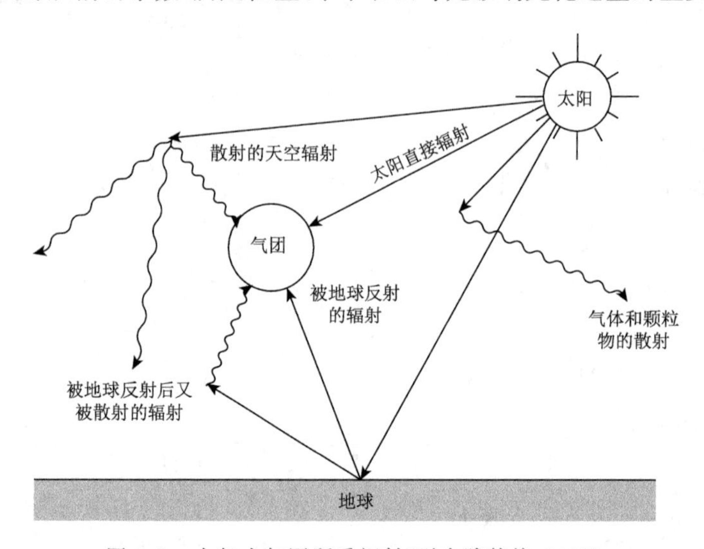


图 3.1 大气中气团所受辐射(引自陈德均，1988)

1)天顶角

太阳天顶角 $\theta$ 是相对于地球表面上某一定点的太阳的高度，即太阳方向与垂直方向的夹角，见图 3.2。因此，$\theta=90^\circ$为日出或日落，$\theta=0^\circ$为太阳当顶，天顶角越小，阳光通过大气的路程越短。

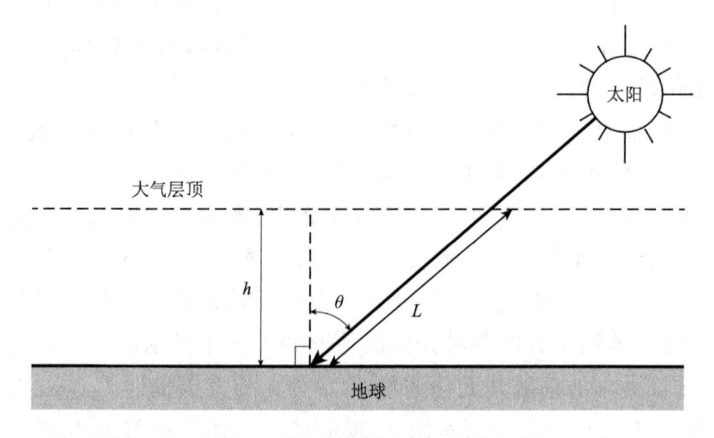


图 3.2 太阳天顶角示意图(引自唐孝炎 等，2006)

2)削弱系数($t$)

由于太阳光经大气层到达地面期间,被大气中的气体和气溶胶粒子部分吸收和散射,使得到达地面时的太阳光谱波长分布及各波长光的强度都有了变化。该变化取决于阳光入射光路上的气体和粒子的性质和浓度。

由于吸收和散射引起的阳光强度的削弱可由朗伯－比尔定律计算:

$$I/I_0 = e^{-tm} \tag{3.8}$$

式中,$t$ 为削弱系数,$m$ 为大气质量数,即太阳辐射通过大气层的路程长度/地面到大气层顶的垂直路程长度。当 $\theta=0°$,$m=1.0$,这时的大气削弱最小,$\theta$ 增大,则削弱增加。

3)纬度、季节和高度

季节不同,日地距离不同,也会造成阳光通量的改变。纬度不同对于天顶角 $\theta$ 有影响。因此,在计算光强时需要加上校正因子。例如:不同纬度的真太阳时间不同。真太阳时间是指参考太阳通过子午线的时间为正午而定的时标。如果1月初在50°N处,太阳过子午线的时间早2 h,那么就要采用真太阳时间为10时的各种参数进行校正。

4)云

当有云存在时会影响辐射的穿透率,需要对无云时的光通量做校正。彼特逊(Peterson)等提出应将无云时的光通量乘以一个 $c$ 系数:

$$c = \sum_{i=1}^{n}[1 - c_i(1-T)] \tag{3.9}$$

式中:$n$ 为云层数;$c_i$ 为每层云的云量;$T$ 为辐射对云层的透射率,与云的性质有关。

### 3.1.4 光化学反应速率

对于一个光化学初级过程反应:

$$A + h\nu \rightarrow A^* \rightarrow B + C \tag{3.10}$$

初级量子产额表示为:

$$\varphi_{初级B} = \frac{d[B]/dt}{I_a} = \frac{r}{I_a} \tag{3.11}$$

所以反应速率 $r$(也称为光吸收速率)为:

$$r = \varphi_{初级B} I_a = \varphi_B I_a \tag{3.12}$$

如图3.3所示,假设某一体积不变的空间的空气所得到的入射光的总强度为 $I'_i$,该体积吸收波长为 $\lambda$ 的光的强度可以由朗伯—比尔定律计算。盒内吸收物质X的浓度[X]为分子/$cm^3$,吸收截面 $\sigma$ 为 $cm^2$/分子。被X吸收的光 $I_a(\lambda)$ 可以近似地表示为:

$$I_a(\lambda) = \sigma(\lambda) J(\lambda)[X] \tag{3.13}$$

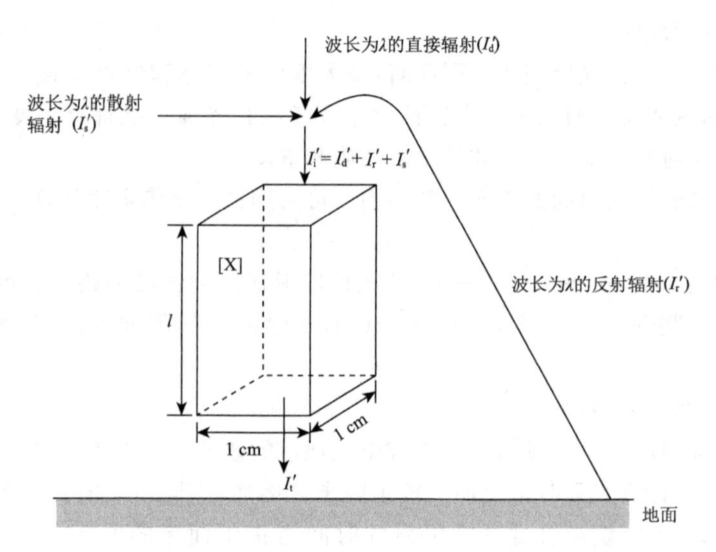


图 3.3　对流层"盒子"中分子 X 的光吸收示意图(引自周秀骥,1996)

此处,$I'_i(\lambda)$用光化学通量来表示,即 $J(\lambda)$。

计算 X 的光解,必须只考虑导致光化学变化部分的光,这样就要考虑量子产额的问题,即导致化学变化部分的光占总的光吸收的份额。在这里引入 $\phi(\lambda)$,代表 $\lambda$ 波长处由光解生成其他产物所占的初级量子产额。那么 X 在 $\lambda$ 波长处的光解速率为:

$$I_X(\lambda)=\sigma(\lambda)\phi(\lambda)J(\lambda)[X] \tag{3.14}$$

X 的总光解速率 $r_X$ 是这个表达式在所有可能波长上的积分:

$$r_X=[X][\int_{\lambda_1}^{\lambda_2}\sigma(\lambda)\phi(\lambda)J(\lambda)\mathrm{d}\lambda] \tag{3.15}$$

式中,$\lambda_1$ 和 $\lambda_2$ 分别是发生光吸收的最短和最长的波长。以对流层为例,$\lambda_1=290$ nm。

在实际应用时,$\lambda$ 一般采用波段而非上述连续形式,如在计算光化通量与天顶角 $\theta$ 的关系时,采取不同的波段 $\Delta\lambda$,将上式改写为:

$$r_X=\sum_{\lambda_1}^{\lambda_2}\sigma(\lambda)\phi(\lambda)J(\lambda)\Delta\lambda[X] \tag{3.16}$$

式中,$\sigma(\lambda)$,$\phi(\lambda)$和 $J(\lambda)$都是指 $\Delta\lambda$ 范围内集中于 $\lambda$。$J(\lambda)$经过 $\Delta\lambda$、季节、纬度的高度、反射率等矫正更好。

可以将光解反应看作一个反应速率常数为 $j_X$ 的一级反应过程,其反应速率方程表达为:

$$r_X=-\frac{\mathrm{d}[X]}{\mathrm{d}t}=j_X[X] \tag{3.17}$$

式中单位,$r_X$ 为分子/($cm^3$ · s);$j_X$ 为 1/s;[X]为分子/$cm^3$。得到一级速率系数 $j_X$ 表达式为:

$$j_X = \int_{\lambda_1}^{\lambda_2} \sigma(\lambda)\phi(\lambda)J(\lambda)\mathrm{d}\lambda \tag{3.18}$$

或为

$$j_X = \sum_{\lambda_1}^{\lambda_2} \sigma(\lambda)\phi(\lambda)J(\lambda)\Delta\lambda \tag{3.19}$$

$\sigma$ 值和 $j$ 值已有不少实验数据支撑。无数据时，也可以采用计算的方法，即使用实验测得的和 $j(\lambda)$ 计算 $j$。$\phi(\lambda)$ 可采用文献值；没有 $\phi$ 值时，有时可以用 $\phi=1.0$ 代替，由此值计算的是 $j$ 值的上限。图 3.4 所示的是在晴朗天空、有部分云和阴天三种天气状况下，$NO_2$ 的光解速率的日变化规律。其中光化通量为实验测量，扫描到的太阳光谱为 280～450 nm。

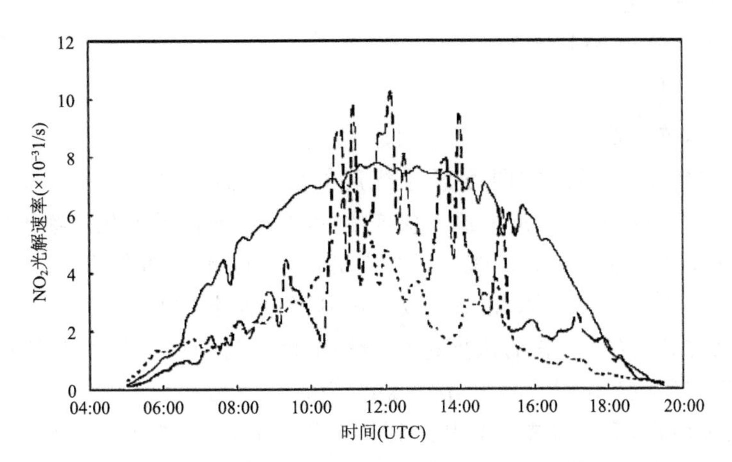


图 3.4　晴朗天空（实线）、有部分云（实虚线）和阴天（点虚线），$NO_2$ 的光解速率的日变化（引自 Seroji et al.，2004）

式(3.18)和式(3.19)也可以反过来通过已知的 $\sigma(\lambda)$，$\phi(\lambda)$ 和 $j_X$ 来求光强。用物理方法测量光强比较复杂，在光化学研究中通常采用化学方法，将某一已知量子产额的光化学反应速率常数测量出来作为光强的量度。这种方法既可以用于测人工光源的强度，也可以测量某地的实际光强。

### 3.1.5　$NO_2$ 的光解常数

#### 3.1.5.1　$NO_2$ 的光解过程

在大气环境化学研究中，$NO_2$ 的光解反应是一个重要的反应：

$$NO_2 + h\nu(300 \sim 400\ \text{nm}) \rightarrow NO + O$$

由于生成的原子 O 非常活泼，它还会继续发生次级反应，因此，$NO_2$ 的光解离实际上是很复杂的。目前认为 $NO_2$ 在空气中光解离的化学过程如下：

(1) $NO_2 + h\nu(300 \sim 400\ \text{nm}) \rightarrow NO + O$

(2) $O_2 + O \xrightarrow{N} O_3$

(3) $NO + O_3 \rightarrow NO_2 + O_2$

(4) $NO_2 + O \rightarrow NO + O_2$

(5) $NO_2 + O \xrightarrow{N} NO_3$

(6) $NO_3 + NO \rightarrow 2NO_2$

(7) $NO + O \rightarrow NO_2$

(8) $NO_3 + NO_2 \xrightarrow{N} N_2O_5$

(9) $N_2O_5 \rightarrow NO_3 + NO_2$

(10) $NO_2 + O_3 \rightarrow NO_3 + O_2$

(11) $2NO + O_2 \rightarrow 2NO_2$

#### 3.1.5.2 稳态近似假设

上面列出的 11 个反应式即为 $NO_2$ 光解的反应机理。当反应机理确定后，通常可用数字方法计算出每种反应物或反应产物的浓度随时间的变化。鉴于计算的复杂性，实际工作中常常做些简化的假设。其中最重要的是稳态近似假设。

稳态近似：当一个中间体，在某些反应中其形成速率等于另一些反应中的去除速率时，该中间体处于稳态，它的浓度称作稳态浓度。将中间体做稳态处理的近似方法，称稳态近似假设(steady state approximation，SSA)。

对某物种而言，需要首先计算其达到稳态的时间，以判断在一定时间范围内，该物种能否采用稳态法处理。某物种达到稳态时间的计算如下：

先考虑一个简单的情况，中间体 B 由物种 A 光解生成，并经与物种 C 反应去除：

$$A + h\nu \xrightarrow{1} B, r_1 = \varphi I_a$$

$$B + C \xrightarrow{2} D, r_2 = k_2[B][C]$$

所以：

$$d[B]/dt = \varphi I_a - k_2[B][C]$$

设 $t$ 为 0～$t$ 时，$\varphi I_a$ 和 $k_2[C]$为常数，则：

$$d[B]/(\varphi I_a - k_2[B][C]) = dt$$

$$\ln(\varphi I_a - k_2[B][C]) = -k_2[C]t + 常数$$

因为 $t=0$ 时，$[B]=0$，所以

$$\ln[(\varphi I_a - k_2[B][C])/\varphi I_a] = -k_2[C]t$$

故
$$[B]_t = \varphi I_a(1 - e^{-k_2[C]t})k_2[C] \quad (3.20)$$

在稳态时，$r_1 = r_2$，所以

$$[B]_a = \varphi I_a / k_2[C] \quad (3.21)$$

这里，$[B]_a$ 为稳态时物种B的浓度，$[B]_t$ 为 $t$ 时刻B的浓度。$t=0$ 时，$[B]_0=0$，$t$ 增加，$[B]_t$ 也增加，并逐渐接近于 $[B]_a$。若假设当 $[B]_t=0.99[B]_a$ 时达到稳态，那么B物种达到稳态的时间计算如下：

将 $[B]_t=0.99[B]_a$ 及式(3.20)代入式(3.21)，可得：

$$1-e^{-k_2[C]t}=0.99$$

$$e^{-k_2[C]t}=0.01$$

所以

$$t=4.6/k_2[C]$$

即对于B而言(一级去除反应)，达到稳态的时间约为 $4.6/k_2[C]$。

如果B的去除反应是二级的，即 $r_2=k_2[B]^2$ 或 $r_2=k_2[B]^2[C]$ 等，可导出达稳态时间 $t$ 为：

$$t=2.65/\sqrt{\varphi/I_a k_2[C]}$$

例如：在 $NO_2$ 光解过程中，原子氧O达到稳态的时间为：

$$T_0=\frac{4.6}{19.72\times 2.1\times 10^5}\text{min}=1\times 10^{-6}\ \text{min}$$

$NO_3$ 达到稳态的时间为：

$$t_{NO_3}=4.6/(2.8\times 10^4[NO]+3938[NO_2])$$

若 $[NO]=0.1\times 10^{-6}$(体积分数)，$[NO_2]=1\times 10^{-6}$(体积分数)，则

$$t_{NO_3}=7\times 10^{-4}\ \text{min}$$

$O_3$ 达到稳态的时间为：

$$t_{O_3}=4.6/(23.89[NO]+4.84\times 10^{-2}[NO_2])$$

若 $[NO]=0.1\times 10^{-6}$(体积分数)，$[NO_2]=1\times 10^{-6}$(体积分数)，则

$$t_{O_3}=1.9\ \text{min}$$

$N_2O_5$ 达到稳态的时间为：

$$t_{N_2O_5}=4.6/6.854\ \text{min}=0.67\ \text{min}$$

以上虽为近似计算，但可看出各物种达到稳态的时间范围。

采用 $NO_2$ 光解反应测定紫外光强时，由于光解离过程反应众多，因此，在用速率方程计算光解反应的速率常数 $k$ 值(作为光强的度量)时，通常运用稳态法处理。

### 3.1.6　温度和压力对光化学反应的影响

#### 3.1.6.1　温度效应

根据范德霍夫规则，一般的化学反应当温度每升高10 K，反应速率大约增加2～4倍。但是对于光化学反应，温度对速率的影响一般都不大。这是因为光化学反应的初级反应与光的强度有关，而次级反应又常涉及自由基的反应，这些反应的活化能都比较小，所以反应速率受温度的影响不大。也有一些光化学反应的温度系数很大，

甚至为负值。这是由于次级反应的存在，在总的速率常数可能包括中间的速率常数或平衡常数。假设总的速率常数中包含某一步骤的速率常数 $k_1$ 的平衡常数 $K^\theta$，它们和总的速率常数 $k$ 之间存在如下关系：

$$k=k_1K^\theta \tag{3.22}$$

那么

$$\frac{\mathrm{dln}k}{\mathrm{d}T}=\frac{\mathrm{dln}k_1K^\theta}{\mathrm{d}T}=\frac{\mathrm{dln}k_1}{\mathrm{d}T}+\frac{\mathrm{dln}K^\theta}{\mathrm{d}T}=\frac{E_a}{RT^2}+\frac{\Delta_rH_m^\theta}{RT^2} \tag{3.23}$$

如 $\Delta_rH_m^\theta$ 为负值，且它的绝对值大于 $E_a$，则 $\mathrm{dln}k/\mathrm{d}T<0$，此时升高温度，反应速率反而降低。

根据范特霍夫方程计算在不同温度下某反应的平衡常数的方程，其表达式为：

$$\frac{\mathrm{dln}K^\theta}{\mathrm{d}T}=\frac{\Delta_rH_m^\theta}{RT^2} \tag{3.24}$$

3.1.6.2　压力效应

大气环境中，三分子反应非常重要，因为它们的反应速率和总压力有关。某些反应的级数会随压力变化而变化。例如，自由基 OH· 对 $SO_2$ 的氧化反应，在低压是三级反应，在高压是二级。OH· 和 $SO_2$ 分子间成键放出能量，而这些释放的能量必须被移除才能形成稳定的 $HOSO_2$ 分子，否则这部分内能会使得 $HOSO_2$ 快速分解重新形成 $OH\cdot+SO_2$。M 是通过与振动激发态的 $HOSO_2^*$（“*”代表分子处于振动激发态）碰撞并移走它多余的能量使其成为稳定的分子。该反应总包反应可写为：

$$OH\cdot+SO_2+M\rightarrow HOSO_2+M$$

但基元反应步骤为

$$OH\cdot+SO_2\underset{k_b}{\overset{k_a}{\rightleftharpoons}}HOSO_2^*$$

$$HOSO_2^*+M\underset{k_b}{\overset{k_a}{\rightleftharpoons}}HOSO_2+M$$

推广为一般体系中形成产物 AB：

$$A+B\rightarrow AB^*\ (k_a)$$

$$AB^*\rightarrow A+B(k_b)$$

$$AB^*+M\rightarrow AB+M^*\ (k_c)$$

$$M^*\rightarrow M+\text{能量}(k_d)$$

采用稳态近似处理，即激发态复合物 $AB^*$ 的寿命很短，一经产生就发生反应，其中 AB 的产生，和 A 和 B 的消耗相等。因此，我们可以假定它在任何时候都处于稳态。反应速率为：

$$\frac{\mathrm{d}[AB]}{\mathrm{d}t}=k_c[AB^*][M] \tag{3.25}$$

$$k_a[A][B]=k_b[AB^*]+k_c[AB^*][M] \tag{3.26}$$

将式(3.26)代入式(3.25)，得到反应速率：

$$-\frac{d[A]}{dt}=-\frac{d[B]}{dt}=\frac{d[AB]}{dt}=\frac{k_a k_c[A][B][M]}{k_b+k_c[M]} \tag{3.27}$$

在大气中，[M]只是空气 $n_a$ 的数密度。

如果新形成的分子的原子数大于2，分子振动将出现多种模式，键的结合能就可以通过多种方式发生转换。在这样的情况下，新分子的寿命在处于临界状态的化合键断裂之前可以延长几个振动周期。对于一个足够大的产物分子，其寿命将相当长，通过第三体分子M碰撞移除剩余能量的步骤将不再决定反应速率。

从公式可以看出两个范围。如果在低压范围$[M]\ll k_b/k_c$，式(3.27)可以简化为：

$$-\frac{d[A]}{dt}=-\frac{d[B]}{dt}=\frac{d[AB]}{dt}=\frac{k_a k_c[A][B][M]}{k_b} \tag{3.28}$$

此时，反应是三级的，总的反应速率线性地取决于[M]。如果在高压范围$[M]\gg k_b/k_c$，式(3.27)可以简化为：

$$-\frac{d[A]}{dt}=-\frac{d[B]}{dt}=\frac{d[AB]}{dt}=k_a[A][B] \tag{3.29}$$

此时，反应是二级的，AB产量受$AB^*$产量的限制，且与M的浓度无关；M大量存在，以确保所有激发态$AB^*$转化为稳定AB。

当产物分子AB变得更复杂时，$k_b$值将下降，这是由于结合能被分配到越来越多的振动模式中。第三体分子[M]通常直接与压力有关，因为在大气环境下，M是$N_2$和$O_2$的总和，这两种气体实际上决定了大气压力。产物分子越复杂，反应速率由三级转为二级所需要的[M]越低。对于结构简单的氢分子，一直到$10^4$大气压，两个H合成$H_2$的反应都还是三级；而结构复杂的分子如1－丁烯和OH自由基的反应，在所有对流层压力下都为二级；大气中极为重要的$O_2+O+M\rightarrow O_3+M$在大气压力范围内二级和三级都存在。

由于整个反应的速率由式$A+B\rightarrow AB^*$速率决定，可以将速率方程写为假二级形式：

$$\frac{d[AB]}{dt}=k^{bi}[A][B] \tag{3.30}$$

当1/[M]趋近于0时，$k^{bi}$趋向一个高压极限值，$k_\infty=k_a$；当[M]趋近于0时，$k^{bi}$趋向一个低压极限值$k_0=\frac{k_a k_c[M]}{k_b}$，因此：

$$k^{bi}=\frac{k_0 k_\infty}{k_0+k_\infty} \tag{3.31}$$

在实际实验中，假二级速率常数$k^{bi}$随压力的变化往往与式(3.31)结果有所差别。这是因为基元反应速率常数 $k_a$、$k_b$ 和 $k_c$ 应该由 $AB^*$ 的每一个独立的量子振动能级来定义,然后由每一个单独速率加和得到总速率;而且,在新形成的分子力,振动和转动可以相互转化。Troe 对处理压力依赖反应的方法进行了改进:

$$k^{bi}=\frac{k_0 k_\infty}{k_0+k_\infty}F \tag{3.32}$$

式中,$F$ 称为一个展宽因子。它的实际值取决于具体的反应,可以从理论上计算出来,$F$ 是 $k_0/k_\infty$ 的函数。

Troe 和同事总结出的 $F$ 的表达式为:

$$F=F_c\left\{1+\left[\frac{\lg k_0[M]}{k_\infty}\right]^2\right\}^{-1}$$

Troe 认为在大气条件下,$F_C$ 的值大约为 0.7～0.9,并且与温度无关。但实际上低至 0.4 的值也常出现。重要的是通过符合实验数据的 $F_c$ 来决定 $k_0$ 和 $k_\infty$。

三级反应的速率通常随温度增加而降低。温度越高,反应物 A 和 B 拥有的热动力学能量就越大,$AB^*$ 分子内部振动能量就越大,因此反向分解的概率就越大,则 $k_b$ 就越大。$k_a$ 和 $k_c$ 并不强烈依赖于温度,所以在低压范围,由于 $k_b$ 随温度升高而增大,总包反应速率就减小了。$k_0$ 对温度的依赖关系在总包反应速率常数中常用经验因子 $T_m$ 来描述。

## 3.2 对流层臭氧

对流层是接近地表的、与人类生产活动最为紧密的大气层。无数物种在地球表面被释放到平流层进行混合、传输、转化,一部分化学寿命小于一年的物种这里被消解而无法传输到上层大气。对流层内化学过程和气象因子呈显著的双向反馈作用。首先,对流层内存在复杂频繁的天气现象,即影响物种的混合、传输、沉降等物理过程,又影响物种化学反应速率(温度、相对湿度、气压等)和反应界面(均相、非均相等),进而影响物种的时空分布。其次,对流层中的温室气体和气溶胶通过影响辐射和降水反作用于气象。对流层是大气污染频繁发生的一层,特别是臭氧和细颗粒物等污染物,直接影响人类健康和生态环境。

### 3.2.1 对流层中的臭氧特征

人类活动对对流层大气成分的影响十分显著,同时受人类活动影响最大的是对流层,对流层大气直接影响人类健康,大部分空气污染问题都发生在对流层。对流层大气最显著的特点是化学性质活泼,即具有氧化性。氮氧化物－挥发性有机物体系是造成对流层大气活泼氧化性的主要原因,常被称为“缓慢燃烧的火焰”:有机物是燃料，阳光是引燃的明火，$NO_x$ 则是助燃剂。

对流层大气的特点：(1)对流层大气物种十分丰富；(2)该层大气能量虽然少，但是光化学作用至关重要；(3)水汽含量较多；(4)有机物种含量丰富；(5)对流层臭氧在逐渐增加；(6)该层大气存在酸沉降；(7)该层大气的各种反应以羟基(OH·)自由基为中心；(8)气溶胶在该层大气作用大。

臭氧($O_3$)作为一种强氧化剂，在许多对流层大气化学过程中起着重要的作用，例如许多有机化合物的分解和氧化、二氧化硫($SO_2$)的氧化、$NO_x$ 的转化等都与 $O_3$ 有关，以及 $O_3$ 会带来光化学烟雾。

地表附近的 $O_3$ 是大气污染的重要成分之一，其浓度的增加将直接危害生态环境，另一方面，$O_3$ 在 9.6 μm 附近的大气红外窗区有一个很强的吸收带，使对流层 $O_3$ 成为一种非常重要的温室气体，单位质量的 $O_3$ 的热辐射吸收能力约为二氧化碳($CO_2$)的 2000 倍。$O_3$ 容易和空气中的烃类气体(如甲烷等)发生氧化反应，因此空气中 $O_3$ 浓度的高低直接决定了上述烃类气体在空气中的存在时间。这些紧迫的环境问题，使得关于对流层 $O_3$ 的研究越来越受到普遍重视。图 3.5 显示了对流层化学循环的基本情况。

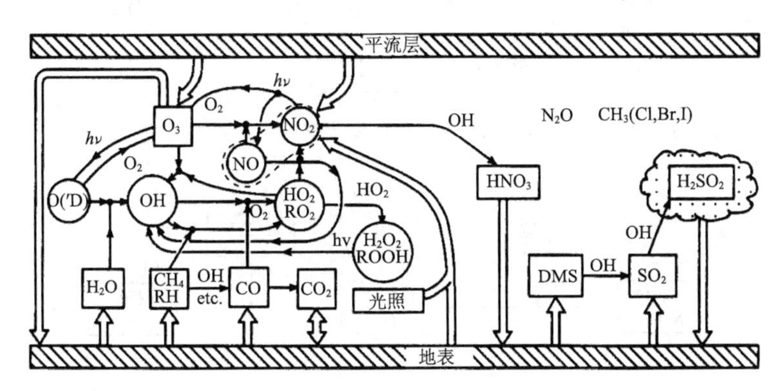


图 3.5 对流层化学循环(引自 Seinfeld et al.,2006)

对流层 $O_3$ 的重要来源：(1)平流层注入；(2)在对流层大气中发生的光化学过程。对流层 $O_3$ 的汇包括：(1)在地表被破坏；(2)在大气中光化学分解；(3)在地表附近与生物排放的某些还原态气体的快速反应。

3.2.1.1 大气中 $NO_2$ 的基本光化学循环

$NO_x$($NO+NO_2$)在大气环境的化学过程中，起着十分重要的作用。NO、$NO_2$ 和 $O_3$ 之间存在的化学循环是大气光化学过程的基础。含有 NO 和 $NO_2$ 的大气，在阳光照射下，可以发生下列几个反应：

$NO_2$ 在波长为 290～420 nm 的阳光照射下发生光解反应，在生成 NO 的同时，该反应还生成了基态原子氧 $O(^3P)$，反应如下：

$$NO_2 + h\nu \xrightarrow{k_1} NO + O(^3P) \tag{3.33}$$

生成的基态原子氧 $O(^3P)$ 随即与大气中的氧分子 $O_2$ 发生反应，生成臭氧：

$$O(^3P) + O_2 + M \xrightarrow{k_2} O_3 + M \tag{3.34}$$

式中，M 是空气中的 $N_2$，$O_2$ 或其他分子介质，可以吸收过剩的能量而使生成的 $O_3$ 分子稳定。上式生成的 $O_3$ 与 NO 再反应重新生成 $NO_2$ 和 $O_2$：

$$O_3 + NO \xrightarrow{k_3} NO_2 + O_2 \tag{3.35}$$

以上三个反应是假定大气中只含有 NO 和 $NO_2$，并且是在阳光照射的条件下所发生的基本光化学反应链。其中反应式(3.33)是大气光化学反应的诱发者，是形成光化学烟雾的起始反应，NO、$NO_2$ 以及 $O_3$ 的浓度在反应链中都为定值，这三个反应只能形成大气中 $NO_2$ 的光解循环，$O_3$ 并不会积累(图 3.6，图 3.7)。

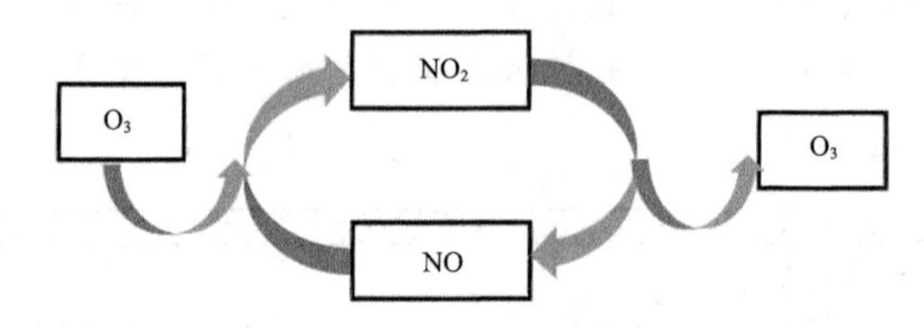


图 3.6　$NO_2$、NO 和 $O_3$ 的基本光化学循环(引自唐孝炎 等，2006)

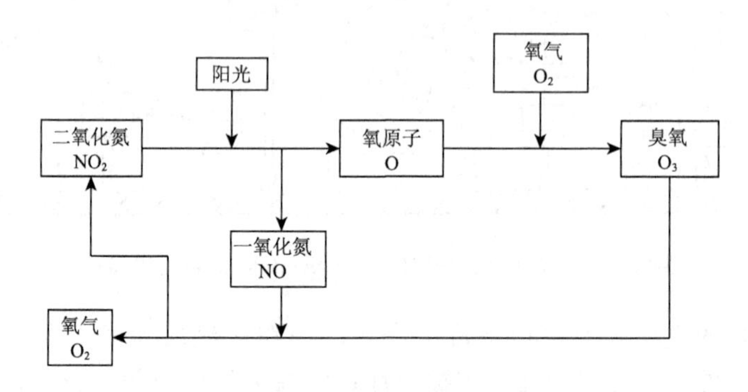


图 3.7　大气中 $NO_2$ 的光解循环(改自周秀骥，1996)

假设仅有上述三个反应发生，$k_1$，$k_2$，$k_3$ 为反应速率常数，假定大气中 NO 与 $NO_2$ 的起始浓度分别为 $[NO]_0$ 和 $[NO_2]_0$，其间没有新的反应物加入，那么 $NO_2$ 在太阳照射后的浓度变化可由下式给出：

$$\frac{d[NO_2]}{dt} = -k_1[NO_2] + k_3[O_3][NO] \tag{3.36}$$

将$[O_2]$看作常数(因为空气中 $O_2$ 的浓度一般保持恒定)，体系中还有 4 种物质($NO_2$，NO，O 和 $O_3$)的稳态浓度待定。我们还可以写出 NO，O 与 $O_3$ 的瞬时速度方程式，它们分别为：

$$\frac{d[NO]}{dt}=k_1[NO_2]-k_3[O_3][NO] \tag{3.37}$$

$$\frac{d[O_3]}{dt}=k_2[O][O_2][M]-k_3[O_2][NO] \tag{3.38}$$

$$\frac{d[O]}{dt}=k_1[NO_2]-k_2[O][O_2][M] \tag{3.39}$$

由于 O 原子极不稳定，在大气中与 $O_2$ 的反应发生很快，一旦生成就立即消失。因此，可以用稳态近似法来处理，假设其生成速率与消失速率相等 $d[O]/dt=0$，我们可以得到下式：

$$\frac{d[O]}{dt}=k_1[NO_2]-k_2[O][O_3][M]=0 \tag{3.40}$$

即：$k_1[NO_2]=k_2[O][O_2][M]$。其中，O 原子的稳态近似浓度为：

$$[O]=\frac{k_1[NO_2]}{k_2[O_2][M]} \tag{3.41}$$

氧原子的浓度[O]并不是常数，相反，它随着$[NO_2]$而变化，只是在任何时刻，氧原子都处于产生和消耗的平衡之中。$O_3$ 的稳态浓度：

$$[O_3]=\frac{k_1[NO_2]}{k_3[NO]} \tag{3.42}$$

NO、$NO_2$ 和 $O_3$ 之间的关系被称为光稳态关系。在大气中无其他反应干预的情况下，$O_3$ 的浓度取决于$[NO_2]/[NO]$，根据氮守恒：

$$[NO]+[NO_2]=[NO]_0+[NO_2]_0 \tag{3.43}$$

由于 $O_3$ 与 NO 的反应是等剂量关系，所以可得：

$$[O_3]_0+[O_3]=[NO]_0+[NO] \tag{3.44}$$

求解$[O_3]$，我们得到了通过照射 NO、$NO_2$、$O_3$ 和过量 $O_2$ 的任意混合物而形成的稳态臭氧浓度的关系：

$$[O_3]=-\frac{1}{2}\left([NO]_0-[O_3]_0+\frac{k_1}{k_3}\right)+\frac{1}{2}\left\{\left([NO]_0-[O_3]_0+\frac{k_1}{k_3}\right)^2+4\frac{k_1}{k_3}([NO_2]_0+[O_3]_0)\right\}^{\frac{1}{2}} \tag{3.45}$$

假如$[NO]_0=[O_3]_0=0$，则上式简化为：

$$[O_3]=\frac{1}{2}\left\{\left[\left(\frac{k_1}{k_3}\right)^2+4\frac{k_1}{k_3}[NO_2]_0\right]^{\frac{1}{2}}-\frac{k_1}{k_3}\right\} \tag{3.46}$$

一般 $k_1/k_3=0.01$ ppm，在$[NO]_0=[O_3]_0=0$ 时，可以计算出随 $NO_2$ 起始浓度

而变化的 $O_3$ 的浓度，结果如表 3.2。

**表 3.2　不同 $NO_2$ 起始浓度所对应的 $O_3$ 平衡浓度**

| $[NO_2]_0$(ppm) | $[O_3]$(ppm) |
|---|---|
| 0.10 | 0.027 |
| 1.00 | 0.095 |

$k_1/k_3=0.01$ ppm，$[NO]_0=[O_3]_0=0$。

要想获得臭氧的最大稳态浓度，就必须使起始时的氮氧化物($NO_x$)全部为纯 $NO_2$。由上述的计算结果知：若 $[NO]_0=[O_3]_0=0$，$[NO_2]_0=0.1$ ppm，则 $[O_3]$ 为 0.027 ppm。然而实际上，城市大气中的氮氧化物 $NO_x$ 大多为 NO，而不是 $NO_2$；而且 $NO_2$ 的浓度一般也不超过 0.1 ppm，而实际测量的得到的臭氧浓度却往往大于 0.027 ppm，远远不能解释实际测到的 $O_3$ 的浓度。因此，大气中必然存在着其他反应，使得 $O_3$ 浓度增高，即必然存在着能与反应(3.35)竞争的反应。这些反应主要来自含碳化合物。

3.2.1.2　对流层 $O_3$ 的环境效应

$O_3$ 是大气中重要的温室气体，$O_3$ 不仅有很强的紫外吸收带，它还有一个很强的红外吸收带。因此，平流层 $O_3$ 对太阳紫外辐射的吸收是平流层大气的主要热源，而在对流层中，太阳紫外辐射的加热效应已经不重要，$O_3$ 对地表红外辐射的吸收作用使得对流层 $O_3$ 成为一种重要的温室气体。对流层 $O_3$ 的浓度增加引起的气候变化是 $O_3$ 环境效应的一个重要方面。

$O_3$ 是一种化学活性气体，在许多大气污染物的转化中起着重要的作用，维持大气的氧化能力。例如，在某些特定条件下，$O_3$ 在 $SO_2$ 的液相氧化过程中起着决定性作用。这一过程是某些地区酸雨形成的主要原因。对流层 $O_3$ 浓度的增加可能使这类地区的酸雨污染变得尤为严重。对流层 $O_3$ 的浓度增加可能增加城市光化学烟雾发生的频率，在 $NO_x$ 存在的条件下，$O_3$ 容易和烃类发生反应产生含氢自由基(如 OH·、$HO_2$·等)和大分子碳氢氧自由基($RO_2$·)，这些自由基可使复杂的有机化合物氧化分解，这类过程是当代污染化学的重要研究内容。

$O_3$ 的光化学分解产生激发态原子氧。这种激发态原子氧与水汽的反应是对流层 OH·的重要来源。因此，对流层 $O_3$ 浓度的增加可能改变对流层大气中 OH·的浓度，这将对大气中许多化学过程产生影响。

$O_3$ 本身对地表生物的危害也是当今重要的环境科学研究课题。光化学烟雾对人体健康的危害也包括高浓度 $O_3$ 对人的呼吸系统的破坏作用。大气中臭氧浓度为 0.1～0.5 ppm 时引起鼻和喉头黏膜的刺激和对眼睛的刺激，在 0.2～0.8 ppm 浓度下接触两小时后会出现气管刺激症状，1 ppm 以上引起头疼，肺深部气道变窄，出现肺气肿,长时间接触会出现一系列中枢神经损害或引起肺水肿。此外,臭氧还有阻碍血液输氧的功能,造成组织缺氧现象。臭氧影响农作物和森林的生长,降低植物的生产力。它为云雨水的酸化提供了氧化剂,导致酸雨的形成,腐蚀植物。已有许多文献报道了欧洲森林的大面积死亡可能与 $O_3$ 浓度增加有关,在森林大面积死亡的地区不仅观测到地表 $O_3$ 浓度增加,同时还监测到酸雨和土壤酸化以及降水中存在其他对植物生长有害的物质。所以 $O_3$ 对生态环境的危害不容小觑,已成为当前大气环境中的研究热点。

### 3.2.2 光化学烟雾

大气是指受人类活动影响较大的城市和区域大气,其特点是 $NO_x$ 和 VOCs 浓度水平较高,主要来自于人类排放。当同时满足3个条件(紫外光、NO 和 VOCs)时,大气就会发生一系列复杂的反应,产生一些氧化性很强的产物,如 $O_3$、醛类、PAN、$HNO_3$ 等,形成光化学污染,习惯上称为"光化学烟雾"。

#### 3.2.2.1 光化学烟雾历史

含有氮氧化物 $NO_x$ 和 VOCs 的大气,在阳光中紫外线的照射下发生反应,所产生的产物和反应物的混合物被称为光化学烟雾。这种烟雾不同于传统的煤烟型污染(伦敦烟雾),它的环境空气中含有强烈氧化性的、刺眼的和能杀死植物的污染物,并且经常发生在阳光强烈的炎热的天气下。

在1940年,美国洛杉矶首次出现了光化学烟雾污染事件。加利福尼亚大学河滨分校的植物病理学家 Middleton 曾观察到,受"瘟疫"影响的洛杉矶地区的农作物受到了独特的破坏,并报告说这是一种全新的空气污染形式。此后不久,在20世纪50年代初期的一系列经典论文中,Haagen-Smit(1952)和他的同事研究得出空气中的刺激性气体为 $O_3$,并初次提出了有关光化学烟雾形成的理论。当时进行的实验室试验表明,$O_3$ 是由大气中的光化学反应产生的,其中主要涉及 VOCs 和 $NO_x$,而它们的主要来源是汽车排放。

从那时起在全世界范围内,例如在希腊的雅典和澳大利亚悉尼城市的下风向地区都测出了较高的臭氧水平。在墨西哥城,已测量出超过400 ppb 的臭氧浓度水平。因此,尽管光化学污染最初是在洛杉矶地区发现的,但现在已被认为是全球性问题。光化学污染是主要来自移动和固定源的挥发性有机化合物和 $NO_x$ 排放被逆温困住,并在传输到下风向地区时被阳光照射从而产生的。而令人鼓舞的是,由于对 VOCs 和 $NO_x$ 排放的控制越来越严格,在1980年前后,在加利福尼亚州南部的臭氧峰值已大大降低。

而在美国洛杉矶之后,世界各地都开始出现光化学烟雾污染事件。欧洲 $O_3$ 污染的情况也比较严重(图3.8)。欧洲南部大气 $O_3$ 浓度水平普遍超过欧盟标准

(120 $\mu g/m^3$)，如捷克、德国、西班牙、法国、意大利、匈牙利、罗马尼亚和斯洛伐克等欧盟成员国在处理空气污染方面做得不够，空气质量不达标。

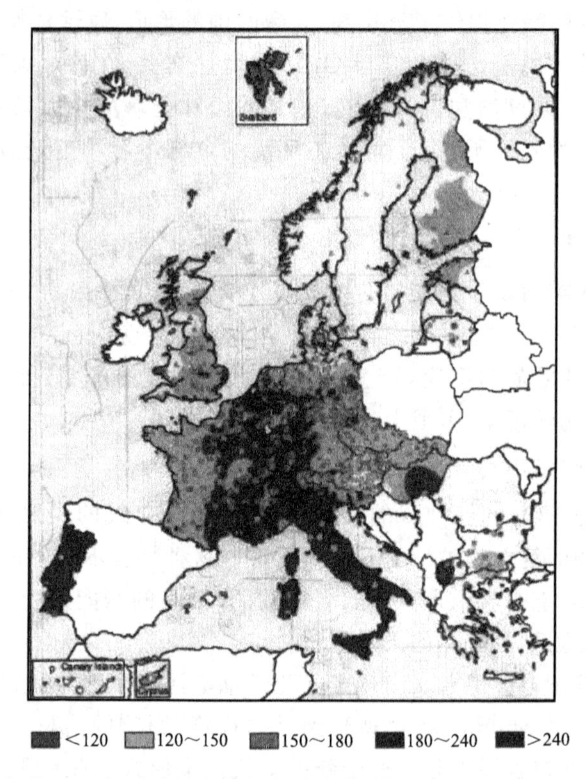


图 3.8　欧洲 2004 年夏季最大臭氧小时浓度(单位：$\mu g/m^3$)(引自 EEA，2005)

在 20 世纪 80 年代，中国的兰州和北京也先后出现了光化学烟雾污染的迹象。到了 20 世纪末，在京津冀地区、珠江三角洲和长江三角洲地区也出现了比较严重的区域性光化学烟雾事件。随着中国经济的快速增长和工业化、城市化的不断发展，$O_3$ 平均浓度、最大浓度、超标频率及高值持续时间有逐年增加的趋势，表明大气的氧化性水平较高，有继续上升的潜势。近年来，随着中国对污染治理的不断投入，主要空气质量污染物的浓度都有所下降，而 $O_3$ 却还是呈上升趋势(图 3.9)。

$O_3$ 污染问题的广泛范围不仅对人口暴露而且对农作物和森林都有重要影响。有大量证据表明，低至 40 ppb 的 $O_3$ 浓度会损害敏感的农作物，远低于当前的空气质量标准。在美国和大多数其他工业化国家，已经实施了空气质量标准，以保护人们免受不同的空气污染物的危害。当超出标准时，必须制定排放控制措施。美国的国家空气污染控制立法始于 1970 年的《清洁空气法》。从那时起，$O_3$ 被证明是最难达到空气质量标准的污染物。我国的《环境空气质量标准》是 1982 年颁布并实施的，并于

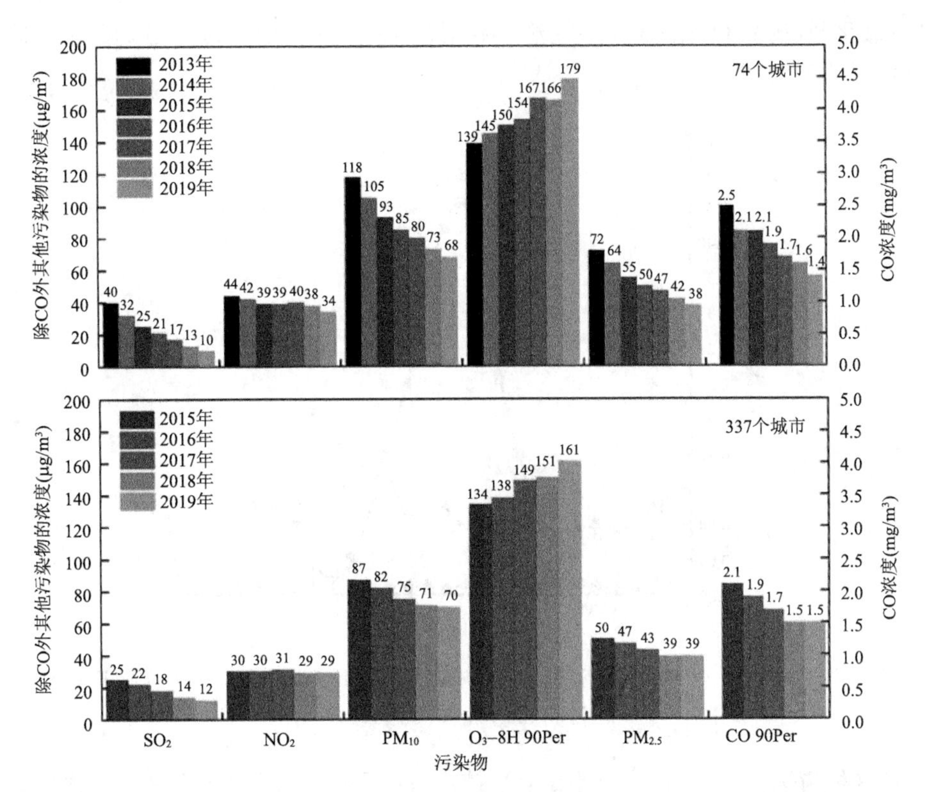


[彩]图 3.9　2013—2019 年重点城市污染物浓度年际变化(引自张远航 等,2020)

2012 年进行了修订,新增了 $PM_{2.5}$ 和臭氧 8 h 平均浓度限值。目前,光化学烟雾污染已成为国内外面临的主要大气污染问题。20 世纪 50 年代至今,人们对光化学烟雾的化学反应机制、对人体健康和生态系统的影响、来源贡献等方面开展了大量的研究工作,并且取得了显著的成果。

#### 3.2.2.2　光化学烟雾形成机制

如今,在许多世界主要城市地区光化学空气污染的特征更多在于 $O_3$ 的形成和其他氧化剂,而不是 $SO_2$、颗粒物和硫酸。在这些地区,主要污染物为 $NO_x$ 和挥发性有机化合物(VOCs)。它们在阳光下会发生光化学反应,形成大量二次污染物,其中最主要的是 $O_3$。

在“烟雾”的环境空气中可以观察到污染物的时间浓度曲线的某些可重现特征。图 3.10 是一个历史悠久的经典例子,它显示了 NO,$NO_2$ 和总氧化剂(主要是 $O_3$)的分布。1973 年 7 月,在加利福尼亚州帕萨迪纳市发生的一次严重的光化学空气污染事件中,它的可复制的特征包括:在清晨,NO 的浓度上升并达到最大值,该时间大约与 NO 的最大排放量的时间一致,而此时,是汽车运行的高峰;随后,$NO_2$ 上升到最大值;氧化剂(例如 $O_3$)浓度水平在清晨相对较低,大约在中午时分当 NO 浓度降至较低值时明显增加。

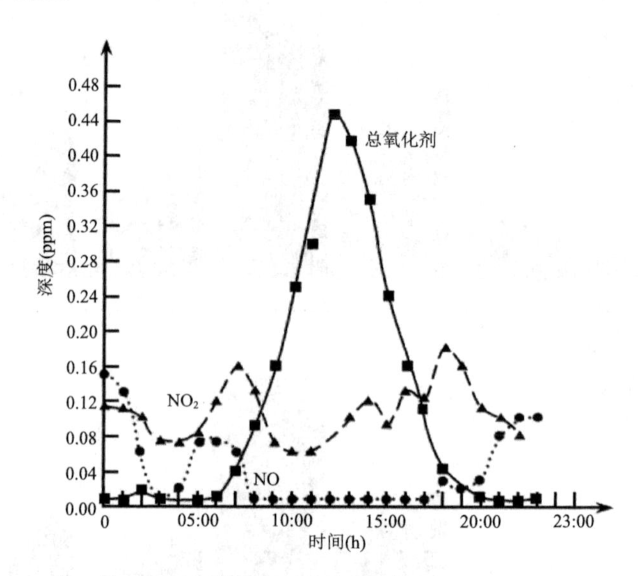


图 3.10　1973 年 7 月 25 日加利福尼亚州帕萨迪纳的 NO,$NO_2$ 和总氧化剂的日变化
(引自 Finlayson et al. ,1977)

在这种情况下,在城市中心附近,$O_3$ 浓度会在 $NO_2$ 浓度达到峰值之后达到最大值。而在市中心下风向位置,其浓度曲线会发生变化,$O_3$ 可能在下午甚至天黑后才达到峰值。具体时间取决于排放和大气传输条件。因此,尽管在日落之后 $O_3$ 不再形成,但是包含 $O_3$ 在内的白天形成的二次污染物的城市空气团可以顺风向下游迁移数公里,而该地区原本是相对干净的区域。

通过进行烟雾箱实验,从而去阐明光化学烟雾中各种物质浓度随时间变化的化学机理,其主要步骤是将反应气体通入大容器中,用人工光源去照射反应气体,模拟出大气中的光化学反应。

图 3.11 显示了照射 $C_3H_6-NO_x-$空气混合物的结果。其结果表明,在紫外线的照射下,当 $NO_x$ 和碳氢化合物都存在时,NO 会转化为 $NO_2$;碳氢化合物将被氧化消耗;产生 $O_3$ 和其他氧化剂(如 $HNO_3$、HCHO、PAN)和其他二次污染物。其关键反应的类别为:$NO_2$ 光解生成 $O_3$;有机烃氧化产生活性自由基,特别是 $RO_2·$、$HO_2·$ 等;通过过氧自由基 $RO_2·$ 和 $HO_2·$ 使得 NO 转化为 $NO_2$,提供了 $NO_2$ 的源从而产生了 $O_3$,同时形成 PAN、$HNO_3$ 等污染物。

最早 Haagen-Smit 等(1952)在洛杉矶光化学烟雾污染的研究中提出了 $NO_x$ 和 VOCs 是臭氧产生的重要前体物。由于 VOCs 物种数量非常多,臭氧产生的光化学

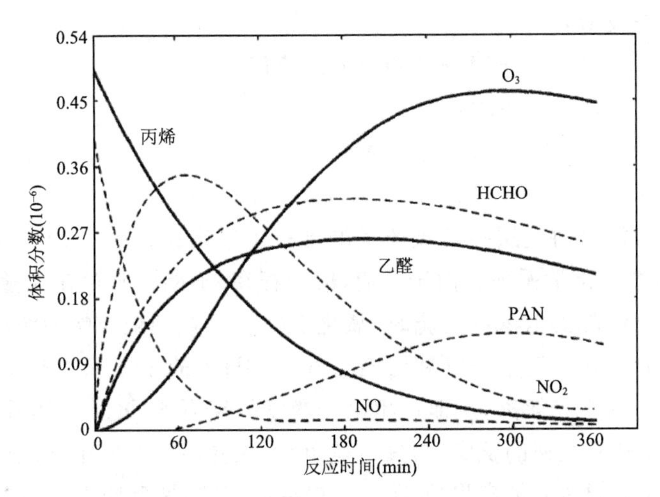


图 3.11　$C_3H_6-NO_x-$空气体系中污染物的浓度变化曲线(引自 Pitts et al. ,1975)

反应可涉及数千个物种、数万个反应。用以下 18 个反应组成的简化机制来简要概括描述光化学烟雾的形成机制。

臭氧基本光化学循环反应：

(1)$NO_2 + h\nu(\lambda < 420\ nm) \rightarrow NO + O(^3P)$

(2)$O(^3P) + O_2 + M \rightarrow O_3 + M$

(3)$O_3 + NO \rightarrow NO_2 + O_2$

自由基引发反应：

(4)$O_3 + h\nu(\lambda < 320\ nm) \rightarrow O(^1D) + O_2$

(5)$O(^1D) + H_2O \rightarrow OH\cdot + OH\cdot$

(6)$HONO + h\nu(\lambda < 400\ nm) \rightarrow OH\cdot + NO$

(7)$HCHO + h\nu \rightarrow 2HO_2\cdot + CO$

$\rightarrow H_2 + CO$

自由基传递反应：

(8)$CO + OH\cdot \xrightarrow{O_2} CO_2 + HO_2\cdot$

(9)$RH + OH\cdot \xrightarrow{O_2} RO_2\cdot + H_2O$

(10)$RCHO + OH\cdot \rightarrow RC(O)O_2\cdot + H_2O$

(11)$HO_2\cdot + NO \rightarrow NO_2 + OH\cdot$

(12)$RO_2\cdot + NO \rightarrow NO_2 + RO\cdot + HO_2\cdot$

(13)$RC(O)O_2\cdot + NO \rightarrow NO_2 + RO_2\cdot + CO_2$

(14)$RO\cdot + O_2 \rightarrow R'CHO + HO_2\cdot$

自由基终止反应：

(15)$HO_2\cdot + HO_2\cdot + M \rightarrow H_2O_2 + O_2 + M$

(16)$HO_2\cdot + RO_2\cdot \rightarrow ROOH + O_2$

(17)$OH\cdot + NO_2 + M \rightarrow HNO_3 + M$

(18)$RC(O)O_2\cdot + NO_2 + M \leftrightarrow RC(O)O_2NO_2 + M$

反应(1)和(2)是对流层中臭氧产生的唯一重要来源；反应(1)—(3)构成了 $O_3$，$NO_2$，NO 之间的光化学循环。由于反应(3)的存在，不能同时存在大量的 $O_3$ 和 NO，这解释了直到 NO 降到低浓度为止时，氧化剂($O_3$)才达到最大峰值浓度的延迟。

反应(4)和(5)显示清洁空气和污染空气中 OH·的主要来源是 $O_3$ 在阳光下通过紫外线辐射而发生光解离，从而产生电子激发的氧原子 $O(^1D)$，然后被激活的氧原子与水蒸气发生非常快速的反应(与失活竞争)。在受污染的城市地区近地面大气中，其他直接来源也会通过光解离形成 OH·，包括亚硝酸，见反应(6)。在光化学反应过程中，大气的氧化过程是由 OH·驱动的，OH·与多种微量气体反应，控制它们的氧化和去除过程。此外，甲醛(醛类)也可以光解离生成过氧自由基。

反应(8)—(14)是自由基的链传递过程，CO 和 VOCs 与 OH·反应生成过氧自由基($HO_2\cdot$ 或 $RO_2\cdot$)，从而开始自由基传递的链反应。在该循环中，醛类也可以与 OH·反应生成过氧自由基。这些过氧自由基通过反应(11)—(13)进一步氧化 NO 为 $NO_2$，同反应(3)竞争，使得臭氧出现净生成。反应(11)是 OH·以及 $NO_2$ 的一个非常重要的来源。这是光化学空气污染中 $O_3$ 形成的整个反应机理中主要的链增长步骤，因为 $HO_2\cdot$ 通过反应(11)与 OH·紧密相连。当存在 NO 时，$HO_2\cdot$ 的源和汇实际上就是 OH·的汇或源。

反应(15)—(18)是自由基链终止的主要过程，生成了 $HNO_3$ 和 $RC(O)O_2NO_2$ 等物质，在大气中避免了"爆炸性"反应的出现。

以上所有反应机制可以用图 3.12 简要表示。$HO_x$($OH\cdot + HO_2\cdot$)主导的氧化过程导致了 OVOCs，$NO_2$，$O_3$ 的产生，因此自由基是大气复合污染的关键驱动力。反应(1)—(3)是一个快速的循环，仅此循环中 $O_3$ 无法积累，浓度很低。OH·和过氧自由基间的循环反应相对于 NO 与 $O_3$ 的反应是个慢循环，在自由基循环中各种自由基相互转化，氧化了 VOCs 并抑制了 NO 与 $O_3$ 的反应。整个循环相互作用的结果就是不断将 NO 转化为 $NO_2$，从而使 $O_3$ 完成积累。直到清除掉自由基，循环反应才终止。

### 3.2.3 臭氧生成与 $NO_x$，VOCs 的关系

大量研究表明，$O_3$ 的浓度与前体物 $NO_x$ 和 VOCs 排放的响应关系呈高度非线性。根据 $O_3$ 生成对 $NO_x$ 和 VOCs 的不同敏感性，可确定一个地区的 $O_3$ 生成是由 $NO_x$ 控制还是由 VOCs 控制。针对臭氧污染进行分区防控是目前臭氧污染防控的

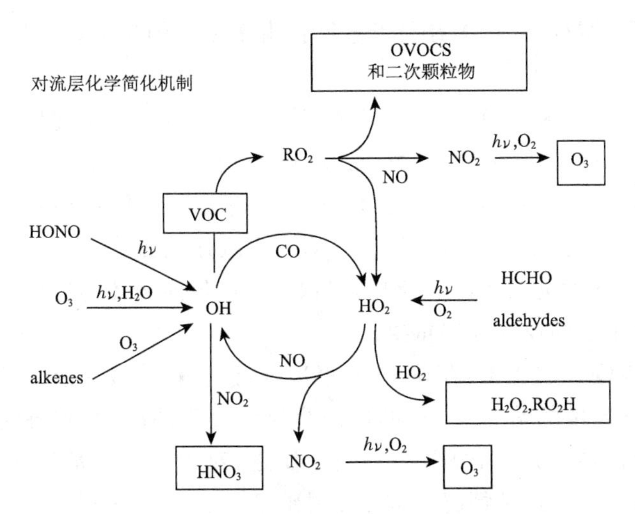


图 3.12　大气自由基循环机制和臭氧光化学产生示意图(引自 Gai et al,2009)

主要控制对策。

### 3.2.3.1　VOCs/$NO_x$ 比值的重要性

光化学研究早期使用 VOCs 与 $NO_x$ 的比值来判断 $O_3$ 生成是由 $NO_x$ 控制还是由 VOCs 控制。这种判断方法可定性的得到 $O_3$ 的浓度与前体物 $NO_x$ 和 VOCs 的关系。OH·是 $O_3$ 形成化学中的关键反应物种,VOCs 与 OH·的反应可引发整个光化学氧化反应过程。而 VOCs 和 $NO_x$ 之间存在 OH·的竞争。在 VOCs/$NO_x$ 浓度高的情况下,OH·将主要与 VOCs 反应;在低比值的情况下,与 $NO_x$ 反应占主导地位。当 VOCs 与 $NO_x$ 的浓度比为一定值时,OH·与 VOCs 和 $NO_x$ 的反应速率相等。该值取决于特定的 VOCs 或 VOCs 的混合物,因为不同 VOCs 物种和 OH·的反应速率常数都不同。

OH·$+NO_2$ 反应速率常数以混合比单位计约为 $1.7\times10^4$/(ppm·min)。考虑到城市大气中 VOCs 的平均混合量,以每个碳原子为基础表示的平均 VOCs 与 OH·的反应速率常数约为 $3.1\times10^3$/(ppm·min)。使用该值作为平均 VOCs+OH·反应速率常数,所以 VOCs+OH·与 OH·$+NO_2$ 的反应速率常数的比值约为 5.5。因此,当 VOCs∶$NO_x$ 浓度比约为 5.5∶1 时,则 VOCs 和 $NO_2$ 与 OH·的反应速率相等。如果 VOCs:$NO_2$ 的比例小于 5.5∶1,则 OH·与 $NO_2$ 的反应占主导地位。OH·—$NO_2$ 反应从 VOCs 氧化循环中除去了 OH·,从而阻碍了 $O_3$ 的进一步产生。在此条件下,减少 $NO_x$ 将有利于 $O_3$ 的生成。另一方面,当比率超过 5.5∶1,OH·优先与 VOCs 反应。此时原来应不会产生或破坏新的自由基,但是实际上,OH·—VOCs 反应的中间产物的光解会产生新的自由基,从而加速 $O_3$ 的产生。在此条件下，减少 $NO_x$ 将有利于过氧自由基之间的反应，通过反应去除自由基来阻碍 $O_3$ 的产生。

从给定的 VOCs 和 $NO_x$ 混合物开始，因为 OH · 与 $NO_2$ 的反应比与 VOCs 的反应快约 5.5 倍，因此 $NO_2$ 的清除往往比 VOCs 更快。在没有新的 $NO_x$ 排放的情况下，随着系统的反应，$NO_x$ 的消耗比 VOCs 更快，并且瞬时 VOCs∶$NO_2$ 的比值会随着时间增加。最终，由于通过 OH · —$NO_2$ 反应连续去除 $NO_x$，使得 $NO_x$ 的浓度变得足够低，OH · 优先与 VOCs 反应，以保持臭氧形成循环的进行。在极低的 $NO_x$ 浓度下，过氧自由基的反应变得重要。

在给定的 VOCs 水平下，存在一个 $NO_x$ 浓度，在该浓度下会产生最大量的 $O_3$。对于小于此最佳比值的情况，$NO_x$ 的增加会导致臭氧的减少，这种情况通常在市中心或在临近 $NO_x$ 源下风向的烟羽中存在；反之，对于大于此最佳比值的情况，$NO_x$ 增加会导致臭氧增加，这种情况通常在乡村地区。

3.2.3.2　臭氧等浓度曲线(EKMA 曲线)

对于每个不同的 VOCs 和 $NO_x$ 的初始浓度，可以得出一个 $O_3$ 产生的峰值，用此最大值与 VOCs 和 $NO_x$ 的初始浓度作图，可以画出臭氧峰值的等浓度曲线图，该曲线反映了 $O_3$ 与前体物 VOCs 和 $NO_x$ 的非线性关系。此方法被称为 EKMA 方法(empirical kinetic modeling approach)，是用于研究 $O_3$ 与其前体物敏感性关系的方法。

$O_3$ 的产生对 VOCs 和 $NO_x$ 初始量的依赖性通过图 3.13 表示。该图绘制了从 VOCs/$NO_x$ 的化学模拟过程中获得的 $O_3$ 的预测最大值的等值线，其中大气中的 VOCs/$NO_x$ 初始浓度各不相同，而所有其他变量均恒定。图 3.13 是亚特兰大的 $O_3$

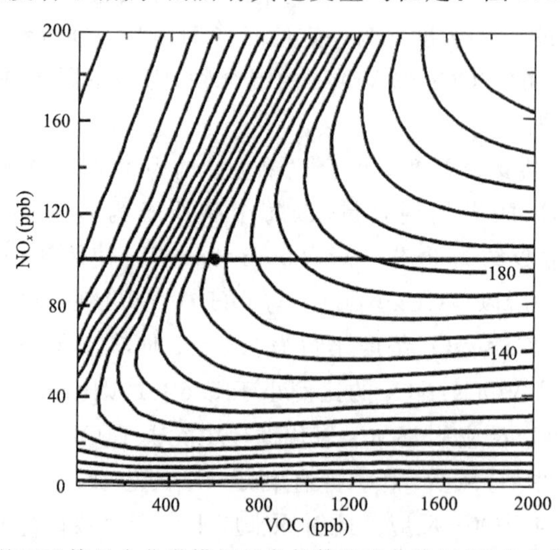


图 3.13　基于亚特兰大化学模拟的臭氧等浓度曲线图(引自 Jeffries，1990)

等值线图。为了生成该图，在一个从地面到混合高度的假想的充分混合的盒子中模拟 $O_3$ 生成，该混合高度是从最大强度源排放区域（城市中心地区）传输到最大 $O_3$ 浓度下风向的地区的变化的高度。在全天，混合高度的增加导致了污染物的稀释。随着混合高度的升高，外部空气中的 VOCs 和 $O_3$ 被夹带到内部中。亚特兰大模拟中最初包含 600 ppb 的人为控制 VOCs，38 ppb 的背景值，不可控 VOCs 和 100 ppb 的 $NO_x$。模拟外部的空气假定包含 20 ppb 的 VOCs 和 40 ppb 的 $O_3$。该盒子从城市中心开始移动，并在 14 小时内到达郊区。初始混合高度为 250 m，最大混合高度为 1500 m。在这些条件下，预测的峰值臭氧浓度为 144.6 ppb。完整的图 3.13 是通过系统地改变初始 VOCs 和 $NO_x$ 浓度而生成的。图 3.13 中的臭氧等值线脊线将高 VOCs/$NO_x$ 比值（低于脊线）的区域和低 VOCs/$NO_x$ 比值（高于脊线）的区域沿脊线分开。在图 3.13 中，在 0 ppm 的初始 VOCs 浓度时，最大 $O_3$ 浓度不为零是因为该方案包括 38 ppb 的地表背景 VOCs 浓度和 20 ppb 的高空 VOCs 浓度。

臭氧脊线下方的臭氧等值线图的区域就是我们所说的"$NO_x$ 控制区"，而在脊线上方为"VOCs 控制区"。在脊线上方，$NO_x$ 浓度保持不变时，减少 VOCs 的浓度，$O_3$ 的浓度就会显著减少；但若保持 VOCs 的浓度不变，$NO_x$ 浓度的减少却会导致 $O_3$ 浓度的增加，一直到脊线，这表明存在 $NO_x$ 减少的不利影响。在脊线下方，$NO_x$ 浓度保持不变时，存在一个区域，其 VOCs 的浓度大量减少时几乎不会影响 $O_3$ 的浓度；若保持 VOCs 的浓度不变，$O_3$ 浓度会随着 $NO_x$ 浓度的减少而减少。脊线定义了初始 VOCs 和 $NO_x$ 浓度的组合，在该组合中几乎所有的 $NO_x$ 都会被转化为含氮产物。在模拟结束时，没有多余的 NO 转化为 $NO_2$，也没有任何 $NO_2$ 进行光解。从脊线上的一点开始，如果向初始混合物中添加了更多的 VOCs 浓度，就进入了 $NO_x$ 控制区。$NO_x$ 的消耗比在脊线上要早出现。由于过氧自由基相对于 $NO_x$ 的增加，终止反应相对于扩散和 $O_3$ 浓度增加而言不受欢迎。

为解释 VOCs 控制区域，选一点其初始 VOCs 浓度恒定为 600 ppb，在 $NO_x$ 浓度为 80 ppb 时，此初始 VOCs 浓度下的 $O_3$ 浓度约为 142 ppb。在 $NO_x$ 浓度较低时，由于没有足够的 NO 不能将所有的 $HO_2$ 转化为 OH·，OH·在终止反应前的平均循环次数较低，从而导致自由基与自由基反应循环终止。随着 $NO_x$ 浓度的增加，其位置达到脊线，甚至更上的区域，然后平均 OH·循环次数先增加，然后开始减少。这是由于 OH·$+NO_2$ 终止反应的增加快于 OH·+VOCs 引起的 OH·传播。OH·循环次数峰值大约发生在脊线上。随着 $NO_x$ 的增加，每个 OH·−VOCs 反应产生的 $O_3$ 量也会增加，因为增加的 NO 对 $RO_2$·更具竞争力，因此会产生更多的 $NO_2$。随着初始 $NO_x$ 的继续增加，在脊线上方，由于没有足够的自由基，使得系统越来越无法回收 NO。而且，由于 $O_3$ 在过程后期出现且浓度较低，因此 $O_3$ 光解过程中产生的新 OH·减少了。因此，当初始 $NO_x$ 增加到脊线上方时，OH·终止反应增加，而新

OH·生成量减少,这些在一起导致 $O_3$ 生成量减少。

3.2.3.3 光化学污染控制策略

经过多年的科学探索和综合防治,欧美等发达国家在光化学污染防治方面取得了积极成果,这些国际上的相关经验值得借鉴。近年来,中国在光化学污染防治方面采取了一些重要的措施,而且对光化学污染防治形成了初步的认识。欧、美、日等发达国家和地区也都受到光化学污染的困扰。20 世纪 40 年代,美国洛杉矶市率先认识到光化学污染问题。到 1970 年,美国《清洁空气法案》正式颁布,且与 1977 年和 1990 年对《清洁空气法》进行了修订,期间臭氧浓度标准多次修订和收紧。美国制定并发布了多项移动源和固定源标准。除授权各州自行制定光化学污染控制实施方案外,美国于 2005 年颁布了《清洁空气州际法规》,开始加强州际光化学污染联合预防,并于 2015 年和 2016 年进行了修订。在污染物控制策略方面,控制 VOCs 排放是早期光化学污染防治的主要途径。之后美国在认识到减少 $NO_x$ 排放的必要性后,实施了一系列控制措施来加强电力行业 $NO_x$ 排放,协同减排 $NO_x$ 和 VOCs。美国臭氧浓度的平均水平自 1980 年以来一直呈下降趋势。在经历了 20 世纪 90 年代的一段稳定时期后,在 2002 年之后再次显著下降。

欧洲的光化学污染防治过程始于 20 世纪 70 年代。由于汽车数量的大量增加,在汽车尾气大量排放的影响下,德国、法国等国家的一些大城市相继发生了光化学烟雾事件。1979 年,欧共体的 34 个成员国签署了《远距离越境空气污染公约》(Convention on Long Range Transboundary Air Pollution,CLRTAP),从而共同开展前体物减排工作。然而,在实施一系列减排措施之后,欧洲国家的臭氧浓度仍呈现上升趋势。为此,欧盟已将臭氧列入其优先预防和控制的目标中。2002 年正式将臭氧作为常规污染物进行检测,并建立了一套科学的臭氧标准和臭氧污染评估系统。这些措施在欧盟国家预防和控制光化学污染中发挥了重要作用。2012 年,欧盟进一步修订了《哥德堡协议》,污染物控制策略打破了以往只限制单一污染物的模式,开始更加关注多种污染物之间的相互影响和协同控制。

在 20 世纪 70 年代,日本光化学污染也日益凸显,甚至每年光化学污染出现 300 天以上。1973 年,日本政府修订了《大气污染防治法》,以光化学氧化剂为大气污染物进行管理,并规定光化学氧化剂的小时浓度标准限值为 0.06 ppm(293 K 下,120 $\mu g/m^3$),并一直使用到现在。在防治初期,日本主要集中在固定源排放的控制上。1992 年颁布了《机动车 $NO_x$ 法》,明确禁止使用不符合排放标准的机动车,从而实现了从固定排放源向固定排放源和移动排放源的转变。在 2004 年修订的《大气污染防治法》中,增加了《VOCs 排放规范》,将 VOCs 纳入了全面控制范围中。此外,日本自 1976 年以来一直在监测地表光化学氧化剂及其前体物。日本政府在高度重视环境监测和预警能力建设的同时,积极推动光化学污染的研究。经过近 40 年的光化学污染防治探索和实践，日本的光化学污染自从2010年以来呈下降趋势。

发达国家和地区的光化学污染的防治对中国光化学污染防治提供了有意义的经验。在控制策略上，美国、欧盟和日本从控制单一臭氧前体物（如 $NO_x$ 或 VOCs）排放转变到协同控制，从仅关注固定源转变到固定源和移动源两者都要管。由发达国家和地区光化学污染防治过程与经验可以看出，通过构建涵盖控制策略、法规标准、联防联控、科学研究等方面的科学臭氧污染防控体系并持续开展减排工作，可以有效实现臭氧浓度的稳步下降。

我国的光化学烟雾污染报道始于20世纪70年代兰州地区光化学烟雾污染事件。20世纪80—90年代，珠三角、长三角、京津冀等地区陆续开展了有关光化学污染特征、形成机理、防控措施等研究。进入21世纪后，我国光化学污染问题日益显现，我国政府在大力防控 $PM_{2.5}$ 污染的同时，将光化学污染防控逐步纳入国家大气污染治理行动。

从发达国家光化学污染防治经验来看，$NO_x$、VOCs 等臭氧前体物的协调减排是有效遏制光化学污染的关键。通过光化学污染模拟和敏感性分析，发现臭氧对 $NO_x$ 和 VOCs 排放的敏感性在中国的大部分地区为正值，表明中国大部分地区为 $NO_x$ 控制区域或过渡区，以 $NO_x$ 为着重点的 $NO_x$ 和 VOCs 的协调控制将有助于减少光化学污染情况（苏榕，2017）。而珠三角、长三角、京津冀等城市群对 $NO_x$ 排放的敏感性为负，这意味着城市群处于 VOCs 控制区，优先控制 VOCs 排放将有助于减少光化学污染。光化学污染模拟结果进一步表明，在珠江三角洲、长江三角洲、京津冀和其他城市群减少 VOCs 排放在短时间内对减少臭氧浓度有一定的影响，这是一种有效改善空气质量的方法。而减少少量的 $NO_x$ 排放可能导致臭氧浓度的增加。但从长远来看，随着 VOCs 排放的不断减少，光化学污染改善的积极效应将逐渐减弱，特别是在珠三角、长三角等植被覆盖度高、自然源 VOCs 排放大的地区。这些地区需要大幅度减少 $NO_x$ 排放，才能持续减少臭氧浓度。因此，有必要制定合理的 $NO_x$ 和 VOCs 的减排比例，在臭氧短期减少和长期达标之间取得平衡。确保城市光化学污染控制能够取得更好的效果。

为有效地遏制光化学污染逐步恶化的势头，确保空气质量持续改善，我国应吸取国际上臭氧污染防治的成功经验，及时总结国内臭氧污染防治的经验教训，在以下方面开展工作：(1)确立以 $PM_{2.5}$ 和 $O_3$ 为核心的多污染物协同控制战略；(2)制定国家和区域臭氧污染防控目标与总体路线图；(3)构建国家级空气质量管控科学决策支撑体系。

### 3.2.4 大气 VOCs 的反应活性

#### 3.2.4.1 挥发性有机化合物

VOCs 具有相对分子质量小、饱和蒸汽压高、沸点较低、亨利常数较大和辛烷值较小的特征。对流层大气中挥发性有机化合物分为以下六大类型:(1)烷烃和卤代烃;(2)烯烃和卤代烯烃;(3)芳香烃;(4)含氧有机化合物;(5)含氮有机化合物;(6)含硫有机化合物。通常所说的非甲烷 VOCs(NMVOCs)是指除甲烷以外的 VOCs。因为 $CH_4$ 是比较惰性的气体,不参与大多数的光化学反应,是一种无害烃,人们只关心它的温室效应,因此在大气污染研究中通常把有机物分为甲烷($CH_4$)和 NMVOCs。而非甲烷碳氢化合物(NMHC)是指除甲烷以外,由碳元素和氢元素组成且碳分布范围为 $C_2$—$C_{12}$ 的烷烃、烯烃和芳香烃。

大气中 VOCs 的种类繁多,各物种的化学结构各异,这决定了它们参与大气化学反应的能力不同和对复合型大气污染的贡献不同。大气有机物反应活性(VOCs reactivity)是指某一有机物通过反应生成产物或生成 $O_3$ 的潜势。

一般来说,不同 VOCs 物种的反应活性大致有如下规律:内双键的烯烃>二烷基或三烷基芳烃和外双键烯烃>乙烯>单烷基芳烃>$C_5$ 和 $C_8$ 以上烷烃>$C_2$—$C_5$ 烷烃。但在不同地区,大气 VOCs 各组分的化学反应活性差异非常大,与各物种在大气中的浓度、光化学反应常数和自由基浓度等因素有关。VOCs 的大气化学反应活性可用各物种与 OH· 的反应活性和增量反应活性两种指标表征。

VOCs 的反应活性分析方法同时考虑了各具体物种的浓度与 OH· 的反应速率常数,常用方法为等效丙烯浓度和 OH· 消耗速率。

等效丙烯浓度通常定义为:

$$\text{VOCs 等效丙烯浓度} = \text{VOCs 浓度} \times \frac{K^{OH}(\text{VOCs})}{K^{OH}(\text{丙烯})} \tag{3.47}$$

式中,$K^{OH}(\text{VOCs})$,$K^{OH}(\text{丙烯})$分别是某一特定 VOCs 物种与丙烯和 OH· 反应的速率常数。

通常用 OH· 消耗速率来估算初始过氧自由基($RO_2 \cdot$)的生成速率,该反应是污染大气中臭氧形成过程的决速步骤。虽然该方法不能说明被研究物种的所有大气化学反应过程,但它至少提供了单个 VOCs 物种对日间光化学反应的相对贡献的信息。

VOCs 物种 $i$ 的 OH· 消耗速率是其大气浓度与 OH· 反应速率常数的乘积,计算公式为:

$$L_{OH} = [\text{VOC}]_i \times K_i^{OH} \tag{3.48}$$

式中,$[\text{VOC}]_i$ 是 VOCs 中物种 $i$ 的浓度,$K_i^{OH}$ 是物种 $i$ 与 OH· 的反应速率常数,$L_{OH}$是物种 $i$ 的 OH· 消耗速率。

#### 3.2.4.2 VOCs 的增量反应活性

等效丙烯浓度和 OH· 消耗速率仅考虑了 VOCs 与 OH· 的反应速率,没有考虑 OH· 引发反应之后的后续反应,忽略了大气中其他反应过程如光解反应、$NO_2$ 和 $O_3$ 与 VOCs 的反应以及生成有机硝酸酯和 PAN 等对 $NO_x$ 去除而减少的 $O_3$ 生成潜势。为综合衡量各VOCs化合物的反应活性及对$O_3$生成潜势的影响，提出了VOCs的增量反应活性(incremental reactivity，IR)。它考虑了给定VOCs所产生的$O_3$分子数(机理反应性)，以及OH·或动力学反应性及混合物的相互作用。IR通常定义为：在给定气团VOCs的混合物中，加入或者去除单位特定的VOCs所产生的$O_3$浓度的变化：

$$IR=\frac{d[O_3]}{d[VOCs]} \tag{3.49}$$

IR考虑了给定VOCs产生的$O_3$分子数(机理反应性)，也考虑了OH·或动力学反应性和混合物的相互作用。同时，IR与给定的代表性气团的性质以及VOCs/$NO_x$比值有关，并且同制定控制对策紧密联系。改变VOCs/$NO_x$比值，使得IR最大，则有最大增量反应活性MIR；改变VOCs/$NO_x$比值，使得$O_3$峰值浓度最大，则有最大$O_3$反应活性MOR(maximum ozone reactivity)。

对于给定的VOCs，IR可以用动力学反应活性与机理反应活性的乘积表示，反映了单位VOCs物种所生成$O_3$的量：

$$\text{增量反应活性}=\text{动力学反应活性}\times\text{机理反应活性} \tag{3.50}$$

其中，动力学反应性定义为通过任何途径在给定时间内有机物通过反应而生成过氧自由基的分子数，也就是VOCs物种消耗掉的分子数：

$$RH+OH\cdot \rightarrow RO_2\cdot +H_2O \tag{3.51}$$

机理反应性则反映了NO转化为$NO_2$的分子数及OH·和其他产物的分子数：

$$RO_2\cdot +\alpha NO\rightarrow \beta NO_2+\gamma OH\cdot +\delta\,\text{产物} \tag{3.52}$$

通常，大气中VOCs的反应越快，其增量反应活性IR就越大。但VOCs初始反应之后的后续反应对VOCs的$O_3$生成潜势有很大的影响。在同样的动力学反应下，如果反应机理中存在$NO_x$的汇($\beta$很小或者$\alpha-\beta>0$)，如有机硝酸酯和PAN(同时也是自由基的一个汇)，$O_3$生成量会减少。在自由基的循环中，OH·可能增加($\gamma>1$)或损耗($\gamma<1$)，这将通过影响过氧自由基的生成速率而导致VOCs反应活性的增加或减小。

## 3.3 平流层臭氧

根据大气垂直结构特征，平流层是自对流层顶向上到55 km左右的气层。在30～35 km左右以下，平流层温度随着高度升高而不变或微升，而后随着高度增高升温很快。平流层内平流运动占据主导地位，几乎没有垂直运动，加之平流层中缺少大量灰尘和水汽，没有云雨等天气现象，所以污染物质一旦进入该层，将难以扩散或清除，长久停留在平流层。

臭氧层位于平流层中部，距离地球上方15～45 km处，因为地球大气中90%的臭氧都集中在此处,故得名臭氧层。如果没有臭氧层,地球上的生物会因为遭受强烈的太阳短波辐射而受伤甚至死亡,所以研究平流层化学,特别是平流层臭氧化学至关重要。图 3.14 为平流层臭氧研究的历史介绍。臭氧最早于 19 世纪被 Schonbein 发现,并由英国科学家 Dobson 度量。另一位英国科学家 Sydney Chapman 于 1930 年提出,平流层中的臭氧会通过平流层上部 $O_2$ 的光解而引发的循环不断产生,这种产生臭氧的光化学机理以 Chapman 的名字命名。然而,Chapman 机制估算的平流层臭氧过多。直到 1970 年,Paul Crutzen 阐明了氮氧化物在平流层臭氧化学中的作用后,才出现了对平流层化学的真正突破,随后 Harold Johnston 紧接着研究了平流层臭氧可能被超音速飞机机队排放的 $NO_x$ 催化而消耗的问题。此后不久,Mario Molina 和 F. Sherwood Rowland 预测了从工业含氯氟烃释放的氯对平流层臭氧的影响。由于对大气臭氧化学的开创性研究,Crutzen,Molina 和 Rowland 被授予 1995 年诺贝尔化学奖。

本节将具体阐释平流层臭氧化学,臭氧空洞形成,人类活动对平流层臭氧的影响以及臭氧层近况等。

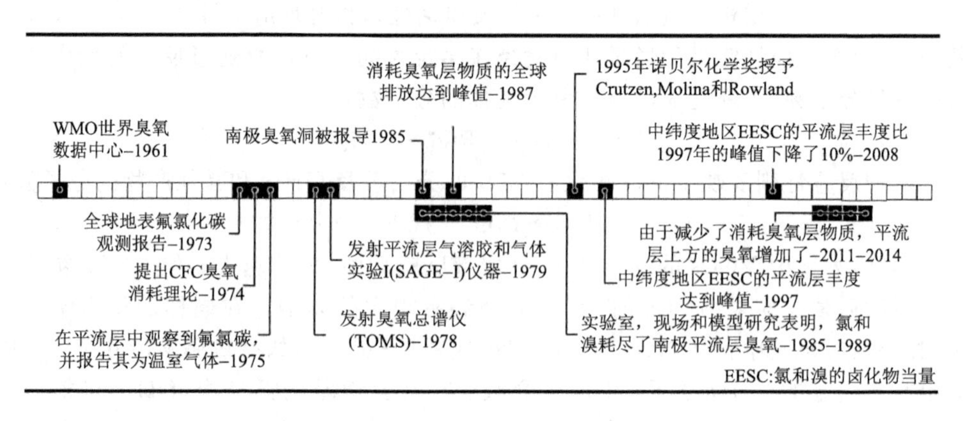


图 3.14 平流层臭氧科学里程碑(引自 WMO,2018)

### 3.3.1 平流层臭氧的特征及来源

#### 3.3.1.1 平流层臭氧的作用

臭氧($O_3$),一种在地球大气层中自然产生的反应性氧化剂气体,具有刺激性气味,能够吸收大部分的紫外线(图 3.15),主要是全部的 UV-C(波长 200～280 nm)和绝大部分 UV-B(波长 280～320 nm),小部分的 UV-A(波长>320 nm),以及长波红外辐射,同时与 $O_3$ 相关的很多化学反应是热化学反应,会向大气释放长波红外辐射。因为这样的特点,有地球上 90% $O_3$ 聚集的平流臭氧层有以下独特的作用:

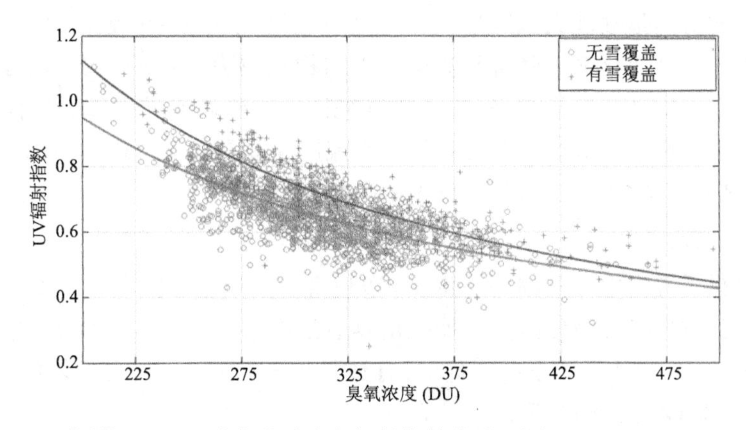


［彩］图 3.15　臭氧柱浓度与辐射指数关系(引自 WMO,2018)

(1)保护作用

臭氧层阻挡了大部分短波紫外辐射进入地表,避免地球生物受到有害紫外辐射的伤害,是地球上人类和生物的重要保护层。UV-C,波长短,能量高,可以严重损害甚至杀死地球生物,包括人类。UV-B,能量弱于 UV-C,但仍然较强,会损害人类和地球生态系统,而 DNA 会吸收波长小于 320 nm 紫外辐射并产生有害的生物效应,例如皮肤癌。研究表明,平流层臭氧减少 10%,会导致波长为 305 nm 紫外辐射进入人体的量增加 20%,波长为 290 nm 的紫外辐射增加 250%,波长为 287 nm 的紫外辐射增加 500%,严重增加皮肤癌和白内障的发病率。研究指出,平流层臭氧减少 1%,地面紫外线则就会增加约 2%～3%,进一步导致非黑素瘤皮肤癌的发病率增加约 2%,白内障的发病率增加约 0.5%。UV-B 和 UV-C 也会损害地球生物圈,降低农作物的质量和产量;使森林草地等不同生态系统的生物多样性遭到破坏;降低浮游植物其存活率、生产力,影响鱼类和贝类生物的产量,影响水生生物的繁殖与发育,破坏水生生物圈的平衡。同时 UV-B 的增加会加速喷涂、建筑、电线电缆等所用材料,尤其是高分子材料的降解和老化变质,带来经济损失。

(2)温室作用

平流层臭氧会通过吸收和发射辐射,影响平流层辐射收支,进而影响平流层温度,其加热率是冷却率的 10 倍左右,会极大地影响大气温度垂直结构。正是由于这种作用使得大气温度在 15～50 km 存在着升温层,22 km 高度左右存在一个峰值。平流层臭氧影响平流层温度的方式主要有两种,一种是平流层臭氧的辐射效应的直接影响,即臭氧吸收长波和短波紫外辐射改变平流层温度,最终导致平流层的热力结构发生改变;另一种方式是通过与平流层其他的具有辐射效应的成分发生化学反应,来间接地影响平流层辐射,进而改变平流层温度。而平流层温度的改变又会通过影响平流层的波折射指数和大气阻尼，进一步影响行星波的传播、破碎以及拖曳过程，行星波的破碎强度变化又伴随着平流层动力结构和热力结构的改变，强行星波向上传输可导致平流层环流的异常(例如：极涡崩溃)。这些环流异常随时间向下传输进入到对流层进而影响对流层的环流系统。平流层臭氧是大气中影响平流层－对流层大气动力、热力、化学以及辐射等过程中的关键成分之一。

#### 3.3.1.2　平流层臭氧生成机制——Chapman 机制

为了解释平流层中臭氧的稳态浓度，1930 年，Chapman 首先提出了基本的臭氧形成和破坏反应(又称纯氧理论)。他提出臭氧层源自大气 $O_2$ 的光解，$O_2$ 分子的键能对应于 240 nm 紫外线光子的能量，只有波长小于 240 nm 的光子才能光解 $O_2$ 分子。$O_2$ 的光解产生两个 O 原子：

$$O_2 + h\nu \rightarrow O + O(\lambda \leqslant 240\ \text{nm}) \tag{3.53}$$

其中 O 原子处于基态三重态 $O(^3P)$，由于它们有两个不成对电子而具有高反应性，可以与氧气迅速结合形成臭氧：

$$O_2 + O + M \rightarrow O_3 + M \tag{3.54}$$

反应(3.54)中的 $O_3$ 分子吸收辐射继续光解，由于 $O_3$ 分子中的键比 $O_2$ 分子中的键弱，因此可以使用较低能量的光子实现光解：

$$O_3 + h\nu \rightarrow O_2 + O(^1D)(\lambda < 320\ \text{nm}) \tag{3.55}$$

$$O(^1D) + M \rightarrow O + M \tag{3.56}$$

净反应：
$$O_3 + h\nu \rightarrow O_2 + O$$

其中 $O(^1D)$是处于激发单重态的 O 原子，并通过与 $N_2$ 或 $O_2$ 的碰撞而迅速稳定为 $O(^3P)$。但反应(3.55)不是臭氧真正清除的反应，因为 O 原子产物可能会通过反应(3.54)与 $O_2$ 结合以再生 $O_3$。在 Chapman 机制中，真正使臭氧损失的反应是：

$$O_3 + O \rightarrow 2O_2 \tag{3.57}$$

Chapman 机制的原理图如图 3.16 所示，$O_2$ 的光解形成 $O_x$(奇数氧)，而 $O_x$ 又会通过 $O_3$ 和 O 的反应形成 $O_2$ 被清除，但这两个反应速率较慢，在对流层上层周期为几天，在对流层下层则有几个月。在 $O_x$ 内部，即 $O_3$ 与 O 之间存在一个快速循环：每隔几分钟，所有 $O_3$ 都会被 UV 光解作用破坏，导致形成游离 O 原子，所有 O 原子

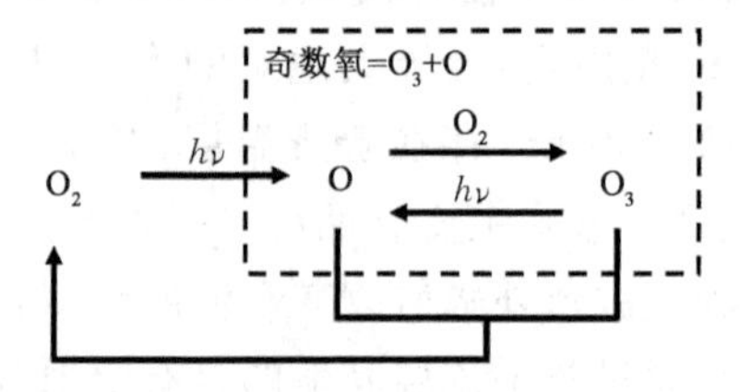


图 3.16　Chapman 机制原理图(引自 Chapman，1930)

又立即与 $O_2$ 反应，消耗氧气，在不到一秒钟的时间内重新形成 $O_3$。由于臭氧在平流层中低层热带能够持续数分钟至数小时，而氧原子持续不到一秒，因此大多数奇数氧以臭氧的形式存在。

尽管 Chapman 在概念上取得了突破，但这种简单的臭氧平衡仍然无法较为准确的解释平流层臭氧。首先，在热带地区，太阳直射，辐射量丰富，但柱中的臭氧含量却很低，Chapman 化学反应产生的预测臭氧量是实际热带观测值的两倍，除此以外，Chapman 循环对臭氧的中高纬度预测过低。

所以 Chapman 机制存在两个问题：(1)遗漏其他的臭氧损失反应，例如氯、溴、氮和氢，这些气体和臭氧反应会导致整个臭氧层臭氧损失；(2)未考虑到一个称为 Brewer-Dobson 环流的赤道一极地平流层环流，该环流将臭氧从热带的光化学产区输送到中高纬度地区。

### 3.3.2　臭氧层和臭氧层损耗

#### 3.3.2.1　臭氧层的分布特点

在垂直方向上，臭氧主要集中在 15～45 km 的平流层大气中，高值区位于 25 km 处(图 3.17)，但其垂直分布随着地点与时间的不同也有所差别。例如在中纬度地区春季，高值区出现在 20～28 km 以及 10～14 km，而在秋季则出现在 20～28 km。纬度越高，臭氧高值区出现的高度越低，而峰值浓度越高，同一纬度上，春季峰值浓度比秋季高。

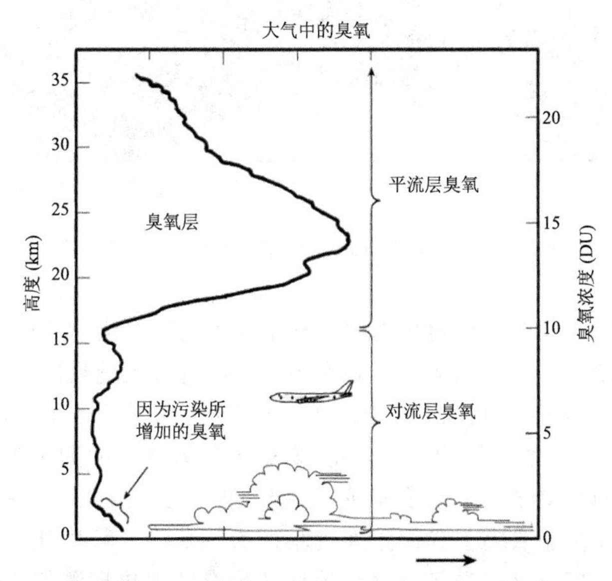


图 3.17　对流层和平流层臭氧浓度示意图(引自 WMO，2014)

在地理空间分布上，全球大气臭氧总量分布不均匀，由赤道向两极递增，赤道地区值最小，北半球臭氧总量高于南半球，这是大气环流和涡旋经向输送的结果。根据经典光化学理论，赤道浓度应该最高，纬度越高，受到的辐射越少，相应臭氧的产生也越少。但是低纬度的臭氧会随着大气环流被输送到高纬度，并且在冬春季节，极向环流会在极区呈现下沉气流，这加剧高纬度地区冬春季节平流层臭氧的累积。同时，低纬度地区的上升气流将对流层臭氧带到平流层，弥补由于经向环流损失的臭氧。而南北半球的差异主要来源于行星波在南北输送作用中的差异，在北半球冬季在中纬度有一个对臭氧输送的极大值，并且在更高纬度地区还有一个极大值(图 3.18)。除此以外，臭氧还会在大型山脉以及高原存在低值扰动，在北半球鄂霍茨克海附近存在高值中心，而以南极点为中心的区域为全球臭氧总量最低值区。对于不同的季节，南北半球臭氧总量都呈现春季高，秋季低，冬升夏降的变化形式。

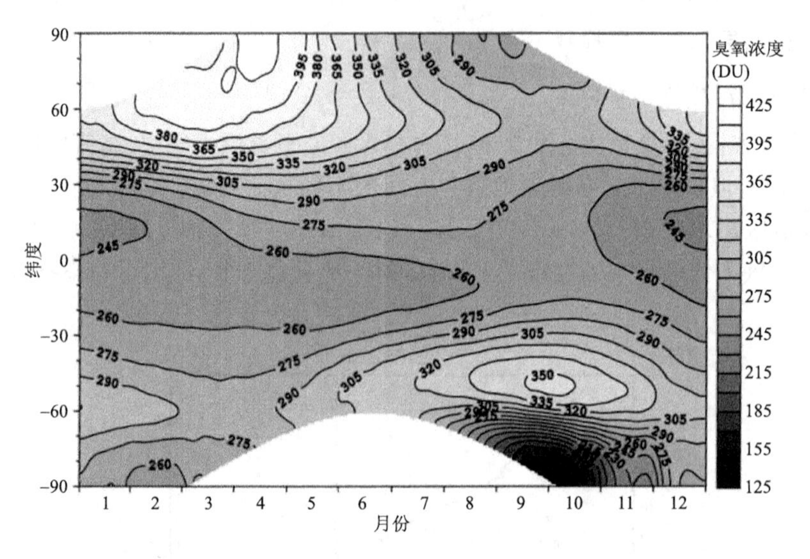


图 3.18　不同季节和纬度下的臭氧浓度(引自 IPCC，2005)

我们不可能在实验室中再现真实大气中发生的所有化学反应和空气运动，这意味着我们必须在许多不同的时间和大小范围内进行大量观测，时间范围可以从几分钟到几十年不等，空间范围可以从 1 km 以下到数千千米不等，甚至可以覆盖整个世界(例如，卫星测量结果)。因此，观察大气需要多种测量工具。这些工具采用不同种类的仪器的形式。我们必须能够在不同地点操作各种不同的仪器。我们在哪里操作仪器取决于我们正在观察的大气成分。可以从以下方面进行测量：(1)卫星；(2)探空仪；(3)飞机；(4)地面。现有的卫星探测仪器包括太阳反射紫外线仪器(SBUV),臭氧总谱仪(TOMS)等,卫星观测范围广,但分辨率低,且不确定性大。探空仪是臭氧探空仪,使用气球将探空仪送到高空,其优点是现场或遥感测量可以达到的各种高度的海拔以及可以获得卫星测量范围以外的其他相关数据源。飞机观测主要是飞机携带测量仪器进行观测,对平流层臭氧研究贡献巨大,进行过的臭氧飞机观测任务包括平流层－对流层交换项目(STEP),机载南极臭氧实验(AAOE)以及机载北极平流层探险(AASE)等。地面观测主要使用地面平台的无源遥感技术和激光主动式遥感测量,现有地面监测任务包括全球大气实验监测网络(AGAGE)和平流层臭氧变化监测网络(NDSC)。

#### 3.3.2.2　臭氧损失的催化循环理论

从 1930 年,Chapman 提出纯氧理论,至 1960 年后众多科学家研究对平流层臭氧的消耗机制,臭氧层的化学机制逐渐完善。奇数氧($O_x$)与其他痕量气体的反应会改变臭氧的预算,因此了解催化损失过程对于了解平流层臭氧的观测分布至关重要。臭氧层中存在的其他痕量气体作为催化剂,是通常少量存在的一种物质,它会引起化学反应,而不会被反应消耗,这些痕量气体与臭氧反应构成了平流层的气相均相反应化学。以下几个催化循环在臭氧化学中很重要。

(1)$HO_x$ 催化循环

平流层中的 $HO_x$ 主要来源于对流层输送的甲烷($CH_4$)和水蒸气($H_2O$)分子与激发态氧原子的反应:

$$CH_4 + CO(^1D) \rightarrow CH_3 + OH \tag{3.58}$$

$$H_2O + O(^1D) \rightarrow 2OH \tag{3.59}$$

游离的 OH 分子在与 $O_x$ 的反应中成为催化剂,导致 $O_x$ 的净损失:

$$OH + O_3 \rightarrow HO_2 + O_2 \tag{3.60}$$

$$HO_2 + O \rightarrow OH + O_2 \tag{3.61}$$

净反应:　$$O_3 + O \rightarrow 2O_2$$

在平流层较高的氧原子相对较多的地方,上述的 $HO_x$ 催化循环相当有效。然而在低空平流层中,氧原子浓度较低,$O_3$ 可通过以下反应被消除:

$$\begin{aligned} &OH + O_3 \rightarrow HO_2 + O_2 \\ &HO_2 + O_3 \rightarrow OH + O_2 + O_2 \end{aligned} \tag{3.62}$$

净反应:　$$2O_3 \rightarrow 3O_2$$

在较低的平流层中还有其他含氢催化循环很重要。这些循环涉及与氯或溴循环的相互作用。这些循环虽然较为复杂,但产生的结果相同:奇数氧被催化破坏。在这些反应中,Z 可以是氯(Cl)或溴(Br):

$$ZO + HO_2 \rightarrow HOZ + O_2 \quad (3.63)$$

$$HOZ + h\nu \rightarrow OH + Z \quad (3.64)$$

$$OH + O_3 \rightarrow HO_2 + O_2$$

$$Z + O_3 \rightarrow ZO + O_2 \quad (3.65)$$

净反应： $2O_3 \rightarrow 3O_2$

$HO_x$ 可以通过复合反应或者与 $NO_x$ 反应被去除，则涉及 $HO_x$ 的臭氧损耗的催化循环将被破坏。

$$OH + HO_2 \rightarrow H_2O + O_2 \quad (3.66)$$

$$OH + NO_2 + M \rightarrow HNO_3 + M \quad (3.67)$$

$$HO_2 + NO_2 + M \rightarrow HNO_4 + M \quad (3.68)$$

式中，$H_2O$，$HNO_3$ 和 $HNO_4$ 被称为储库分子，是一种以非反应形式存储特定物种的化合物。这些物质充当氢的储存物，锁定或隔离 $HO_x$，并阻止其参与上述催化循环。$H_2O$，$HNO_3$ 和 $HNO_4$ 与奇数氧的反应非常缓慢。因此，当 $HO_x$ 束缚在一种储集层中时，氢并不会导致 $O_x$ 的消耗。

储库分子是相对惰性的，且寿命很长，可以被输送到对流层而清除。当然，$H_2O$ 也可以转化回活性氢；在平流层中的正常条件下，$HNO_3$ 也可以通过光解释放 $HO_x$。

(2)$NO_x$ 催化循环

平流层中的 $NO_x$ 大约 90% 来自对流层的 $N_2O$，而地面上的 $N_2O$ 来源包括海洋、森林土壤、燃烧、生物质燃烧和肥料，这些过程每年可产生 4.4～10.5 Tg 的氮气量。

进入到平流层中的一部分 $N_2O$ 被氧化形成 NO：

$$N_2O + O(^1D) \rightarrow 2NO \quad (3.69)$$

此反应将氮从惰性物质 $N_2O$ 转移到活性物质 NO 中，但大部分的平流层 $N_2O$ 通过光解形成 $N_2$：

$$N_2O + h\nu \rightarrow N_2 + O(^1D) \quad (3.70)$$

由于 $N_2$ 是一种寿命很长的惰性气体，因此即使是大气中最丰富的气体，它也不会对光化学过程有所贡献，所以不将其考虑在内。

氮的催化循环，类似于 $HO_x$ 循环。NO 与 $O_3$ 发生反应，形成 $NO_2$ 和 $O_2$。然后，$NO_2$ 与 O 反应生成 NO。在此过程中，臭氧和氧气分子都被破坏了，而 NO 却被重新产生了，此催化循环导致损失了臭氧，而没有损失了催化物质 $NO_x$。

$$NO + O_3 \rightarrow NO_2 + O_2 \quad (3.71)$$

$$NO_2 + O \rightarrow NO + O_2 \quad (3.72)$$

净反应： $O_3 + O \rightarrow 2O_2$

以下反应为 $NO_x$ 的储库分子的形成：

$$NO_2 + OH + M \rightarrow HNO_3 + M$$

$$NO_3 + NO_2 + M \rightarrow N_2O_5 + M \tag{3.73}$$

与 $HO_x$ 的储库分子不同，这些氮储库中的每一个都可以通过光解释放 $NO_x$。然而，它们的光解速率差异很大，寿命也各不相同，通常，$HNO_3$ 的寿命最长，而 $N_2O_5$ 的寿命最短。与 $O_2$ 和 $O_3$ 的寿命一样，储层物种的寿命由光解速率控制。由于这些速率取决于入射太阳辐射的强度，因此它们会随着一天中的时间，纬度，海拔和季节而变化。

(3)$Cl_x$ 催化反应

氯原子来源于各种人造的氯氟烃(CFC)和氢氯氟烃(HCFC)分子中，这些分子寿命非常长且不溶于水，可以向上运输到平流层中，如氟利昂。氟利昂是一种安全无毒的制冷剂，且制造价格便宜，在 20 世纪得到了广泛的应用。

在平流层上方，高能紫外线辐射会破坏 CFC 键，并释放氯以参与其自身的催化循环，从而破坏 $O_x$。以 $CF_2CL_2$ 为例：

$$CF_2Cl_2 + h\nu(\lambda < 240\ nm) \rightarrow CF_2Cl + Cl \tag{3.74}$$

平流层上部臭氧的主要损失是 Cl/ClO 反应，表示为：

$$Cl + O_3 \rightarrow ClO + O_2 \tag{3.75}$$

$$ClO + O \rightarrow Cl + O_2 \tag{3.76}$$

净反应：

$$O_3 + O \rightarrow 2O_2$$

在平流层下部，涉及氯的其他催化循环对臭氧平衡也有重要影响，例如 $NO_3$ 和 $ClONO_2$ 的光解，反应是：

$$ClONO_2 + h\nu \rightarrow Cl + NO_3 \tag{3.77}$$

$$NO_3 + h\nu \rightarrow NO + O_2 \tag{3.78}$$

$$NO + O_3 \rightarrow NO_2 + O_2$$

$$Cl + O_3 \rightarrow ClO + O_2$$

$$ClO + NO_2 + M \rightarrow ClONO_2 + M \tag{3.79}$$

净反应：

$$2O_3 \rightarrow 3O_2$$

此外，ClO－ClO 反应对南极臭氧空洞的形成也极为重要。根据安德森在 1989 年的计算结果得出：在 1987 年臭氧空洞时期，ClO－ClO 反应约占臭氧损失的 40%。

$$ClO + ClO + M \rightarrow Cl_2O_2 + M \tag{3.80}$$

$$Cl_2O_2 + h\nu \rightarrow ClOO + Cl \tag{3.81}$$

$$ClOO \rightarrow Cl + O_2 \tag{3.82}$$

$$2(Cl + O_3 \rightarrow ClO + O_2) \tag{3.83}$$

净反应：

$$2O_3 \rightarrow 3O_2$$

与 ClO－ClO 类似的是 BrO－ClO 反应，Cl 与 Br 发生耦合作用，共同消耗臭氧，该反应的对臭氧的损失率约为 ClO－ClO 反应的一半。

$$BrO+ClO \rightarrow Cl+Br+O_2 \quad (3.84)$$

$$BrO+ClO \rightarrow BrCl+O_2 \quad (3.85)$$

$$BrCl+h\nu \rightarrow Br+Cl \quad (3.86)$$

$$Br+O_3 \rightarrow BrO+O_2 \quad (3.87)$$

$$Cl+O_3 \rightarrow ClO+O_2 \quad (3.88)$$

净反应：

$$2O_3 \rightarrow 3O_2$$

(4)$Br_x$ 催化反应

溴是另一种可以有效破坏臭氧的分子，主要来源是甲基溴($CH_3Br$)和哈龙。甲基溴可由陆地和海洋中的生物产生，也用作农业熏蒸剂等，而哈龙主要用于灭火材料。

在平流层中反应性溴以溴(Br)和一氧化溴(BrO)的形式存在，主要通过以下四个催化循环消耗臭氧：

1)$Br_x-O_x$ 反应循环

$$BrO+O \rightarrow Br+O_2 \quad (3.89)$$

$$Br+O_3 \rightarrow BrO+O_2$$

净反应：

$$O+O_3 \rightarrow 2O_2$$

2)$Br_x-Cl_x-O_x$ 循环

$$BrO+ClO \rightarrow Br+ClOO \quad (3.90)$$

$$ClOO+M \rightarrow Cl+O_2+M \quad (3.91)$$

$$Cl+O_3 \rightarrow ClO+O_2$$

$$Br+O_3 \rightarrow BrO+O_2$$

净反应：

$$2O_3 \rightarrow 3O_2$$

3)$Br_x-NO_x-O_x$ 反应循环

$$BrO+NO_2+M \rightarrow BrONO_2+M \quad (3.92)$$

$$BrONO_2+h\nu \rightarrow Br+NO_3 \quad (3.93)$$

$$NO_3+h\nu \rightarrow NO+O_2$$

$$NO+O_3 \rightarrow NO_2+O_2$$

$$BrO+O_3 \rightarrow BrO+O_2$$

净反应：

$$2O_3 \rightarrow 3O_2$$

4)$Br_x-HO_x-O_x$ 反应循环

$$BrO+HO_2 \rightarrow HOBr+O_2 \quad (3.94)$$

$$HOBr+h\nu \rightarrow Br+OH \quad (3.95)$$

$$OH+O_3 \rightarrow HO_2+O_2$$

$$Br + O_3 \rightarrow BrO + O_2$$

净反应：

$$2O_3 \rightarrow 3O_2$$

这些反应链使溴成为最有效的臭氧破坏者之一：首先，$Br_x-Cl_x-O_x$ 循环、$Br_x-NO_x-O_x$ 反应循环和 $Br_x-HO_x-O_x$ 反应循环不需要游离的氧原子就能破坏臭氧，这意味着这些反应可以发生在氧原子较少的低平流层。其次，HOBr 和 $BrONO_2$ 非常容易光解，因此溴通常以反应性物质存在。

3.3.2.3 南极臭氧空洞

南极上空的臭氧每逢冬春之交，臭氧含量会在几周内下降到原先柱浓度水平的 2/3，臭氧柱浓度低于 200 DU，这种出现在南极上空，较大的臭氧损失被称为“南极臭氧空洞”。科学家们对平流层臭氧的消耗方式和原因进行了长久的研究，本小节将具体进行介绍。

(1)南极臭氧洞发现及其变化

科学家们不断对臭氧生成与消耗机制进行完善，认为人类已经非常了解控制臭氧产生和损失的物理和光化学过程，1983 年，Rolando Garcia 和 Susan Soloman 进行了臭氧生产、运输和损失过程的计算机模型模拟，结果与所观察到的数据极为相似。然而两年后的 1985 年，Joesph Farman 和他的同事发现，在 1975 年至 1984 年的早春，南极臭氧总量的测量值惊人地下降了 50%。大的损失主要限于春季(9—10 月)。Farman 的测量来自哈雷湾(76°S，27°W)的地面陶普生(Dobson)分光光度计数据。他的研究表明，自 1970 年代以来，每年都会出现南极臭氧空洞。在数周内，南极洲的臭氧量急剧下降。空洞开始于每年的 8 月，并在 10 月初达到最大，这对应于南半球春季的到来，随后在 12 月初消失。在 1950 年代末至 1960 年代初之间，臭氧的数量已经从大约 300 DU 减少到 200 DU。除此以外，还有 Chubachi 研究得出臭氧洞的第一个垂直臭氧剖面，这些剖面图表明，在 1982 年 8 月至 9 月期间，在 15～24 km 的海拔高度区域(即平流层下部)发生了大量臭氧减少。

如图 3.19 所示，在南北极同为春天时，北极附近的臭氧浓度要远高于南极，从 1970 年至 21 世纪，南极和北极臭氧都在波动地下降，而后随着人类活动对氟利昂等的控制，臭氧下降的趋势有所缓解。就南极臭氧空洞的面积而言(图 3.20)，1980—1994 年，臭氧空洞都在逐年增加，而后保持平稳，并略有缩减的趋势。

(2)南极臭氧洞理论——非均相化学理论

南半球春季臭氧的消耗以南极为中心，发生在整个南极大陆上。而臭氧层对生态圈有着重要意义，保护地球生物免受高能短波辐射的伤害。众多科学家对臭氧层空洞提出了各自的理论解释，这些包括动力学理论，氮氧化物理论和非均相化学理论。而在南极洲进行的测量结果表明，以上三个理论中只有非均相化学理论是正确的。本小节将对关于南极臭氧损耗的非均相化学理论做具体阐述。

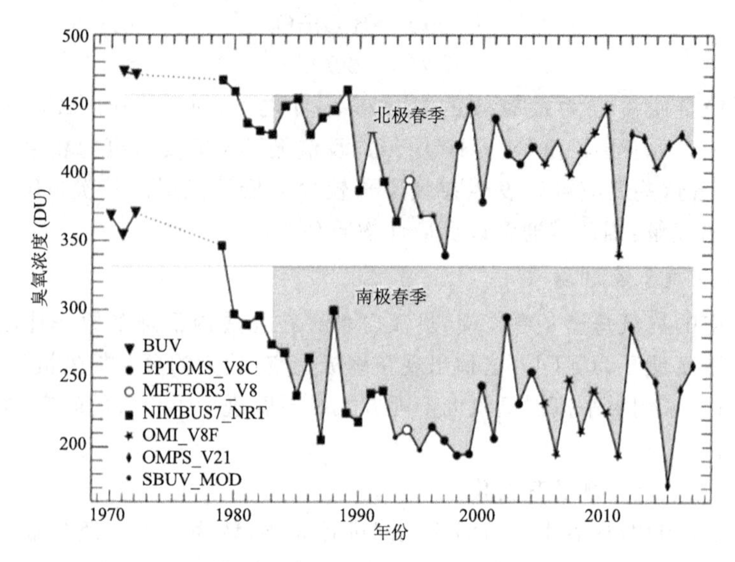


图 3.19 南极与北极春季逐年臭氧浓度(引自 WMO,2018)

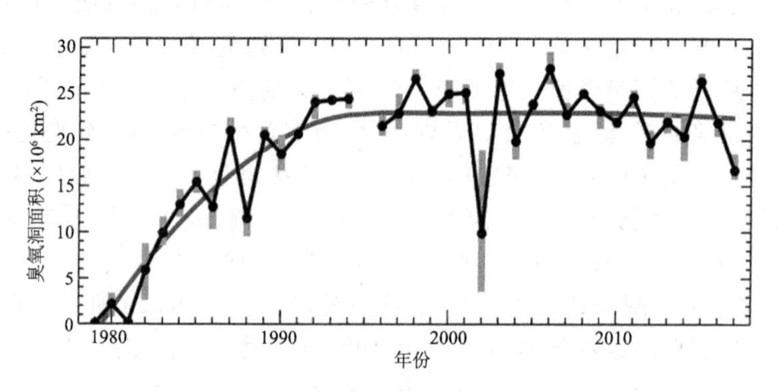


图 3.20 南极臭氧洞面积逐年变化(引自 IPCC,2018)

1)极地涡旋和极地平流层云

南极平流层区域被一条狭窄的带状或快速移动的风流包围,风向由西向东,完全环绕南极大陆,这就是南极极地涡旋。由于在南极极涡内主要是西风,低纬度的温暖空气几乎没有机会与极地寒冷的空气混合,所形成的非常冷的温度会导致极地平流层云(polar stratospheric cloud,PSC)的形成。南极极涡充当了南极地区和南中纬度之间运输的障碍,它在冬天有效地阻止了漩涡内部和外部的空气之间的任何混合。因此,中纬度的富含臭氧的空气不能被输送到极地地区。隔离极地空气可以使臭氧损失过程不受阻碍地进行,而不会因来自中纬度的富含臭氧的空气的入侵而补充臭氧。极地涡流的这种隔离是导致极地臭氧损失的关键因素,因为涡流区域可以演变而不受中纬度的更常规化学作用的干扰。

PSC 是在平流层极夜地区存在的极端寒冷和干燥条件下形成的云。PSC 是了解南极臭氧空洞的基础。PSC 非常重要，因为它们会转换不会破坏臭氧的氯物种（例如 HCl 和 $ClONO_2$），使其变成可以破坏臭氧的形式。这些反应发生在 PSC 云颗粒的固体表面上。PSC 有两种类型，分别称为Ⅰ型和Ⅱ型 PSC。表 3.3 列出了它们的不同。

**表 3.3　Ⅰ型与Ⅱ型平流层云的异同**

| 极地平流层云 | Ⅰ型 | Ⅱ型 |
| --- | --- | --- |
| 组成 | 硝酸（$HNO_3$），水蒸气（$H_2O$）和硫酸（$H_2SO_4$）的混合物 | 水，冰 |
| 形成温度（K） | 195 | 188 |
| 颗粒直径（μm） | 1 | >10 |
| 高度（km） | 10～24 | 10～24 |
| 形成速率 | 1 km/30 d | >1.5 km/d |

由于南半球的温度极低，PSC 在冬季初期形成，并持续到春季。长时间保持温度低于 PSC 形成的临界阈值（称为霜点），会产生大量极地平流层云。对于Ⅰ型，PSC 形成的冰点温度为 195 K 或－78 ℃，对于Ⅱ型，为 188 K 或－85 ℃。一般，南极附近，温度在 5 月降至Ⅰ型 PSC 霜点以下，然后在 6 月中旬降至Ⅱ型 PSC 霜点以下，其温度低于霜点的时间可以延长到四个月之久。

这些异质化学过程非常重要，因为它们将诸如 HCl（盐酸）和 $ClONO_2$ 之类的储集物物种转化为可破坏臭氧的活性氯物种，如 ClO。所谓非均相，是指化学反应发生在颗粒的固体表面上，主要是 PSC。非均相过程不同于均相过程，均相过程仅涉及气相中的化学反应。

2）主要的非均相反应

所讨论的主要的非均相反应在下面的（3.96）至（3.100）中列出。

$$ClONO_2(g) + HCl(s) \rightarrow Cl_2(g) + HNO_3(s) \tag{3.96}$$

$$HOCl(g) + HCl(s) \rightarrow Cl_2(g) + H_2O \tag{3.97}$$

$$ClONO_2(g) + H_2O(s) \rightarrow HOCl(g) + HNO_3(s) \tag{3.98}$$

$$N_2O_5(g) + H_2O(s) \rightarrow 2HNO_3(s) \tag{3.99}$$

$$N_2O_5(g) + HCl(s) \rightarrow ClNO_2(g) + HNO_3(s) \tag{3.100}$$

反应（3.96、3.97）和（3.98）的主要作用是将非反应性含氯化合物 $ClONO_2$（硝酸氯）和 HCl（盐酸）转化为反应性化合物 $Cl_2$（分子氯）和 HOCl（次氯酸），$Cl_2$ 作为气体释放。HOCl 同样以气态形式从 PSC 云颗粒的表面释放。随后，$Cl_2$ 和 HOCl 均被阳光光解，从而启动了催化臭氧损失循环。（3.99）和（3.100）反应还产生了 $HNO_3$

(硝酸),其保留在 PSC 云颗粒表面上。这起到了从气相化合物(如 $N_2O_5$)中除去氮,并螯合反应性氮作为 $HNO_3$ 的脱氧作用。$HNO_3$ 必须被阳光光解以形成活性氮化合物。冬季极夜,南极没有阳光,因此,$HNO_3$ 的寿命变得很长。到 10 月中旬,低平流层中 $HNO_3$ 的光解时间超过一个月,这使 $HNO_3$ 在臭氧空洞期间成为相对惰性的微量气体。没有活性氮化合物来阻止活性氯化合物的作用,这些氯化合物就可以自由地破坏臭氧。此外,由于 PSC 颗粒会缓慢沉降,因此颗粒会将 $HNO_3$ 带到更低的高度,进一步增加臭氧减少的趋势。简而言之,反应性氮以 $HNO_3$ 形式被锁定,反应性氯化合物不被消耗,而能够破坏臭氧。

3)臭氧的催化损失

Cl 和 Br 的催化反应是造成南极臭氧损失的主要原因,其中包括有 ClO－ClO 反应、BrO－ClO 反应和 ClO－O 反应等,具体反应过程可参考 3.3.2.2 小节关于臭氧损失的催化循环理论部分,本小节不做过多介绍。

#### 3.3.2.4　北极臭氧层损耗

南极臭氧洞的季节性现象立即引起了一个问题,即在北半球(北极)春季期间是否可能也发生同样的损失。20 世纪 80 年代后期,科学家进行了积极观测研究。

与南半球一样,对北极可能发生的臭氧损失的研究包括地面观测、飞机探测任务和卫星测量。第一次探测北极是否发生臭氧损失的尝试是从 1988 至 1989 冬季的北极平流层机载探测任务(AASE-I)开始的。任务的内容是确定已知在南极上空发生的平流层非均质过程和光化学反应是否可能导致北极臭氧损失。此任务在北极涡旋中发现了高浓度的一氧化氯 ClO,这表明在适当的大气条件下,北极春季可能发生大量的臭氧消耗。并且根据模型计算,北极 2 月份每天的臭氧损失速率为 15 ppbv,并指出,如果极地平流层云(PSCs)持续到 3 月,则该速率将增加到每天 25 ppbv。所有这些建模和观察研究都表明,在适当的高氯水平条件下,如果春季持续存在足够冷的温度,可能会造成较大的臭氧损失。但是,从这些早期研究中也可以清楚地看出,北极上空没有一个类似于南极的大臭氧洞。

在北半球,有大规模的大陆板块,以及更大的陆海温度差距。这些引起更频繁和强烈的行星波活动。北极涡旋呈现南北趋势,这有助于热带和极地空气的混合,所以北极平流层没有达到南极平流层中发现的极低温度,因此不会像南极形成大量的极地平流层云,进行非均相反应。行星波活动还导致更强的 Brewer-Dobson 循环,该循环将来自热带高平流层的富含臭氧的空气输送至冬季半球并向其极地移动,使得臭氧积聚在北极地区。除了整体温度较高以外,北极涡流中极地和中纬度空气之间的大量混合还导致极涡内空气的化学隔离性降低。浓度较高的反应性氮化合物进入北极,例如 NO 和 $NO_2$,会阻止 ClO－ClO 和 ClO－BrO 臭氧的催化损失循环。所以北极并不会出现像南极一样的臭氧洞。

### 3.3.3　对流层活动对平流层臭氧的影响

对流层主要通过三种途径对平流层臭氧产生影响。包括:(1)大型火山爆发;(2)超音速飞机、火箭或航天飞机等飞行器在平流层飞行或穿越平流层;(3)物质通过对流层—平流层交换作用进入平流层。这三类活动通过向平流层内排放 $SO_2$、$NO_x$、HCl、卤素化合物和气溶胶等物质影响平流层臭氧生成损耗过程。

#### 3.3.3.1　火山爆发

火山爆发是自然源影响高空大气的一类重要过程,火山产生岩石、火山灰、小颗粒和气体的复杂混合物。岩石和大的火山灰颗粒从火山烟羽中迅速地落在火山附近。较小的粒子被移除的速度较慢,但作为注入平流层的物质,它们产生的影响较小。然而,释放的气体可能会对平流层臭氧产生影响。测量结果表明,排放的气体中大约98%是水蒸气。在剩余的气体中,最重要的元素是硫,以大约等量的硫化氢($H_2S$)和二氧化硫($SO_2$)的形式释放出来。释放出的氯和氟往往以盐酸(HCl)和氢氟酸(HF)的形式存在。这些气体通常只占排放的气体总量的1‰或2‰,但它们的数量变化很大。$SO_2$ 以及 HCl 排放进入对流层后,HCl 由于其自身具有非常强的水溶性,HCl 进入平流层后会与液态水结合而被去除。剩余的 $SO_2$ 则会经历与 OH· 的氧化反应生成 $H_2SO_4$。之后,$H_2SO_4$ 会进一步结合成小颗粒或气溶胶。这在 $SO_2$ 注入平流层后大约需要30天。因此,对流层火山爆发会导致平流层的气溶胶数量的迅速增长。如图3.21展示了自从1976年以来,火山爆发时对对流层气溶胶丰度的影响。发生在1991年6月15日菲律宾吕宋岛的皮纳图博(Mt. Pinatubo)火山爆发是20世纪世界上最大的火山喷发之一。火山喷发向平流层中喷射了约2000万t $SO_2$。正常状况下对流层气溶胶表面积浓度约为0.5～1.0 $\mu m^2/cm^3$,而在皮纳图博火山爆发之后,整个中纬度对流层平均气溶胶表面积浓度达到了20 $\mu m^2/cm^3$。在火山爆发5个月后的烟羽中心,气溶胶表面积浓度甚至一度达到了35 $\mu m^2/cm^3$。发生在1982年4月的墨西哥埃尔奇琼(El Chichon)火山爆发强度相对稍弱一些,但也对平流层大气产生重大影响。从图中可以看出,这两次剧烈的火山爆发导致了平流层气溶胶表面积浓度经过两年才能衰减到正常的范围。但由于较强的火山活动在地球上时隔数年就会发生一次,导致了整个平流层几乎一直受到火山排放活动的影响。

火山爆发使得平流层气溶胶表面积浓度增加会进一步促进 $ClO_x$· 循环消耗平流层臭氧。这是因为在气溶胶表面发生的 $N_2O_5$ 与 $H_2O$ 的非均相反应能够有效地去除对流层内的 $NO_2$。当 $NO_2$ 的浓度降低,会减少与 ClO· 的反应。从而更多的 ClO· 参与消耗臭氧的 $ClO_x$ 循环,即使整个反应体系中没有额外的 Cl 增加。研究表明,大型火山爆发造成的气溶胶表面积增加可以使得已存在平流层的 Cl 对臭氧的消耗作用增加1倍。即使在最乐观的估算下,一次大型火山爆发后的两年内,由于气溶胶表面积增加导致平流层臭氧被消耗的效应等同于连续 10 年氟利昂排放的增加。而当对流层没有 Cl 的情况下，对流层臭氧则会因为 $N_2O_5+H_2O$ 的非均相反应吸收 $NO_x$ 而增加。

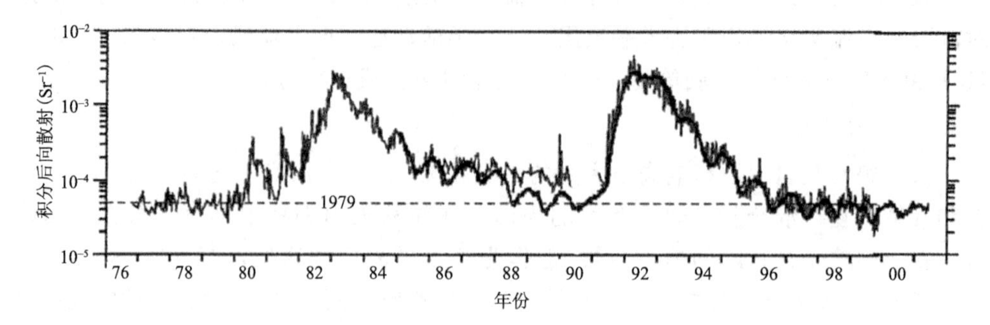


图 3.21　依据后向散射测量结果获取的对流层气溶胶丰度的时序变化(WMO,2002)
1976 年后的数据基于德国巴伐利亚州的地基雷达测量结果(47.5°N)。1985 年后的数据来源于 SAGE Ⅱ卫星在 40°—50°N 的遥感结果。虚线表示了 1979 年平流层气溶胶积分后向散射平均的数量级。

### 3.3.3.2　飞行器排放

传统的亚音速飞机(即飞行速度最大不超过音速,1224 km/h)大约在海拔 8～10 km的对流层空域飞行。然而,超音速民用运输飞行器[High-Speed Civil Transport,HSCT,最大飞行速度可达 2.4～6 Ma(马赫)]的巡航高度在海拔 16 km 处,平流层内部。由于平流层与对流层之间只能依赖缓慢的全球尺度上的垂直环流进行物质交换,因此平流层内的污染物不易通过扩散作用被去除。HSCT 燃料燃烧后排放的污染物很容易在平流层长期存在,并进一步破坏平流层臭氧生成损耗循环。亚音速飞机排放废气在平流层的平均停留时间约为 6 个月,而 HSCT 排放的废气在平流层的平均停留时间大于 2 年。另外,HSCT 发动机燃烧燃料过程中产生的排放量也巨大。以 $NO_2$ 为例:氧化亚氮($N_2O$)是一类土壤和水通过生物化学反应后的产物。在对流层中,$N_2O$ 是惰性的,但是可以通过对流层－平流层交换作用在 30±5 km 的高度范围内反应形成 $NO_x$,并以每年 $1.8\pm0.5\times10^9$ kg 的速度向平流层输入 $NO_2$。而在 20 世纪 70 年计划制造的 500 架最大飞行速度为 2.4 Ma的协和号客机预计能够排放 $1.5\times10^9$ kg 的 $NO_2$,与每年自然源排放进入平流层的 $NO_2$ 的排放量大致相等。美国劳伦斯利弗莫尔国家实验室(Lawrence Livermore National Laboratory,LLNL)的模型研究结果表明在海拔 25～38 km(贡献臭氧浓度最大值的产生区域),自然源排放的 $NO_x$ 破坏臭氧的速度比其他所有臭氧损耗机制的消耗速度加起来还快。因此,通过 HSCT 将平流层 $NO_x$ 排放量增加一倍可能会进一步加快臭氧的损耗。然而 HSCT 向平流层注入 $NO_x$ 的高度将

比自然输入 $NO_x$ 的高度低约 10 km。与 NASA(美国宇航局)在 1995 年通过卫星及飞行器的观测总结的平流层飞机的大气效应(Atmospheric Effects of Stratospheric Aircraft,AESA)报告中的阐述一致。另外,NASA 在 1995 年的另一份报告指出:协和号超音速飞机每消耗 1 kg 燃料会释放 3155 g 的 $CO_2$、1237 g 的 $H_2O$、18 g 的 $NO_x$、3.5 g 的 CO 以及小于 1 g 的 $SO_2$、碳氢化合物和炭黑。每一种排放产物都能以下列一种或多种方式直接影响大气:破坏臭氧、产生臭氧、吸收和散射入射太阳辐射、吸收和发射红外(热)辐射。

科学家和决策者都担心 HSCT 的运作可能会对全球大气产生重大影响:包括 HSCT 的直接排放可能直接影响大气的化学性质,导致臭氧分布的变化以及它们还可能通过与大气中的辐射和动力过程耦合而对臭氧和全球气候产生间接影响。因此,评估 HSCT 的大气影响不仅需要了解平流层基本的化学过程及 HSCT 排放可能造成的扰动,也需要了解 HSCT 在大气中排放的过程,以及由此产生的时间和空间分布。在实际中,由于 HSCT 引擎在各个飞行速度下的排放系数具有较大的不确定性,因此研究者通过建立模型具体量化在各个情景下 HSCT 对臭氧削弱的能力。如表 3.4,研究者假设 HSCT 的 $NO_2$ 的排放指数(emission index,EI)分别为 5、15 和 45(即每千克燃料能够分别排放出 5 g、15 g 和 45 g 的 $NO_2$,其中 15 为 4 和 45 的几何平均数,接近于协和号超音速飞机的平均排放水平),HSCT 的巡航速度为1.6 Ma、2.4 Ma 和 3.2 Ma。在模型计算时,HSCT 的数量被假设为 500 个,并且每年的燃料消耗速率不变。在 9 种情景下采用了 6 种模型对 HSCT 的排放影响 40°—50°N 臭氧柱浓度进行评估。若只考虑排放对气相化学的影响,在 EI 为 15,马赫数为 3.2 以及 EI 为 45,马赫数为 2.4 的情况下,臭氧的减少幅度相对较大,约为 10%。在 EI 为 15 时,当速度从 3.2 Ma 下降到 1.6 Ma,计算得到的臭氧减少量下降了 10 倍。而在马赫为 2.4 时,EI 从 45 减少到 5 时,计算的臭氧减少量减少了 10 倍。当马赫数为 1.6,EI 小于或等于 15 时,计算出的臭氧减少量小于 1%。当非均相反应被纳入模型考量内,计算得出的臭氧减少量将会大大减少。甚至在某些情景下内会抵消原本的臭氧浓度降低。然而,如果考虑到极地存在的极地平流层云(PSCs)的非均相化学反应作用,HSCT 排放在极地地区的排放可能会造成大量额外的臭氧损耗。

飞行器飞行时排放的 $CO_2$ 和 $H_2O$ 等物质虽然不参与直接的化学反应,但会通过改变气候条件影响平流层大气,进而影响臭氧层。前者是一类典型的温室气体,后者则会在高空凝结,明显增加极地平流云的形成。此外,飞行器还会排放出 $SO_2$。与火山排放的 $SO_2$ 进入平流层后的经历类似,飞机烟羽中的 $SO_2$ 也会被氧化成 $H_2SO_4$ 气溶胶,进而增加平流层内的气溶胶表面积浓度,为非均相反应提供反应条件。

表 3.4 不同马赫数及排放因子水平下 HSCT 对臭氧柱浓度的影响(%)

| 马赫数 | $EI(NO_x)$ | 模型 | | | | | | |
|---|---|---|---|---|---|---|---|---|
| | | AER | DuPont | GSFC | Italy | LLNL | NCAR | 平均值 |
| 只考虑气相化学对臭氧的影响 | | | | | | | | |
| 1.6 | 15 | −0.9 | −0.8 | −1.4 | −0.5 | −0.5 | −1.3 | −0.9 |
| 2.4 | 15 | −4.6 | −5.6 | −3.7 | −4.1 | −2.7 | −2.9 | −3.9 |
| 3.2 | 15 | −8.8 | −8.8 | −10.0 | −11.0 | −5.8 | −7.3 | −8.6 |
| 1.6 | 5 | −0.2 | −0.1 | — | −0.2 | −0.1 | — | −0.2 |
| 2.4 | 5 | −1.3 | −1.7 | — | −1.5 | −0.8 | — | −1.3 |
| 3.2 | 5 | −2.5 | −2.9 | — | −3.3 | −1.5 | — | −2.6 |
| 2.4 | 45 | −14.0 | −16.7 | — | −17.2 | −9.5 | — | −14.0 |
| 同时考虑气相化学以及非均相反应对臭氧的影响 | | | | | | | | |
| 1.6 | 15 | +0.1 | +0.8 | −0.01 | +0.7 | +0.1 | −0.03 | +0.3 |
| 2.4 | 15 | −1.0 | −1.3 | −0.6 | −0.4 | −0.6 | −0.3 | −0.7 |
| 3.2 | 15 | −3.3 | −3.4 | −4.1 | −5.5 | −2.2 | −2.1 | −3.4 |
| 1.6 | 5 | +0.03 | 0.5 | −0.04 | +0.4 | — | +0.04 | +0.2 |
| 2.4 | 5 | −0.4 | −0.3 | −0.2 | +0.04 | — | −0.04 | −0.2 |
| 3.2 | 5 | −1.2 | −1.1 | −1.3 | −1.9 | — | −0.2 | −1.1 |
| 2.4 | 45 | −4.0 | −7.4 | −3.3 | −4.8 | — | −2.3 | −4.4 |

另外，采用固体燃料的航天飞机或火箭也会对臭氧层产生影响。航天飞机使用两个捆绑式的固体火箭助推器。这些固体助推器使用的燃料是高氯酸铵，它包含在铝结构中。燃料燃烧会产生许多废气，如氧化铝、HCl、CO 和 $H_2O$ 等。其中，最主要的是 HCl 对臭氧的影响。飞行器排放后，HCl 会随即在氧化铝表面发生非均相反应，生成活性 Cl，从而消耗臭氧。另外，火箭的烟尘也会通过积聚在平流层上部，吸收太阳光，加热平流层上层大气。通过改变辐射条件影响化学反应速率导致臭氧损失。

3.3.3.3 对流层—平流层交换作用

对流层与平流层由对流层顶分开。对流层顶标志着温度结构变化的区域。在对流层顶以下，温度随着高度的升高而下降，而在对流层顶以上，温度上升直到 47 km 处(平流层的顶部)。对流层顶的位置随纬度变化而变化。在热带地区，对流层顶的高度约为 16 km，而在极地地区，对流层顶低至 8 km。臭氧主要在热带平流层通过光解反应生成，然而大多数臭氧主要存在于在热带以外的高纬度地区。这是因为大气环流将臭氧从热带地区输送到中纬度和极地。这种大时空环流被称为 Brewer-

Dobson 环流，以发现这种环流的两位科学家 Brewer 和 Dobson 的名字命名。Brewer 和 Dobson 提出的环流模型包括三个基本部分。第一部分是从对流层上升到平流层的热带运动，第二部分是平流层向极地的迁移，第三部分是平流层在中纬度和极地的下降运动。中纬度的下沉空气被输送回对流层，而极地纬度的下沉空气则被输送到了极地平流层低层，并在那里积累。这个模型解释了为什么热带平流层的臭氧含量低于极地平流层，即使臭氧源自热带地区。

对流层一平流层输送作用主要就是 Brewer-Dobson 环流在热带地区上升的大尺度过程驱动的。对流层一平流层输送作用是平流层一对流层交换过程（stratospheric-tropospheric exchange，STE）的一部分。它指的是物质穿过对流层顶的向平流层输送这一个过程。STE 直接影响大气臭氧的分布，特别是平流层低层臭氧的减少和对流层臭氧的增加。具体的 STE 过程如图 3.22 所示，将平流层进一步划分为上部和下部。上部平流层对应的是 380 K 等位温面以上的区域。平流层底部是 380 K等位温面和对流层顶之间的阴影区域。北极的对流层顶高度约为 300 hPa，热带地区的对流层顶高度约为 100 hPa。热带上空向上的 STE 和极地上空向下的 STE 是由半球尺度的 Brewer-Dobson 环流控制，而不是由对流层顶边界的较小尺度的局部输运过程控制。对于下降到对流层的物质，一旦它从平流层上部进入到平流层底部，它越过对流层顶的时间尺度相当于一个季节。而在温带，从平流层底部到对流层的输运实际上是由较小尺度的天气过程控制的，如阻塞高压、切断低压以及对流层顶折叠。

阻塞高压：对流层中的大型反气旋或高压系统往往可能会持续数天或几周，被称为阻塞高压。阻塞高压可以通过如下两个过程降低该地区的臭氧柱浓度。首先，高压中心周围的反气旋气流将低纬度气流带向极地。这种空气将保留其热带或亚热带原生区的特征，包括微量气体的浓度，如臭氧等。相比于极地空气，热带或亚热带空气的臭氧混合比浓度相对低，反映为较低的柱臭氧。这种低臭氧浓度的空气被输送到臭氧含量通常较高的地区。其次，较高的温度与阻塞引起的等位温面向上弯曲，从而产生了向上弯曲对流层顶的效果。对流层的臭氧密度比平流层的臭氧密度低得多，因此对流层垂直尺度的增加会导致臭氧柱浓度的降低。通过将对流层空气向极地运输和向上弯曲对流层顶，阻塞高压可以促进 STE 过程发生。

切断低压：切断低压是与对流层上部急流主流切断或分离的上层气旋。大多数截断低压形成于夏季，并可能持续数天。当系统被切断时，它就会隔离具有极地原生区特性的空气。即它将含有冷空气，高的位势涡度以及具有高纬度特征浓度的微量气体。切断低压是一类显著的水平输送过程，对 STE 很重要。阻断低压能产生大尺度积云对流。在对流上升气流中，对流层的空气可以穿过对流层顶。这种作用最终会侵蚀对流层顶本身，形成一个平流层和对流层空气的垂直混合的区域。随后对流

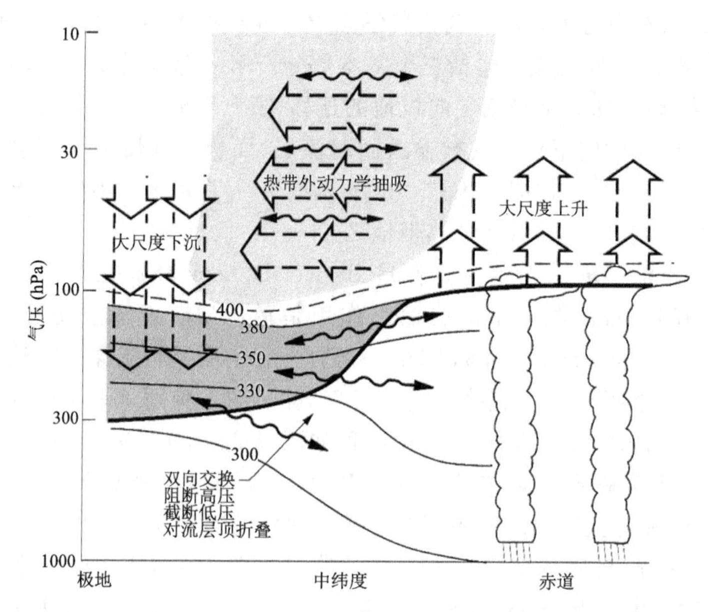


图 3.22　平流层的上部大气与的下部大气在各个纬度区域内的输送过程的示意图（引自陈碧辉 等,2006)(黑色粗实线表示对流层顶,细线表示等位温线)

层顶会在混合层之上的更高高度区域重新形成,并捕获下方的平流层臭氧。

对流层顶折叠:STE 的另一种机制是对流层顶折叠。所谓对流层顶折叠即为大气在平流层内侵入,下沉到对流层上层急流下面的斜压带。对流层顶折叠是中纬度地区最主要和最有效的 STE 形式。折叠通常发生在切断低压的西侧。干洁的平流层空气富含臭氧和位势涡度,被向下输送到对流层。同时,对流层顶折叠附近的环流。观测表明对流层空气也会被向上输送。这种对流层空气含有大量的水蒸气、一氧化碳、气溶胶和相对较低的位势涡度。

通过 STE 作用进入平流层的物种众多,其中最容易损耗平流层臭氧的元素是 Cl 和 Br。在化学上,它们属于卤族元素。Cl 或 Br 可以从臭氧中提取一个氧原子,生成氧化形式的 $ClO_x$ 和 $BrO_x$。接着,卤素氧化物通过参与催化反应导致平流层臭氧的损耗。

大气中 Cl 最常见的来源是海盐。破碎的海浪和风吹起的泡沫将数以百万计的微小颗粒和气体喷射到大气中。微小的颗粒含有溶解的 NaCl,经过蒸发后,NaCl 和 HCl 都以气体的形式释放出来。这两种分子具有高溶解度,可通过在海洋或雨水中重新溶解,再在海洋或陆地上重新沉降而去除,在大气中的停留时间大约是一周。因此它们对平流层中 Cl 的贡献几乎可以忽略不计。海洋中的另外一个 Cl 的源来自于海洋生物的排放。海藻在海洋中的生物活动可以产生 $CH_3I$。Br 进一步在海水中又

发生取代反应生成 $CH_3Br$。Cl 又进一步发生取代反应生成 $CH_3Cl$。这些物质中每一种都有一部分散逸到大气中。大气中的 $CH_3Br$ 也可能溶解在海洋中并转化为 $CH_3Cl$。$CH_3Cl$ 在大气中的停留时间为 1.5 a,是平流层中 Cl 最重要的天然来源。而平流层卤素元素的主要来自人为排放的氯氟碳化物、含 Br 化合物和氢氯氟碳化物等。

(1)氯氟碳化物

氯氟碳化物(CFCs)又称氟利昂或氯氟烃,是一组主要以甲烷($CH_4$)和乙烷($C_2H_6$)为基础,以 Cl 或 F 取代部分或全部 H($CH_3Cl$)。如果所有的 H 原子都被 Cl 和 F 取代,就会产生许多不同的分子。例如,$CFCl_3$ 是 1 个 F 原子和 3 个 Cl 原子连着碳,$CF_2Cl_2$ 是两个 F 原子和两个 Cl 原子连着碳。这些氯氟碳化物有一种固有的命名书写方式,即 CFC-$xyz$。其中 $x$ 代表 C 原子的数目减去 1,$y$ 代表 H 原子的数目加上 1,$z$ 代表 F 原子的数目。因此,$CFCl_3$ 可以写作 CFC-011,但通常去掉零写作 CFC-11。根据这个公式,Cl 原子的数量可以从 H 原子,F 原子的数量推测出来。因此,对于只有一个 F 原子而没有 H 原子的 CFC-11,可以推断有三个 C—Cl 的化学键。对于包含两个 C 原子的分子,每个 C 原子有一个键是用来和另一个 C 原子成键。因此,对于 $C_2H_6$,共有 6 个键可用。$C_2F_3Cl_3$ 可以写作 CFC-113。大多数 CFCs 属于紧密结合的,不活泼的分子,因此它们的化学性质非常稳定。同时,CFCs 也不溶于水,不吸收可见光或近紫外线辐射。这些特性使得它们在大气中具有非常长的停留时间(表 3.5)。

**表 3.5　卤素化合物在平流层大气中的停留时间**

| | 化学式 | 停留时间(a) |
|---|---|---|
| 氯氟碳化物 | | |
| CFC-11 | $CFCl_3$ | 50 |
| CFC-12 | $CF_2Cl_2$ | 100 |
| CFC-113 | $C_2F_3Cl_3$ | 85 |
| CFC-114 | $C_2F_4Cl_2$ | 300 |
| 溴氟碳化物 | | |
| H-1211 | $CF_2ClBr$ | 20 |
| H-1301 | $CF_3Br$ | 65 |
| 氢氟氯碳化物 | | |
| HCFC-22 | $CHF_2Cl$ | 13.3 |
| HCFC-123 | $C_2HF_3Cl_2$ | 1.4 |
| HCFC-124 | $C_2HF_4Cl$ | 5.9 |

1928年，CFCs首次被合成，作为取代19世纪末开始使用的具有毒性的氨、氯甲烷和二氧化硫制冷剂的替代品。CFCs制冷剂从1930年开始商业化生产，并逐渐取代了较老的冰箱制冷剂。20世纪40年代中期以后，CFCs成为首选的推进剂，同时也被广泛用作溶剂和脱脂剂，以及制作塑料泡沫的发泡剂。到20世纪50—60年代，CFCs被广泛应用于家庭、商业建筑和汽车的空调。如表3.6，在1974年，CFCs主要用作喷雾罐中(如发胶、除臭剂等)的推进剂。推进剂的使用量占美国CFCs总产量的69%。制冷剂用量占18%，清洗剂用量占6%，泡沫剂用量占5%。而到了1986年，总产量达到1.13亿kg，但推进剂用量只占总产量的28%。到了1991年，CFCs总产量下降到6800万kg，而推进剂的用量仅占总产量的18%。制冷剂的用量占总数的32%。虽然用于制冷剂的量下降了，但总CFCs的产量下降得更多，因此用于制冷剂的CFCs比例增加了。同年，清洁剂与发泡剂的使用量分别占总CFCs产量的20%和28%。

**表3.6　1974年，1986年和1991年美国各使用场景CFCs用量占总产量比例**

| 年份 | CFCs使用场景 | | | | | 总产量($10^8$ kg) |
|---|---|---|---|---|---|---|
| | 制冷剂 | 推进剂 | 清洁剂 | 发泡剂 | 其他 | |
| 1974 | 18% | 69% | 6% | 5% | 2% | 0.97 |
| 1986 | 23% | 28% | 21% | 26% | 2% | 1.13 |
| 1991 | 32% | 18% | 20% | 28% | 1% | 0.68 |

(2)含溴化合物

Br是另外一种可以有效破坏臭氧的元素。在南极臭氧洞中，Br造成的臭氧损失大约为20%～40%。Br是比Cl更强的臭氧损耗催化剂。原因有二：首先，在$Br_x$催化反应循环中，由于Br不需要游离氧原子来破坏臭氧，因此臭氧消耗过程可以发生在O原子很少的低层平流层；其次，由于$Br_x$催化循环的中间产物HOBr和$BrONO_2$很容易被光解，因此Br通常以活性物质(Br或BrO)存在。这两类反应特征使得$Br_x$催化反应循环成为臭氧最高效的损耗机制之一。根据理论计算，仅仅一个Cl原子就可以消耗大约1000个臭氧分子，Br原子破坏臭氧的效率要比Cl原子高50倍左右。

Br的人为来源包括$CH_3Br$与溴氟碳化物，$CH_3Br$通常用来作为农业作物生产的熏蒸剂，例如像草莓这种容易受到害虫侵袭的作物。使用时，田地被大塑料布覆盖，然后在塑料布下通过注射来达到杀虫的效果，当塑料布被撤去时，一些残留的$CH_3Br$逃逸到大气中。

如果CFCs中有部分或全部Cl被Br取代，CFCs就成为了溴氟碳化物，也被称为哈龙(Halon)。哈龙的命名规则与氟利昂的命名规则类似，在命名代号的末尾添加Br原子数目即可。如H-1211和H-1301分别表示的是具有1个C原子，2个F原子，1个Cl原子和1个Br原子的$CF_2ClBr$以及具有1个C原子，3个F原子和1个Br原子的$CBrF_3$。哈龙没有自然源生成，主要依靠人为产生，人为产生的哈龙主要以H-1211和H-1301形式存在，主要用在灭火剂的制作上。由于H-1211和H-1301只在波长小于280 nm的紫外线下光解，因此哈龙只能在平流层的顶部和底部发生光解反应，两类哈龙化合物在大气中的停留时间分别可以达到20 a和65 a。

(3)氢氯氟碳化物

为了限制CFCs等化学剂的使用，必须要找到具有相同功能的替代产品，替代产品的最基本要求是需要具有与CFCs等几乎相同的物理特性和更短的大气停留时间，这可以通过用一个H原子取代一个或多个卤素原子来实现，一个或多个卤素原子被H原子取代后的CFCs被称为氢氯氟碳化物(HCFCs)。由于H原子的存在，HCFCs可以与OH·发生关键的氧化反应，从而减少其大气停留时间，这种反应提取了H原子，并与OH·结合生成水。反应产生的碎裂分子是一个反应性自由基，能够与Cl或F原子迅速反应生成氧化物转化为HCl和HF。由于HCFCs与OH·的反应发生得非常迅速，使得大部分的HCFCs在对流层中就被破坏。同时在对流层中，HCl和HF也可以溶解在水中被通过湿沉降的方式去除。因此，只有少数HCFCs能够进入平流层。在实验室中测定的反应速率表明对于与OH·反应速率较快的HCFCs分子，一般停留时间较短，在平流层中释放的Cl的量较少。因此将CFCs替换成HCFCs会通过以下两种方式影响到平流层中的Cl：(1)较短的停留时间意味着在一定的排放量下，积聚的气体体积更少；(2)在平流层释放的Cl减少了。HCFC-22在大气中的停留时间约为13 a，而CFC-12约为100 a。由于CFCs使用寿命短，且缺乏Cl和Br，因此被认为是减少平流层臭氧损失的最佳替代品之一。当H原子替换掉了所有的氯原子，那么这些便成为氢氟碳化合物(HFCs)，HFCs将Cl输送到平流层的可能性为零。这些物质通常具有相对较长的寿命，并能在大气中积累。虽然HFCs不会向平流层释放氯，但与CFCs，HCFCs一样，它们是红外辐射的吸收剂，会导致全球变暖，HCFCs与HFCs被列为温室气体，是《京都议定书》的减排目标。

1987年，世界各国政府通过联合国环境规划署(UNEP)达成了一项协议以限制各种CFCs的生产和排放。由于该议定书是在加拿大蒙特利尔的一次会议上提出的，因此被称为《蒙特利尔议定书》。《蒙特利尔议定书》根据计算出的臭氧消耗潜势(ozone depletion potential，ODP)，提出了逐步淘汰各种CFCs和其他消耗臭氧层物质(如哈龙)的时间表。在此，臭氧消耗潜势指的是单位质量的微量气体$i$在大气中引起的臭氧总量变化量相对于单位质量的CFC-11在大气中引起的臭氧总量变化量的比值。ODP衡量的是微量气体$i$对大气臭氧浓度变化的长期效应，不随时间变化。ODP的计算公式如下：

$$ODP_i = \frac{\Delta O_{3i}}{\Delta O_{3CFC-11}} \quad (3.101)$$

WMO 根据二维模型计算得出的卤素化合物的 ODP 列于表 3.7 中。由于相比于 Cl 原子，Br 原子消耗臭氧的能力更强，因此哈龙类物质的 ODP 都远高于 1。在 CFCs 物质内部，CFC-11 又是消耗臭氧最强的物种，而通过 CFCs 的卤素原子进行 H 取代，可以很大程度上降低气体对臭氧的消耗能力。《蒙特利尔议定书》将 ODP 接近于 CFC-11 的物质列入快速淘汰计划，而那些 ODP 相对较低的物质被计划淘汰的速度较慢。像 HCFCs 这样的替代物质在用作替代品时，计划在一段时间内逐渐积累，随后将逐步淘汰，取而代之的是 ODP 更低甚至接近于 0 的物质。例如自 1975 年后被广泛用于家庭空调和一些制冷应用的 HCFC-22。虽然 HCFCs 仍然含有 Cl，能够破坏平流层的臭氧。但《蒙特利尔议定书》允许发达国家到 2030 年再减少它们的消费。

**表 3.7 根据二维模型计算得出卤素化合物的 ODP 值**

| 微量气体 | | ODP |
|---|---|---|
| CFCs | CFC-11 | 1.0 |
| | CFC-12 | 0.82 |
| | CFC-113 | 0.90 |
| | CFC-114 | 0.85 |
| | CFC-115 | 0.40 |
| HCFCs | HCFC-22 | 0.034 |
| | HCFC-123 | 0.012 |
| | HCFC-124 | 0.026 |
| | HCFC-141b | 0.086 |
| | HCFC-142a | 0.043 |
| | HCFC-225ca | 0.017 |
| | HCFC-225cb | 0.017 |
| $CH_3Br$ | $CH_3Br$ | 0.37 |
| 哈龙 | H-1301 | 12 |
| | H-1211 | 5.1 |
| | H-1202 | 1.3 |
| | H-2402 | 8 |

### 3.3.4 臭氧层的变化与预测

人为排放的 CFCs 会导致平流层中的臭氧严重损失。“臭氧洞”是南极洲上空的一种季节性现象，但它的影响分布在全世界。臭氧虽然只是一种痕量气体，但因为臭氧保护地球表面生物免受太阳紫外辐射的危害，因此对地球表面生命的存在至关重要。通过建立模型进行模拟评估和趋势预测是诊断臭氧长期变化水平的一个重要工具。模型能够帮助人们在真实的大气中进行各种敏感性测试，在此基础上，人们能够作出合理的政策决定。然而最终会做出什么样的决定，这就成为了一个政治问题。此时科学进入了决策和政治的领域。

#### 3.3.4.1　臭氧消耗物质的变化

随着人们对CFCs等无节制排放对平流层臭氧潜在影响认识的日益加深，国际社会逐步开始采取行动。第一次正式讨论平流层臭氧损耗是在1985年维也纳保护公约的会议上，虽然当时各个国家还没有采取正式行动，但达成了需要进一步的科学调查并在未来进行政策上的补救。两年后的1987年，27个国家签署了《蒙特利尔议定书》，各个签署国同意到1999年将CFC-11、CFC-12、CFC-113、CFC-114、CFC-115等在内的CFCs以及哈龙的产量减少50%。然而随着臭氧层受到破坏的证据越来越多，例如在1988年NASA发布的《全球臭氧趋势报告》，进一步指出了臭氧层在迅速恶化的事实。各缔约国认识到《蒙特利尔议定书》中对CFCs的逐步汰换的力度远远不够，需要实施更有效的减排策略。因此，在1990年伦敦召开的缔约方第二次会议通过了《蒙特利尔议定书》的修正案。此次会议上，超过80个国家签署了到2000年完全消除CFCs生产的协议。这是《蒙特利尔议定书》发展历程上的一个重大里程碑。修正案通过的1年后，我国也正式加入了该协议。但尽管如此，伦敦修正案后新的科学证据又表明，即使这样的行动也不足以阻止臭氧层的破坏趋势。因此，国际社会再次开会修订CFCs减排方案。其结果是1992年的哥本哈根修正案，国际社会同意到1996年完全淘汰CFCs，到2030年减少或逐步淘汰替代品HCFCs。同时$CH_3CCl_3$及$CCl_4$也被纳入了管控体系。如上所述的每一个减排情景对大气中Cl浓度的影响都可以用长期模型预测来计算。图3.23显示了这些协议对未来平流层Cl浓度的影响。CFCs向平流层提供Cl原子继而破坏臭氧。当CFCs的生产没有任何管制，甚至是符合早期《蒙特利尔议定书》的管制情景都将会大大增加平流层Cl浓度。而当在伦敦修正案以及哥本哈根修正案的减排情景下，平流层的Cl浓度都会得到有效的控制，并在2041年将平流层Cl浓度恢复到1975年的水平。

> 早在1785年，德国物理学家冯·马鲁姆用大功率电机进行实验时发现，当空气流过一串火花时，会产生一种特殊气味，但并未深究。此后，舒贝因1840年也发现在电解和电火花放电实验过程中有一种独特气味，并断定它是由一种新气体产生的，从而宣告了臭氧的发现。随后的研究发现臭氧在地面是一种大气污染物，

高浓度的臭氧会损害人体健康及植物生长。而高空的臭氧则是一类有益的大气成分:构成臭氧层,保护人类免遭紫外线的辐射伤害。1974 年美国加州大学的 F. Sherwood Rowland 和 Mario Molina 教授发现随着人类活动的加剧,地球的臭氧层出现了严重的空洞,为了保护臭氧层,保护蓝天,保护地球生命,1995 年 1 月 23 日的联合国大会决定每年的 9 月 16 日为国际保护臭氧层日,要求所有缔约国按照《关于消耗臭氧层物质的蒙特利尔议定书》及其修正案的目标,采取具体行动纪念这个日子。

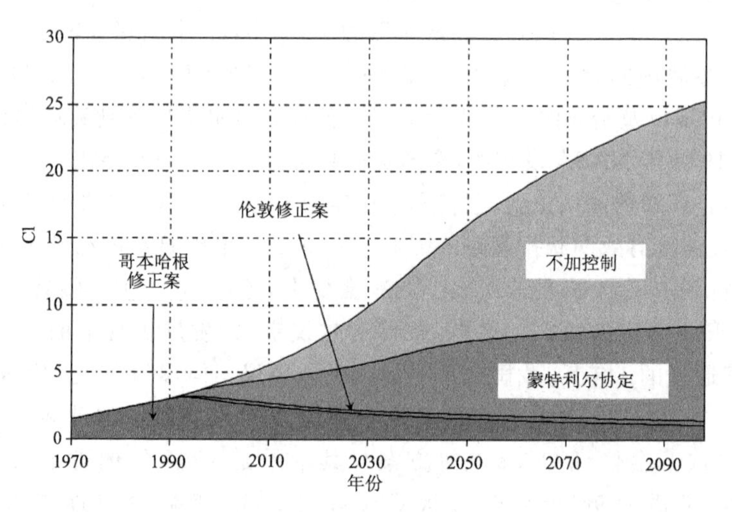


[彩]图 3.23　根据每一项国际 CFCs 协定对大气氯浓度的长期预测
(http://www.ccpo.odu.edu/SEES/ozone/oz_class.htm)

近几年来,基于全球的观测结果,由于《蒙特利尔议定书》取得的 CFCs,哈龙等平流层臭氧消耗物质的减少的成果显而易见。如表 3.8,是 2016 年受《蒙特利尔议定书》控制的各种臭氧消耗物质对对流层有机氯和有机溴的贡献,以及 2012—2016 年的年平均变化趋势。在此期间,观测到的含 Cl、Br 化合物导致对流层 Cl 含量下降的速率达到每年 12.7±0.9 ppt。但变化率与 2014 基于《蒙特利尔议定书》第 5 条规定的国家所允许的最大 CFCs 生产量来确定的变化情景相比,CFCs 浓度的下降速度低于预期,并且 HCFCs 替代物的增长速度也低于预期。

图 3.24 是 2016 含氯、溴化合物分别与 1993 年与 1998 年水平相比的组成变化,水平线划分了自然源和人为源的贡献。在图中,所有的卤素化合物被分为大气停留时间长的臭氧消耗损耗物质(Ozone Depleting Substances,ODSs,包括 CFCs,哈龙,$CH_3Br$,

**表 3.8　2016 年受《蒙特利尔议定书》控制的臭氧消耗物质对流层有机氯、溴的贡献，以及 2012—2016 年的年平均趋势**

| 物种 | 2016 年对平流层 Cl 的贡献(ppt) | 相对于 2012 年的变化(ppt/a) |
|---|---|---|
| 含 Cl 化合物 | | |
| CFCs | 1979 | −12.2±0.4 |
| $CH_3CCl_3$ | 7.8 | −2.0±0.5 |
| $CCl_4$ | 322 | −4.5±0.2 |
| HCFCs | 309 | +5.9±1.3 |
| Halon-1211 | 3.6 | −0.1±0.01 |
| 总计 | 2621 | −12.7±0.9 |
| 含 Br 化合物 | | |
| 哈龙 | 7.8 | −0.1±0..01 |
| $CH_3Br$ | 6.8 | −0.04±0.05 |
| 总计 | 14.6 | −0.15±0.04 |

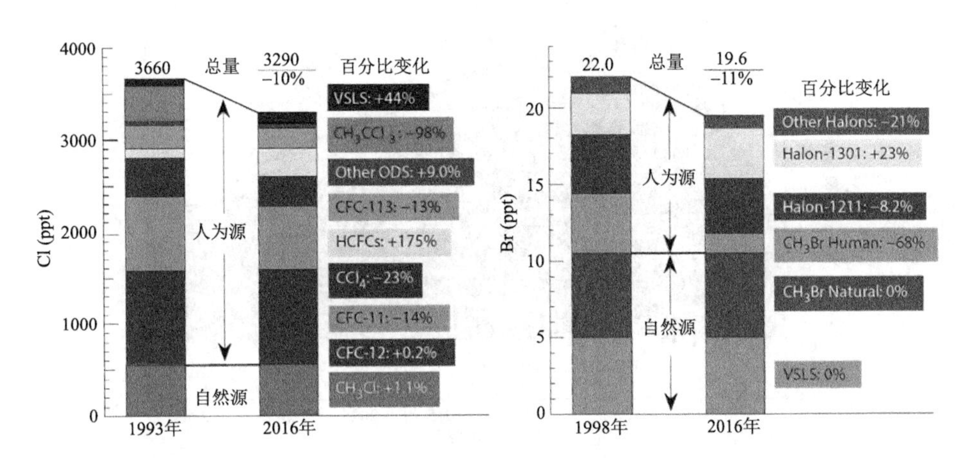


[彩]图 3.24　进入平流层的含氯含溴气体构成(WMO,2018)

HCFCs，$CH_3CCl_3$，$CCl_4$ 等)以及寿命较短的卤素化合物(Very short-lived substances，VSLSs，包括 $CHBr_3$，$CHCl_3$ 等)，VSLSs 的寿命一般小于 6 个月。例如，$CHBr_3$ 的寿命为 24 d，$CHCl_3$ 的寿命为 149 d。一般这种物质在低层大气的化学反应中就会被破坏，只有一小部分能到达平流层，在那里它们会增加 Cl 和 Br 的含量，导致臭氧消耗增加。平流层中含氯、含溴化合物的总量都在继续下降，总量较 1990 年代分别下降 10%和 11%。虽然溴的浓度比氯小得多，但溴破坏臭氧的效率更高。进入平流层总的 ODSs 的氯含量从 1993 年的 3582 ppt 到 2016 年的 3177 ppt 之间下降了 12%。VSLS 的贡献(主要来自于人为源)在此期间有所增加,但在 2016 年仍少于总量的 4%,每年进入平流层的含 Cl 化合物大约有 80%是人为贡献的。进入平流层的 ODSs 的溴总量下降了 15%,$CH_3Br$、哈龙-1211 和哈龙-2402 的浓度减少导致了这一下降。VSLS(主要是来自然源贡献率)在这段时间内没有明显的变化,2016 年约占总贡献率的 25%,每年进入平流层的溴中,有一半以上来自 VSLSs 以及 $CH_3Br$ 的天然成分。

图 3.25 显示了各种含氯有机物过去对 Cl 贡献的估计以及对未来发展情景的预测。假设所有工业生产遵守《蒙特利尔议定书》的相关规定及随后的修正案。Cl 含量从 20 世纪 70 年代中期的不到 2 ppbv 增加到 1994 年的峰值(约 3.8 ppbv),预计氯含量随后慢慢下降,到 2050 年达到约 2 ppbv。2020 年之前,由于一些替代化合物 HCFCs 的持续增加,整体下降的速度会有所减缓。但是由于它们的大气停留时间相对较短,且它们会被逐步淘汰,在那之后总体的 Cl 浓度会下降得更快。剩下的主要 CFCs 是长寿命的 CFCs-11 和 CFCs-12。它们的寿命很长,即使在淘汰完成后,仍然还会在大气中存留很长时间。

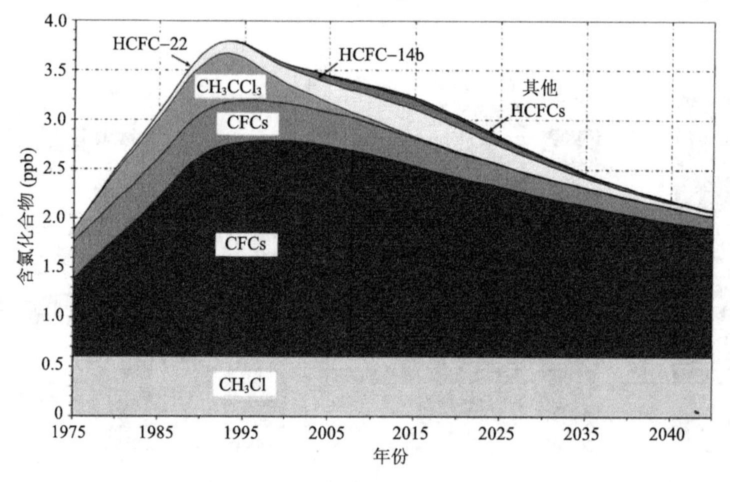


[彩]图 3.25　过去以及未来的氯总量的估计
(http://www.ccpo.odu.edu/SEES/ozone/oz_class.htm)

科学家们希望平流层臭氧继续恢复,但自然和人为的变化会使得平流层臭氧浓度的年复一年的变化。《蒙特利尔议定书》在减少 CFCs 等排放方面非常成功。但 WMO 开始注意到自从 20 世纪 70 年代开始 $N_2O$ 浓度的不断升高(图 3.26)。这成为了另外一个值得警惕的问题。$N_2O$ 能够在平流层进一步生成 NO 从而影响 $NO_x$ 循环,损耗臭氧。在 21 世纪,人类排放的 $N_2O$ 是未来对流层臭氧的最严重威胁。需要在臭氧洞恢复其浓度期间进行持续的监测与关注。

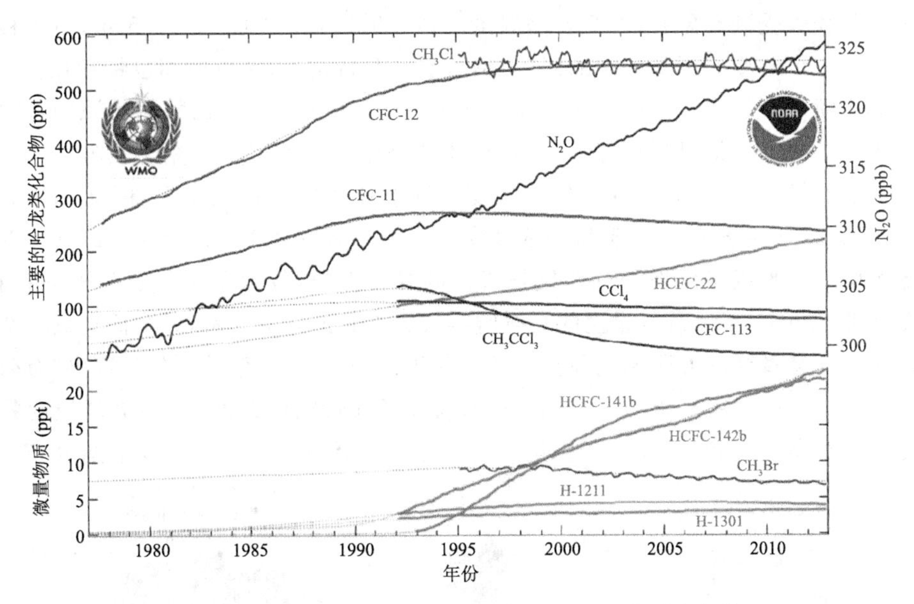


[彩]图 3.26 1970 年后卤素化合物及 $N_2O$ 的浓度变化
(引自 NOAA,https://www.esrl.noaa.gov/gmd/hats/)

3.3.4.2 平流层臭氧的变化及发展

《蒙特利尔议定书》及其修正案有效地限制了大气中大量的臭氧损耗物质的排放。自 2000 年以来,南极臭氧空洞的大小和深度第一次出现了下降的新迹象(图 3.27)。但是即便有了这些早期的恢复迹象,南极洲臭氧空洞每年仍在继续发生,臭

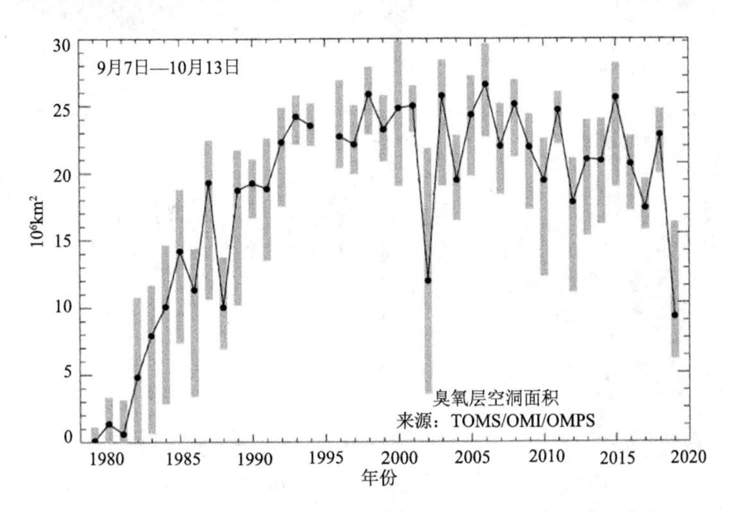


图 3.27 1980 年后 NASA 探测得到的南极臭氧层空洞的面积变化(引自 NASA,2021)

氧浓度的损失受到气象条件(主要是温度和风)的控制。例如:在 2015 年,由于极地平流层的一个寒冷而不受干扰的涡旋,臭氧层空洞特别大,持续时间也特别长。卡尔布科火山喷发产生的气溶胶也被认为是造成 2015 年臭氧空洞面积大的原因,相反,在 2017 年,一个异常温暖且容易受到干扰的极地涡旋导致南极臭氧空洞非常小。

而在北极地区,臭氧柱浓度的年际变异性要比南极地区大得多,因此无法确定 2000 年至 2016 年期间北极臭氧的浓度变化是否具有统计学上的意义。2010—2011 年冬季的北极平流层出现了持续较长事件的异常低温,导致了臭氧被强烈的损耗。如图 3.28a,2011 年 3 月卫星上的臭氧监测仪(OMI)的观测显示,一个低臭氧柱浓度的区域被高臭氧柱浓度区域包围。化学一气候模型证实了《蒙特利尔议定书》有效防止了在北极地区的更严重的臭氧消耗。如图 3.28b,结合实际排放的臭氧损耗物质的化学一气候模式能合理的再现 2011 年 3 月的北极地区臭氧柱浓度空间分布。如

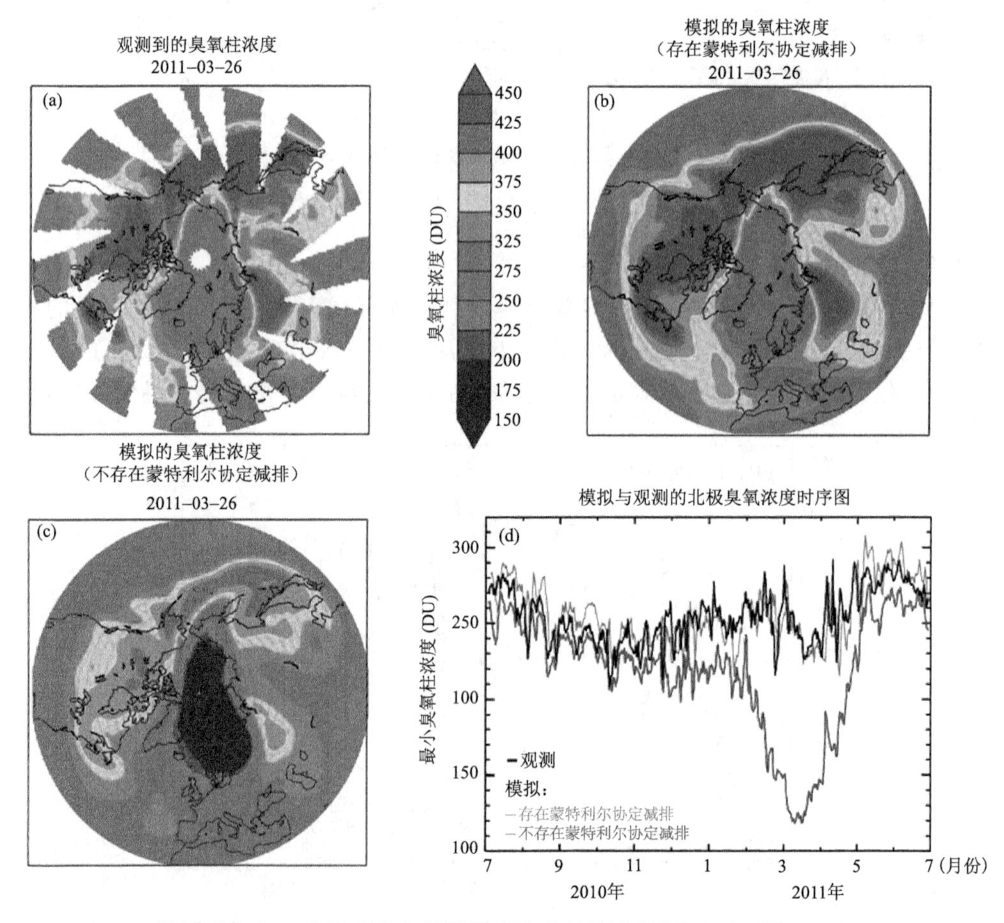


[彩]图 3.28 北极观测与模拟得到的臭氧柱浓度(引自 WMO,2018)

果没有《蒙特利尔议定书》的排放控制，2011年的北极可能会形成一个深层的臭氧层空洞，并且更小的北极臭氧空洞将会经常发生(图3.28c,3.28d)。

基于化学—气候模型，若完全遵守《蒙特利尔议定书》对CFCs，哈龙类物质进行汰换并假设温室气体遵循RCP—6.0未来变化的估算，预计南极臭氧空洞在未来将逐渐消失，并在21世纪中期(约2060年左右)后不久，春季臭氧柱浓度将恢复到1980年的值(图3.29)。而北极春季臭氧总量预计将在21世纪中期(约2030年左右)恢复到1980年的水平。与南极相反，北极臭氧总量在春季恢复的时间将受到北半球人为活动与气候变化的强烈影响，但只要臭氧消耗物质的浓度远远高于自然水平，北极臭氧在寒冷的冬季仍有可能大量损失。中纬度的臭氧柱浓度预计在21世纪中叶之前恢复到1980年的水平。而在南半球，中纬度的臭氧预计在21世纪中叶左右恢复。

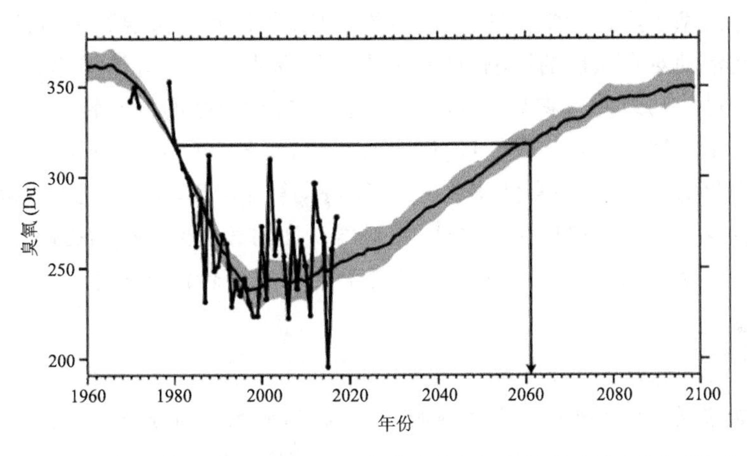


图3.29 化学—气候模型模拟的未来10月份南极臭氧柱浓度变化(引自WMO,2018)

完全遵守《蒙特利尔议定书》的另外一个情景是：在21世纪下半叶，在南极之外，$CO_2$、$CH_4$和$N_2O$将是平流层臭氧变化的主要驱动因素。到2100年，热带地区的平流层臭氧柱浓度预计将会在RCP—4.5下减小5Du，在RCP—8.5下减少10 DU。由于对流层臭氧的增加能够抵消一部分平流层的减少，总的臭氧柱浓度变化预计会更小(约5 DU)。

## 本章小结

本章节主要围绕臭氧化学问题，介绍了光化学反应、对流层臭氧和平流层臭氧的主要概念，对深入学习大气化学是非常重要的。对流层是与人类活动最为紧密、污染频繁发生的大气层，特别是臭氧，能够影响生态环境和人体健康。本节主要介绍了对流层内的主要光化学反应以及臭氧污染形成的化学机制；简述了臭氧生成与 $NO_x$、VOCs 的关系，探讨了臭氧污染防治的行动和措施；简述了大气中 VOCs 的反应活性。近些年来，我国大气污染防治工作取得显著成果，$PM_{2.5}$浓度下降，但臭氧污染却呈现快速上升态势。臭氧污染已成为制约我国空气质量改善的瓶颈问题，所以开展臭氧污染防治迫在眉睫。因此，确定一个城市或区域的局地臭氧化学生成速率、臭氧及其前体物的污染特征、臭氧生成对前体物的敏感性分析与控制策略，是解答臭氧生成机制的核心科学问题。为此，应结合外场观测与模型模拟，开展臭氧生成关键影响因子的相关研究。

平流层臭氧空洞是 20 世纪以来人类面临的最严峻的环境问题之一，然而，从最初问题的发现到现在的解决治理，人们对于臭氧洞的科学认知不断地深入：从 1930 年的 Chapman 循环到 1970 年的平流层 $NO_x$ 循环，再到 1974 年的氟氯化合物的臭氧消耗理论。基于这些科学认知，人类最终达成《蒙特利尔协定》，并以此为依据，不断评估人类活动对臭氧层的影响，进一步深入挖掘或修正已有的理论。过去三十年的人类合作已成功地使臭氧洞问题不再恶化，并持续向好的方向转变。未来臭氧层仍然存在着诸多问题：例如寻找 HCFCs 的替代物；HCFCs，HFCs 带来的温室效应加剧气候变化的不确定性；自然排放的 $N_2O$ 对臭氧层的破坏等。这些问题将会在未来的科学视界里进一步被探讨。当然，在科学认知的螺旋上升式的提高过程中，很有可能又会产生新的问题，需要人类在未来进行更深入的合作与思考。

## 本章习题

1. 用波长为 313 nm 的单色光照射气态丙酮，发生下列分解反应：

$$(CH_3)_2CO + h\nu \rightarrow C_2H_6 + CO$$

若反应池的容量是 59.0 $cm^3$，丙酮吸收入射光的分数为 0.915，在反应过程中，得到下列数据：反应温度 840 K，照射时间 $t=7.0$ h，入射能 $48.1\times10^{-4}$ J/s，起始压力 102.16 kPa，终了压力 104.42 kPa，计算此反应的量子产额。

2. 简述对流层 $O_3$ 与前体物 $NO_x$ 和 VOCs 的关系。

3. 影响 VOCs 反应活性的因素有哪些？

4. 依据 $O_3$ 前体物 $NO_x$ 和 VOCs 排放的时空特征，试述城市上风向、城市地区和城市下风向 $O_3$ 浓度变化特征和控制区情况。

5. 从气候变化的角度试述未来我国对流层 $O_3$ 浓度的变化趋势。

6. 如何分析我国近年来实施的污染物减排措施与 $O_3$ 浓度变化的关系？

7. 简述构成 Chapman 循环的化学反应式。

8. 简述平流层 $NO_x$，$HO_x$ 的源，汇循环反应过程。

9. 简述平流层 $ClO_x$,$BrO_x$ 的源,汇循环反应过程。

10. 简述南极臭氧洞的定义及其形成原因。

11. 简述南极臭氧洞带来的不利影响。

12. 臭氧层空洞是否会发生在北极？请给出合理的解释。

13. 简述平流层臭氧相关的非均相化学在消耗平流层臭氧中扮演的角色。

14. 简述平流层—对流层交换作用在全球尺度上如何进行。

15. 消耗平流层臭氧的物种有哪些?

16. 如何应对南极臭氧层空洞或平流层臭氧损耗?

# 第4章 大气气溶胶化学

近年来，随着城市化和工业化的飞速发展，我国面临着严重的空气污染问题，污染性质及成因十分复杂。目前我国大气污染特征已从传统煤烟型污染发展为多种污染源和多种污染物彼此耦合形成的复合型大气污染。大气气溶胶作为主要的空气污染物，深入认识其化学特征、来源、生成及转化机制，是大气化学研究的前沿科学问题，可为揭示我国大气复合污染成因提供新的思路和科学依据，也是有效治理我国大气复合污染的关键科学问题。

## 4.1 气溶胶基本特征

大气气溶胶（狭义上也即大气颗粒物），是指悬浮在大气中的各种固态或液态颗粒物所形成的相对稳定的胶体分散体系。大气气溶胶除了影响空气质量、人体健康之外，对全球气候也有重要影响（Seinfeld and Pandis，2006），而其影响大小主要取决于粒子的物理化学性质，包括形貌、混合状态、粒径、化学组成和来源等。

### 4.1.1 形貌

大气气溶胶的形貌特征及混合状态对于研究其吸湿性、光学特性、来源及老化机制是至关重要的（Li et al.，2016a，2016b）。通常将气溶胶颗粒假设为球形，但实际上颗粒物形貌差异很大。液体颗粒物近似于球形；固体颗粒物通常具有复杂的不规则形状，如链状、簇状、片状、长条状、球形、不规则状态、结晶体等（Hinds，2012；Li et al.，2011）。

基于气溶胶的形貌特征和化学组分，可分为八种不同类型的颗粒物：海盐颗粒（NaCl）、矿物颗粒、飞灰颗粒、金属颗粒、硫酸盐颗粒、生物颗粒、烟尘颗粒和有机物颗粒，如图4.1所示。

新鲜的海盐颗粒主要由NaCl构成，颗粒物表面包裹着少量的$MgCl_2$和$CaSO_4$，呈规则的立方晶体形状（迟建伟 等，2017；芦亚玲 等，2014）。海盐颗粒在老化过程中，表面发生大气非均相化学反应会改变海盐颗粒的形貌和成分（Chi et al.，2015）。部分老化的海盐颗粒主要由不规则形状NaCl核构成，外壳主要成分为$NaNO_3$，$Na_2SO_4$，$Mg(NO_3)_2$及$MgSO_4$组成的混合物，其形状也会转变成不规则长条状。而

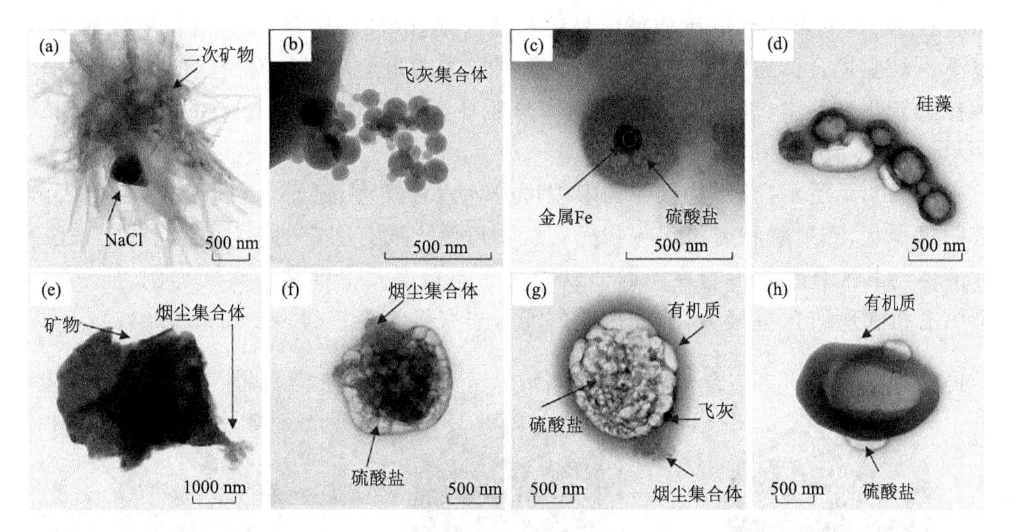


图 4.1　不同类型气溶胶颗粒物的显微形貌(引自邵龙义 等,2018)

完全老化的海盐颗粒不含 NaCl 核,主要成分为 $Na_2SO_4$ 和 $Na_2SO_3$,颗粒物形貌呈圆形。

矿物颗粒一般具有不规则形状,部分为柱状和片状,矿物颗粒的大小在粗粒子模态(直径>2 μm),主要来源于建筑活动、工业排放、道路扬尘和二次生成等(杨书申 等,2007),成分为黏土矿物和石英,其次为方解石、白云石、长石等。在远距离输送的过程中,碱性矿物(如白云石和方解石)可以与 $SO_2$ 或 $HNO_3$ 发生非均相化学反应,反应后的矿物颗粒物由不规则形状转化为外表光滑的圆形或近圆形(Li et al.,2016b)。

飞灰颗粒和金属颗粒的形貌特征相似,主要来源于重工业和电厂燃煤排放(Chen et al.,2012;Li et al.,2016a),都呈球形或椭球形,表面光滑,粒径通常小于 200 nm。飞灰颗粒主要含有 O、Si 和 Al 和少量金属颗粒。大部分含 Fe 和 Zn 的金属颗粒是圆形的,少量的金属颗粒具有不规则形状。

硫酸盐颗粒是大气中最丰富的一种颗粒类型,具有特殊的形貌,部分呈泡沫状,一般为圆形,主要是由于硫酸盐(包括硫酸铵或硫酸钠等)对电子束的照射较为敏感,照射后迅速分解并留下泡沫状残留,而硫酸钾类颗粒具有不规则形状(Li et al.,2016a;杨书申 等,2007)。

生物颗粒是指由生物释放的颗粒物,一般为细菌或植物孢粉,具有特殊的形态,如图 4.1d 所示,硅藻是一类具有色素体的单细胞浮游生物,常由几个或很多细胞个体连结而成。

烟尘颗粒主要来源于化石燃料和生物质燃料的不完全燃烧(Liu et al.,2017a),

由直径为 10～150 nm 的碳质球体呈链状结构集合组成，具有石墨结构，粒径在 1 μm 以下。烟尘集合体通常呈链状和团聚状，研究发现烟尘集合体有聚集的特性，在烟尘颗粒的老化过程中，烟尘集合体粒径和形貌会发生变化(Adachi et al.，2010；China et al.，2013；Zhang et al.，2008)。

如图 4.2 所示，有机物颗粒的形貌可分为六种类型：圆形、近圆形、不规则状、半透明穹顶状、溅射状和有机包覆物。有机物包覆物没有固定的形状，它们看起来像黏性液体与其他颗粒物混合在一起。以华北平原轻度及中度雾霾天气为例，前三种类型的有机物所占比重最大，且大多数内混于非有机气溶胶(Chen et al.，2017)。

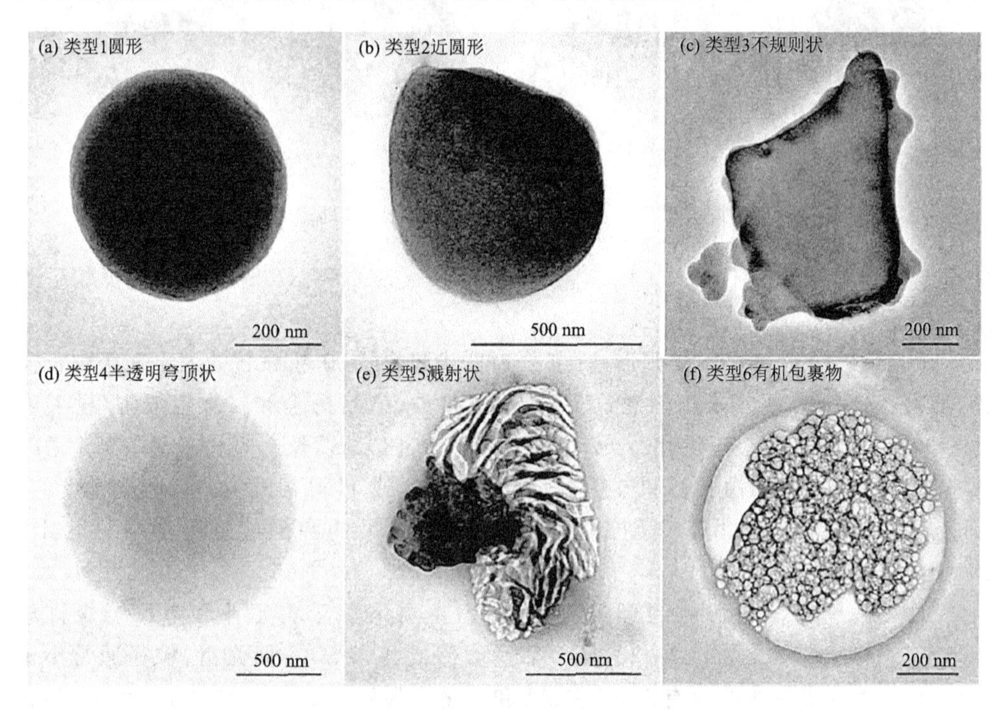


图 4.2　不同类型有机颗粒物形貌(引自陈姝芮，2017)

### 4.1.2　粒径

描述大气气溶胶最重要的性质之一就是颗粒物的粒径，它反映了颗粒物的大小与粒子体积、质量和沉降速率等的关系。大气气溶胶的粒径大小与其来源或形成过程有着密切的关系。

空气动力学等效直径是最常用的粒径表示法之一，按空气动力学直径大小可将气溶胶分为以下几类(Keywood et al.，1999)：(1)总悬浮颗粒物(TSP，粒径≤ 100 μm)；(2)可吸入颗粒物($PM_{10}$，粒径≤ 10 μm)；(3)细颗粒物($PM_{2.5}$，粒径≤ 2.5 μm)，$PM_{2.5}$

中粒径小于1 μm的部分又称为亚微米颗粒物，即 $PM_1$，通常占到 $PM_{2.5}$ 比重的一半以上，且是最易致霾的部分；(4)超细颗粒物(UFPs，粒径≤100 nm)。

Hussein(2005a，2005b)对Whitby(1978)早期提出的三模态理论进行修正，将大气气溶胶按照粒径分布分为四种模态：

(1)核模态(nucleation mode，3～20 nm)：核模态颗粒物主要是大气中低挥发性物质通过气粒转化形成分子簇，再通过凝结和碰并作用长大成核模态颗粒物。核模态颗粒物的数浓度高，粒径小，大气寿命短，因此对颗粒物质量浓度的贡献很小。核模态颗粒物可以通过碰并和凝结长大转换为爱根核模态颗粒物，不同模态颗粒物的碰并捕获作用也是核模态颗粒物重要的去除途径之一。

(2)爱根核模态(Aitken mode，20～100 nm)：爱根核模态粒子主要来自燃烧过程的一次排放的颗粒物和气体通过化学反应均相成核生成的二次颗粒物。具有粒径小、数量多和比表面大等特征，在大气中不稳定且停留时间短，易和其他粒子发生碰撞，生成粒径较大的积聚模，该过程称为"老化"。

(3)积聚模态(accumulation mode，100～1000 nm)：积聚模态粒子主要来自于爱根核模态粒子的凝结和碰并，燃烧过程所产生的高温蒸汽的凝结和碰并。积聚模态又可分为凝聚模态和液滴模态，前者是由气相反应生成的新粒子，粒径较小，后者由液相反应生成，粒径较大；积聚模态在大气中稳定性较好，大气寿命长，不易沉降。

(4)粗粒子模态(coarse mode，1～10 μm)：粗模态粒子主要来源于机械过程，例如沙尘暴、植物花粉、海浪飞沫和道路扬尘等。粗模态粒子虽然粒径大，但是对气溶胶数浓度的贡献很小，一般可忽略不计，而沙尘天气时，粗模态对数浓度的贡献非常大。

### 4.1.3 来源和化学组成

大气气溶胶的来源较为复杂，主要分为自然排放源和人为排放源。自然排放源主要包括海浪飞沫、土壤或岩石风化、植物花粉、火山爆发、森林火灾及自然尘等；人为排放源主要包括化石燃料燃烧排放、生物质燃烧排放、机动车尾气排放、工业生产排放、餐饮活动排放和农业活动排放等。

气溶胶的化学组成不仅决定了其对环境和人体健康的影响，也是确定颗粒物来源重要依据之。气溶胶主要化学组分包括有机气溶胶(organic aerosol，OA)、黑碳(black carbon，BC)、水溶性无机组分如硝酸盐(nitrate)、硫酸盐(sulfate)、铵盐(ammonium)和氯化物(chloride)等，以及微量重金属元素(如Al，Fe，Cu，Zn，Pb，Cd，V，Ni，Mn，Cr等)。有机气溶胶组分种类繁多，组成复杂，目前能被测量到的分子有机化合物仅占10%，包括多环芳烃、烷烃类、固醇类、藿烷类、芳香族多元羧酸、邻苯二甲酸酯、一元羧酸、二元羧酸、脂肪酸、脂肪醇、多元酸、醛酮类、糖类等(Nozière et al.，2015)。

## 4.2　气溶胶二次生成

大气气溶胶可分为一次气溶胶和二次气溶胶。一次气溶胶是由污染源直接以颗粒物形式排放到大气中的，如土壤粒子、海盐粒子、燃烧烟尘等，大部分粒径在 2 μm 以上。二次气溶胶是指排放到大气中的污染气体组分（如二氧化硫、氮氧化物、碳氢化合物）之间经化学反应生成的颗粒物，或它们与大气正常组分（如氧气）之间通过光化学氧化或其他化学反应转化成的颗粒物，如二氧化硫转化成硫酸盐。二次颗粒物粒径一般在 0.01～1 μm 范围。二次气溶胶的形成过程比较复杂，通常依赖于大气环境和气象条件。二次气溶胶主要包括硫酸盐、硝酸盐、铵盐和二次有机气溶胶（SOA），近年来，国内外学者对于硫酸盐、硝酸盐及 SOA 的生成机制已开展了比较深入的研究。

### 4.2.1　二次硫酸盐的生成

硫酸盐是大气气溶胶的重要组成成分，对生态系统、气候变化和人体健康有着重要影响。硫酸盐的生成是驱动细颗粒爆炸性生长和加剧严重雾霾发展的主要因素。大气中的硫酸盐可以通过 $SO_2$ 在气相和液相（云雾滴、含水气溶胶）中的氧化反应而生成。

#### 4.2.1.1　$SO_2$ 气相氧化

在对流层大气中，$SO_2$ 可以与大气中的自由基（主要是 OH·）发生气相氧化反应，反应过程如下：

$$SO_2 + OH\cdot + M \rightarrow HOSO_2\cdot + M \tag{4.1}$$

$$O_2 + HOSO_2\cdot \rightarrow HO_2\cdot + M + SO_3 \tag{4.2}$$

$$SO_3 + H_2O + M \rightarrow H_2SO_4 + M \tag{4.3}$$

该反应生成的气态硫酸的饱和蒸气压较低，容易凝结成核，形成液态或者固态的硫酸盐气溶胶，通过蒸汽的凝结、与 $NH_3$ 反应或自身碰并进一步增大，最终形成凝结态的硫酸盐。

还有一个气相途径是 $SO_2$ 与另外一种氧化剂 Criegee 中间体（CIs）的氧化反应，CIs 可由烯烃臭氧化过程产生，与 $SO_2$ 发生反应后便可以生成 $SO_3$。最近有研究表明，在森林地区，加入 CIs 氧化机制后，模拟结果可以更好解释硫酸盐生成，与观测结果较为吻合（Mauldin et al.，2012）。

#### 4.2.1.2　$SO_2$ 液相氧化

近年来，硫酸盐的液相氧化生成机制成为大气污染化学研究的热点，$SO_2$ 在液相中主要有三种存在形式：$SO_2\cdot H_2O$、$HSO_3^-$ 和 $SO_3^{2-}$（统称为 S(Ⅳ)）。S(Ⅳ)在大气中的液相氧化反应过程显著受 pH 影响（Seinfeld and Pandis，2006），如图 4.3 所示，当 pH<2 时，S(Ⅳ)主要以 $SO_2 \cdot H_2O$ 的形式存在；2<pH<7 时，S(Ⅳ)主要为 $HSO_3^-$；当 pH>7 时，S(Ⅳ)的主要存在形式为 $SO_3^{2-}$。

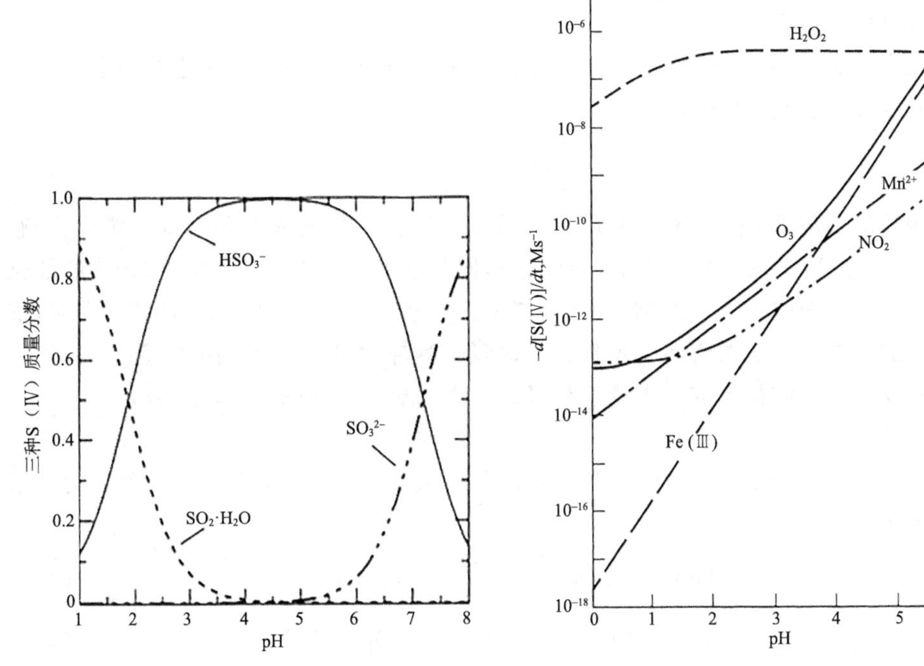


图 4.3　水相中三种 S(Ⅳ)物质质量分数随溶液 pH 的变化(298 K)
(引自 Seinfeld and Pandis，2006)

图 4.4　不同液相氧化反应机制之间的氧化速率对比
(引自 Seinfeld and Pandis，2006)

S(Ⅳ)的液相氧化反应涉及多种氧化剂，主要包括 $H_2O_2$ 氧化、$O_3$ 氧化、$O_2$ 氧化、$NO_2$ 氧化等。S(Ⅳ)的各液相氧化路径在不同 pH 值下的反应速率如图 4.4 所示，以下分别展开论述。

(1)$H_2O_2$ 氧化

在云雾化学反应中，由于 $H_2O_2$ 的亨利系数较大，液相中 $H_2O_2$ 的浓度较高，使得 $H_2O_2$ 氧化成为 S(Ⅳ)氧化最有效的途径之一，特别是在酸性条件下(pH<5)，$H_2O_2$ 氧化速率加快，更有利于反应进行，具体反应过程如下：

$$HSO_3^- + H_2O_2 \leftrightarrow SO_2OOH^- + H_2O \tag{4.4}$$

$$SO_2OOH^- + H^+ \rightarrow H_2SO_4 \tag{4.5}$$

(2)$O_3$ 氧化

在气相中，$O_3$ 与 $SO_2$ 的反应速率极慢，而在液相中，$O_3$ 对 S(Ⅳ)的氧化速率快得多。当 pH 增加时，$HSO_3^-$ 和 $SO_3^{2-}$ 在水溶液中的浓度增加，与 $O_3$ 的反应速率加快。当 pH＞5 时，该反应尤为显著，当 pH 为 6 时，$O_3$ 的氧化速率比 $H_2O_2$ 氧化速率快约 10 倍，具体反应机理为：

$$S(IV) + O_3 \rightarrow S(VI) + O_2 \tag{4.6}$$

(3)$O_2$ 氧化

在过渡金属离子($Fe^{3+}$ 和 $Mn^{2+}$)催化作用下，S(Ⅳ)的 $O_2$ 氧化也是硫酸盐生成的重要途径，反应机理为：

$$S(IV) + \frac{1}{2}O_2 \xrightarrow{Fe^{3+}, Mn^{2+}} S(VI) \tag{4.7}$$

该反应与溶液 pH 有密切关系，当 pH＜3.6 时，氧化速率受 $Fe^{3+}$ 离子浓度影响，当 pH＞5 时，$Fe^{3+}$ 的溶解度降低，氧化速率便只受 S(Ⅳ)的浓度影响。$Mn^{2+}$ 的催化反应速率与溶液中 S(Ⅳ)和 $Mn^{2+}$ 浓度有关。当液体中 $Fe^{3+}$ 和 $Mn^{2+}$ 共同存在时，催化氧化的速率要大于两者各自单独存在时反应速率之和。在中国的雾霾天气，该反应也被发现是硫酸盐生成的重要途径(Li et al.，2020；Shao et al.，2019)。

(4)$NO_2$ 氧化

由于 $NO_2$ 的水溶性较低，一般认为 $NO_2$ 氧化 S(Ⅳ)生成硫酸盐这一路径的贡献可以忽略不计：

$$2NO_2 + HSO_3 \xrightarrow{H_2O} 3H^+ + 2NO_2^- + SO_4^{2-} \tag{4.8}$$

$$2NO_2 + SO_3^{2-} \xrightarrow{H_2O} 2H^+ + 2NO_2^- + SO_4^{2-} \tag{4.9}$$

近年来，国内外学者深入研究和评估了灰霾情况下，$NO_2$ 液相氧化 S(Ⅳ)对于硫酸盐生成的贡献及其影响因素。

2016 年，我国学者发现在特殊大气条件下：(1)云雾水中；(2)高湿度下、高浓度 $NH_3$ 中和作用下，气溶胶 pH 值接近 7 时；该反应机制对我国灰霾污染过程中硫酸盐及 $PM_{2.5}$ 浓度增长有重要贡献(Wang et al.，2016)。Cheng 等(2016)的研究结果也表明，$NH_3$ 浓度较高时气溶胶 pH 接近中性，在相对较低的光化学反应条件下($O_3$ 和 $H_2O_2$ 等氧化剂浓度较低)，硫酸盐液相生成过程由 $NO_2$ 主导。Liu 和 Abbatt (2021)通过烟雾箱模拟，发现气溶胶 pH 在 4～5 之间，$NO_2$ 与 $SO_3^-$ 也可以有较高的反应速率(高于稀溶液中反应速率 3 个数量级以上)，从而证实了气溶胶表面 $NO_2$ 氧化 $SO_2$ 可能是霾污染下硫酸盐的重要来源。

当然，目前该机制存在不少争议，研究发现虽然我国北方地区 $NH_3$ 浓度很高，但大气颗粒物的 pH 呈酸性，因此 $NO_2$ 氧化 $SO_2$ 生成硫酸盐的路径不可能存在(Guo et al.，2017；Liu et al.，2017b)，还有观点提出在酸性条件下过渡金属对 $SO_2$ 的催化氧化反应可能是主导的(Guo et al.，2017)。最近的研究则认为仅基于无机盐组分难以准确预测颗粒物 pH 值，在重污染过程中，有机气溶胶的存在可以使得颗粒物的

pH 值得以满足 $NO_2$ 催化 $SO_2$ 的机制(Wang et al. ,2018)。

目前大多数研究均是针对光照条件下 $SO_2$ 的液相氧化过程,Wang 等(2020)首次提出并验证了在夜间或弱光照的云雾条件下,$NO_2$ 可首先氧化 $SO_2$ 生成 HONO,HONO 可进一步迅速氧化 $SO_2$ 生成 $N_2O$ 的两步机制。这一机制可以较好解释严重雾霾事件中细粒子中硫酸盐快速生成和 $PM_{2.5}$ 浓度的爆发性增长。

最近,也有学者提出颗粒态硝酸盐光解对非均相硫酸盐生成有重要贡献。硝酸盐光解反应会产生大量的氧化剂,包括 $NO_2$ 和 OH·,这些氧化剂会进一步将大气中的 $SO_2$ 氧化为硫酸盐,且硝酸盐浓度越高,硫酸盐的生成速率也越高,该生成速率也与光照强度有关,辐射强度越高,生成速率也越快(Gen et al. ,2019b);硝酸盐光解产生的亚硝酸(N(Ⅲ))也可以氧化 $SO_2$ 产成硫酸盐(Gen et al. ,2019a;Zheng et al. ,2020)。这些机制对现有模型对大气中硝酸盐和硫酸盐的模拟有较大的改进。

4.2.1.3　颗粒物表面非均相反应

$SO_2$ 还可以在气溶胶(矿质气溶胶、海盐气溶胶和黑碳)表面发生非均相反应生硫酸盐,反应过程与气溶胶的表面积、组成成分、大气环境湿度及催化剂浓度等都有密切关系(Gebel et al. ,2000;He et al. ,2014;Li et al. ,2006;Zhang et al. ,2020)。研究发现 $O_3$ 在矿质气溶胶表面对 $SO_2$ 的氧化会导致硫酸盐含量显著增加。

据文献报道,$NO_2$ 和 $SO_2$ 在特定的矿质气溶胶(如 $Al_2O_3$,CaO,ZnO,$TiO_2$,MgO 和 $\alpha-Fe_2O_3$)表面存在协同效应,$NO_x$ 的存在促进了 $SO_2$ 向硫酸盐的转化(Liu et al. ,2012a;Ma et al. ,2008)。最近的研究成果进一步验证了该效应,并发现 $NO_x$ 在反应中只起催化作用,而 $O_2$ 才是反应过程中的关键氧化剂(He et al. ,2014;Ma et al. ,2018)。Wang 等(2021)则通过外场观测和烟雾箱模拟结果,认为金属锰的非均相催化是硫酸盐生成的主导机制。

### 4.2.2　二次硝酸盐的生成

硝酸盐已超过硫酸盐成为京津冀地区 $PM_{2.5}$ 中最主要的二次无机组分。大气环境中相对湿度、温度是影响硝酸盐生成的重要因素,研究表明,在我国不同的地区或季节,硝酸盐的形成机制可能有所不同(Ge et al. ,2017)。

白天,大气中硝酸盐主要来自于 $NO_2$ 与 OH·的气相反应,该反应比 $SO_2$ 与 OH·的反应约快 10 倍:

$$NO_2 + OH\cdot + M \rightarrow HNO_3 + M \tag{4.10}$$

上述反应生成的气态硝酸($HNO_3$)与 $NH_3$ 气体反应生成硝酸铵:

$$HNO_3(g) + NH_3 \leftrightarrow NH_4NO_3(s) \tag{4.11}$$

在夜间,$NO_3$ 自由基与有机物反应也会生成气态硝酸(Sofen et al. ,2014);$N_2O_5$ 的气相生成与非均相水解反应是硝酸盐气溶胶生成的另一个重要途径(Mentel et al.，1996；Riemer et al.，2003)，$N_2O_5$ 主要来自 $O_3$ 与 $NO_2$ 的反应产物 $NO_3$ 自由基与 $NO_2$ 的进一步气相反应，$N_2O_5$ 在颗粒物表面发生非均相水解反应生成硝酸，再与 $NH_3$ 反应生成硝酸盐：

$$NO_2 + O_3 \rightarrow NO_3 + O_2 \tag{4.12}$$

$$NO_2 + NO_3 \leftrightarrow N_2O_5(g) \tag{4.13}$$

$$N_2O_5(g) + H_2O(aq) \rightarrow 2HNO_3(aq) \tag{4.14}$$

夜间 $N_2O_5$ 水解生成颗粒态硝酸盐的过程还会受到 $Cl^-$ 的影响(Roberts et al.，2009；Stewart et al.，2004)，$N_2O_5$ 水解过程的中间产物为 $NO_2^+$ 可以与 $Cl^-$ 反应生 $ClNO_2$，挥发进入气相后，气溶胶的酸度增强，可能会导致 $Cl^-$ 转化为 HCl，从而减缓 $NO_2^+$ 与 $Cl^-$ 反应生成 $ClNO_2$ 的速率。

$$N_2O_5(g) \leftrightarrow NO_2^+(aq) + NO_3^-(aq) \tag{4.15}$$

$$NO_2^-(aq) + Cl^-(aq) \rightarrow ClNO_2 \tag{4.16}$$

在沿海地区，还存在以下反应：

$$HNO_3(g) + NaCl(s) \rightarrow NaNO_3(s) + HCl(g) \tag{4.17}$$

$$2NO_2(g) + NaCl(s) \rightarrow NaNO_3(s) + ClNO(g) \tag{4.18}$$

### 4.2.3　二次有机气溶胶的生成

有机气溶胶(organic aerosol，OA)包括一次直接排放，也可由二次反应生成。OA 是细粒子最重要的组成部分，比重可达 10%～90%(Zhang et al.，2007)，对地球气候系统也有着重要作用(De Gouw and Jimenez，2009)。观测指出，OA 中的二次有机气溶胶(SOA)占比通常大于一次有机气溶胶(primary organic aerosol，POA)，且这种情况即使在人为排放一次颗粒物严重的城市地区依然如此(Jimenez et al.，2009)。近年来，针对我国雾霾的一份研究同样指出(Huang et al.，2014)，我国各大城市地区(北京、上海、广州和西安)在重度灰霾期间，SOA 占总有机气溶胶的 44%～71%。

#### 4.2.3.1　SOA 的气相生成

大气中 SOA 的形成主要有两种方式(图 4.5)：一是气态前体物在气相中氧化，产物凝结到原有颗粒表面或生成新粒子并长大，学界对 SOA 的研究主要集中在气相氧化过程，包括人为和生物源 VOCs 的氧化和气粒转化，以及相对较新的由半/中挥发有机物(S/IVOC)生成的 SOA。

大气中可以氧化 VOCs 产生 SOA 的主要氧化物是 $O_3$、OH· 和 $NO_3$· 等。$O_3$ 是大气中天然存在的一种物质，也可以由人为源排放和光化学反应产生；OH· 的主要来源是白天 $O_3$ 的光解，虽然它在大气中的浓度比 $O_3$ 要小约 5 个数量级，但却是这几种自由基中氧化性最强的物质；而 $NO_3$· 在夜间的活性较高。Geyer 在研究中

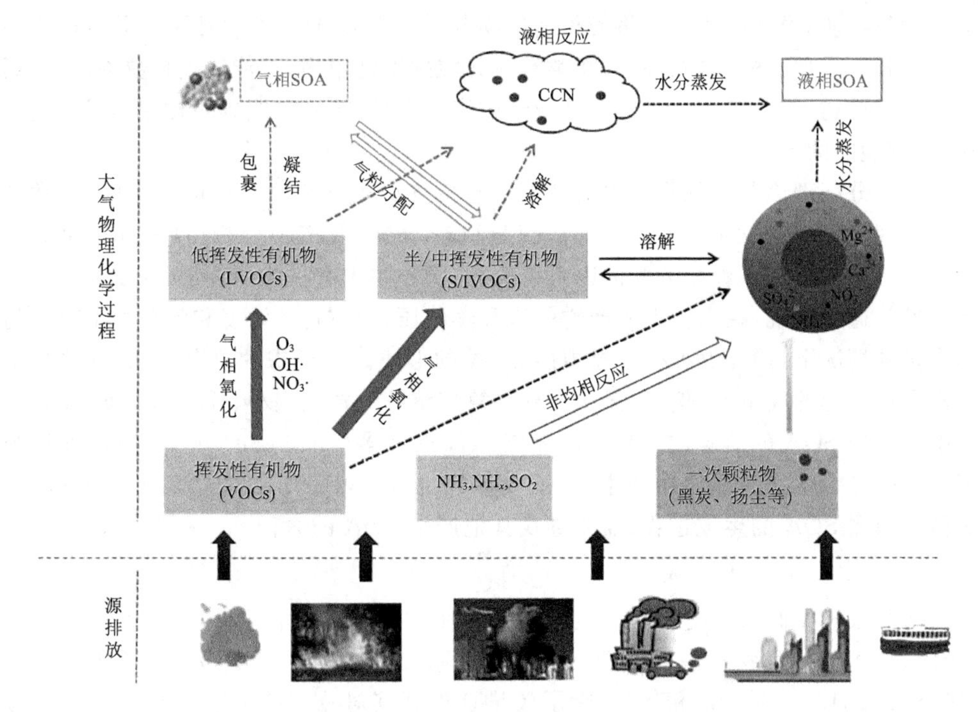


[彩]图 4.5 大气中二次有机气溶胶生成路径(叶招莲 等,2018)

表明,$O_3$、OH·和 $NO_3$·对大气中挥发性有机物的贡献分别为 17%、55%和 28%(Geyer et al.,2001)。VOCs 对不同的氧化物质的反应活性不同,其中包含饱和烷烃和环烷烃的饱和脂肪族化合物以及包括醇和酯的含氧脂肪族化合物因其活性较低,只能被 OH·氧化,反应速率为$(0.1\sim8)\times10^{-11}\ cm^3/(molecule \cdot s)$,而与 $O_3$ 和 $NO_3$·的反应速率分别$\leqslant10^{-21}\ cm^3/(molecule \cdot s)$和$\leqslant10^{-16}\ cm^3/(molecule \cdot s)$。烯烃、萜烯等的非苯环碳碳双键的化合物有足够的活性,能够被 $O_3$ 和 $NO_3$·所氧化。相同前体物与不同氧化物质反应的产物性质也不尽相同,如最新研究表明异戊二烯可以被 $O_3$、OH·和 $NO_3$·等氧化,但异戊二烯被 OH·氧化生成的 SOA 在短波和紫外线波长区域有较高的复折射率指数(RI),而被 $O_3$、$NO_3$·氧化生成的 SOA 却没有明显的光吸收强度(Nakayama et al.,2018)。

VOCs 被氧化后,会产生挥发性、半挥发性和不会挥发的有机物,它们通过气粒分配、转化形成 SOA。如最新研究表明,$\alpha$—蒎烯、$\beta$—蒎烯和柠檬烯均能与臭氧和羟基自由反应并生成 SOA,但与臭氧反应生成的 SOA 比这三种萜烯与羟基自由基反应生成的 SOA 的挥发性更低,这主要是因为在 SOA 老化过程中,两种反应机制相反而影响了它们的热力学性质(Watne et al.,2017)。一般来说,VOCs 经氧化后会形成含氧物质，增加的官能团将使得前体物分子量变大、饱和蒸气压下降并且极性会有所增强。大部分的醛类、醇类、醚类和一元酸挥发性很强，不能产生颗粒物，它们通常是中间产物，随后被进一步氧化从而形成半挥发性物种，分配到颗粒相形成高度氧化、多官能团的 SOA。

气粒分配理论是大气化学中研究二次有机气溶胶气相形成理论的基础，通常被用于研究大气中二次有机气溶胶的气相反应生成物及产率分析（Donahue et al.，2006）。影响气相/颗粒相分配的因素主要有：颗粒物中有机物的含量、温度和产物的挥发性。通常来说，在已知有机产物的饱和蒸气压、前体物的浓度和颗粒物中有机物的含量的情况下，便能够准确地模拟出 SOA 的形成。但近来的研究表明，气粒分配理论存在一定的局限性，例如：无法准确计算气溶胶的粒径大小、分布和浓度；实际环境中氧化的 SOA 的氧碳比要比实验室模拟高出许多（Ervens et al.，2004）；外场观测与实验室中生物源前体物产生的 SOA 差别也较大（Perri et al.，2010）。所以，无法精确预测 SOA 的生成过程，需要寻找其他产生 SOA 的途径。

#### 4.2.3.2　SOA 的液相生成

与硫酸盐类似，大气中 SOA 生成的另一种路径是液相氧化，即污染物溶于液相（云滴、雾滴或气溶胶水中），经反应生成低挥发性物质，在水分蒸发后形成颗粒物（Mcneill，2015）。对于液相氧化，除了较早认识到其对硫酸盐可达 50%～60%的显著贡献外（Barth et al.，2000），直到近十余年，人们才逐渐认识到液相氧化生成 SOA（aqueous-phase SOA，aqSOA）对 OA 的重要性（Blando and Turpin，2000；Herrmann et al.，2015；Liu et al.，2012b）。如 Liu et al.（2011）报道全球云过程生成 SOA 的量约为 20～30 Tg/a，而全球 SOA 总量估计值为 140 Tg/a（Spracklen et al.，2011）。研究还发现，液相中的确可以发生大量化学反应，能将溶解的有机气体转化为低挥发性物质，且某些反应的速率远快于相应的气相反应（Herrmann，2003）。

目前研究的液相氧化反应包括液相光化学氧化反应和液相暗反应，已开展的 aqSOA 前体物主要集中在四类（叶招莲 等，2018）：一类是作为自然源的生物排放的 VOCs，例如异戊二烯、$\alpha$－蒎烯、绿叶挥发物等；第二类是生物质燃烧产物，包括硬木、软木、甲氧基苯酚等；第三类是自然源和人为源排放的 VOCs 在气相中的氧化产物，如乙二醛、甲基乙二醛，羟基乙醛、丙酮酸和甲基乙烯基酮等，第四类是气相 $O_3$ 光化学反应形成的极低挥发性有机二聚体。

aqSOA 形成的基本过程是在高相对湿度条件下，大气中的 VOCs、I/SVOCs 通过气－液分配溶解到气溶胶水相中，随后发生化学反应形成 SOA。aqSOA 的形成包括十分复杂的化学反应，并伴随着许多中间产物的形成。气溶胶水相化学反应按照作用机制不同分为自由基反应、光化学反应、水合（水解）、聚合、缩合等暗反应（Yao et al.，2009；Romonosky et al.，2017；叶招莲 等，2018）。

对 aqSOA 的实验研究发现其组成与 gasSOA 明显不同：具备不同的分子量，官能团，氧碳比(O/C)。与 gasSOA 产物相比，aqSOA 产物通常挥发性更低，氧化性更强，因为液相氧化经常涉及气相反应产物的溶解和进一步氧化(Cocker et al.，2001；Darer et al.，2011)。AqSOA 另一个重要特性是可作为大气中可吸光有机物即棕色碳(Brown Carbon)的重要来源，棕色碳对地球辐射平衡作用不可忽略(Laskin et al.，2015)。此外，由于 aqSOA 氧化程度较高，而细粒子吸湿性一般又与其 O/C 正相关(Jimenez et al.，2009)，因此 aqSOA 一般较 gasSOA 具有更强的吸湿性(Cocker et al.，2001；Michaud et al.，2009)，与 gasSOA 相比，更易活化成为云凝结核(CCN)影响气候系统(Farmer et al.，2015)。

外场观测中结果往往表明，在云雾、高湿度的情况下，SOA 会有显著增加，还会在细粒子粒径分布中形成特殊液滴模态的粒径谱。如，有研究者在波河流域发现了液相暗反应生成 aqSOA 的证据(Sullivan et al.，2016)，表现为在黑暗条件下，随着湿度的增加，水溶性有机物与气溶胶液态水含量及硝酸盐相关性较好，源解析结果表明其中一个与液相相关的因子，其氧化程度高达 0.77，也侧面证明了液相暗反应过程的存在。此外，生物质燃烧排放的 VOC 经液相氧化形成 aqSOA 的证据也在外场观测中被发现，数据表明在雾水和湿气溶胶中均可发生这种液相氧化，产物增加了大气棕色碳的总量，对辐射强迫有一定的影响。经估算，在欧洲，由生物质燃烧产物经液相氧化生成的 aqSOA 每年高达 0.1～0.5Tg，相当于排放的有机气溶胶总量的 4%～20%，但由于外场直接观测证据较为匮乏，对于 aqSOA 实际贡献的研究还不成熟。一篇在意大利地区开展的外场观测研究(Giladino et al.，2016)报道了 aqSOA 可由生物质燃烧排放物直接转化而来，并且估算这种生成途径能贡献 4%～20%欧洲地区总有机气溶胶的排放量；这一液相转化过程得到的 aqSOA 的吸光能力，也接近在实验室研究中观测到的新鲜以及老化生物质燃烧排放物吸光能力的上限。与之对应，一份在北京冬季的外观观测研究(Wang et al.，2021)则指出，化石燃料(包括燃煤和交通燃油)燃烧排放一次有机气溶胶而非生物质燃烧排放物能够在高湿度条件下快速转化为 aqSOA，其中芳香烃的开环反应生成羰基化合物和羧酸可能是一个主要的反应通道。这一研究意味着实际大气中观测得到的 SOA 除了来自于 VOCs 的气相和液相氧化，POA 的直接转化也可能占据重要地位，这也因此解释了 2013 至 2018 年间 VOCs 排放几乎不变而 SOA 的持续下降很可能是因为 POA 减排所导致的。此外，这份研究与上述意大利的研究结果还有不同，经由这一途径生成的 aqSOA的吸光能力总体比其前体物(即化石燃料燃烧一次有机气溶胶)要更低。总的来说，目前 aqSOA 在实际外场中生成机制和贡献定量研究尚有很大不足。

在模式模拟方面，研究发现模型预测 SOA 在自由对流层中少 10～100 倍(Heald et al.，2005)，而在边界层中只低 50%，假如考虑到 SOA 机制则可能提高对

SOA 的预测。此外还可以考虑多前体物协同下液相 SOA 的生成，并评估其相对于气相 SOA 的贡献。

## 4.3　气溶胶来源解析

气溶胶的来源复杂，各污染源贡献的定量仍存在许多不确定性，常用的源解析方法包括源清单法、扩散模型法和受体模型法（Hopke，2016；冯银厂，2017）。

（1）源清单法

源清单法是最早应用的源解析方法，通过调查污染源的排放因子，对当地污染源排放量进行估算，通过建立清单和数据库，对各污染源排的贡献及影响进行评估。由于源排放清单不完整性及排放因子的可适用性，源清单法获得的结果具有较大不确定性。目前在国内已经建立了全国（Cao et al.，2006；Liu et al.，2015；Zheng et al.，2014）、一些重点区域（如京津冀、长三角及珠三角地区）（Fu et al.，2013；Qi et al.，2017；Yu et al.，2020；Zheng et al.，2009）及主要城市如上海、北京等（Chen et al.，2019；Huang et al.，2015；Jing et al.，2018；Wang et al.，2014）的大气污染源清单。

（2）扩散模型法

扩散模型法又称源模型法，根据污染源排放清单和气象要素来模拟污染物在大气中的排放、迁移、扩散和化学转化等过程，估算各个污染源对颗粒物浓度的贡献率。扩散模型法可以获取源解析结果的空间分布，并可区分本地污染源和外地传输源，目前已广泛用于一次及二次的气态污染物和颗粒物的源解析，但源排放清单、边界层气象过程和复杂的化学反应过程会对扩散模型的不确定性造成较大的影响。目前常用的模型包括：多尺度空气质量模型（CMAQ）、扩展综合空气质量模型（CAMx）、WRF－CHEM 及嵌套网格空气质量预报模式系统（NAQPMS）等（Hu et al.，2016；Tesche et al.，2006；王自发 等，2006），其中 CMAQ 模型应用较为广泛。

（3）受体模型法

受体模型法通过对大气颗粒物环境样品和排放源样品中对源有指示作用的化学示踪物进行分析，定量各污染源对环境的贡献。与扩散模型相比，受体模型不需要考虑颗粒物的传输过程，也不受排放源的排放条件、气象要素及地形等条件影响。常用的受体模型法有（Hopke，2016）：因子分析法（factor analysis，FA）、富集因子法（enrichment factor，EF）、主成分分析法（principal component analysis，PCA）、化学质量平衡模型法（chemical mass balance，CMB）及正定矩阵因子分解法（positive matrix factorization，PMF）。

## 4.4　气溶胶的气候效应

1750 年以来，人类活动直接向大气中排放大量的颗粒物和污染气体，其中 $SO_2$，

$NO_x$ 和 VOCs 等在大气中逐渐转化成硫酸盐、硝酸盐和二次有机气溶胶。污染气体形成的大量二次气溶胶粒子，加上一次排放的气溶胶导致大气中气溶胶浓度升高。这些大气气溶胶粒子具有气候效应：例如，通过散射和吸收太阳光，减少到达地面的太阳辐射而具有冷却作用，产生负的辐射强迫。气溶胶通过吸收和散射太阳辐射从而影响气候的效应称作直接效应。直接效应产生的辐射强迫称为直接辐射强迫。气溶胶直接辐射强迫的大小与气溶胶的粒径、浓度、光学性质和太阳天顶角等因素有关。

气溶胶的间接效应指气溶胶粒子可以作为云凝结核(CCN)改变云微物理过程和降水性质，从而改变大气的水循环。相比直接效应，气溶胶的间接效应要更为复杂，通常包含一系列关联的现象，如气溶胶浓度影响 CCN 浓度，CCN 浓度影响云滴数浓度和直径，最终改变云的反照率和寿命。目前已能够观测到气溶胶粒子的数浓度能够影响云滴的数量和大小，而这些变量通常与云反照率和覆盖率有关。气溶胶其他的天气效应还包括气溶胶数浓度的变化会改变降水。

### 4.4.1　气溶胶直接辐射强迫

气溶胶直接辐射强迫由气溶胶的消光作用造成，主要包括散射和吸收。气溶胶的散射是指改变辐射能量传输的方向，而吸收是指粒子将接收的能量转变为热能、化学能等。若单个气溶胶粒子直径是 $D_p$，入射光波长为 $\lambda$，定义无量纲的尺度参数 $\alpha=\pi D_p/\lambda$，按照 $\alpha$ 的大小将散射分为三类：瑞利散射、米散射和几何光学散射。当 $\alpha \ll 1$，即粒径 $D_p \ll \lambda$ 时，以瑞利散射为主，因此 $D_p < 0.05\ \mu m$ 的爱根核模态粒子主要发生瑞利散射，对紫外光散射较大，对可见光散射不大。当 $D_p \approx \lambda (0.1 < \alpha < 50)$ 时以米散射为主，米散射是积聚模态粒子 $(0.1 < D_p < 1\ \mu m)$ 主要散射方式，是气溶胶辐射强迫的主要来源。当 $\alpha > 50$ 时为几何光学散射，如大雨滴对可见光的折射、反射。

气溶胶的消光系数 $\sigma_{ext}$(1/m)定量反映了由于气溶胶的吸收和散射作用造成的光线在大气中传播单位距离时的相对衰减率，由散射系数 $\sigma_{sp}$ 和吸收系数 $\sigma_{ap}$ 组成($\sigma_{ext}=\sigma_{sp}+\sigma_{ap}$)，以 $\sigma_{sp}$ 为主导。气溶胶消光系数是关于入射光波长 $\lambda$ 的函数。在特定的入射光波长下，主要与气溶胶粒子的粒径分布、干气溶胶粒子的折射率和粒子的吸湿性有关。

气溶胶光学厚度(aerosol optical depth，AOD)是消光系数在垂直方向上的积分，是一个无量纲的变量。由于 AOD 与气溶胶的质量浓度密切相关，通常用来定量估算实际大气中颗粒物的浓度。如公式(4.19)所示，根据定义，计算某特定波长下的 AOD：

$$\tau(\lambda)=\int_{z_2}^{z_1}\sigma_{ext}(\lambda,z)\ \mathrm{d}z \tag{4.19}$$

通常

$$z_1=0, z_2=z_{TOA}$$

为掌握全球大气气溶胶的变化情况，美国国家航空航天局(NASA)在全球建立了地面太阳光度计观测网 AERONET(https://aeronet.gsfc.nasa.gov/)，实现对气溶胶的长期观测。地基观测值精度较高，但其时间和空间上的不连续，使气溶胶长期的时空变化研究变得困难。卫星遥感可以获得空间上连续性的气溶胶数据，尤其在宏观环境监测和污染分布方面潜力巨大。目前，全球有多颗卫星搭载的传感器可提供 AOD 的数据产品，如 MODIS，CALIPSO、OMI，AVHRR，Himawari-8 等。

气溶胶粒子的复折射指数是反映气溶胶粒子光散射和吸收能力的基本参数，如公式(4.20)表示：

$$m=n+ik \tag{4.20}$$

式中，$n$ 是折射指数的实部，反映了粒子的散射能力，$k$ 是折射指数的虚部，反映了粒子的吸收能力，$n$ 和 $k$ 是关于入射光波长 $\lambda$ 的函数。实部和虚部大小与粒子化学组成成分及混合状态等有密切关系。由表 4.1 可知，硫酸盐($(NH_4)_2SO_4$)、海盐(NaCl)气溶胶等表现为对辐射的散射作用，而黑碳(BC)则表现出较强的吸收能力(虚部 $k$ 值较大)。

**表 4.1　部分大气颗粒物组分在 $\lambda=0.5\ \mu m$ 的复折射指数**

| 物种 | $n$ | $k$ | 物种 | $n$ | $k$ |
|---|---|---|---|---|---|
| $H_2O$ | 1.333 | 0 | $H_2SO_4$(aq) | 1.53 | 0 |
| BC | 1.75 | 0.44 | $(NH_4)_2SO_4$(s) | 1.52 | 0 |
| OC | 1.53 | 0.05 | $SiO_2$ | 1.55 | 0 |
| NaCl(s) | 1.544 | 0 | | | |

实际大气中的气溶胶粒子很少以单一的化学组分存在，而是不同来源的污染物的混合体。其中，所有化学组分在气溶胶中均匀分布的程度，为气溶胶的混合状态。关于混合状态的两种极端的例子就是内混合和外混合(图 4.6)。外混合指不同成分的气溶胶颗粒物以独立个体的形式存在，单个颗粒物是由单一的化学成分组成的，例如单个的$(NH_4)_2SO_4$ 颗粒或者炭黑(soot)颗粒物，对于不同化学成分的颗粒物，它们都有各自独立的粒径分布。内混合是指单个颗粒物是由多种化学成分组成的，如图 4.6 中硫酸铵和炭黑内混的颗粒物用灰色表示，表明在每个粒子中都有炭黑存在。当气溶胶粒子是由吸光物质炭黑和其他成分(如硫酸铵)混合而成，外混合中两种不同光学特性的粒子互不影响，而内混合中两种物质相互影响，混合后的光学性质复杂，吸光系数显著增加。

图 4.7 显示了不同比例的炭黑和硫酸铵混合物在内混和外混时的消光系数。纯

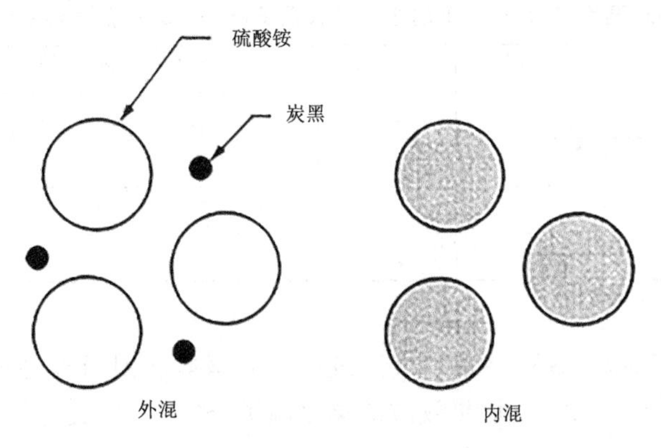


图 4.6　气溶胶的混合状态：外混合（左）和内混合（右）
（引自 Seinfeld and Pandis，2006）

的炭黑气溶胶同时表现出吸收和散射太阳辐射的能力，而硫酸铵只有散射作用。不管混合物的构成如何，外混时的散射系数 $\sigma_{sp}$ 总高于内混，外混时的吸收系数 $\sigma_{ap}$ 总低于内混，最终造成该混合物在内混和外混状态下总消光系数 $\sigma_{ext}$ 相同。

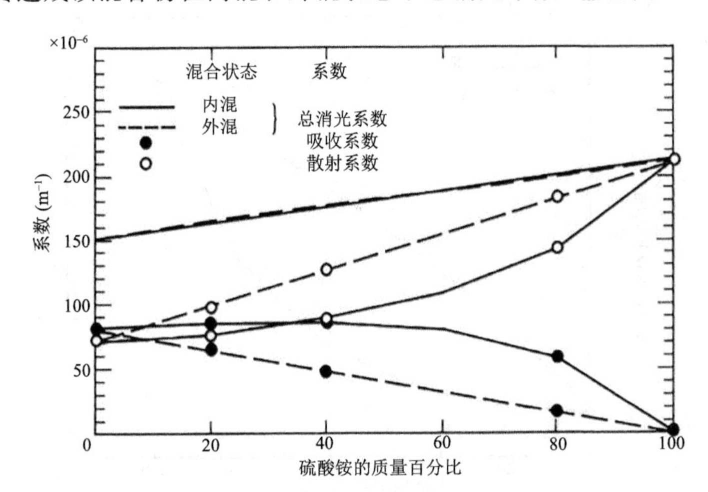


图 4.7　炭黑和硫酸铵在内混和外混状态下总消光系数 $\sigma_{ext}$、散射系数 $\sigma_{sp}$ 和吸收系数 $\sigma_{ap}$
（引自 Seinfeld and Pandis，2006）

气溶胶的消光作用还会受到气溶胶粒子吸湿性的影响，因此与其化学组成和混合状态有关。例如，黑碳的质量消光系数基本不受相对湿度的影响，而海盐、硫酸盐等质量消光系数则随相对湿度上升而升高（表 4.2）。当气溶胶中同时存在吸湿粒子和非吸湿粒子时，内混合状态下，每个粒子均表现出一定程度的吸湿性，而在外混合状态下，只有吸湿粒子表现出吸湿性。

**表 4.2　不同相对湿度(RH)条件下的吸湿增长因子($r_e/r_{e,dry}$,$r_e$ 是气溶胶粒子的有效半径)**

| RH(%) | 0 | 50 | 70 | 80 | 90 | 95 | 99 |
|---|---|---|---|---|---|---|---|
| 硫酸盐 | 1 | 1.4 | 1.5 | 1.6 | 1.8 | 1.9 | 2.2 |
| OC | 1 | 1.2 | 1.4 | 1.5 | 1.6 | 1.8 | 2.2 |
| BC | 1 | 1.0 | 1.0 | 1.2 | 1.4 | 1.5 | 1.9 |
| 海盐 | 1 | 1.6 | 1.8 | 2.0 | 2.4 | 2.9 | 4.8 |

引自:Chin et al.,2002。

单次散射反照率(SSA)是表示气溶胶散射和吸收相对重要性的参数,是决定气溶胶的辐射强迫是冷却还是加热效应的重要因子,SSA 的定义为如下所示:

$$SSA=\sigma_{sp}/\sigma_{ext}=\sigma_{sp}/(\sigma_{sp}+\sigma_{ap}) \tag{4.21}$$

当气溶胶粒子无吸收时,SSA 取值为 1;相反,当气溶胶粒子为全吸收时,SSA 取值为 0。单个气溶胶粒子的 SSA 与入射光的波长、粒径大小和化学组成有关,而对于混合物而言,混合状态会影响 SSA。图 4.8 表明对于炭黑和硫酸铵的混合物,外混状态下 SSA 永远高于内混状态对应的 SSA,说明纯的硝酸铵粒子的散射作用起主导作用。

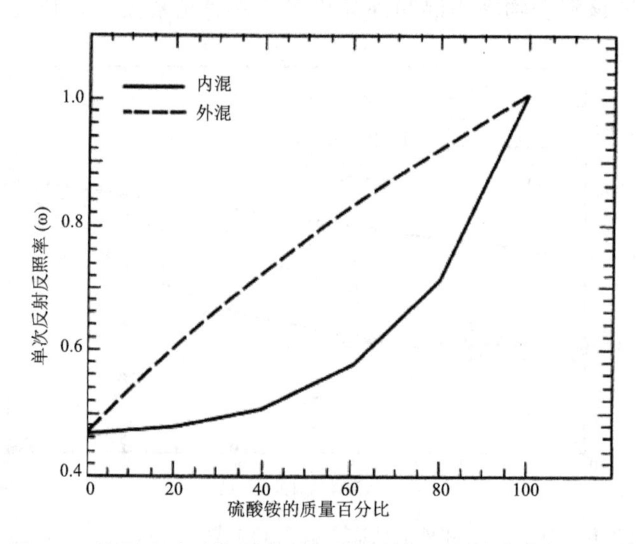


图 4.8　炭黑和硫酸铵在内混和外混状态下的单次散射反照率
(引自 Seinfeld and Pandis,2006)

散射相函数(scattering phase function)用于描述由气溶胶粒子的散射作用造成的波长为 $\lambda$ 的入射光在各个方向上的分布。散射相函数通常只与入射光和出射光之间的角度有关。不对称因子 $g$ 则反映的是气溶胶粒子前、后向散射的相对强度,在 $-1$(完全后向散射)到 $+1$(完全前向散射)之间的变化。

一般而言，获取了气溶胶粒子的光学性质如消光系数、单次散射反照率、散射相函数等信息，我们可通过求解辐射传输方程(radiative transfer equation，RTE)来评估和定量大气中气溶胶对辐射的影响。根据气溶胶辐射强迫定义的高度不同，如在大气顶(TOA)测得的气溶胶辐射强迫和地表气溶胶辐射强迫，两者数值可能存在一定的差异。当气溶胶不吸收辐射时，两者的数值基本相当；而当存在如黑碳、矿尘等吸收太阳辐射的气溶胶时，地表辐射强迫可能比大气顶强迫高 2～3 倍。

在所有的气溶胶中，黑碳气溶胶的气候效应最复杂。图 4.9 表明，硫酸盐、海盐等气溶胶在地表和大气顶均表现出负的辐射强迫，且数值差别不大，而黑碳在地表是负的辐射强迫，在大气顶则为正的辐射强迫。黑碳气溶胶可通过散射作用减少到达地表的太阳辐射，同时，由于黑碳的吸收作用，一部分的太阳辐射被大气中的黑碳气溶胶吸收，到达地表的太阳辐射进一步减少，因此在地表表现出负的辐射强迫，对应降温的作用。但是，大气中的黑碳吸收太阳辐射后可加热大气，因此对于大气层表现为正的辐射强迫。另外，黑碳气溶胶还可以吸收朝向着太空方向的散射光，减少了被反射回外太空的太阳辐射，因此，在大气顶表现出正的辐射强迫。当黑碳气溶胶在云上时，这种效应更加明显。

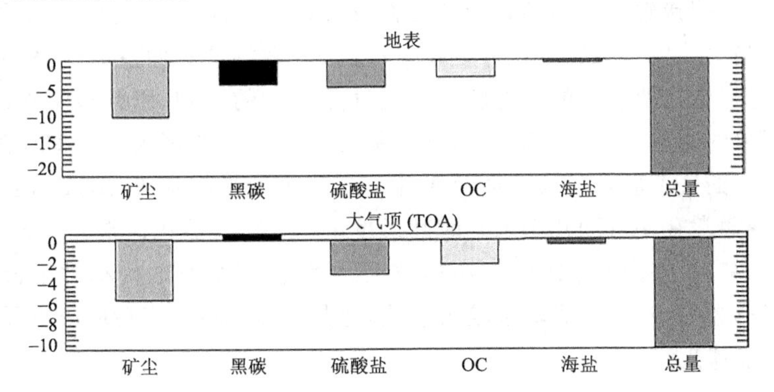


图 4.9　2001 年 8 月 5—15 日期间东亚的地表气溶胶辐射强迫和大气顶气溶胶辐射强迫($W/m^2$)(以上结果是基于无云假设，并且气溶胶为外混状态下的估算结果)(引自 Conant et al.，2003)

### 4.4.2　气溶胶间接辐射强迫

当大气气溶胶浓度大幅上升时，具有吸水性的气溶胶颗粒(硫酸盐、硝酸盐、表面含有亲水基团的有机气溶胶等)可作为云凝结核(cloud condensation nuclei，CCN)改变云微物理过程以及降水。这种影响并非是通过气溶胶－辐射相互作用产生的，而是通过云对于大气气溶胶的响应而间接影响气候，因此称作气溶胶的间接效应。

在云含水量不变的情况下，云滴(或冰晶)的数浓度增加，粒径减小，云对太阳辐射的反照率升高，造成负的辐射强迫，是气溶胶的第一间接效应，有时被称为云的反照度效应。该效应由 Twomey(1974)提出，因此也被称为 Twomey 效应。

当云滴(或冰晶)粒径减小后，延迟或者减少降水，并进一步造成云的寿命增加、云厚度以及云量增加，进而影响大气中水和热的垂直分配、全球水循环，对全球气候变化的作用不可忽略。该效应是气溶胶的第二间接效应，由 Albrecht(1989)提出，又称作 Albrecht 效应或云生命周期效应。

气溶胶对云还有半直接效应，如黑碳、矿尘等气溶胶具有较强吸收太阳辐射并重新向外释放热辐射的能力，可加热大气和云团使云滴蒸发，起到减少云量，缩短云生命周期，减小云体平均反照率的作用。这种半直接气溶胶强迫是对辐射初始变化的快速调整，通常包含在气溶胶一辐射相互作用下产生的有效辐射强迫内。

目前研究最多的是硫酸盐气溶胶的间接辐射强迫作用，生物质和化石燃料燃烧产生的含碳气溶胶、黑碳气溶胶及沙尘气溶胶也是间接辐射强迫的主要贡献者。不过，对气溶胶的间接辐射强迫估算依然存在较大难度。首先，云受到气象因素的影响较大，因此，当气溶胶的浓度和组分变化，改变云的微物理进而造成一系列的反馈作用时，这些过程中只要有云的参与就会受到气象条件的影响，因此很难将两者(气溶胶扰动和气象的影响)区分。其次，与云相关的过程时空跨度大。空间尺度上，通过活化形成云滴的气溶胶粒子大小通常在几十到几千纳米的量级，形成的云滴在微米量级，云本身通常在一百到几千米。时间尺度上，CCN 的活化通常在 1 s 内，降水形成在 20 min 左右，整个云系统的寿命达数天。因此，气溶胶的扰动对于云滴生成的影响是立竿见影的，对降水影响也较为迅速，但是对云厚度和寿命的影响需要较长的一段时间才能体现。

## 本章小结

本章概略性介绍了气溶胶化学的几个方面，包括气溶胶的形貌、粒径、来源和主要化学成分，以及主要气溶胶组分(硝酸盐、硫酸盐和二次有机气溶胶)的二次生成机制，并简单介绍了来源解析的几种方法以及气溶胶的气候效应。值得注意的是，有关气溶胶化学尤其是二次组分生成机制的研究，目前仍然是学界研究的前沿领域，也存在较多认识不清和未解决的问题。并且，随着我们 $PM_{2.5}$浓度的下降，其中二次组分的占比有上升的趋势，未来 $PM_{2.5}$的深度减排，也亟需二次生成机制相关研究成果作为支撑。

# 本章习题

1. 大气中的细颗粒污染物的一次源一般主要有哪些(按自然源和人为源分别描述)?

2. 通常情况下气溶胶颗粒的体积(或者质量)随粒径的分布有哪几个模态?

3. 大气中二次有机气溶胶颗粒的生成主要有哪两种途径? 并简单描述其基本机理和过程。

4. 大气气溶胶源解析方法有哪些?

5. 什么是气溶胶对气候的直接效应和间接效应?

6. 对于当前我国大气复合污染的治理,提出一些自己的看法和建议。(答案在300 字左右)

# 第5章 大气液相化学

水是大气中极其重要的组分之一。大气中的水分与各种气态污染物(如$CO_2$,$SO_2$,$O_3$等)以及颗粒态污染物之间的交互作用,可以对多种大气物理和大气化学过程产生影响,如严重降低大气能见度、产生新型污染物、加剧灰霾污染、形成酸沉降等等,是影响大气环境质量的重要因素之一。本章将着重介绍大气云雾中液态水、水相中各种气体的溶解平衡、气溶胶的潮解与结晶、酸雨组成及影响等。

## 5.1 大气液态水

众所周知,地球上的水含量十分丰富,但其中超过97%的水在海洋中,2.1%存在于冰川,0.6%存在于土壤和岩石含水层中。大气层中的水实际上仅占地球总水量的十万分之一(0.001%),约有13000 $km^3$。尽管如此,地球气候和地球上绝大部分天气现象均是由这部分含量相对较少的大气水影响造成的。由于大气和地球表面不同位置的温度和气压不同,水在大气中有多种形态,包括气态、液态和固态等,即云雾雨露、冰晶等存在形式。这些含水粒子(或液滴)对大气化学过程、大气辐射和大气运动都有着重要的影响。

图5.1中给出了水蒸气质量浓度随温度和大气相对湿度(relative humidity, RH)的变化情况。某给定温度下的大气中最大水气浓度即相应的饱和线(即100% RH)。大气承载水蒸气的能力随着温度下降而下降;比如说,30 ℃时可以承载高达30.3 $g/m^3$ 的水气,而在0 ℃时4.8 $g/m^3$ 时即达到饱和。这一基本的热力学性质是大气中液态水产生的根本原因。

如图5.1所示,某空气团的起始温度为20 ℃,水气含量为12 $g/m^3$;20 ℃时水气饱和含量为17.3 $g/m^3$,因此此时A点的RH值等于69.4%(100×12/17.3)。假设这个空气团冷却到5 ℃,且该空气团与周围物质不发生任何交互作用保持其水蒸气含量不变。此时空气团位于B点,在这个状态下,水蒸气的饱和浓度仅有6.8 $g/m^3$(即C点所示位置),因此空气团是过饱和的,过饱和水量为5.2(=12.0−6.8)$g/m^3$。过量水气将凝结在已有的气溶胶颗粒上形成液态水含量为5.2 $g/m^3$ 的云,空气团将回到 100% RH 的 C 点，气态水含量变为 6.8 g/m³。这一示例虽然已做了高度简化，但基本描述和传达了云形成的热力学过程。

实际上，地球表面的 60%都被云层覆盖。海洋上空的云层覆盖率约为 65%，陆地约为 52%。云的形成和消散是重复出现的，一般位于对流层最低的 4～6 km 范围内，且随地理位置不同分布的波动较大。一般只有一小部分云(约 10%)最终会导致降水，换句话说，大气中十分之九的云将会挥发掉而不会产生雨滴。即使在降雨已经形成的情况下，部分雨滴也可能在通过无云空气的降落过程中挥发而不会到达地面。

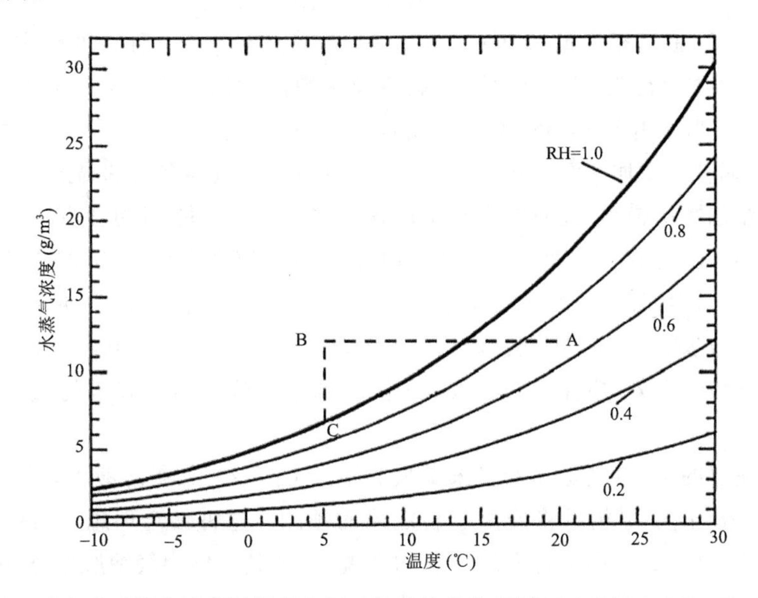


图 5.1 大气中水蒸气浓度随温度和相对湿度的变化(引自 Seinfeld and Pandis, 2006)

典型的云中的液态水含量(liquid water content, LWC)一般为 0.05～3 g/m³，绝大部分观测值为 0.1～0.3 g/m³。为了表述方便，液态水含量($L$)也常写作液态水混合比 $\omega_L$(水体积与空气体积比)，$\omega_L$ 与液态水含量的关系为：

$$\omega_L = 10^{-6} \cdot L(\mathrm{g/m^3}) \tag{5.1}$$

云水混合比 $\omega_L$ 的值在 $5\times10^{-8}$～$3\times10^{-6}$之间。云滴粒径一般在几个微米到 50 μm 之间，平均直径通常在 10～20 μm 范围。雾的微物理结构与云类似。典型的雾中液态水含量为 0.02～0.5 g/m³，雾滴粒径在几个微米到 40 μm 之间。

## 5.2 溶解平衡与亨利定律

气体物质 A 在液体(如水)中的溶解，实质上是它在气相与溶液间的两相平衡问题，可以用以下公式（即亨利定律）表示：

$$A(g) \leftrightarrow A(aq) \tag{5.2}$$

这种平衡是动态平衡，它是分子 A 蒸发与凝结两种相反的倾向之间互相抗衡的暂时局面，亨利定律从凝结倾向表述就是关于气体溶解度的规律，从蒸发的角度看，也可以看作是溶液中溶质的蒸气压规律。

气相中 A 物质和溶解的 A 物质之间的平衡可以进一步通过亨利定律常数 $H_A$ 来描述，如下所示：

$$[A(aq)] = H_A p_A \tag{5.3}$$

式中，$p_A$ 是 A 在气相中的分压（atm）；[A(aq)]是与 $p_A$ 平衡的水相中 A 的浓度（mol/L，本章中标记为 M）。因此，亨利定律常数的常用单位是 mol /（L · atm）（或者 M/atm）。当然由于 $p_A$ 和[A(aq)]所取单位不同，文献中的亨利定律常数有多种其他形式，读者应多加注意。例如，气相浓度以每升空气摩尔数来描述，液相浓度以每升水的摩尔数来描述，此时的亨利定律常数将是无量纲量（实际上是每升水中空气的升数）。此外，还有一些学者将亨利定律常数 $H'_A$ 定义为公式（5.3）中 $H_A$ 的倒数（$1/H_A$）。本书中使用（5.3）中对于亨利定律常数的定义，但读者在使用文献中报道的亨利定律数据时，应注意查验其定义。依据（5.3）的定义，可溶性气体具有较大的亨利定律常数。此外，应注意公式（5.3）中 A 的水相浓度与液态水的量或者液滴的粒径无关。

需要注意的是，亨利定律严格来说只适用于稀溶液。如果溶液不足够稀，溶质浓度[A(aq)]在与 $p_A$ 平衡时将偏离亨利定律的预测。这种偏离理想状态的情况将在本章后续章节（5.4.1）中进行介绍。总的来说，考虑到大气中气溶胶浓度一般在几十到几百 $\mu g/m^3$，而云雾滴中液态水含量在 0.05～0.5 $g/m^3$，云雾滴中的溶质通常处于极稀的状态，因此亨利定律是适用于云雾化学的。

表 5.1 给出了常温下液态水中大气中部分气体的亨利定律系数。注意这些数值仅反映了气体的物理溶解度，也就是（5.2）中的平衡过程而未考虑 A 在溶于水后的行为。实际上，公式（5.3）对于溶质分子在溶液中发生聚合、离解或与溶剂形成化合物等的情形，是不能直接应用的，但对未聚合、未离解或未化合的部分仍适用，但如果溶质分子在溶液中完全聚合、解离等时，该公式就完全不适用了（高执棣，2006）。表 5.1 中的一些气体溶解后会发生酸解解离或者与水的反应，关于这些复杂情况将在下节（5.3）中具体说明。Sander（2015）汇总了环境化学相关的一些重要物质的亨利定律常数，相关数值也可以访问网站查询：www. henrys-law. org。

亨利定律常数 $H_A$ 的温度依赖性是由范德霍夫方程决定的（Denbigh，1981）：

$$\frac{\mathrm{d}\ln H_{\mathrm{A}}}{\mathrm{d}T}=\frac{\Delta H_{\mathrm{A}}}{RT^{2}} \tag{5.4}$$

$\Delta H_A$ 是常温常压下焓变值，它是温度的函数，但在较小温度范围内可以视为常数，可由此进一步推导得到：

$$H_{\mathrm{A}}(T_2)=H_{\mathrm{A}}(T_1)\exp\left(\frac{\Delta H_{\mathrm{A}}}{R}\left(\frac{1}{T_1}-\frac{1}{T_2}\right)\right) \tag{5.5}$$

表 5.2 给出了一些大气相关气体的 $\Delta H_A$(298 K)数值。亨利定律系数的大小通常随着温度降低而增加，意味着较低温度下气体溶解度通常较大。例如，当温度由 298 K 降低到 273 K 时，臭氧的亨利定律常数由 $1.1\times10^{-2}$ 增加到 $2.35\times10^{-2}$ M/atm，$SO_2$ 的亨利定律常数则由 1.23 增大到 3.28 M/atm。

水相中气体溶解度的大小是相对的。举例来说，298 K 时 $SO_2$ 的 $H_A$ 为 1.2 M/atm，与脂肪烃相比溶解性较强，但与 $H_2O_2$($H_A$ 为 $10^5$ M/atm)相比则几乎不溶。描述气体溶解度的一个相对有效的参照是典型云条件下该气体在气相和水相中的分配情况。若某物质主要存在于气相中则认为不溶，而几乎仅存在于水相中的物质则认为十分可溶，在水相和气相中均有较大比例则认为中度可溶。我们可以使用水相/气相分配比来进行描述。

**表 5.1　20～25 ℃大气气体溶解于液态水的亨利定律系数(*H*)**

| 气体[a] | *H*(M/atm) | 气体[a] | *H*(M/atm) |
|---|---|---|---|
| $O_2$ | $1.3\times10^{-3}$ | OH | 30 |
| NO | $1.9\times10^{-3}$ | PAN | 5 |
| $C_2H_4$ | $4.9\times10^{-3}$ | $CH_3SCH_3$ | 0.48～0.56 |
| $NO_2$ | $1\times10^{-2}$ | $NO_3$ | 0.6～1.8 |
| $N_2O_4$ | 1.4 | $CH_3SH$ | 0.20 |
| $N_2O_3$ | 0.6 | $H_2O_2$ | $8.3\times10^4$ 或 $1.1\times10^5$ |
| $O_3$ | $(0.82\sim1.3)\times10^{-2}$ | $CH_3OOH$ | $3.1\times10^2$ |
| $N_2O$ | $2.5\times10^{-2}$ | $HOCH_2OOH$ | $1.7\times10^6$ 或 $5\times10^5$ |
| $CO_2$ | $3.4\times10^{-2}$ | $HOCH_2OOCH_2OH$ | $6\times10^5$ |
| $SO_2$ | 1.2 | $CH_3C(O)OOH$ | $8.4\times10^2$ |
| HONO | 49 | $C_2H_5OOH$ | $3.4\times10^2$ |
| $NH_3$ | 62 | $H_2S$ | 0.087 |
| $HNO_3$ | $2.1\times10^5$ | COS | 0.022 |
| $HO_2$ | $(1\sim3)\times10^3$ | $CS_2$ | 0.055 |

[a] 仅考虑物理溶解度，不考虑气体在溶液中可能的酸碱平衡或化学反应等。

引自：Finlayson-pitts and Pitts，1999。

表 5.2　部分气体亨利定律系数对应溶解热(焓变)

| 气体 | $\Delta H_A$(kcal/mol)(298 K) | 气体 | $\Delta H_A$(kcal/mol)(298 K) |
|---|---|---|---|
| $CO_2$ | −4.85 | PAN | −11.7 |
| $NH_3$ | −8.17 | HCHO | −12.8 |
| $SO_2$ | −6.25 | HCOOH | −11.4 |
| $H_2O_2$ | −14.5 | HCl | −4.0 |
| HONO | −9.5 | $CH_3OOH$ | −11.1 |
| $NO_2$ | −5.0 | $CH_3C(O)OOH$ | −12.2 |
| $CH_3O_2$ | −11.1 | $O_3$ | −5.04 |
| $CH_3OH$ | −9.7 | | |

引自:Seinfeld and Pandis,2006。1 kcal=4.18 kJ。

分配因子($f_A$)定义为 A 在水相中的质量浓度 $c_{aq}$[g/(L · air)]与其在气相中的质量浓度 $c_g$[g/(L · air)]的比值:

$$f_A = \frac{c_{aq}}{c_g} \tag{5.6}$$

注意此处水相浓度单位为每体积空气而非每体积溶液,因此 $f_A$ 是无量纲量。对于溶解性极强的物质,分配因子 $f_A$ 将趋于无穷大,而对于溶解度极小的物质,$f_A$ 则接近于零。假设体系处于亨利定律平衡状态,分配因子可写为:

$$f_A = 10^{-6} H_A RTL = H_A RT\omega_L \tag{5.7}$$

式中,$H_A$ 的单位为 M/atm;$R$=0.08205 atm · L/(mol · K)为理想气体常数;$T$ 为开尔文温度(K);$L$ 为液态水含量(g/m$^3$)。

气相中 A 的质量分数($X_g^A$)和水相中的分数($X_{aq}^A$)可表示为:

$$X_g^A = \frac{1}{1-f_A}, X_{aq}^A = \frac{f_A}{1+f_A} \tag{5.8}$$

进一步推导可得到:

$$X_{aq}^A = \frac{10^{-6} H_A RTL}{1+10^{-6} H_A RTL} = \frac{H_A RT\omega_L}{1+H_A RT\omega_L} \tag{5.9}$$

图 5.2 中给出了 A 的水相质量分数随亨利定律常数和云中液态水含量的变化曲线。对于亨利定律常数小于 400 M/atm 的物质来说,只有小于 1%的质量溶解于云水中。这样的物质包括 NO,$NO_2$,$O_3$ 以及所有的碳氢化合物。只有当某物质的亨利定律常数在 5000 M/atm 以上时,该物质才会显著溶解于大气水相中($f_A$>10%)。

当某物质的亨利定律系数低于~1000 M/atm,该物质将强烈倾向于在气相中存在,从大气应用的角度可认为不可溶;亨利定律系数在 1000 到 10000 M/atm 之间的物质可认为是中度可溶的;亨利定律系数高于 10000 M/atm 的物质则可以认为溶解

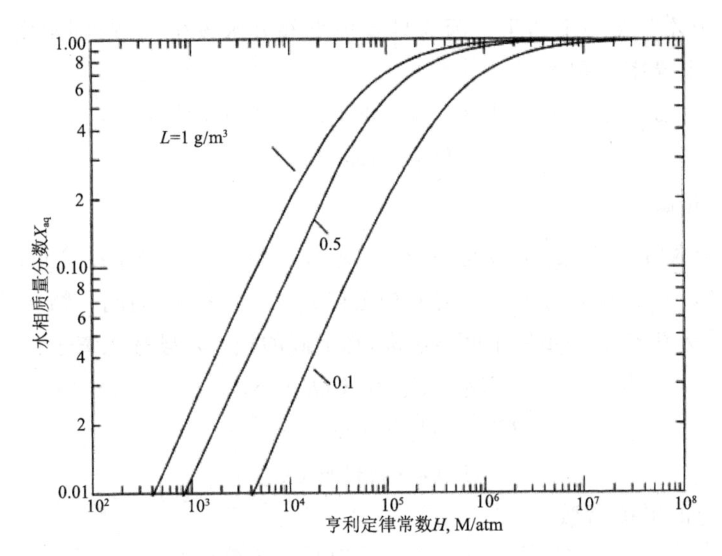


图 5.2　某物质在水相中的质量分数随云中液态水含量和该物质亨利定律常数的变化
（引自 Seinfeld and Pandis,2006）

性很强。从表 5.1 可以看出,实际上大气中仅有极少数物质是十分可溶的。当然,这并不意味着只有这些非常可溶的气体对于大气液相化学才是重要的。

## 5.3　水相中各种气体的化学平衡

在实际大气中,当某气体溶解于水中后,可能会发生进一步的离解反应或其他水合反应。本节将描述一些典型的气体在大气水相(一般指云雾相,故而亨利定律适用)中的化学平衡。

### 5.3.1　水

水本身可以离解形成 $H^+$ 和 $OH^-$,达到平衡时可得到:

$$H_2O \leftrightarrow H^+ + OH^- \tag{5.10}$$

$$K'_w = \frac{[H^+][OH^-]}{[H_2O]} \tag{5.11}$$

式中,$K'_w$ 为水解常数,在 298 K 时值为 $1.82\times10^{-16}$ M,而水分子的浓度相对极大(约 55.5 M),因此离子的量相对极小,$[H_2O]$可以视为常数,公式(5.11)可以写为:

$$K_w = [H^+][OH^-] \tag{5.12}$$

此时 $K_w = K'_w[H_2O] = 1.0\times10^{-14}\ M^2$。对纯水而言,每个水分子离解将产生一个氢离子和一个氢氧根离子,因此$[H^+]=[OH^-]$。298 K 时$[H^+]=[OH^-]=1.0\times10^{-7}$ M,也就是说此时纯水量为 55.5 M 而其中离子总量只有 0.2 μM,也就是约 3

亿个水分子中才存在一个离子。因为只有极小部分水发生离解，纯水实际上是非常弱的电解质，电导率也很低。

pH 值可用如下的公式可表示，纯水 298 K 时的 pH 值为 7.0。

$$\mathrm{pH}=-\log_{10}[\mathrm{H}^+] \tag{5.13}$$

### 5.3.2 二氧化碳

$CO_2$ 溶于水后会发生水合反应，一个 $CO_2$ 分子与一个水分子结合形成一个$CO_2 \cdot H_2O$ 分子。$CO_2(aq)$和 $CO_2 \cdot H_2O$ 是对应公式(5.2)中 A(aq)的同一物质的两种说法。$CO_2 \cdot H_2O$ 在水中会进一步发生两步解离，形成碳酸根和亚碳酸根离子：

$$\mathrm{CO_2+H_2O \leftrightarrow CO_2 \cdot H_2O} \tag{5.14}$$

$$\mathrm{CO_2 \cdot H_2O \leftrightarrow H^+ + HCO_3^-} \tag{5.15}$$

$$\mathrm{HCO_3^- \leftrightarrow H^+ + CO_3^{2-}} \tag{5.16}$$

上述反应相应的平衡常数为：

$$K_{\mathrm{hc}}=H_{\mathrm{CO_2}}=\frac{[\mathrm{CO_2 \cdot H_2O}]}{p_{\mathrm{CO_2}}} \tag{5.17}$$

$$K_{c_1}=\frac{[\mathrm{H^+}][\mathrm{HCO_3^-}]}{[\mathrm{CO_2 \cdot H_2O}]} \tag{5.18}$$

$$K_{c_2}=\frac{[\mathrm{H^+}][\mathrm{CO_3^-}]}{[\mathrm{HCO_3^-}]} \tag{5.19}$$

$K_{\mathrm{hc}}$是 $CO_2$ 的水解常数，注意液态水浓度已经纳入到这一常数中因此该常数等于 $CO_2$ 的亨利定律系数。$K_{c1}$和 $K_{c2}$为 $CO_2$ 的一级和二级解离平衡常数。进一步可求解得到三种物质的浓度：

$$[\mathrm{CO_2 \cdot H_2O}]=H_{\mathrm{CO_2}}\,p_{\mathrm{CO_2}}$$

$$[\mathrm{HCO_3^-}]=\frac{K_{c_1}H_{\mathrm{CO_2}}\,p_{\mathrm{CO_2}}}{[\mathrm{H^+}]} \tag{5.20}$$

$$[\mathrm{CO_3^{2-}}]=\frac{K_{c_1}K_{c_2}H_{\mathrm{CO_2}}\,p_{\mathrm{CO_2}}}{[\mathrm{H^+}]^2} \tag{5.21}$$

总的溶解 $CO_2$ 量$[CO_2^T]$为：

$$[\mathrm{CO_2^T}]=[\mathrm{CO_2 \cdot H_2O}]+[\mathrm{HCO_3^-}]+[\mathrm{CO_3^{2-}}]=H_{\mathrm{CO_2}}\,p_{\mathrm{CO_2}}\left(1+\frac{K_{c_1}}{[\mathrm{H^+}]}+\frac{K_{c_1}K_{c_2}}{[\mathrm{H^+}]^2}\right) \tag{5.22}$$

这一表达式与亨利定律相似，我们因此可以定义 $CO_2$ 的有效亨利定律常数 $H^*_{\mathrm{CO_2}}$：

$$H^*_{\mathrm{CO_2}}=H_{\mathrm{CO_2}}\left(1+\frac{K_{c_1}}{[\mathrm{H^+}]}+\frac{K_{c_1}K_{c_2}}{[\mathrm{H^+}]^2}\right) \tag{5.23}$$

总溶解 $CO_2$ 可以写为：

$$[CO_2^T]=H_{CO_2}^{*}p_{CO_2} \tag{5.24}$$

很显然，有效亨利定律常数 $H_{CO_2}^{*}$ 总是大于亨利定律常数 $H_{CO_2}$。溶解于水的 $CO_2$ 的总量也是大于仅由 $CO_2$ 的亨利定律平衡预测得到的量。需要注意，$H_{CO_2}$ 仅与温度有关，而 $H_{CO_2}^{*}$ 则不仅与温度有关，还与溶液 pH 值密切相关。

利用上述公式计算可知，当 pH<5 时，溶解 $CO_2$ 的解离并不显著，此时实际应用中其有效亨利定律常数与亨利定律常数可视为相等。当 $CO_2$ 混合比为 330 ppm 时，对应的平衡浓度为 11.2 μM（图 5.3）。随着 pH 增加到 5 以上，$CO_2 \cdot H_2O$ 开始离解，溶解 $CO_2$ 量呈指数增长。当然，即使是在 pH=8 时，有效亨利定律常数也仅有 1.5 M/atm，实际上几乎所有的 $CO_2$ 都仍然存在于气相中。碱性水中 $CO_2$ 的溶解总量增加到了数百 μM。

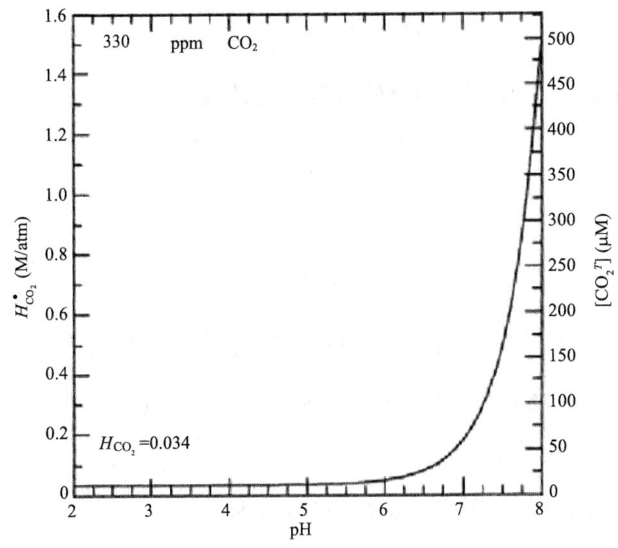


图 5.3 $CO_2$ 有效亨利定律常数以及达到平衡时相应的溶解 $CO_2$ 总量随溶液 pH 的变化（298 K）（引自 Seinfeld and Pandis，2006）

部分水相中化学平衡常数见表 5.3。

**表 5.3 部分水相中化学平衡常数（Seinfeld and Pandis，2006）**

| 反应平衡 | 298 K 下 $K$(M) | 298 K 下 $\Delta H_A$(kcal/mol) |
|---|---|---|
| $H_2O \leftrightarrow H^+ + OH^-$ | $1.0\times10^{-14}$ | 13.35 |
| $CO_2 \cdot H_2O \leftrightarrow H^+ + HCO_3^-$ | $4.3\times10^{-7}$ | 1.83 |
| $HCO_3^- \leftrightarrow H^+ + CO_3^{2-}$ | $4.7\times10^{-11}$ | 3.55 |
| $SO_2 \cdot H_2O \leftrightarrow H^+ + HSO_3^-$ | $1.3\times10^{-2}$ | −4.16 |
| $SO_3^- \leftrightarrow H^+ + SO_3^{2-}$ | $6.6\times10^{-8}$ | −2.23 |
| $NH_3 \cdot H_2O \leftrightarrow NH_4^+ + OH^-$ | $1.7\times10^{-5}$ | 0.89 |

### 5.3.3 二氧化硫

水溶液中 $SO_2$ 的溶解行为与 $CO_2$ 类似，分为以下几步：

$$SO_2 + H_2O \leftrightarrow SO_2 \cdot H_2O \tag{5.25}$$

$$SO_2 \cdot H_2O \leftrightarrow H^+ + HSO_3^- \tag{5.26}$$

$$HSO_3^- \leftrightarrow H^+ + SO_3^{2-} \tag{5.27}$$

相应的平衡常数为：

$$H_{SO_2} = \frac{[SO_2 \cdot H_2O]}{p_{SO_2}} \tag{5.28}$$

$$H_{s_1} = \frac{[H^+][HSO_3^-]}{[SO_2 \cdot H_2O]} \tag{5.29}$$

$$H_{s_2} = \frac{[H^+][SO_3^{2-}]}{[HSO_3^-]} \tag{5.30}$$

$K_{s_1}$ 和 $K_{s_2}$ 的值如表 5.3 所示。相应的溶解物的浓度为：

$$[SO_2 \cdot H_2O] = H_{SO_2} p_{SO_2}$$

$$[HSO_3^-] = \frac{K_{s_1} H_{SO_2} p_{SO_2}}{[H^+]} \tag{5.31}$$

$$[SO_3^{2-}] = \frac{K_{s_1} K_{s_2} H_{SO_2} p_{SO_2}}{[H^+]^2}$$

类似地，水中溶解 $SO_2$ 中硫的价态为 4 价，可将总溶解 $SO_2$ 写为 S(Ⅳ)，等于：

$$[S(\text{Ⅳ})] = [SO_2 \cdot H_2O] + [HSO_3^-] + [SO_3^{2-}] = H_{SO_2} p_{SO_2} \left(1 + \frac{K_{s_1}}{[H^+]} + \frac{K_{s_2}}{[H^+]^2}\right) \tag{5.32}$$

同样地，定义 $SO_2$ 的有效亨利定律常数，$H^*_{S(\text{Ⅳ})}$，为：

$$H^*_{S(\text{Ⅳ})} = H_{SO_2} \left(1 + \frac{K_{s_1}}{[H^+]} + \frac{K_{s_2}}{[H^+]^2}\right) \tag{5.33}$$

$$S(\text{Ⅳ}) = H^*_{S(\text{Ⅳ})} p_{SO_2} \tag{5.34}$$

与 $CO_2$ 不同的是，当 pH 从 1 增加到 8 时，$SO_2$ 的有效亨利定律常数增加了几乎七个数量级(图 5.4)。与仅基于亨利定律计算的结果相比，酸碱平衡使得更多的物质进入水相中。$SO_2$ 的亨利定律系数在 298 K 时只有 1.23 M/atm，然而在同样温度下，其有效亨利定律系数在 pH=3 时为 16.4 M/atm，pH=4 时为 152 M/atm，pH=5 时为 1524 M/atm。pH 对 $SO_2$ 溶解的影响十分显著。

基于公式(5.31)，可以进一步计算三种四价硫物质的质量分数随溶液 pH 的变化情况。当 pH 小于 2 时，S(Ⅳ)主要以 $SO_2 \cdot H_2O$ 的形式存在。随着 pH 增加，$HSO_3^-$ 分数随之增加，在 pH=3～6 范围内，几乎所有 S(Ⅳ)都是以 $HSO_3^-$ 的形式存在。当 pH 大于 7 时，S(Ⅳ)则以 $SO_3^{2-}$ 的形式为主。由于不同形式的 S(Ⅳ)物种有着不同的化学反应活性，如果溶液中某个化学反应涉及 $HSO_3^-$ 或 $SO_3^{2-}$，反应速率将与 pH 密切相关，因为这些物种的浓度取决于 pH。

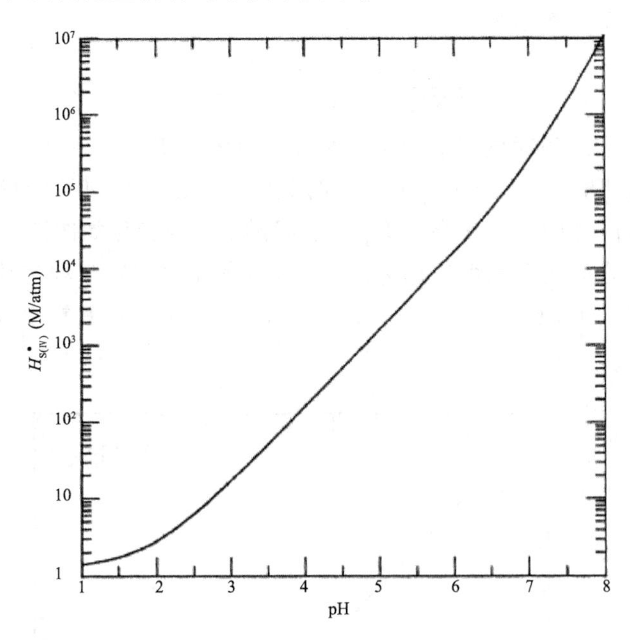


图 5.4　$SO_2$ 有效亨利定律常数随溶液 pH 的变化(298 K)(引自 Seinfeld and Pandis，2006)

### 5.3.4　氨气

与 $SO_2$ 和 $CO_2$ 不同，氨气是大气中最主要的碱性气体。$NH_3$ 溶于水后：

$$NH_3 + H_2O \leftrightarrow NH_3 \cdot H_2O \tag{5.35}$$

$$NH_3 \cdot H_2O \leftrightarrow NH_4^+ + OH^- \tag{5.36}$$

相应的平衡常数为：

$$H_{NH_3} = \frac{[NH_3 \cdot H_2O]}{p_{NH_3}} \tag{5.37}$$

$$K_{a_1} = \frac{[NH_4^+][OH^-]}{[NH_3 \cdot H_2O]} \tag{5.38}$$

当温度为 298 K 时，$NH_3$ 的亨利定律常数为 62 M/atm，$K_{a1}$ 为 $1.7\times10^{-5}$ M。一般也可以用 $NH_4OH$ 来代替 $NH_3 \cdot H_2O$。由以上方程可以计算得到 $NH_4^+$ 离子浓度：

$$[NH_4^+] = \frac{K_{a_1}[NH_3 \cdot H_2O]}{[OH^-]} = \frac{H_{NH_3} K_{a_1}}{K_w} p_{NH_3}[H^+] \tag{5.39}$$

总溶解氨$[NH_3^T]$可以写为：

$$[NH_3^T]=[NH_3 \cdot H_2O]+[NH_4^+]=H_{NH_3} p_{NH_3}\left(1+\frac{K_{a_1}[H^+]}{K_w}\right) \qquad (5.40)$$

铵根离子所占质量分数则为：

$$\frac{[NH_4^+]}{[NH_3^T]}=\frac{K_{a_1}[H^+]}{K_w+K_{a_1}[H^+]} \qquad (5.41)$$

当 pH 值小于 8 的时候，$K_{a_1}[H^+] \gg K_w$，因此$[NH_3^T] \cong [NH_4^+]$。也就是说，在一般的大气条件下，实际上云中几乎所有的氨气都是以铵根离子的形式存在。水相中$[NH_4^+]$浓度与气相中 1 ppb 的 $NH_3$ 平衡时随 pH 的变化如图 5.5 所示。云中氨气在气相和水相之间的分配可使用公式(5.9)和氨气的有效亨利定律常数($H_{NH_3}^* = H_{NH_3} K_{a_1}[H^+]/K_w$)计算。当云水 pH 小于 5 时，实际上所有氨气都将存在云水相中(图 5.6)

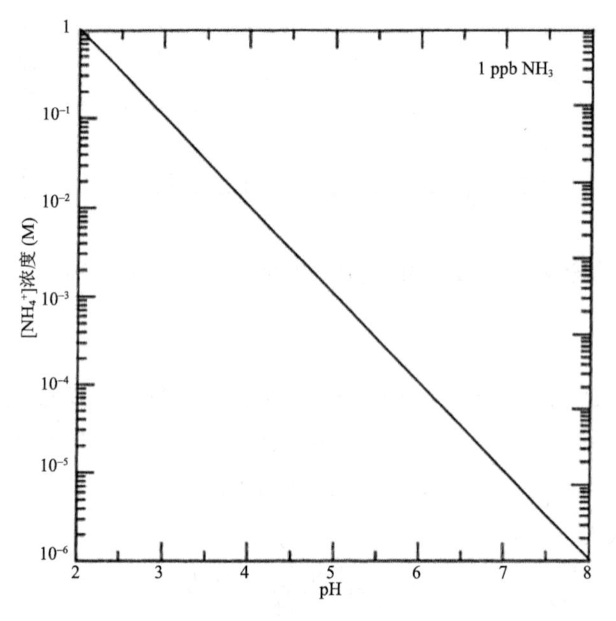


图 5.5　气相中 $NH_3$ 浓度 1 ppb 时水中铵根离子浓度随 pH 的变化(298 K)
(引自 Seinfeld and Pandis，2006)

### 5.3.5　有机胺

大气中除了 $NH_3$ 之外，有机胺也是一类重要的碱性气体。胺是指氨分子中的一个或多个氢原子被烃基取代后的产物，根据氢原子被取代的数目，可分为伯胺、仲胺、叔胺等。大气中的有机胺以碳原子数小于 6 的脂肪胺含量最为丰富，如甲胺、二甲

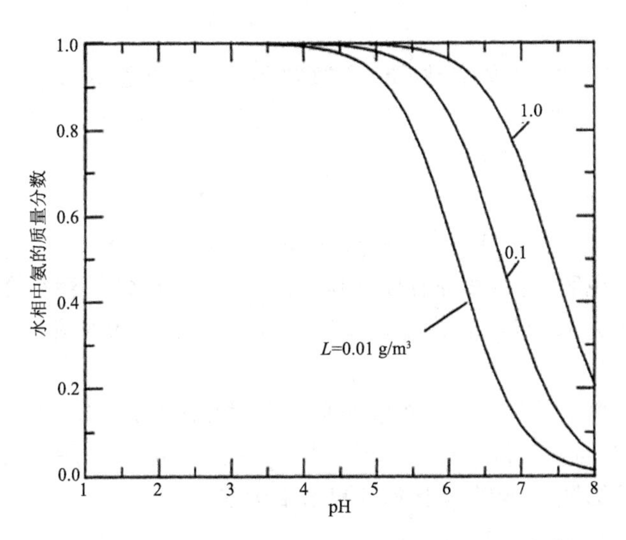


图 5.6 水相中氨的质量分数随 pH 和云液态水(L)的变化(298 K)
(引自 Seinfeld and Pandis,2006)

胺、三甲胺、乙胺、二乙胺、三乙胺等(Ge et al. ,2011a)。作为重要的碱性气体,有机胺有着与 $NH_3$ 类似的来源和行为,是十分重要的大气新粒子生成的前体物(Yao et al. ,2018;Kulmala et al. ,2013)。

在云雾条件下,有机胺同样可以溶解于液态水中。以仅包含一个胺官能团的有机胺 $R_nNH_{3-n}$ 为例,与前边对氨气的推导类似,在云水中总浓度 $[R_nNH_{3-n}^T]$ 为:

$$[R_nNH_{3-n}^T]=[R_nNH_{3-n}]+[R_nNH_{4-n}^+]=p_{R_nNH_{3-n}}\cdot H_{R_nNH_{3-n}}\cdot(1+[H^+]/K_{am1}) \quad (5.42)$$

式中,$K_{am1}$ 为该有机胺的解离常数(类似式(5.38)中的 $K_{a_1}$,但此处已将 $K_w$ 包含在内);$H_{R_nNH_{3-n}}$ 为有机胺的亨利定律常数;$p_{R_nNH_{3-n}}$ 为其气相分压;$[R_nNH_{4-n}^+]$ 为有机胺根离子浓度(类似$[NH_4^+]$)。同样地,我们可以定义该有机胺的有效亨利定律常数 $H_{R_nNH_{3-n}}^*$:

$$H_{R_nNH_{3-n}}^*=\frac{[R_nNH_{3-n}^T]}{p_{R_nNH_{3-n}}}=H_{R_nNH_{3-n}}(1+[H^+]/K_{am1}) \quad (5.43)$$

当有机胺中含有两个胺官能团(如 $H_2NRNH_2$),即可以发生两级水解(水解常数分别为 $K_{am1}$ 和 $K_{am2}$),做类似推导可得到其有效亨利定律常数为:

$$H_{H_2NRNH_2}^*=H_{H_2NRNH_2}(1+[H^+]/K_{am1}+[H^+]^2/K_{am2}) \quad (5.44)$$

由以上方程可以看出,有机胺的有效亨利定律常数随着 pH 的降低(即氢离子浓度的增大)而急剧增加,因此酸性溶液更容易从气相中吸收有机胺,同时低温也利于有机胺的溶解。

由于有机胺的酸解离常数（$K_{am}$）通常很低，如甲胺为 $10^{-10.66}$ M，三甲胺为 $10^{-9.8}$ M。因此在 pH 小于 7 时，$[H^+]/K_{am1}$ 远远大于 1，公式(5.43)可以写为：

$$H^*_{R_nNH_{3-n}} \approx H_{R_nNH_{3-n}}[H^+]/K_{am1} \tag{5.45}$$

或者写为对数形式：

$$\lg H^*_{R_nNH_{3-n}} \approx \lg(H_{R_nNH_{3-n}}/K_{am1}) - pH \tag{5.46}$$

公式(5.46)说明，有机胺的有效亨利定律常数与 pH 之间存在简单的线性关系，斜率为－1，截距为 $\lg(H_{R_nNH_{3-n}}/K_{am1})$。$H_{R_nNH_{3-n}}/K_{am1}$ 较大时说明有机胺倾向于溶于水。

图 5.7 中给出了几种常见有机胺的有效亨利定律常数（以对数形式给出）随 pH 的变化情况，同时与氨气做了对比。可以看出，在同一 pH 下，除了三甲胺外，其他几种胺的值均高于氨气，意味着其比氨气更易溶于水。

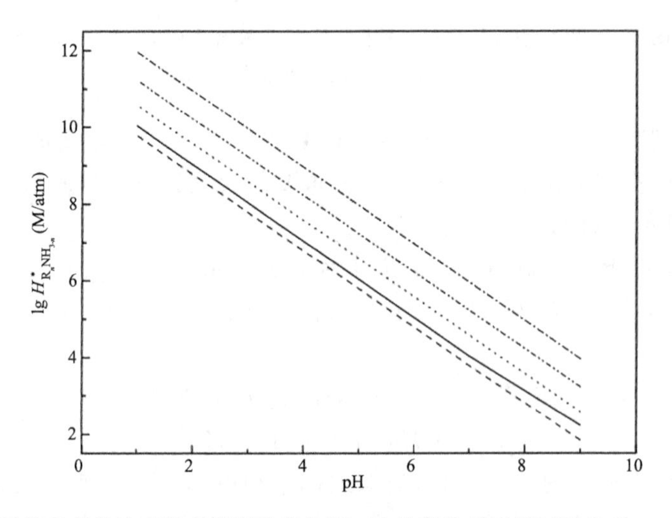


图 5.7　几种常见有机胺有效亨利定律常数随 pH 的变化(298 K)(引自 Ge et al.,2011b)
[从下到上的物质依次为三甲胺，氨气，三乙胺，二乙胺，甲胺/二甲胺/乙胺(由于这三种物质数值结果几乎相同，故用同一曲线表示)]

类似地，我们也可以计算得到水相中溶解的几种有机胺占对应总有机胺的质量分数随 pH 的变化(图 5.8)。这里除了考察云雾水的液态水含量外，也考察了有机胺溶于气溶胶中水的情况（即液态水含量很低的情况），并同时考察了三个 pH 取值下的情况。由图可见，pH＝5.6 时，相当一部分有机胺可以溶于水相中；而当 pH 值足够低(pH＝3)时，即使液态水含量很低（存在含水气溶胶而非云雾滴）时，也有相当比例的有机胺可溶解于水，但不同有机胺之间存在较大差距。中性条件下(pH＝7)，氨气几乎不溶，个别有机胺可小部分溶于水。

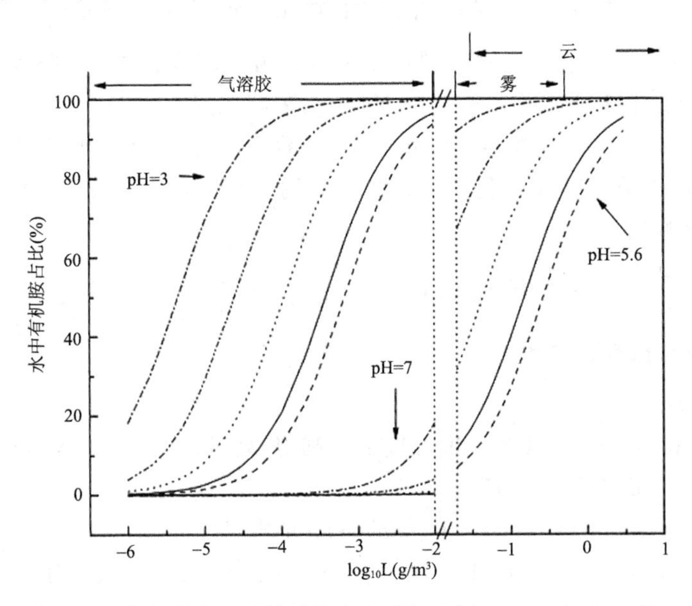


图 5.8　水相中有机胺的质量占比(%)(引自 Ge et al.，2011b)

## 5.3.6　气态硝酸

硝酸是大气中溶解性极强的气体之一，其 298 K 下的亨利定律常数高达 2.1×$10^5$ M/atm。溶解平衡为：

$$HNO_3(g) \leftrightarrow HNO_3(aq) \tag{5.47}$$

水相中的硝酸将马上发生分解进一步增加其溶解：

$$HNO_3(aq) \leftrightarrow H^+ + NO_3^-$$

$$HNO_3(aq) \leftrightarrow H^+ + NO_3^- \tag{5.48}$$

该分解反应平衡常数($K_{n1}$，298 K 为 15.4 M)及总溶解硝酸浓度$[HNO_3^T]$为：

$$K_{n1} = \frac{[NO_3^-][H^+]}{[HNO_3(aq)]} \tag{5.49}$$

$$[HNO_3^T] = [HNO_3(aq)] + [NO_3^-] \tag{5.50}$$

利用亨利定律可得到：

$$[HNO_3(aq)] = H_{HNO_3} p_{HNO_3} \tag{5.51}$$

将该式子代入(5.49)，整理可得：

$$[NO_3^-] = \frac{H_{HNO_3} K_{n1}}{[H^+]} p_{HNO_3} \tag{5.52}$$

整合式(5.50)—(5.52)，可以得到总溶解硝酸的浓度为：

$$[\mathrm{HNO_3^T}]=H_{\mathrm{HNO_3}}\left(1+\frac{K_{n1}}{[\mathrm{H^+}]}\right)p_{\mathrm{HNO_3}}=H^*_{\mathrm{HNO_3}}p_{\mathrm{HNO_3}} \tag{5.53}$$

式中，$H^*_{HNO_3}$即为硝酸盐的有效亨利定律常数。由于解离常数 $K_{n1}$ 很大，因此对于任何云水 pH，$K_{n1}/[H^+]$远远大于 1，故而 $NO_3^-$ 浓度也远大于 $HNO_3(aq)$，溶解的硝酸几乎全部以硝酸根的形式存在。换句话说，硝酸是强酸，溶解于水后将全部解离为硝酸根离子和氢离子。有效亨利定律常数可以写作(该计算中 $H^*_{HNO_3}$ 单位为 M/atm，$[H^+]$单位为 M)：

$$H^*_{\mathrm{HNO_3}}\cong H_{\mathrm{HNO_3}}\frac{K_{n1}}{[\mathrm{H^+}]}=\frac{3.2\times10^6}{[\mathrm{H^+}]} \tag{5.54}$$

### 5.3.7　其他几种重要气体

(1)过氧化氢

过氧化氢易溶于水，其 298 K 温度下亨利定律常数为 $1\times10^5$ M/atm。溶于水后可进一步分解生成 $HO_2^-$ 和 $H^+$：

$$\mathrm{H_2O_2(aq)}\leftrightarrow \mathrm{HO_2^-}+\mathrm{H^+} \tag{5.55}$$

过氧化氢是弱酸，298 K 下解离常数 $K_{h1}=2.2\times10^{-12}$ M。$HO_2^-$ 占溶解的总 $H_2O_2$ 的比值为：$[HO_2^-]/[H_2O_2(aq)]=K_{h1}/[H^+]$。这一比值在 pH 小于 7.5 时均小于 $10^{-4}$。因此，对大部分大气中的应用来说，溶解过氧化氢的解离是可以忽略的。气相和水相之间 $H_2O_2$ 的平衡分配可以使用亨利定律直接计算。$H_2O_2$ 在典型的云水条件下，在水相和气相中均可以有显著的存在。例如，当云水含量为 0.2 $g/m^3$ 时，大约 30%$H_2O_2$ 溶解在云水中，剩下 70%在云间隙的空气中。

(2)OH 和 $HO_2$ 自由基

过氧化氢自由基 $HO_2$ 是一种弱酸，其溶于水后发生解离：

$$\mathrm{HO_2(aq)}\leftrightarrow \mathrm{O_2^-}+\mathrm{H^+} \tag{5.56}$$

298 K 平衡常数为 $3.5\times10^{-5}$ M(Perrin，1982)，总溶解 $HO_2$ 浓度为：

$$\mathrm{HO_2^T}=[\mathrm{HO_2(aq)}]+[\mathrm{O_2^-}] \tag{5.57}$$

有效亨利定律常数为：

$$H^*_{\mathrm{HO_2}}=H^*_{\mathrm{HO_2}}\left(1+\frac{K_{\mathrm{HO_2}}}{[\mathrm{H^+}]}\right) \tag{5.58}$$

$HO_2$ 在 298 K 条件下的亨利定律常数为 $5.7\times10^3$ M/atm。当 pH 大于 4.5 时，$HO_2$ 的解离促进了其在水相中的溶解，pH=6 时其有效亨利定律常数为 $2\times10^5$ M/atm。

OH 在 298 K 时的亨利定律常数为 30 M/atm，达到平衡时，在 pH 小于 6 的情况下，云中大部分 OH 和 $HO_2$ 将存在于气相中。当 OH 和 $HO_2$ 气相混合比分别为 0.3 和 40 ppt 时，相应的水相中的平衡浓度在 pH=4 时，$[OH]=7.5\times10^{-12}$ M，

$[HO_2]=0.08\ \mu M$。$HO_2$ 的平衡浓度在 pH=6 时可增加至 2.9 μM。

(3)臭氧

臭氧 298K 下亨利定律常数为 0.011 M/atm,仅微溶于水。当云中臭氧浓度为 100 ppb 时,平衡时水中臭氧浓度也只有 1.1 nM,也就是说实际上几乎所有臭氧仍将在气相中。

(4)氮氧化物

NO 和 $NO_2$ 的水溶性也很小(298 K 亨利定律系数分别为 0.0019 和 0.012 M/atm)。溶于水的部分几乎可以忽略,其水相浓度在 1 nM 数量级甚至更小。

(5)甲醛

甲醛溶于水后会发生水合产生亚甲二醇 $H_2C(OH)_2$:

$$HCHO(aq)+H_2O\leftrightarrow H_2C(OH)_2 \tag{5.59}$$

其水合常数 $K_{HCHO}$ 为:

$$K_{HCHO}=\frac{[H_2C(OH)_2]}{[HCHO(aq)]} \tag{5.60}$$

298 K 时该常数为 2530(Le Henaff,1968)。这个数值相对较大,意味着水合反应几乎是完全的(>99.9%),因此水中几乎所有甲醛都是以 $H_2C(OH)_2$ 的形式存在。

298 K 时甲醛的亨利定律常数为 2.5 M/atm(Betterton and Hoffmann,1988),但是其水溶性由于 $H_2C(OH)_2$ 的生成可以增大几个数量级。我们可以计算总溶解甲醛的有效亨利定律系数:

$$H^*_{HCHO}=H_{HCHO}(1+K_{HCHO})\cong H_{HCHO}K_{HCHO} \tag{5.61}$$

该数值在 298 K 时为 $6.3\times10^3$ M/atm。实际应用中甲醛的有效亨利定律常数较原始亨利定律常数更为常用。假设所有溶解的甲醛均以 $H_2C(OH)_2$ 的形式存在,则达到热力学平衡时可得到:

$$[H_2C(OH)_2]=H^*_{HCHO}p_{HCHO} \tag{5.62}$$

以此计算,典型云条件下,大部分甲醛都存在于气相中,如图 5.9 所示。

## 5.4　气溶胶吸湿性

### 5.4.1　理想与非理想溶液

含水气溶胶或者云雾滴实际上均可视作水溶液体系。在云雾条件下,液态水含量较高,溶液中溶质质量浓度较低,可视为极稀溶液,较为符合理想溶液行为;而对含水气溶胶而言,其中溶质(即气溶胶的各个组分)含量可能较高,因此其溶液性质与稀溶液有较大不同(即非理想性较大)。

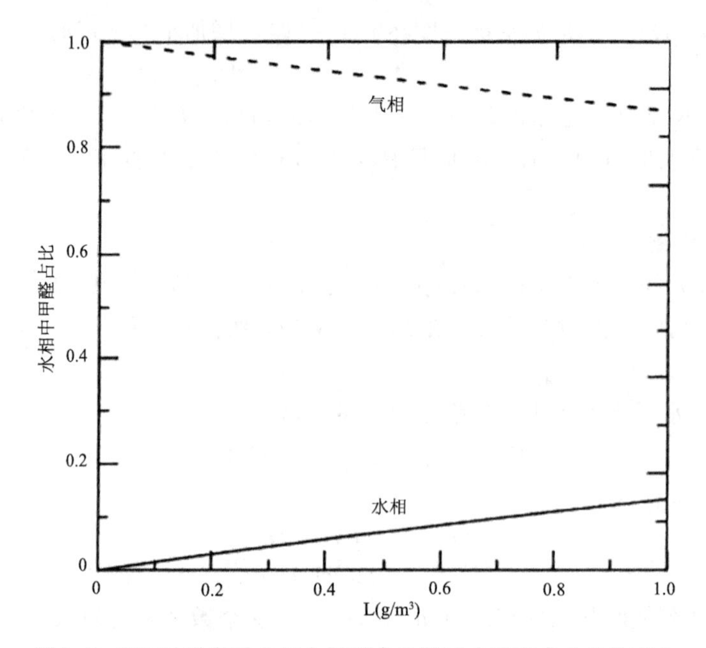


图 5.9　298 K 平衡时水相中甲醛占比随云中液态水含量的变化
(引自 Seinfeld and Pandis,2006)

理想溶液的定义为各组分的化学势,等于其相应水相摩尔分数($x_i$)的对数的线性加和。

$$\mu_i=\mu_i^*(T,p)+RT\ln x_i \tag{5.63}$$

通常来说,溶液接近理想状态是在其所有组分(除了溶剂之外)都变得极稀时才能实现。标准态化学势是纯物质 $i$ 在同样温度和压力下的化学势($x_i=1$),一般是 $T$ 和 $p$ 的函数但与溶液成分无关。对于固体而言,公式(5.63)中的 $x_i$ 为 1,其化学势等于物质的标准态化学势,仅为温度和压强的函数。

假设某理想溶液 $i$ 与理想气体混合物达到平衡,此时 $i(\mathrm{g})\leftrightarrow i(\mathrm{aq})$ 以及 $\mu_i(\mathrm{g})=\mu_i(\mathrm{aq})$,可以推演得到:

$$p_i=\exp\left(\frac{\mu_i^*-\mu_i^0}{RT}\right)x_i=K_i(T,p)x_i \tag{5.64}$$

$\mu_i^0$ 是气相中 $i$ 的标准态化学势,也仅是温度和压强的函数,因此 $K_i$ 也与溶液组成无关。如果 $x_i=1$,$K_i$ 等于纯物质 $i$ 的蒸气压,方程也可以写为:

$$p_i=p_i^0x_i \tag{5.65}$$

这个方程意味着溶液上方某气体的蒸气压等于该纯物质的蒸气压乘以其在溶液中的摩尔分数。(5.65)是拉乌尔(Raoult)定律的一种表达形式(Wexler,2019;2021)。

对于二元溶液 A—B 而言，如果是理想溶液，那么 A 和 B 的分压将随着 A 的摩尔分数线性变化(图 5.10 中的虚线)。当 $x_B=0$ 时，混合物变为纯物质 A，A 在溶液上的平衡分压即为 $p_A^0$，B 的分压为零，反之亦然($x_B=1$，$p_B=p_B^0$)。然而，混合溶液中 A 和 B 分压的实际变化是如图 5.10 中实线所示的。造成这种现象的原因是 A 和 B 之间的结合力与 A—A 或 B—B 之间的不同。如果 A—B 结合力大于 A—A 和 B—B 的结合力，溶液中 A 和 B 的蒸气压将小于拉乌尔定律的预测值(即位于虚线以下)，也就是图 5.10 中实线指代的情形，这就是拉乌尔定律的负偏差。此时，A 和 B 从溶液中挥发的倾向是下降的。另一方面，当 A—A 和 B—B 间结合力大于 A—B 结合力，A 和 B 均更容易从溶液中逸出，它们的蒸气压也会高于拉乌尔定律计算值，此时发生相对拉乌尔定律的正偏差。

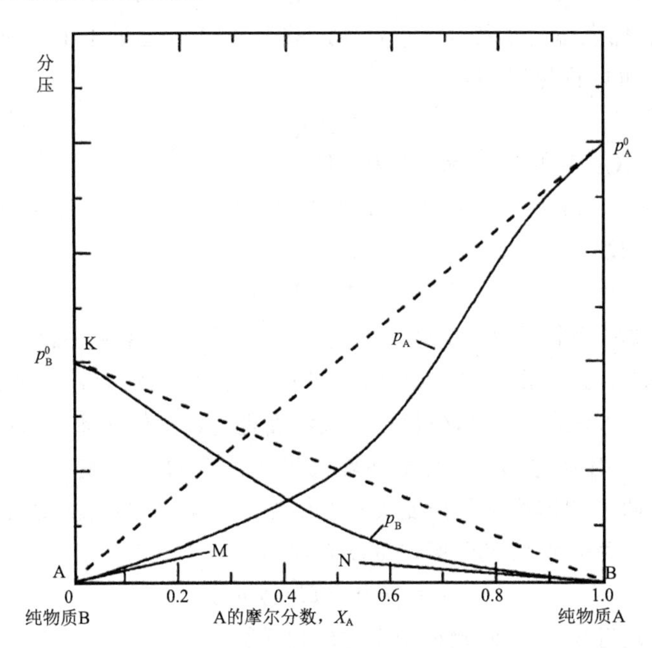


图 5.10　非理想 A—B 混合溶液中组分平衡分压变化(引自 Seinfeld and Pandis，2006)
(虚线对应理想情况)

真实溶液中 $p_A$，$p_B$ 和 $x_A$ 是非线性关系，只有在靠近两端极限时才有线性关系。当 $x_A$ 趋近于 1，相当于 B 在 A 中的稀溶液，此时 $p_A \cong p_A^0 x_A$，即 A 符合拉乌尔定律。同样地，此时 $p_B \cong H'_B x_B$，$H'_B$ 是一个常数，其数值等于 $x_A$ 趋近于 1 时 $p_B$ 曲线的斜率(线 BN)。注意这个关系对应亨利定律，此时 $H'_B$ 为 B 溶于 A 的亨利定律常数(基于摩尔分数)。在另外一端(即 $x_A$ 趋近于零)，同样可以得到 $p_B \cong p_B^0 x_B$ 和 $p_A \cong H'_A x_A$，此时 B 遵循拉乌尔定律，而 A 遵循亨利定律。

总结来说,如果某溶液在全组分范围内均为理想溶液,则任何组分均满足公式(5.64)。此时,$K_i$ 等于纯物质 $i$ 的蒸气压,也等于 $i$ 的亨利定律常数。非理想溶液趋近于理想,只有在除了一种物质之外的其他物质浓度均趋近于零时方能实现;此时溶质遵循亨利定律,而溶剂遵循拉乌尔定律。

上述非理想溶液趋近于理想的情况,适用于云雾水情形(液态水含量高,溶质浓度很低为极稀溶液)。大气气溶胶实际上通常是浓度较高的水溶液(液态水含量低),因此严重偏离以上理想情形。偏离理想状态的程度可以通过引入活度系数来描述,此时的化学势可以写为:

$$\mu_i = \mu_i^* + RT\ln(\gamma_i x_i) \tag{5.66}$$

活度系数 $\gamma_i$ 通常是压强和温度以及溶液中各物质摩尔分数的函数。对于理想溶液,活度系数为1。标准态化学势 $\mu_i^*$ 定义为 $\gamma_i$ 趋近1和 $x_i$ 趋近于1时的假想态时的化学势。类似地,可以推导得到:

$$p_i = p_i^0 \gamma_i x_i \tag{5.67}$$

$\gamma_i < 1$ 时为拉乌尔定律负偏差,$\gamma_i > 1$ 为正偏差。

活度($\alpha_i$)定义为 $\alpha_i = \gamma_i x_i$,故物质 $i$ 的化学势也可以写成如下的方程式,因此活度类似于有效浓度:

$$\mu_i = \mu_i^* + RT\ln\alpha_i \tag{5.68}$$

溶液中物质浓度常写为质量摩尔浓度($m_i$),即每千克溶剂中溶质的摩尔数。对包含 $n_w$ 摩尔水(摩尔质量0.018 kg/mol)和 $n_i$ 摩尔溶质的溶液,溶质的质量摩尔浓度即为:$m_i = n_i/(0.018n_w)$。另外描述溶液浓度也可以用体积摩尔浓度,即一升溶剂中溶质的摩尔数(用M表示)。对于环境大气条件下的水溶液,由于1 L水质量为1 kg,质量摩尔浓度和体积摩尔浓度实际上相等。传统上,溶剂活度通常以摩尔分数定义,而溶质活度系数则常基于摩尔浓度来表示:

$$\mu_i = \mu_i^{\triangle} + RT\ln(\gamma_i m_i) \tag{5.69}$$

式中,$\mu_i^{\triangle}$ 为 $m_i$ 趋近于1和 $\gamma_i$ 趋近于1时的化学势。

### 5.4.2 气溶胶的潮解

水是气溶胶的重要组分之一。在较低的相对湿度下,无机盐气溶胶粒子为固体。随着相对湿度的升高,颗粒物会保持为固体直到某个临界点即某个特定组分点。在这个临界RH(图5.11中硫酸铵为79.9%)下,固体颗粒将自发吸水形成饱和水溶液。这个由固相向液相转变的相对湿度即为潮解相对湿度(deliquescence RH,DRH)。RH继续增加会使更多水凝结到无机盐溶液滴中以保持热力学平衡。气溶胶中一些常见无机盐组分的DRH如表5.4所示。当然,有一些气溶胶组分是没有明显的潮解点的,比如图5.11中的硫酸,随着RH增加或降低,其平衡时的吸水量均连续平滑地变化。

**表 5.4　一些无机盐溶液 298 K 下的潮解相对湿度(DRH)**

| 无机盐 | DRH | 无机盐 | DRH |
|---|---|---|---|
| $NH_4Cl$ | 75.3±0.1 | $NaNO_3$ | 74.3±0.4 |
| $(NH_4)_2SO_4$ | 79.9±0.5 | $NaHSO_4$ | 52.0 |
| $NH_4NO_3$ | 61.8 | $NH_4HSO_4$ | 40.0 |
| $Na_2SO_4$ | 84.2±0.4 | $(NH_4)_3H(SO_4)_2$ | 69.0 |
| NaCl | 75.3±0.1 | KCl | 84.2±0.3 |

摘自：Tang and Munkelwitz，1993。

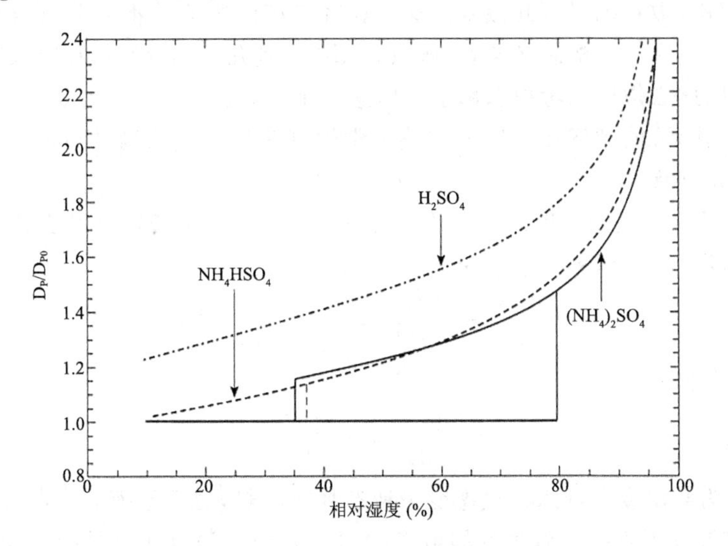


图 5.11　$(NH_4)_2SO_4$，$NH_4HSO_4$ 和 $H_2SO_4$ 颗粒随 RH 变化的相对粒径变化（$D_p^0$ 是湿度为 0%时的粒径）(Seinfeld and Pandis，2006)

大气中的水蒸气含量为每立方米空气数克，而气溶胶水不会超过 1 mg/m³，因此水分在气溶胶相中的凝结和挥发实际上对于大气中水的蒸气压几乎没有影响。环境大气相对湿度在气溶胶热力学计算中可以视为常量。通过气态水和液态水的平衡(即化学势相等)，通过简单的热力学推导可以得到以下关系式：

$$\alpha_w = \frac{p_w}{p_w^0} = \frac{RH}{100} \tag{5.70}$$

式中，$p_w$ 为环境大气中水的蒸气压；$p_w^0$ 为对应的饱和蒸气压，两者的比值按照定义即为环境大气相对湿度。

以上公式说明，达到热力学平衡时，大气气溶胶溶液中水的活度等于环境大气相对湿度(0～1 尺度)。这意味着对于任何气溶胶溶液体系其水活度都是固定值，且等于环境大气 RH，从而可以大大简化相关的气溶胶热力学计算。

将以上情形应用到潮解点(DRH)时，即可得到：

$$\alpha_{ws}=\frac{\mathrm{DRH}}{100} \tag{5.71}$$

式中，$\alpha_{ws}$是某温度下饱和溶液中的水活度，也就是说某盐溶液饱和时的水活度即是对应气溶胶体系的 DRH。

需要注意的是，这一推导未考虑颗粒物的粒径效应(有时也称为 Kelvin 效应)；当颗粒物粒径很小时，其溶质的平衡蒸气压(也就是弯曲表面)将与常规溶液(平滑表面，如体积较大的容器中的溶液)溶质的平衡蒸气压不同。但是对于一般的气溶胶粒子的粒径范围(数百纳米到几微米)，这一粒径效应的影响并不大。但是当颗粒物粒径较小(尤其是大气中的新粒子，一般只有几纳米到几十纳米)时，粒径效应的影响则会比较大，因此必须加以考虑和修正。但总的来说，公式(5.71)使得气溶胶体系(此处仅指单一体系)的潮解点可以通过热力学模型来计算和预测(Cohen et al.，1987；Pilinis et al.，1989)。

气溶胶 DRH 是随温度而变化的。溶液中水的蒸气压变化可以通过克劳修斯—克拉珀龙方程(Clausius-Clapeyron equation)来描述：

$$\frac{\mathrm{d}\ln p_{w}}{\mathrm{d}T}=-\frac{\Delta H}{RT^{2}}=-\frac{n\Delta H_{s}-\Delta H_{v}}{RT^{2}} \tag{5.72}$$

对于纯水，则有：

$$\frac{\mathrm{d}\ln p_{w}^{0}}{\mathrm{d}T}=-\frac{\Delta H_{v}}{RT^{2}} \tag{5.73}$$

式中，$\Delta H_v$ 为某温度下纯水由气态变为液态释放的热，也等于液态水蒸发热的负值。$\Delta H$ 则是该温度下某盐溶解过程的焓变($\Delta H=n\Delta H_s-\Delta H_v$)($n$ 是盐的溶解度，即每摩尔水中溶解的盐的摩尔数，$\Delta H_s$ 是一摩尔该盐的溶解焓(Wagman，1966)。

将(5.73)代入(5.72)，整理可得到：

$$\frac{\mathrm{d}\ln(p_{w}/p_{w}^{0})}{\mathrm{d}T}=\frac{\mathrm{d}\ln(\mathrm{DRH}/100)}{\mathrm{d}T}=\frac{n\Delta H_{s}}{RT^{2}} \tag{5.74}$$

盐的溶解度 $n$ 可以用其与 $T$ 的多元函数关系(如 $n=\mathrm{A}+\mathrm{B}T+\mathrm{C}T^2$ 等)来描述，以上方程可以从 $T_0=298$ K 开始积分得到：

$$\mathrm{DRH}(T)=\mathrm{DRH}(298)\exp\left\{\frac{\Delta H_{s}}{R}\left[\mathrm{A}\left(\frac{1}{T}-\frac{1}{298}\right)-\mathrm{B}\ln\frac{T}{298}-\mathrm{C}(T-298)\right]\right\} \tag{5.75}$$

式(5.75)的计算中假设 $\Delta H_s$ 从 298 K 到 $T$ 的范围内是保持不变的。一些常见盐的 $n$，A，B，C 及 $\Delta H_s$ 取值可参考 Seinfeld 和 Pandis(2006)。图 5.12 给出了硫酸铵 DRH 随温度的变化，包括理论计算值及不同研究组的实验值。硫酸铵的 DRH 总体是随着温度的增加而降低的。

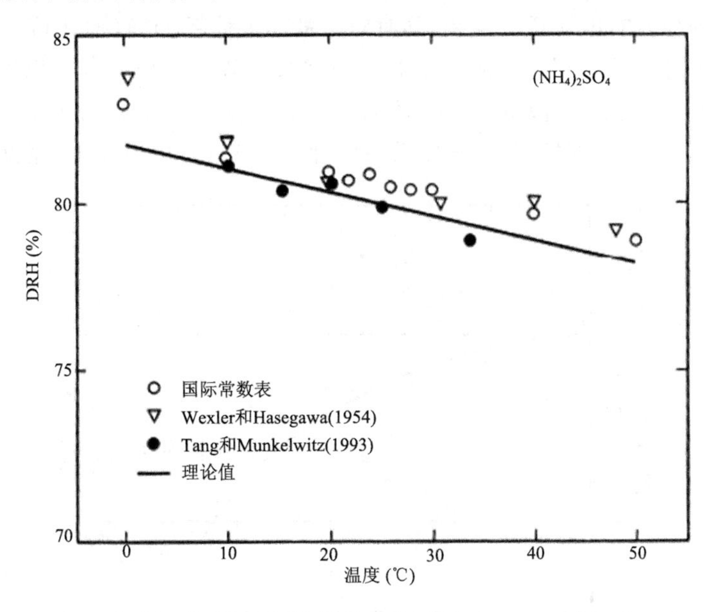


图 5.12　$(NH_4)_2SO_4$ 的 DRH 随温度的变化(引自 Tang and Munkelwitz,1993)

多组分无机盐气溶胶吸湿性与单组分气溶胶类似,随着 RH 增加,在到达潮解点前均为固态,在潮解点吸水成为饱和溶液。Wexler and Seinfeld(1991)对这一问题进行了详细研究。在恒定温度和压强下,对于包含两个电解质(或无机盐)1 和 2 以及水的混合溶液满足:

$$n_1 d\mu_1 + n_2 d\mu_2 + n_w d\mu_w = 0 \tag{5.76}$$

式中,$n_1$,$n_2$ 和 $n_w$ 分别为电解质 1,2 和水的摩尔数,$\mu_1$,$\mu_2$ 和 $\mu_w$ 为对应的化学势。

假设初始阶段电解质 1 与其固体盐保持平衡,此时溶液中尚无电解质 2。当电解质 2 加入到溶液中后,电解质 1 的化学势并不改变因为其仍与其固相保持平衡,即 $d\mu_1 = 0$。电解质 2 以及水的化学势关系(同时使用公式(5.68))变为:

$$n_2 d\ln\alpha_2 + n_w d\ln\alpha_w = 0 \tag{5.77}$$

电解质 2 的摩尔浓度为 $m_2$,水的摩尔质量为 $M_w$,且存在 $n_2/n_w = M_w m_2/1000$,上式可写为:

$$n_2 d\ln\alpha_2 + \frac{1000}{M_w} d\ln\alpha_w = 0 \tag{5.78}$$

将上式从 $m'_2 = 0$ 到 $m'_2 = m_2$ 进行积分可以得到:

$$\ln \frac{\alpha_w(m_2)}{\alpha_w(0)} = -\frac{M_w}{1000}\int_0^{m_2} \frac{m_2{}'}{\alpha_2(m_2{}')} \frac{d\alpha_2(m_2{}')}{dm_2{}'} dm_2{}' \tag{5.79}$$

由于 $d\alpha_2/dm_2 \geqslant 0$，因此 $\alpha_w(m_2) \leqslant \alpha_w(m_2=0)$，也就是说随着电解质 2 的加入，水活度下降直到溶液对电解质 2 饱和，同时对应的溶液体系 DRH 也下降。

上述分析可以扩展到包含两个以上盐的体系。从这一分析也可以得知，混合盐体系的 DRH 总是比各自单一盐体系的 DRH 要低。以下以 Wexler 和 Seinfeld（1991）对 $NH_4NO_3$ 和 $NH_4Cl$ 混合体系为例（图 5.13），分析混合体系潮解特性。

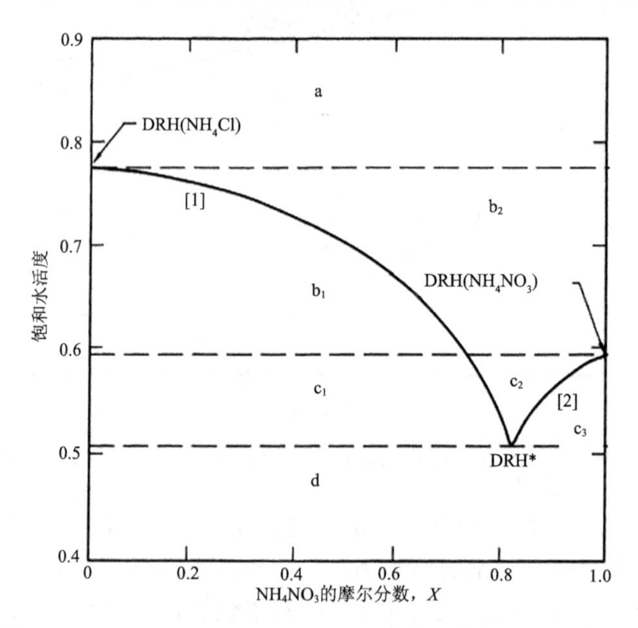


图 5.13　303 K 下 $NH_4NO_3-NH_4Cl$ 混合水溶液饱和时水活度

（引自 Seinfeld and Pandis，2006）

303 K 时，当颗粒体系中只有 $NH_4Cl$ 时，DRH 为 77.4%。颗粒在 RH 低于 77.4% 时为固态，高于 77.4% 则成为包含 $NH_4^+$ 和 $Cl^-$ 的水溶液。当颗粒体系中加入了 $NH_4NO_3$ 后，将有七种不同情形（图 5.13）。

（a）RH 高于 DRH（$NH_4Cl$），也高于 DRH（$NH_4NO_3$）。此时气溶胶为包含 $NH_4^+$，$NO_3^-$ 以及 $Cl^-$ 的水溶液。

（$b_1$）RH 高于 DRH（$NH_4NO_3$），低于 DRH（$NH_4Cl$），且在曲线[1]左边。气溶胶为包含固体 $NH_4Cl$ 且与包含 $NH_4^+$，$NO_3^-$ 以及 $Cl^-$ 的水溶液保持平衡。

（$b_2$）RH 高于 DRH（$NH_4NO_3$），低于 DRH（$NH_4Cl$），且在曲线[1]右边。气溶胶为包含 $NH_4^+$，$NO_3^-$ 以及 $Cl^-$ 的水溶液。在这个区域内，添加 $NH_4NO_3$ 能导致 $NH_4Cl$ 的完全溶解，即使此时 RH 低于 DRH（$NH_4Cl$）。

（$c_1$）RH 低于 DRH（$NH_4NO_3$），也低于 DRH（$NH_4Cl$），但大于 DRH*（混合体系的 DRH），并在曲线[1]左边。气溶胶由固体 $NH_4Cl$ 和与之平衡的包含 $NH_4^+$，

$NO_3^-$ 以及 $Cl^-$ 的水溶液组成。

($c_2$)RH 位于曲线[1]右边,[2]左边,$b_2$ 下边。气溶胶不包含固相,完全为 $NH_4^+$,$NO_3^-$ 以及 $Cl^-$ 的水溶液。

($c_3$)RH 位于曲线[2]右边,且高于 DRH*。气溶胶由固体 $NH_4NO_3$ 和与之平衡的包含 $NH_4^+$,$NO_3^-$ 以及 $Cl^-$ 的水溶液组成。

(d)RH 低于 DRH*。湿度低于 DRH*(51%),气溶胶由固体 $NH_4NO_3$ 和固体 $NH_4Cl$ 组成。

总结来看,对这一体系,如果 RH 大于 51%,气溶胶将包含一些液态水;如果在图中实线以下,气溶胶将包含与溶液平衡的固相;只有在实线以上,气溶胶才是完全的液态。

表 5.5 提供了一些双盐体系的复合潮解点的数据。Potukuchi 和 Wexler (1995a,1995b)对于包含更多种盐的体系进行了探讨,此时的相图有多个维度,相对复杂,本节不再赘述。

**表 5.5 部分体系在共同点时的潮解 RH(DRH*)(摘自 Wexler and Seinfeld,1991)**

| 盐 1 | 盐 2 | DRH* | $DRH_1$ | $DRH_2$ |
|---|---|---|---|---|
| $NH_4NO_3$ | NaCl | 42.2 | 59.4 | 75.2 |
| $NH_4NO_3$ | $NaNO_3$ | 46.3 | 59.4 | 72.4 |
| $NH_4NO_3$ | $NH_4Cl$ | 51.4 | 59.4 | 77.2 |
| $NaNO_3$ | $NH_4Cl$ | 51.9 | 72.4 | 77.2 |
| $NH_4NO_3$ | $(NH_4)_2SO_4$ | 52.3 | 59.4 | 79.2 |
| $NaNO_3$ | NaCl | 67.6 | 72.4 | 75.2 |
| NaCl | $NH_4Cl$ | 68.8 | 75.2 | 77.2 |
| $NH_4Cl$ | $(NH_4)_2SO_4$ | 71.3 | 77.2 | 79.2 |

### 5.4.3 气溶胶的结晶(风化)

上一节讨论的是随着 RH 增加,气溶胶体系吸水的变化。需要注意的是,当 RH 由高降低时,无机盐气溶胶体系的性质是与 RH 升高时不同的。如图 5.11 所示,对于同样的硫酸铵气溶胶,当 RH 由 90%下降时,水分开始蒸发,但是体系并不是在 DRH=79.9%时开始结晶,而是保持为过饱和溶液直到到达某个更低的 RH(~35%)时,结晶(风化)才会发生(Richardson and Spann,1984;Cohen et al.,1987)。颗粒物完全脱水时对应的 RH 定义为风化(efflorescence)相对湿度(ERH),对于大部分盐而言,ERH 都存在,且 ERH 总是低于 DRH 的。由于 ERH 和 DRH 的不同,显然,当仅知 RH 位于 ERH 和 DRH 之间时,是无法判断该盐处于何种状态的(液态或固态)，还必须知道该颗粒物 RH 变化的经历。表 5.6 给出了一些常见单一盐气溶胶体系的 ERH 的值。可以看出，某些盐如 $NH_4HSO_4$，$NH_4NO_3$ 和 $NaNO_3$ 含水颗粒是没有明显结晶点的，即使 RH 接近于零也不会完全结晶。

**表 5.6　298K 时的风化相对湿度(ERH)(摘自 Martin，2000)**

| 盐 | ERH(%) | 盐 | ERH(%) |
| --- | --- | --- | --- |
| $(NH_4)_2SO_4$ | 35±2 | NaCl | 43±3 |
| $NH_4HSO_4$ | 未观测到 | $NaNO_3$ | 未观测到 |
| $(NH_4)H(SO_4)_2$ | 35 | $NH_4Cl$ | 45 |
| $NH_4NO_3$ | 未观测到 | KCl | 59 |
| $Na_2SO_4$ | 56±1 | — | — |

需要注意的是，与 DRH 不同，盐的 ERH 值是无法通过热力学原理进行预测的，而必须通过实验测量确定。这类实验由于杂质、观测时间和颗粒粒径等效应的影响，有一定挑战性。其中，电动力学天平(electrodynamic balance，EDB)技术是一种相对有效的技术手段。EDB 基本原理是通过俘获一个已知组成的颗粒物(直径一般为 3～5 μm)，然后进行加湿(RH 增加)以及脱水(RH 降低)，在这一过程中精确测定颗粒物质量的变化情况，从而确定体系的潮解点(DRH)以及结晶点(ERH)。多位学者(Choi and Chan，2002；Chan et al.，2005；Sauerwein et al.，2015)利用这一技术手段，测定了大量单一盐、混合盐以及盐一有机物混合体系的 DRH 和 ERH。

混合盐气溶胶体系的性质更为复杂，其 ERH 值依赖于颗粒物的化学组成。例如，当把 $H_2SO_4$ 加入到$(NH_4)_2SO_4$ 颗粒中时，$NH_4^+$ 与 $SO_4^{2-}$ 摩尔数量比为 1.5 时，其 ERH 值从约 35%降低至 20%；而比值为 1∶1 时，ERH 几乎接近于零(Martin et al.，2003)。对于$(NH_4)_2SO_4$ 和 $NH_4NO_3$ 摩尔比为 1∶1 的颗粒物，ERH 约为 20%，而当$(NH_4)_2SO_4$ 和 $NH_4NO_3$ 摩尔比为 1∶2 时，ERH 降低至约 10%。因此，非常酸的颗粒物(包含硫酸氢氨)或包含大量硝酸铵的颗粒物，即使在环境 RH 相当低的情况下，在其生命周期内也一般以液态形式存在(Shaw and Rood，1990)。当体系中存在不溶于水的矿物质如 $CaCO_3$，$Al_2O_3$ 等时，体系的 ERH 将增大。例如，当$(NH_4)_2SO_4$ 颗粒中存在 $CaCO_3$ 时，其 ERH 可从 35%增加至 49%。这些矿物质杂质提供了十分有序的原子阵列，因此使得在较高的 RH 和较低的过饱和度下也可以形成晶体。与之相对，黑碳虽然也不溶于水，但它却不是盐结晶的有效核，这是因为其不包含有序的原子阵列(Martin，2000)。

### 5.4.4　气溶胶热力学模型

由于气溶胶作为溶液通常有着高度的非理想性，因此难以用理想溶液模型加以描述。溶液对于理想状态偏离可以使用活度系数描述，因此活度系数模型对于非理想溶液的模拟就显得十分重要。各类活度系数模型在气溶胶体系中的应用即为气溶胶热力学研究的主要内容。

气溶胶热力学(活度系数)模型是一种用于计算复杂体系各相行为和气粒平衡分配的有效工具。这些模型可以有效处理化学物质在气粒之间的分布和颗粒中相分离的程度。从数学上看,热力学模型是基于颗粒物组成和相态的吉布斯自由能最小化的非线性最优求解问题。

最早的用于处理无机气溶胶的热力学模式发展于1980年代,包括EQUIL(Bassett and Seinfeld,1983),MARS(Saxena et al.,1986)和SEQUILIB(Pilinis and Seinfeld,1987)。这些模型后期通过使用更为精确的活度系数模型和改进的数值算法,得到了进一步发展(Kim et al.,1993;Nenes et al.,1998)。目前应用较为广泛的两个模型包括AIM(气溶胶无机模型),研发者为Clegg,Wexler和Brimblecombe等(Wexler and Clegg,2002;Clegg and Seinfeld,2004;Clegg and Seinfeld,2006;Clegg et al.,2008),和ISORROPIA,研发者为Nenes,Pilinis和Pandis等(Nenes et al.,1998,1999;Fountoukis and Nenes 2007)。读者可在网上直接使用这两个模型,网址分别为http://www.aim.env.uea.ac.uk/aim/aim.php和www.isorropia.eas.gatech.edu。AIM使用了精确但运算相对复杂的Pitzer电解质活度系数模型(考虑了三元甚至四元交互作用等)(Clegg and Pitzer,1992;Clegg et al.,1992),因此被认为是一个准确的基准模型;ISORROPIA的活度系数模型做了一定程度的简化,但更适用于大型化学传输模型的计算需要。

AIM可以计算包含无机组分、部分有机组分和水的气溶胶体系的气液固分配,以及水溶液和有机液体混合物中溶质和溶剂的活度。模型目前主要包括四个无机气溶胶模型,并均允许添加一些有机物,主要包括一些有机酸以及5.3.5节中提到的有机胺。AIM目前还包括对一些无机气溶胶体系的密度、摩尔体积、表面张力,以及一些有机物的蒸气压和密度的计算。

ISORROPIA模型包含$H_2SO_4$,$NH_3$,$HNO_3$,HCl,$Na^+$,$H_2O$的气粒分配,后期版本(ISORROPIA II)又将$Ca^{2+}$,$K^+$,$Mg^{2+}$及相应的盐纳入模拟体系中。

近年来出现的另一个较为先进的气溶胶热力学模型是AIOMFAC(www.aiomfac.caltech.edu)。AIOMFAC模型整合了Pitzer电解质溶液模型和改进的UNIFAC模型。Zuend等(2008)搭建了AIOMFAC模型的数学框架,并能用于计算室温下包括多种复杂无机盐($H^+$,$Li^+$,$Na^+$,$K^+$,$NH_4^+$,$Mg^{2+}$,$Ca^{2+}$,$Cl^-$等阴阳离子)和含$CH_n$($n=0,1,2,3$)和OH官能团的有机物体系的活度系数。AIOMFAC模型中对于有机无机交互作用中的半经验中程参数化精准处理,使其能够实现对所有混合物种活度系数的精确和热力学自洽的计算,进而可以实现多元溶液的气液、固液和液液平衡计算。

Pye 等(2020)对上述几种模型进行了评估,尤其是将 AIM 的计算结果,与真实大气数据以及 ISORROPIA II(Fountoukis and Nenes,2007),AIOMFAC(Zuend et al.,2011),EQUISOLV II(Jacobson,1999)和 MOSAIC(Zaveri et al,,2005a,2005b)模型进行了详细比较,读者可参阅。

最后,需要指出的是,化学热力学或者说活度系数模型在大气之外的很多领域如化工、冶金、地质、生物、环境等中都有广泛的应用,并且也有相当多种类的模型得到了发展和应用。除了常见的 Pitzer 离子交互作用为基础的模型,还有离子水化模型、离子缔合理论,以及从分子微观参数和分子相互作用出发发展起来的分子模拟方法、积分方程理论、微扰理论和近代临界理论(李以圭和陆九芳,2005)。各类型的模型都在持续改进和发展中,如综合了离子交互作用和离子一水分子溶剂化作用的 HIS 模型(Ge et al.,2007;2011;2015),基于 Brunauer-Emmett-Teller 吸附模型建立的适用于全浓度范围内的多层吸附模型(Dutcher et al.,2011;2012;2013)等。利用这些模型,学者获得了大量电解质和非电解质体系的热力学参数,并在各个领域进行了广泛的应用。

## 5.5 酸雨

酸雨现象最早是由来自英格兰曼彻斯特的药剂师 Robert Angus Smith 在 19 世纪发现的。他检测到英格兰工业区的雨水有较高的酸度水平,而近海污染轻微的区的雨水酸度则显著要低。但是直到 20 世纪 50 年代以前酸雨问题并未引起较多注意,直到生物学家在挪威南部湖泊中发现了鱼群数量的下降,并归因于酸雨后,才引起一定的重视。在随后的 20 世纪 60 年代,北美地区(阿迪朗达克山脉,安大略,魁北克)有了类似的发现。这些发现最终触发了学界的大量研究以弄清酸雨问题。

### 5.5.1 酸雨的定义

什么情况下的雨水才可以称为酸雨?即使在没有人为影响的情况下,实际大气中的降水也会包含各种杂质。如果考虑最为理想的情况,大气中仅存在水和 $CO_2$,并以此计算此时云和雨水中的 pH。$CO_2$ 的浓度假设为 350 ppm,温度为 298 K。溶液中的离子浓度之间符合电中性关系,即:

$$[H^+]=[OH^-]+[HCO_3^-]+2[CO_3^{2-}] \quad (5.80)$$

利用公式(5.12)和(5.20)中氢离子、碳酸氢根、碳酸根离子浓度表达式,可以将公式(5.80)整理为仅包含氢离子浓度一个未知数的方程:

$$[H^+]=\frac{K_w}{[H^+]}+\frac{K_{c_1}H_{CO_2}p_{CO_2}}{[H^+]}+\frac{2K_{c_1}K_{c_2}H_{CO_2}p_{CO_2}}{[H^+]^2} \quad (5.81)$$

$$[H^+]^3-(K_w+K_{c_1}K_{c_2}H_{CO_2}p_{CO_2})[H^+]-2K_{c_1}K_{c_2}H_{CO_2}p_{CO_2}=0 \quad (5.82)$$

即使部分 $CO_2$ 溶解于水中，这个量相对于其气相浓度仍然是极小的，因此可以假设 $CO_2$ 气相浓度不变。基于此时的温度，以及此温度下的 $K_w$，$H_{CO_2}$，$K_{c_1}$ 和 $K_{c_2}$ 的值(图 5.3 和表 5.3)，可以计算氢离子浓度，以及其他离子的浓度。在温度 298 K，$CO_2$ 浓度为 350 ppm 的情形下，溶液的 pH 为 5.6。这个数值可以认为是纯雨水的 pH，也是判断雨水是否酸化的阈值。也就是说，当雨水的 pH＜5.6 时，认为此时的雨水为酸雨，高于或等于 5.6，则认为雨水没有酸化。如果 $CO_2$ 浓度使用工业革命前的 280 ppm，纯雨水的 pH 将为 5.7。其他在大气中自然存在的酸包括生物圈排放的有机酸，闪电、土壤和野火排放的 $NO_x$ 氧化生成的硝酸，火山以及生物圈排放的还原性含硫气体氧化生成的硫酸等，都可以改变雨水的天然酸性；当然雨水的天然酸性中一部分也会被大气中天然存在的碱性物质所中和，包括生物圈排放的 $NH_3$ 以及悬浮土壤尘中的 $CaCO_3$ 等。

如果考虑以上所有的影响，天然雨水的 pH 值一般在 5～7 之间。所以“酸雨”习惯上也用于指 pH 小于 5 的降水。如此低的 pH 值一般只有在存在大量人为污染的时候才有可能，此时以上导致雨水酸度的因素大多来自于额外的人为排放而非天然排放。

### 5.5.2 酸雨的组成

表 5.7 给出了美国两个典型站点雨水的离子组成。首先，对于任何降水，阴阳离子均来自于中性分子的解离，因此各阴阳离子浓度之间符合电中性，即阳离子所带正电荷数量等于阴离子所带负电荷数量。表 5.7 中的数据是基本符合电中性的，当然完全精准的电荷平衡也较难实现，因为表中的浓度是很多样品的平均。

表 5.7 中纽约乡村站点的 pH 为 4.34，这是美国东南部 1990 年代酸雨的典型 pH 值。$H^+$ 是主要的阳离子并很大程度上被硫酸根和硝酸根所中和，这两个离子也是主要的阴离子。因此，$H_2SO_4$ 和 $HNO_3$ 是降水酸度的主要贡献者。这两个酸均为强酸，其在水中发生解离释放氢离子(如 5.3.6 中硝酸的解离)。实际上，对世界上大部分工业区降雨的分析都指出，$H_2SO_4$ 和 $HNO_3$ 是这些降雨的主要成分。除了天然源的贡献外，人为排放的 $NO_x$ 和 $SO_2$ 的氧化所导致的 $HNO_3$ 和 $H_2SO_4$ 的生成是酸雨酸度主要成因。关于 $NO_x$ 的氧化，以及 $SO_2$ 在水相中的氧化机制，在第 4 章中也已有描述，此处不再赘述。

表 5.7 中明尼苏达西南某站点的情况有所不同。硫酸根和硝酸根离子的浓度虽然与纽约乡村站点的水平相近，意味着类似的硫酸和硝酸的输入，但是氢离子浓度低于纽约乡村站点两个数量级，其相应的 pH 为 6.31，接近于中性。也就是说，该站点的雨水实际上并非酸雨，其 pH 值高于 5.6，意味着有着较多的碱性物质中和了酸性。进一步考察哪些阴离子中和了硫酸和硝酸解离释放的氢离子，可以发现主要的

阴离子为 $NH_4^+$，$Ca^{2+}$ 和 $Na^+$，这表明大气中有氨气和碱性土壤尘组分（$CaCO_3$ 和 $Na_2CO_3$）的存在。$NH_3$ 溶于水后可以与氢离子结合（参看 5.3.4）：

**表 5.7　两个典型采样点降水中离子的平均浓度（$\mu eq/L$）（摘自 Jacob，1999）**

| 离子 | 纽约乡村站点 | 明尼苏达西北站点 |
| --- | --- | --- |
| $SO_4^{2-}$ | 45 | 46 |
| $NO_3^-$ | 25 | 24 |
| $Cl^-$ | 4 | 4 |
| $HCO_3^-$ | 0.1 | 20 |
| 总阴离子 | 74 | 84 |
| $H^+$(pH) | 46(4.34) | 0.5(6.31) |
| $NH_4^+$ | 8.3 | 38 |
| $Ca^{2+}$ | 7 | 29 |
| $Mg^{2+}$ | 1.9 | 6 |
| $K^+$ | 0.4 | 2.0 |
| $Na^+$ | 5 | 14 |
| 总阳离子 | 68 | 89 |

$$NH_3(aq) + H^+ \leftrightarrow NH_4^+ \tag{5.83}$$

反应的平衡常数 $K=[NH_4^+]/([NH_3(aq)][H^+])$ 为 $1.6\times10^9$ M，当 $[NH_4^+]/[NH_3(aq)]$ 为 1 时，对应的 pH 值为 9.2。因此在雨水的 pH 范围下，氨气为强碱，可以俘获氢离子使得 $NH_4^+$ 成为取代 $H^+$ 的阳离子。土壤中的组分溶于水后也可以中和氢离子，以 $Na_2CO_3$ 为例：

$$Na_2CO_3(s) \leftrightarrow 2Na^+ + CO_3^{2-} \tag{5.84}$$

$$CO_3^{2-} + 2H^+ \leftrightarrow H_2O + CO_2 \tag{5.85}$$

$$2H^+ + CO_3^{2-} \leftrightarrow H_2O + CO_2$$

美国一些地区如中部雨水的高 pH 值说明来自农业活动（施肥，家禽养殖）排放的大量氨气的影响显著（观测也证实了 $NH_4^+$ 浓度在美国中部地区最高），半干旱气候导致土壤尘易于进入大气也有一定作用。

### 5.5.3　酸雨的影响

在很多地区，酸雨对生物圈的环境影响不大，因为其降落后就迅速被中和。特别是降落到海洋的酸液会迅速被海洋中大量存在的碳酸根离子所中和。降落到碱性土壤或者岩石上的酸雨，一旦沉降到表面也会被迅速中和[（如公式（5.84），（5.85）所示）]（当然从另一个角度说，酸雨长期冲刷，土壤和岩石表面也会遭到腐蚀）。但是在陆地地区，酸中和能力比较弱的情况下，生物圈对于酸雨就较为敏感。在不同国家，都存在这样的地区，如我国南方的一些城市，在北美则是新英格兰，加拿大东部和一些山区（这些山区有着巨大的岩石层但是土壤层极为稀薄）。

在对酸雨敏感的地区，有较多证据表明酸雨对淡水生态系统有着负面影响。湖泊或者河流中水体酸度的增加能够对鱼类产生直接伤害，因为酸雨会腐蚀有机鳃材料，并破坏碳酸钙骨骼；其他一些水生生物对于水体 pH 耐受力也都有一定局限，如蚌、蛤、蜗牛、浮游生物等；酸雨还能溶解一些有毒金属，如沉积物中的铝。另外，还有很多证据表明酸雨对于陆地植被（包括森林等）也是有害的，很大程度上是因为酸雨能浸出养分如钾等，从而使得这些养分在雨水冲刷下从生态系统中流失。此外，酸雨对建筑物、雕像等也有一定影响，长期酸雨冲刷会对建筑物造成严重的腐蚀，破坏景观。

大气中的氨气通过形成 $NH_4^+$，能够中和雨的酸性，但这一酸性可能会在土壤中得到复原，由于 $NH_4^+$ 被生物圈吸收变回 $NH_3$ 或者微生物硝化过程（氨气对酸雨的中和作用从这个角度来看可能只是暂时的）：

$$NH_4^+ + 2O_2 \xrightarrow{\text{微生物}} NO_3^- + 2H^+ + H_2O \tag{5.86}$$

$NH_4^+$ 和 $NO_3^-$ 离子的沉降可以通过直接提供可利用（可吸收）氮影响生态系统。这一来源常被视为富营养化（过度施肥）的重要贡献者。富营养化的后果之一是水体（如湖泊）表面蓝藻的堆积，从而限制了深层水体生物圈的氧气供应。一些陆地生态系统相关的研究也指出 $NH_4^+$ 和 $NO_3^-$ 沉降的增加并未促进植被的生长反而导致了土壤中有机氮的累积；这种土壤中氮累积的长期影响还不甚清楚。

### 5.5.4　我国酸雨变化趋势及现状

20 世纪 80—90 年代，我国酸雨问题较为严重。为了更好地控制酸雨的发展，1995 年我国第一次修订《大气污染防治法》，提出了酸雨控制区及二氧化硫控制区（“两控区”）的概念，随后又在 2000 年对该法进行再次修订。此外，我国也于 1996 年制定发布了首个环境保护五年计划《国家环境保护“九五”计划和 2010 年远景目标》，在这一计划中烟尘、工业粉尘、二氧化硫的排放总量是主要的控制指标。随后的国家环境保护“十五”和“十一五”计划中对污染物的排放总量进行了进一步的限定。随着一系列法律法规和技术的实施，以及近年来为了控制 $PM_{2.5}$ 污染而大力实行的 $SO_2$ 和 $NO_x$ 减排措施，我国酸雨污染情况总体有了明显减轻，可以说已得到有效遏制。

从中国生态环境状况公报中可以得知我国 2006 年、2010 年、2015 年和 2020 年酸雨区分布情况。总的来说，我国酸雨污染程度逐年改观，酸雨区面积逐年减少。2006 年时，全国酸雨发生频率 5%以上区域占国土面积 32.6%，发生频率 25%以上区域占国土面积 15.4%。2015 年时，全国酸雨区面积为 72.9 万 $km^2$，比 2010 年下降5.1%。2020年时,酸雨区面积进一步下降为46.6万$km^2$,仅占国土面积4.8%,较重酸雨区(pH<5.0)占国土面积0.4%。

2020年中国生态环境公报公布数据显示,目前我国尚存的酸雨区主要分布在长江以南一云贵高原以东地区,主要包括浙江、上海的大部分地区、福建北部、江西中部、湖南中东部、广东中部、广西南部和重庆南部。465个监测降水的城市(区、县)中,酸雨频率平均为10.3%。出现酸雨的城市比例为34.0%;酸雨频率在25%及以上、50%及以上和75%及以上的城市比例分别为16.3%、7.5%和2.8%。全国降水pH年均值范围为4.39~8.43,平均为5.6。酸雨(pH<5.6)、较重酸雨(pH<5.0)和重酸雨(pH<4.5)城市比例分别为15.7%、2.8%和0.2%。降水中主要阳离子为钙离子和铵离子,当量浓度比例分别为28.1%和14.2%;主要阴离子为硫酸根,当量浓度比例为18.2%,硝酸根当量浓度比例为9.5%,酸雨类型总体仍为硫酸型。与2019年相比,硫酸根、硝酸根、铵根、氢离子和钾离子当量浓度比例有所下降,钙离子、氯离子、镁离子和钠离子则有所上升,氟离子保持稳定。

## 本章小结

本章首先介绍了大气液态水的概念及其由来,溶解平衡与亨利定律;在此基础上,重点介绍了水相中各种气体的溶解平衡及相应计算方法,然后介绍了理想与非理想溶液的概念,以及气溶胶的潮解与结晶的概念及其计算方法和酸雨的组成及影响等。

## 本章习题

1. 对流层大气中$SO_2$氧化的途径之一是通过云水中过氧化氢与亚硫酸氢根的反应,如下所示:$HOOH(aq)+HSO_3^-(aq) \rightarrow SO_4^{2-}(aq)+H^+(aq)+H_2O$　(R1)

(1)给出反应R1中每个元素的氧化状态(价态)。

(2)在该反应中,哪个物质被氧化?哪个物质被还原?哪些物质是还原剂?

2. 地球上大气中所有水的质量为$1.35\times10^{13}$ t,假设所有的这些水分均通过降水从大气中去除,全国平均的降雨量为0.2 cm/d。估算大气中水的生存时间(停留时间)。

3. 气态水(水蒸气)是对流层大气一个重要组分,可占据所有气体分子的百分之几(可以是仅次于氮气和氧气的第三丰富的组分)。液态水(如云滴)也是一个重要的大气组分,同时也是液相反应发生重要载体。现有南京冬季午后地表的一个空气团,该空气团初始温度为15 ℃,相对湿度(RH)为60%。到了夜间,空气团温度降低为5℃,且有雾滴形成(即相对湿度达到100%)。为方便计,此处假设该空气团与周边空气以及地表不存在质量交换，回答以下问题(已知15 ℃和5 ℃时水蒸气的饱和蒸气压分别为1705 Pa和872 Pa；大气压为1 atm)：

(1)以molecules/$cm^3$为单位，初始空气团中水蒸气($H_2O(g)$)的浓度是多少？雾形成后，空气团中水蒸气浓度又变为多少？

(2)所形成的雾的液态水含量为多少？(单位为$g/m^3$)

(3)在雾中的空气团，液态水占所有水的质量百分比是多少？

4. 有北京冬季云雾中的某空气团，温度为271 K，液态水含量为0.15 $g/m^3$。该气团包括400 ppm $CO_2$，14 ppb $NH_3$，2 ppb $SO_2$，以及$PM_{2.5}$各组分浓度为$[SO_4^{2-}]=3\times10^{-3}$ M(即mol/L)，$[NO_3^-]=6\times10^{-3}$ M，$[Cl^-]=1\times10^{-3}$ M，$[NH_4^+]=1.3\times10^{-2}$ M。忽略有机酸以及扬尘组分的影响，计算此时云雾水的pH，计算所涉及的亨利定律常数，以及酸解离常数如下所示。

| 反应方程 | 解离常数($T$=271 K) |
| --- | --- |
| $H_2O\leftrightarrow H^++OH^-$ | $1.0\times10^{-15}$ M |
| $CO_2(g)+H_2O\leftrightarrow CO_2\cdot H_2O$ | $7.7\times10^{-2}$ M/atm |
| $CO_2\cdot H_2O\leftrightarrow H^++HCO_3^-$ | $5.9\times10^{-7}$ M |
| $HCO_3^-\leftrightarrow H^++CO_3^{2-}$ | $8.5\times10^{-11}$ M |
| $SO_2(g)+H_2O\leftrightarrow SO_2\cdot H_2O$ | 3.3 M/atm |
| $SO_2\cdot H_2O\leftrightarrow H^++HSO_3^-$ | $2.5\times10^{-2}$ M |
| $HSO_3^-\leftrightarrow H^++SO_3^{2-}$ | $1.1\times10^{-7}$ M |
| $NH_3(g)+H_2O\leftrightarrow NH_3\cdot H_2O$ | $2.5\times10^{-2}$ M/atm |
| $NH_3\cdot H_2O\leftrightarrow NH_4^++OH^-$ | $4.0\times10^{-5}$ M |
| $N_2O(g)+H_2O\leftrightarrow N_2O\cdot H_2O$ | $2.3\times10^{-2}$ M/atm |
| $HONO(g)\leftrightarrow HONO\cdot H_2O$ | $2.4\times10^{-2}$ M/atm |
| $HONO\cdot H_2O\leftrightarrow NO_2^-+H^+$ | $3.4\times10^{-4}$ M |

摘自：Wang et al，2020。

# 第6章 温室气体和温室效应

温室效应，又称“花房效应”，是大气保温效应的俗称。大气中一些气体（如二氧化碳等）能使太阳能量通过短波辐射到达地面，但地表以长波形式向外散发的能量却被这些气体吸收，这样就使地表与低层温度升高，因其作用类似于栽培农作物的温室，故名温室效应，而大气中的这些气体被称为温室气体。除二氧化碳外，目前还发现人类活动排放的甲烷、氧化亚氮、氟氯烷烃等都是温室气体。但对气候变化影响最大的还是二氧化碳，且二氧化碳的生命很顽强，一旦排放到大气中，少则50年，最长的可达200年不会消失。如果大气不存在温室效应，地球表面平均温度将会是－18 ℃。相反，若温室效应不断加强，全球气温也必将持续升高。自工业革命以来，西方国家向大气中排入的二氧化碳等吸热性强的温室气体逐年增加，大气的温室效应也随之增强，已引起全球气候变暖等一系列严重问题，引起了世界各国的关注。气温升高、冰川融化、极端气候灾害增加、生态系统退化、自然灾害频发，深度影响了农业和粮食安全、水资源安全、能源安全、生态安全和公共卫生安全，将直接威胁到人类的生存和发展。“高能耗、高污染”经济模式和生活方式正在成为地球和人类自身的“杀手”，低碳型经济发展模式成为人类的必然选择。走低碳产业道路，是人类与自然和谐相处的需要，是保护地球的需要，也是人类持续发展的需要，更是人类自身生存发展的需要。“低碳经济”将是世界经济的一次重要转型，是一次重要的世界经济革命，无论是从国内而言，还是从全球而言，低碳产业将成为各国经济长远发展的战略选择。

## 6.1 温室效应成因

### 6.1.1 温室气体来源

工业革命以来。大量温室气体的排放，是造成全球变暖的主要原因（图6.1）。大气中的$CO_2$，$CH_4$，$N_2O$，CFCs，$O_3$等可以使太阳辐射的短波几乎无衰减地通过，但对地球的长波辐射的波段却有很强的吸收能力，称这些气体为温室气体，由温室气体产生的效应为温室效应。随着全球经济社会的快速发展与工业化水平历史性的提高，在生活能源需求与高耗能产业急遽扩张的双重激励下，煤炭、石油作为主要的世界范围内重要的一次能源，为经济发展提供了强劲的推动力。随着我国能源的大量消耗以及二氧化碳排放量的快速上涨，中国已成为世界最大的能源消费国和碳排放国，生态环境方面面临巨大压力。全球气候由于人类活动的影响正在逐步恶化，联合国政府间气候变化专门委员会（Intergovernmental Panel on Climate Change，IPCC）在《第六次评估报告》中也指出，人类活动确实对气候系统造成一定影响，并且这种作用在可见的历史预期内在不断增强。气候环境的进一步恶化所造成的不可逆结果，将严重威胁人类自身活动的安全。因此，在经济高速发展的今天，如何不以牺牲环境为代价，如何解决目前造成的气候环境恶化的现状，成为亟需解决的问题。

[彩]图 6.1　温室气体的来源（引自周存宇，2006）

大气中的一些微量气体，如水汽，$CO_2$ 等，能够吸收来自地面、大气和云层的部分红外辐射，并向外发射红外辐射。由于这些微量气体发射的红外辐射是朝着各个方向的，其中一部分辐射返回地面，净的结果是将能量阻截在低层大气中，使地面温度升高。这种作用机制被形象地称为天然温室效应。能够产生温室效应的气体称为温室气体。天然温室效应为人类和大多数动植物创造了适合的生存温度。若没有主要由水汽和 $CO_2$ 贡献的天然温室效应，地表平均温度约为－18 ℃，而不是宜居的15 ℃。尽管这些温室气体在大气中浓度很低，但是对地球的温度有较大影响。太阳为地球的气候提供动力，它以短波的形式辐射能量，主要是可见光或近可见光（如紫外线）。到达地球大气层顶的太阳能中大约有三分之二主要被地球表面吸收，其次被大气吸收。为了平衡被吸收的入射能量，地球本身也必须向太空辐射出平均起来等量的能量。因为地球比太阳的温度要低得多，它辐射的波长要长得多，主要是红外光。

增强的温室效应是指低层大气在自然变化的基础上，叠加了变暖的趋势。大气温室气体浓度增加将会使全球地表温度升高，即通常所说的“全球气候变暖”。主要受到 1750 年以来的人类活动影响的加强，$CO_2$，$CH_4$，$N_2O$ 等温室气体的浓度在大气中急剧升高，而且 CFCs 等人工合成的温室气体也进入大气，导致增强的温室效应。

2019 年，全球大气 $CO_2$、$CH_4$、$N_2O$ 的平均浓度分别达到了创纪录的 410.5±0.2 ppm，1877±2 ppb 和 332.0±0.1 ppb，依次为工业化之前水平的 148%、260%和 123%（中国气候变化蓝皮书，2021）。其中，$CO_2$ 浓度的增加首先是由于化石燃料的排放，其次是由于土地利用变化导致的净排放。

中国瓦里关全球本底站为世界气象组织、全球大气观测网（WMO/GAW）的 31 个全球大气本底观测站之一，是中国最先开展温室气体监测的观测站。1990—2019 年，中国青海瓦里关全球大气本底站 $CO_2$ 浓度逐年稳定上升，与美国夏威夷莫纳罗亚（19°32′N，155°34′W）观测到的 $CO_2$ 变化趋势一致（图 6.2）。2019 年，瓦里关站 $CO_2$，$CH_4$ 和 $N_2O$ 的年平均浓度分别达到：411.4±0.2 ppm，1931±0.3 ppb 和 332.6±0.1 ppb，与北半球中纬度地区平均浓度大体相当，均略高于 2019 年全球平均值（中国气候变化蓝皮书，2021）。

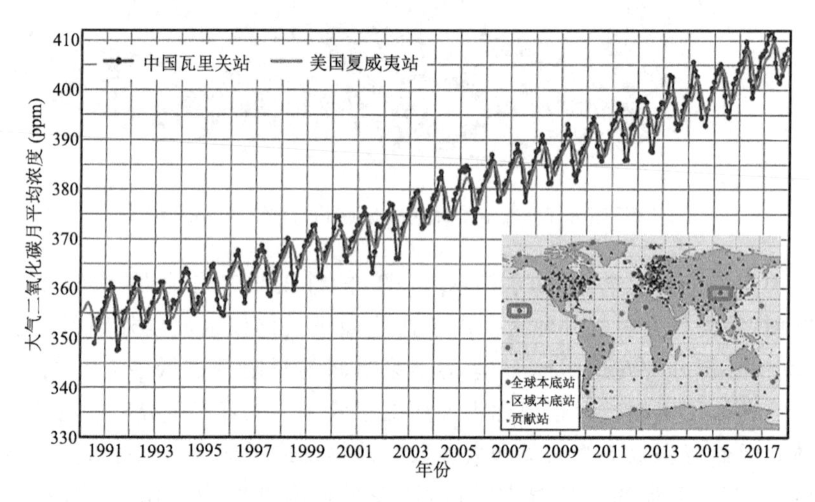


［彩］图 6.2　1990—2017 年中国瓦里关和美国夏威夷全球本底站大气 $CO_2$ 月平均浓度变化（引自中国气候变化蓝皮书，2019）

温室气体能够吸收红外辐射是由于基态分子能够通过吸收光子发生振动 - 转动跃迁或纯转动跃迁至激发态，跃迁频率位于 1～100 μm 的红外区。激发态的分子也可以通过自发发射、受激发射和碰撞失活方式回到基态。地球长波辐射的能量绝大部分被低层大气中的水汽，$CO_2$，$CH_4$，$N_2O$，$O_3$ 和 $O_2$ 吸收（图 6.3）。其中，水汽是最重要的温室气体，它在 6 μm 附近有一个较强的吸收带，对 18 μm 以上的地面长波辐射几乎全部吸收。$CO_2$ 在 15 μm 有一个强的吸收带，在 4 μm 附近的波段也有较强吸收。在 7～13 μm 波段，地球本身向外发射的红外辐射很大，$H_2O$ 和 $CO_2$ 对它的吸收很小，被形象地称为"大气窗口"。因此，判定某种气体是否为温室气体，主要评判标准包括该气体是否有足够宽的红外吸收带；在大气中的浓度是否足够高，因而能够显著吸收红外辐射；该气体的寿命是否较长。

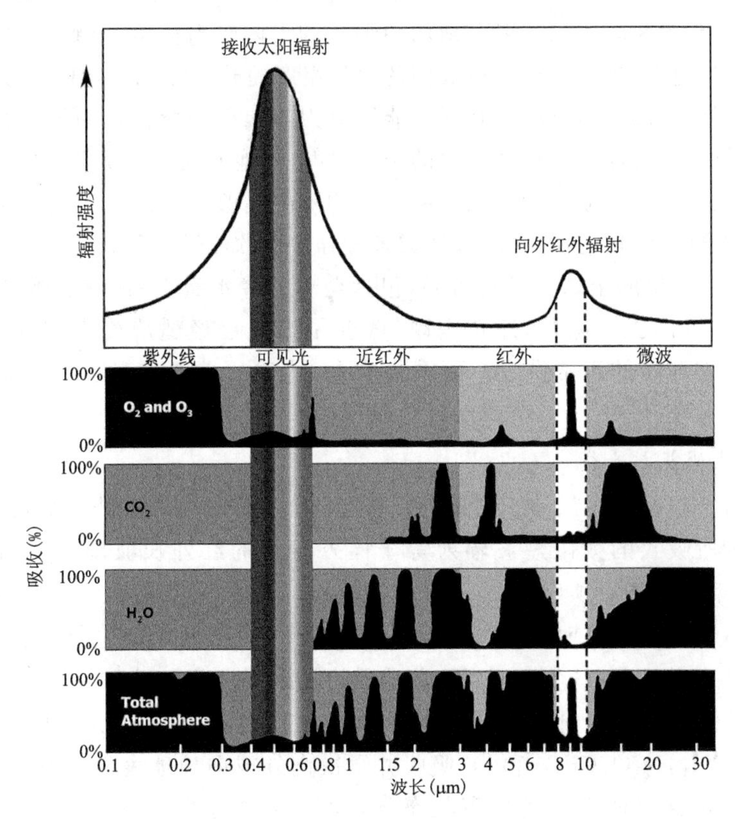


[彩]图 6.3　温室气体分子吸收光谱

(http://www. ces. fau. edu/nasa/module-2/how-greenhouse-effect-works. php)

温室气体的净效益取决于对地球长波辐射的吸收和它自身发射的红外辐射，其中温室气体发射的红外辐射强度由所处环境大气的温度所决定。当 $CO_2$ 进入平流层，由于其浓度很低，吸收的红外辐射很少；但平流层的温度随高度的增加而增加，激发态分子比例也随高度的增加而增加，发射的红外辐射增加，其净结果是更多的辐射能量进入宇宙空间。因此，与对流层相反，平流层 $CO_2$ 起降温作用($H_2O$ 同样)。

### 6.1.2　温室气体的作用机理

温室气体本身是自然存在的，并不会对自然生态环境造成严重的影响，相反，温室气体是地球上空大气中的自然组成部分。由于有了温室气体的存在，才会使太阳照射到地面后所反射的辐射被吸收，并对所吸收的能量进行重新分配，比如二氧化碳、水蒸气以及制冷剂等，都是重新发射辐射的气体。温室气体就好像是地球的一个保护罩，将温暖的空气罩在了地球大气层以内，阻止了其向太空散射。这种形象的比喻，正说明了温室是将太阳照射到地面而形成的太阳辐射截留，导致地球表面变暖。如果温室气体过多，就会导致地球表面的空气温度提升，形成加热温室的效果。之所以温室气体能够导致全球变暖，是因为能够对太阳辐射中所存在的可见光具有较高的渗透性，同时还能够吸收地球反射的长波辐射，将地面辐射中所含有的红外线高度吸收，而导致全球的气候变暖。当温室气体的浓度足够高而产生过度温室效应的时候，就会对全球的气候有所影响，并造成各种异常性的气候现象。通常我们所认识到的温室气体所导致的全球变暖的后果，包括全球的降水量重新分配，极端天气现象频发，常年封冻的土壤融化，冰川消融，改变了人类已经适应生存居住的环境，同时影响到人类食物的正常供应。更重要的是，地球的自然生态系统因此而受到严重威胁。

#### 6.1.2.1　地球能量平衡

地球的气候系统在足够长的时间尺度上、全球范围内总体处于能量平衡状态，即地气系统所吸收的太阳短波辐射等于向外发射的红外长波辐射。如图 6.4 所示，地球每年在大气层顶（top of the atmosphere，TOA）平均接收 341 $W/m^2$ 太阳辐射，其中约102 $W/m^2$被地表、大气中的云或气溶胶反射至太空，所以地球吸收的净辐射能量是 239 $W/m^2$。另一方面，全球平均地表温度为 288 K（15 ℃），对应黑体辐射396 $W/m^2$，这些能量以红外长波的形式向外发射，多数被大气中的痕量气体 $CO_2$，$H_2O$，$CH_4$，$N_2O$，CFCs 和 $O_3$ 吸收并再次向外或向地球表面发射，加热地表或者维持大气的温度梯度。在平衡状态下，大气层顶向外太空发射的长波辐射为239 $W/m^2$，加上大气反射的102 $W/m^2$，离开地球的能量总和与入射的太阳辐射能量 341 $W/m^2$ 基本持平。

如果某种扰动打破这个平衡，那么地球能量平衡的净变化称作辐射强迫（RF），单位是 $W/m^2$。能够打破气候平衡的扰动，如温室气体大气含量的变化、气溶胶浓度的变化以及太阳活动、火山爆发等，称作辐射强迫因子。辐射强迫可定量不同因子对于气候的潜在影响，通常采用工业革命前的大气状态作为基准，即与1750 年相比辐射能量通量的变化。正辐射强迫值导致地表变暖，而负辐射强迫值导致地表变冷。

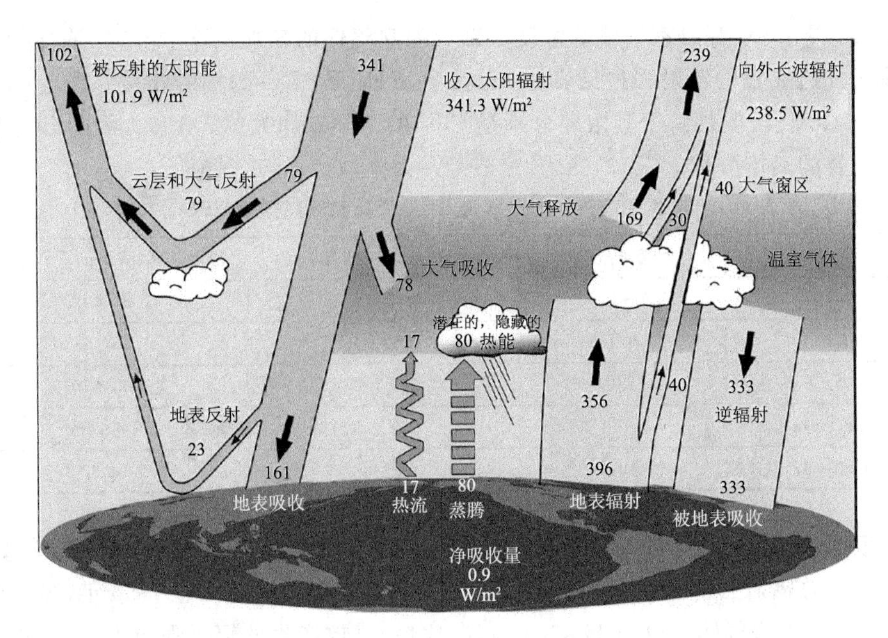


[彩]图 6.4 2000 年 3 月至 2004 年 5 月间全球平均能量收支(引自 Trenberth et al.,2009)

辐射强迫有多种更为具体的定义方法。IPCC(2013)定义的辐射强迫为在平流层温度重新调整到辐射平衡后,对流层顶的净向下通量(短波+长波)的变化,同时保持对流层温度、水汽和云量等其他状态变量固定在未扰动值。这种辐射强迫又叫作平流层温度调整辐射强迫。对于部分辐射强迫因子,净辐射通量的变化将引起对流层较为迅速的响应,从而进一步影响辐射通量的变化。例如,气溶胶浓度的变化将会对云的特性产生影响,这些影响发生在较短时间内,并非是由于地表温度变化造成的气候反馈。有效辐射强迫(effective radiative forcing,ERF)考虑了辐射强迫因子造成的短时间内大气温度、水汽和云量的快速调整,而保持全球平均地表温度不变时,大气层顶净辐射通量的变化。对于人为气溶胶,由于其对云以及对积雪或冰盖的影响,有效辐射强迫和辐射强迫值存在显著差异。对于驱动地球能量平衡的其他部分(如温室气体),有效辐射强迫和辐射强迫数值相当接近。

6.1.2.2 温室气体的辐射强迫

实际大气中影响气候的气体可分为两类,一类是能吸收和发射红外辐射的辐射活性气体,即温室气体,如 $CO_2$,$CH_4$,$N_2O$,卤代烃,$O_3$ 等,另一类是通过化学转化来影响温室气体浓度水平的反应活性气体,如 CO,$NO_x$ 和 VOCs 可通过光化学反应影

响 $CO_2$,$CH_4$,$O_3$ 等温室气体的浓度。部分温室气体的辐射效率,即单位浓度的温室气体增加造成正的辐射强迫见表 6.1。其中,$CH_4$ 和 $N_2O$ 的辐射效率分别是 $CO_2$ 的 26.5 和 221 倍,但是由于其浓度分别是 $CO_2$ 的 1/200 和大约 1/1000,因此 $CO_2$ 仍然是最重要的温室气体。

**表 6.1 主要温室气体的大气寿命、混合比和辐射效率(IPCC,2013)**

| 物种 | 大气寿命(a) | 混合比(2011 年) | 辐射效率($W \cdot m^{-2} \cdot ppb^{-1}$) |
|---|---|---|---|
| $CO_2$ | — | 390 ppm | $1.37\times10^{-5}$ |
| $CH_4$ | 9.1 | 1803 ppb | $3.63\times10^{-4}$ |
| $N_2O$ | 131 | 324 ppb | $3.03\times10^{-3}$ |
| CFC−11 | 45 | 238 ppt | 0.263 |
| CFC−12 | 100 | 527 ppt | 0.32 |

根据 IPCC(2013)估算,相对于 1750 年,2011 年总人为辐射强迫值为 2.29 $W/m^2$(图 6.5),总辐射强迫是正值,导致了气候系统的能量吸收。相对于 1750 年,2011 年由混合充分的温室气体($CO_2$,$CH_4$,$N_2O$ 和卤代烃)排放产生的辐射强迫为 3.00 $W/m^2$,而由这些气体浓度变化造成的辐射强迫为 2.83 $W/m^2$。对总辐射强迫的最大贡献来自于 1750 年以来的大气 $CO_2$ 浓度的增加,其中,仅 $CO_2$ 排放产生了 1.68 $W/m^2$ 的辐射强迫,将造成 $CO_2$ 浓度增加的其他含碳气体的排放包括在内,$CO_2$ 的辐射强迫值为 1.82 $W/m^2$。

### 6.1.3 全球变暖带来的影响

对于全球变暖,科学家已经基本达成共识,最近 50 年来气温上升主要是由于二氧化碳等温室气体增加造成的。因为二氧化碳是一种可长期存留的温室气体,它的排放量最终必须降到接近零的水平。针对大气环境可能遇到的诸多困难,人类社会也在采取积极行动。以缓解温室效应、降低有害气体排放为宗旨的巴黎气候协议,已把"全球平均气温升高幅度需控制在 2 ℃以内"作为目标,并为把升温幅度控制在 1.5 ℃以内而努力。中国政府也同时承诺,相比于 2005 年,截至 2020 年全国二氧化碳排放量将降低 40%～45%。在此背景下,以应对气候变化为最终导向的全球二氧化碳减排工作,通过诸如控制总体温室气体排放、严格排放限额、建立碳交易市场等多样性环境规制方式正在徐徐开展。

实际上,二氧化碳绝非"一无是处",植物生长就离不开二氧化碳,植物在阳光照射下,利用光合作用,将二氧化碳和水转化为氧气和碳水化合物——前者提供了生物界赖以生存的基础,后者则直接为植物生长提供了能量源和"建材"。目前的气候变化,只是人们在利用化石能源过程中向大气中多排放了二氧化碳造成的,如果将这部

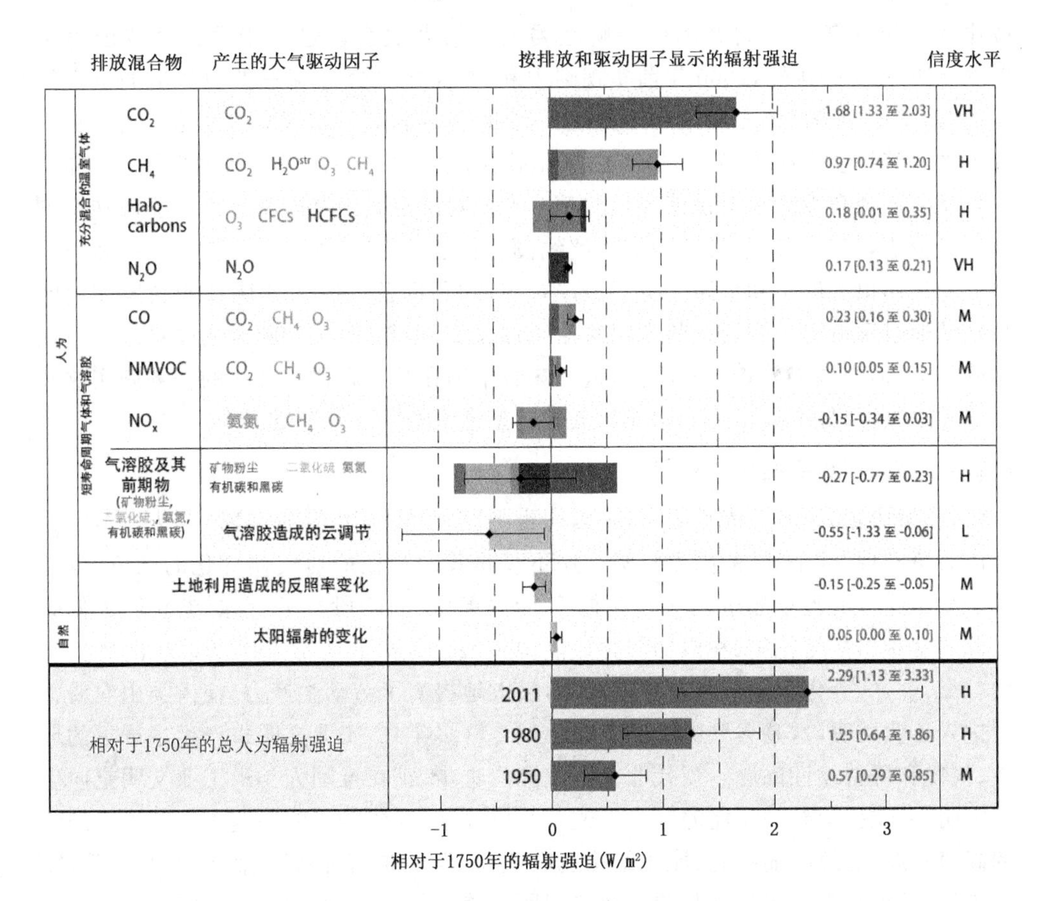


[彩]图 6.5　相对于 1750 年，2011 年的气候变化主要驱动因子的辐射强迫估计值和总的不确定性(净辐射强迫的最佳估计值用黑色菱形表示，并给出了相应的不确定性区间；在本图的右侧给出了各数值，包括净辐射强迫的信度水平，VH——很高，H——高，M——中等，L——低，VL——很低。可以通过合计同色柱状图的数值获得各种气体基于浓度的辐射强迫。本图还给出了相对于 1750 年的三个不同年份的人为辐射强迫总值。)(引自 IPCC，2013)

分多出来的二氧化碳进行捕集和资源化利用，通过产品固碳和地质利用后封存，既直接减少了排放，又可以减少化石能源消耗量，助力碳中和目标的实现。

## 6.2　碳达峰碳中和目标

在 2020 年 9 月 22 日第七十五届联合国大会和 2020 年 12 月 12 日联合国气候雄心峰会上，国家主席习近平两次宣布：中国将提高国家自主贡献力度，采取更加有力的政策和措施，二氧化碳排放力争于 2030 年前达到峰值，努力争取 2060 年前实现碳中和。2021 年 3 月召开的中央财经委员会第九次会议进一步强调:“我国力争 2030 年前实现碳达峰,2060 年前实现碳中和,是党中央经过深思熟虑作出的重大战略决策,事关中华民族永续发展和构建人类命运共同体”。实现碳中和是一场广泛而深刻的经济社会系统变革,而作为二氧化碳排放“大户”的能源系统将“首当其冲”。本章从能源消费总量和能源消费结构两个方面对满足碳中和要求的中国能源转型进行情景分析,探讨中国能源转型框架路线图。截至 2020 年底,全球已有 100 多个国家或地区作出了碳中和承诺。英国、日本、墨西哥、欧盟、韩国、菲律宾等国家和地区也陆续通过了应对气候变化的专项法律。过去 10 多年,美国和欧盟的碳排放已呈现下降趋势,而中国仍处于上升阶段,这意味着中国在减少碳排放方面的任务确实比较紧迫,“双碳”目标的提出为中国能源低碳转型进程按下了加速键。

### 6.2.1 “双碳”目标提出的背景

《巴黎协定》签署 5 周年之际,中国向世界宣示了 2030 年前实现“碳达峰”,2060 年前力争实现“碳中和”的国家目标。这不仅是我国积极应对气候变化的国策,也是基于科学论证的国家战略。它更清晰了“能源革命”的阶段目标,也要求我们为低碳能源转型做出更为扎实、积极的努力。能源转型是人类文明形态不断进步的历史必然。煤、油、气等化石能源的发现和利用,极大地提高了劳动生产力,使人类由农耕文明进入工业文明,这是典型的能源革命。但 200 多年来,工业文明也产生了严重的环境、气候和可持续性问题。现代非化石能源的进步,正在推动人类由工业文明走向生态文明,并在推动新一轮能源革命。改革开放以来,我国能源的快速增长支撑了经济的高速发展,能效明显提高,能源结构也有改善,但还难言能源革命,而产业偏重、能效偏低、结构高碳的粗放增长使得环境问题日趋凸显。

近年来,我国已将能源强度、碳强度列入政府考核指标,能源弹性系数逐步下降。但目前我国能源强度依然是世界平均水平的 1.3 倍,这显然是不可持续的。如果这一数字降至 1.0,就意味着同等规模的 GDP 可节省十几亿吨标准煤。

在“碳达峰”的基础上进一步实现“碳中和”,就要做到碳排放与碳汇持平。2006 年以后,中国成为世界第一大排放国。我国提出“碳中和”国家战略目标,意味着能源转型将迈出更加积极的步伐。

“碳达峰”和“碳中和”是全球应对气候变化的战略举措。地球形成距今约 46 亿年。38 亿～35 亿年前,原核生物出现,生命正式登上地球舞台;距今约 600 万年前,原始人类出现。自生物出现以来,地球上已经发生了 5 次大规模的生物大灭绝事件,分别发生在奥陶纪末、晚泥盆世、二叠纪末、三叠纪末和白垩纪末。全球气候变化引起海平面变化,产生环境—生命互馈效应,导致大量物种灭绝。其中,二叠纪末生物大灭绝事件的毁灭程度最大,大约 96%的海洋生物、70%的陆地生物物种灭绝。人类出现以前，火山爆发、天体撞击地球、海洋生物变化等灾难性事件引起大气中$CO_2$浓度发生突变，产生大气温室效应，发生全球性海平面变化、生物大灭绝等连锁效应。生物灭绝也为形成化石能源奠定基础。人类进入工业化时代后，全球大气中$CO_2$平均浓度达到了近百万年以来的最高水平，气温不断升高，地球生态系统和人类社会发展受到严重威胁。过去70年，大气中$CO_2$浓度的增长率是末次冰期结束时的100倍左右，全球平均温度也比工业化前升高约1.1 ℃。未来，人类将面临全球气温上升、极端天气事件增加、海平面上升和海洋、陆地生态系统被破坏等一系列日益严重的气候变化及其连锁反应。到21世纪末，如果全球气温升高达到2 ℃，海平面高度将上升36～87 cm，99%的珊瑚礁将消失，约13%的陆地生态系统将被破坏，许多植物和动物可能濒临灭绝。

与国外发达国家到2050实现碳中和有50～70年窗口期不同。我国距离二氧化碳达峰目标不足10年、碳中和过渡期只有30年时间。同时，碳基能源目前仍是我国能源结构主体。与欧美各国相比，我国仍处于工业化和城镇化进程中，经济社会发展和生活水平的提高会进一步推动能源生产和消费总量提升。我国制造业占GDP比重较高，单位GDP能耗强度高，为世界平均水平的1.4倍，发达国家的2～3倍。“双碳”目标行动计划将使我国能源结构、产业结构，以及人们生活方式产生革命性变化，也意味着我国实现碳中和目标需要付出更多努力。

### 6.2.2　进入“碳中和”约束下的“碳达峰”目标与行动

从时间节点来看，我国先后经历了从降低碳强度阶段到碳强度和碳总量双降阶段，从“十四五”至“十五五”期间，我国各地将先后进入“碳达峰”阶段，并要在2030年前实现国家“碳达峰”。而在“碳达峰”之后的30年，中国要实现“碳中和”。从“碳达峰”到“碳中和”，中国仅有30年的时间，相比之下，欧盟和美国分别有约70年和超过40年的时间。

“碳达峰”与“碳中和”紧密相连，前者是后者的基础和前提，达峰时间的早晚和峰值的高低直接影响“碳中和”实现的时长和实现的难度。因此，就中国的“碳中和”目标而言，一个重要问题是2030年的峰值应当确定在什么水平上。在不考虑其他因素的情况下，若确定高的峰值，则目前至达峰值前的时期调整压力可能较小，但一旦达到这个峰值后，由于对应的碳汇支出投入也会很大，要在30年内降到零排放的压力更是可想而知。反之，如果基于碳强度、碳总量以至碳中和的要求来确定某一合理峰值，并推动这一峰值早日达到，那么，中国推动“碳中和”的时间可以更早地开始，零排放的压力就会有所减缓。这样说来，“碳中和”相对应的碳峰值应该比前述的几个峰值水平更低。

具体到实践中，国家要以“碳中和”这一宏大的远景目标作为导向，来科学地确定碳峰值，各地区、各行业也要根据国家碳峰值目标来确定各自区域或行业的碳峰值，并实行绿色发展、绿色创新、绿色工业革命，实现达峰减排的目标。依据中国政府宣布的碳强度下降目标，即2030年比2005年下降至少65%，可以结合2005年的碳排放量基数简单推算峰值目标。一些专家认为，若全国年均经济增速低于5.5%，碳排放量有望在2025年达到峰值，峰值规模约为108亿吨。而在经济增速较高情形下，峰值排放量可能超过111亿t，从而在"十五五"期间进入平台期，给"碳中和"工作带来更大压力。

目前，中央政府制定的碳减排目标是针对全国整体而言的，该目标需要具体分配到各省市乃至更细致的行业和城市区域中才便于实现，而预测不同行业、不同省市、不同区域的未来碳排放峰值则是制定减排目标的基础之一。在未来短短40年内实现净零碳排放，将是一项极具挑战性的任务。中国GDP总量有望在15年内翻一番，经济的快速增长通常会带来碳排放量的增加。此外，中国作为世界工厂，其增长模式的能源密集程度高。与此同时，在当前我国能源体系下的碳排放强度大，2020年煤炭占一次能源消费比重达57%。我国现在的温室气体排放总量与植树造林产生的碳汇吸收能力相去甚远，考虑到中国的国土面积，中国碳汇吸收能力增长的空间有限，而碳捕集与封存技术(carbon capture and storage，CCS)又面临非常高的成本。因此，实现"碳中和"需要中国把温室气体排放总量降到比较低的水平，至少比现在的温室气体排放总量低一个数量级，才可能依靠碳汇和CCS等技术形式把温室气体排放抵消掉。

从行业层面来看，能源领域产生了我国近90%的碳排放，能源减排的难点不仅在于其存量体量巨大，更在于我国仍处于经济发展阶段，需要在人均GDP等方面持续追赶发达国家，能源消费总量仍有进一步提升的需求。其中，煤炭是高碳能源，控制煤炭消费总量、降低煤炭消费强度，成为碳减排的重中之重。预计到2060年，70%的能源将由清洁电力供应，约8%将由绿色氢能源支撑，剩余22%的能源消费将通过碳捕捉方式，从而实现"碳中和"。当前到"碳达峰"的10年，或将是制造业减排面临挑战最大的10年。2017年，钢铁、水泥、石油化工、有色金属等高耗能制造业的碳排放量合计占全国碳排放的36%。其中，钢铁行业就占全国碳排放总量15%左右。从需求端看，从"碳中和"目标倒推钢铁、化工、建材、交通、建筑等行业的减排空间，预计在2050年其碳排放量将降至目前的10%～12%左右。

从试点城市来看，自2013年以来，全国已开展了三批共计87个低碳省市试点，共有82个试点省市研究提出达峰目标，其中提出在2020年和2025年前达峰的各有18和42个。进一步来看，我国城市所处的发展阶段和"碳中和"趋势可以分为五大类型：第一类城市的经济当前处于欠发达阶段，经济增长和碳排放增长都最为缓慢，人均碳排放较低；第二类城市产业结构以重工业为主，经济增长较快，城市经济发展处于中等水平；第三类城市人均碳排放远高于全国平均水平，且产业结构以传统资源型产业为主；第四类城市经济相对发达，产业结构低碳转型已基本完成，经济发展与碳排放已经或正在脱钩；第五类城市具有较高的经济发展增速，但同时碳排放增速水平也高，而人均排放量仍处于低水平。对于上述城市，应当采取不同的行动方案。对于已经达峰或处于平台期的城市，应建立碳排放总量控制（下降）行动方案；对于尚未达峰的城市，应明确达峰目标（峰值和达峰年），建立碳排放达峰行动促进方案，并尽量提前达峰；对于传统工业转型期城市、低碳潜力型城市以及资源型城市，要区别情况，因势利导，应尽快建立碳排放达峰行动方案，使之与全国共同碳减排，早日进入“碳达峰”阶段。

“碳达峰”只是实现“碳中和”的过程事件，虽然任何企业、团体、行业都可实现“碳中和”，但孤立的“碳中和”乃至零排放并不具有减缓气候变化的实质影响力，需要整个产业链协同，如产品，从原料开采、零部件加工、成品生产、物流运输、终端使用到报废拆解，产业链上某个环节的低碳或零碳排放，可能是以另一个环节的高碳排放为代价，整个产业链“碳中和”才具意义。以交通运输为例，交通运输是服务性行业，放到全球碳循环的大生态圈看，也只是众多排放源中的一个，其碳排放主要取决于社会化分工下市场产品供应链，如运输工具、运输方式与能源结构，但这不意味着交通运输业“碳达峰”“碳中和”无可为，恰恰可以通过低碳交通需求规划，推动相关产业链低碳零碳发展，提高运输组织管理效能，合纵连横，实现交通运输业绿色低碳发展。

#### 6.2.2.1　实现碳中和要求构建近零排放新型能源体系

对于中国提出的碳中和目标，主要存在两种理解：一种认为碳中和是指二氧化碳的净零排放；另一种认为碳中和是指温室气体的净零排放（图 6.6）。显然，温室气体净零排放的目标更高，实现该目标需要更为强有力的行动和措施。对于碳中和的定义和内涵，IPCC《全球 1.5℃增暖特别报告》提出了四种概念：碳中和（carbon neutrality）、二氧化碳净零排放（net zero $CO_2$ emissions）、净零排放（net zero emissions）和气候中性（climate neutrality）。其中，碳中和与二氧化碳净零排放虽然表述不同但内涵一致，均是指一定时期内人类活动引起的二氧化碳排放量与二氧化碳人为消除量相抵消；而净零排放是指一定时期内人类活动引起的温室气体排放与温室气体人为消除量相抵消，通过选择气候指标如全球变暖潜势值（global warming potential）将各种温室气体转换成二氧化碳当量值再进行加总，从而完成对温室气体净零排放的核算；气候中性描述的是人类活动对气候系统作用净零的一种状态，其侧重点是人类活动对气候系统的影响，不仅要考虑温室气体的排放，还需要考虑人类活动带来的生物地球物理效应（biogeophysical effects）。例如，众所周知的城市热岛效应，城市化对地表反照率、植被覆盖率等产生影响从而引起温升等地区性气候变化。

可见，碳中和从字面上理解是指二氧化碳的净零排放，即指一定时期内人类活动引起的二氧化碳排放量与二氧化碳人为消除量相抵消。2021 年 4 月《中美应对气候

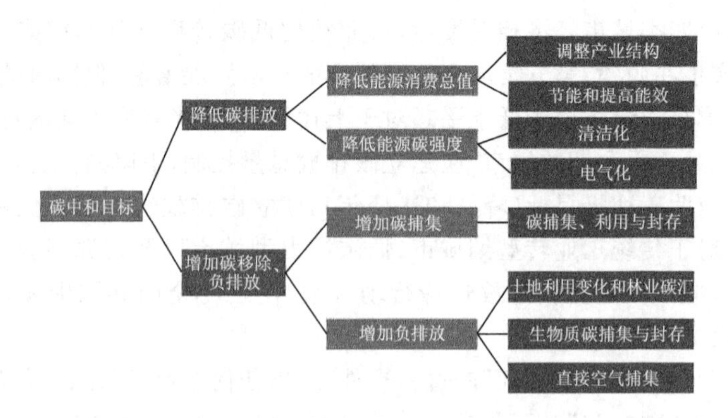


图 6.6 我国碳中和机理框架(引自全球能源互联网发展合作组织,2021)

危机联合声明》中对中美两国的应对气候变化目标做出了区分:"两国都计划在格拉斯哥联合国气候公约第 26 次缔约方大会之前,制定各自旨在实现碳中和/温室气体净零排放的长期战略"。这一表述意味着中国所提出的碳中和目标有别于美国的温室气体净零排放目标。

不过,需要进一步指出的是:《巴黎协定》第四条第一点明确指出:为了实现 2 ℃和 1.5 ℃的长期温控目标,缔约方旨在尽快达到温室气体排放的全球峰值,此后利用现有的最佳科学方案和途径迅速减排,在 21 世纪下半叶实现温室气体源的人为排放与汇的清除之间的平衡。因此,在各国的具体实践中政策表述均围绕温室气体展开。2021 年 4 月,欧洲议会和欧盟理事会就《欧洲气候法》关键内容达成临时协议,其中明确 2050 年实现气候中性。可见,温室气体净零排放将逐步成为国际社会的主流目标。因此,本节认为碳中和顾名思义就是指二氧化碳的净零排放,但考虑到国际上的趋势,中国也将会逐步把非二氧化碳温室气体排放纳入约束范围。

根据生态环境部发布的《中华人民共和国气候变化第二次两年更新报告》:2014 年中国温室气体排放总量为 123 亿 t 二氧化碳当量,二氧化碳排放总量为 103 亿 t,占温室气体排放总量的 83.5%;能源消费二氧化碳排放量为 89 亿 t,占二氧化碳排放总量的 87%,占温室气体排放总量的 72%;碳汇量为 11 亿 t。二氧化碳排放方面,主要有两大来源:一是煤炭、石油、天然气等化石能源消费碳排放,二是水泥生产、石灰生产、玻璃、纯碱、氨水、电石和氧化铝等工业过程碳排放。其中,化石能源消费二氧化碳排放是主体,按照国家应对气候变化战略研究和国际合作中心核算的结果,2020 年能源消费二氧化碳排放量为 99 亿 t;按比例估算 2020 年工业过程二氧化碳排放量为 15 亿 t 左右。非二氧化碳温室气体排放方面,按照清华大学气候变化与可持续发展研究院课题组发表的报告,2020 年非二氧化碳温室气体排放量为 25 亿 t 二氧化碳当量左右。

在人为消除方面:其主要包括两类:一是碳汇,即通过植树造林等措施,利用植物光合作用吸收大气中的二氧化碳,并将其固定在植被和土壤中;二是碳捕捉与封存(CCS),即将 $CO_2$ 从相关排放源中分离出来,输送到封存地点,并长期与大气隔绝。其中,碳汇方面受国土自然条件的约束而具有有限性,中国通过植树造林等方式的农林业碳汇总量预计在 10 亿～15 亿 t。根据上述排放量和碳汇量数据,2060 年之前实现碳中和,要求在 2060 年之前将二氧化碳排放量从当前的 115 亿 t 左右减少到 10 亿～15 亿 t。考虑到工业领域的二氧化碳排放和非二氧化碳温室气体排放问题,为了给实现温室气体净零排放争取空间,对于能源领域而言,要求到 2060 年实现二氧化碳近零排放,即从当前的 100 亿 t 左右减少到接近零。二氧化碳近零排放的能源体系理论上有两种可能:一是化石能源退出历史舞台,未来能源系统依靠零碳的非化石能源;二是能源系统中仍存在一定规模的化石能源,但是通过碳捕集和封存技术将这一部分化石能源使用所带来的二氧化碳排放进行捕集、封存或利用。如果碳捕集的成本不能够大幅度下降,那么碳中和就意味着到 2060 年要基本结束化石能源时代,建成近零碳排放能源体系。

#### 6.2.2.2　实现碳中和要求调整能源转型的进程

碳中和对能源转型提出了更高的要求,按照 2016 年国家发展和改革委员会、国家能源局印发的《能源生产和消费革命战略(2016—2030)》确定的战略进程是:到 2030 年非化石能源比重达到 20%左右;到 2050 年非化石能源比重提高到 50%以上(图 6.7)。按照 2050 年能源消费总量 50 亿 t 标准煤保守估计和非化石能源、煤炭、石油、天然气消费比重为 50% : 20% : 15% : 15%的情景,依据各种能源消费二氧

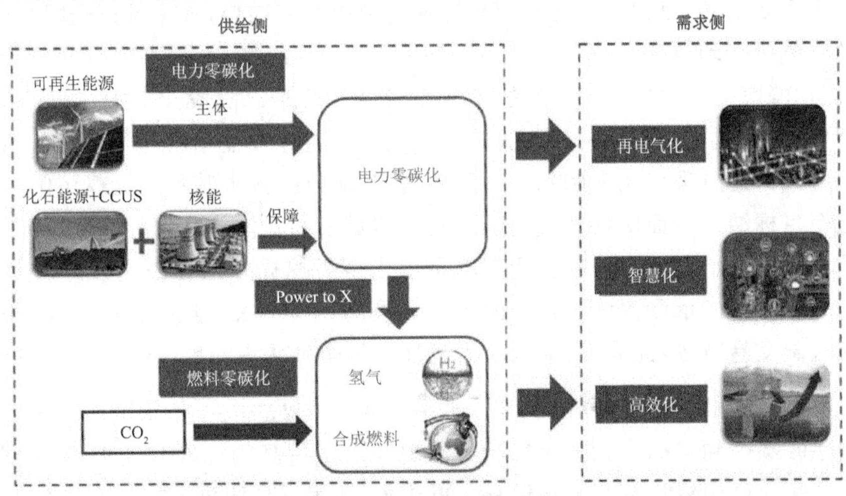


图 6.7　面向碳中和的能源变革(引自黄振 等,2021)

化碳排放系数，可以估算届时能源消费二氧化碳排放量仍将高达 55 亿 t 左右，这显然无法满足 2060 年前实现碳中和的要求。因此，碳中和的提出意味着原定的能源转型进程需要提速。碳中和目标下，确定能源转型框架路线图核心的边界条件就是能源消费二氧化碳排放量。按照碳达峰、碳中和的统一部署，能源消费二氧化碳排放同样可以分为两大阶段：第一阶段是 2030 年之前达峰，第二阶段是达峰后排放量逐步减少，到 2060 年减少到接近零排放的水平。能源转型的路线图就是能源消费二氧化碳排放量从当前的 100 亿 t 左右增加到 2030 年之前达峰后的峰值，然后逐步减少到接近零的减排路线图。

从宏观上看，第一阶段中碳排放增速虽会放缓，短期内或许会在一定程度上抑制经济发展，但其正向激励作用将会逐渐显现。其中，在前期会产生一定抑制效应的原因主要是高耗能、高污染行业在各行各业都开展能源革命的浪潮当中必然遭受冲击，但在相对较长一段时间后，低碳高新科技产业和现代化服务业发展带来的红利将得到充分且可持续性的释放，届时将出现更多的就业机会和新的经济增长点，从而将进一步助推我国整体经济社会的发展。

从微观上来看，在“碳达峰”目标指引之下，已经有许多学者呼吁应当在“十四五”规划中重点为“碳中和”谋篇布局。例如，为快速有效地降低碳排放强度以保障达峰目标如期实现，中央方面需要确立“零碳中和计划的整体方案，为支持有条件的地方率先实现“碳达峰”颁行配套政策措施，全国各地方需要制定并细化各自行政区域的碳排放达峰行动方案，全力打造良好的市场环境和社会氛围。可以预见，我国未来十年间，全国人民将会在党中央的统一部署之下，以从中央到地方强制性与倡导性并举的政策为主要工具，以部分地区和部分行业为抓手和突破口，逐步展开全国全行业全民族的碳减排行动。

“碳达峰”后至“碳中和”实现是“30 · 60 目标”的第二阶段。由于与美丽中国目标相呼应，因此这一时间段同样与我国现代化发展目标相辅相成。可以想见，实现碳中和理应成为建成现代化强国的一项重要内容，所以待我国基本实现现代化之后，应当把这个目标纳入全面实现现代化建设的总体目标和整体战略之中。至于在脱碳进程中的具体行动，学者认为，越往后期越是应当全力挖掘并依靠公众参与的力量，例如将碳减排任务的承受主体从目前的企业拓展到每位公民，让全体公民都有权利和途径加入碳交易市场，此外，还应当大力发展和健全碳普惠制度。

### 6.2.3　碳达峰碳中和目标背景下空气质量改善

碳达峰碳中和目标给我国大气污染治理提出了更高的标准和要求，有效控制碳排放与防治大气污染将长期紧密结合。近年来，我国大气污染治理已取得初步成效，例如，京津冀地区细颗粒物年日均浓度由 2013 年的 89 $\mu g/m^3$ 下降至 2020 年的

60 μg/m³左右，降幅约32.58%。但是，从2018年和2019年秋冬季的重污染天气以及2021年初再度来袭的大气重污染过程来看，治理形势依然严峻，尤其是不利气象条件下的重霾频发气候。因此，我国大气污染治理任重道远，仍处于负重爬坡的阶段。

大气污染带来的公众压力成为中国产业结构、能源结构转型的重要推力，生态环境部以“2+26”京津冀大气污染传输通道城市为整治重点，持续高频强化环境督查，通过多次研判污染形势，分析来源成因，密集出台了针对重点区域、重点时段、重点行业的《京津冀及周边地区2017—2018年秋冬季大气污染综合治理攻坚行动方案》等政策文件。尽管各部门从燃煤控制、机动车管理、工业生产控制等方面作出相对全面且针对性的大气环境改善战略部署，但现有政策仍难确保生态经济健康长足发展，区域性重污染天气治理处于攻坚前的阵痛期，尚未找到可持续的治理模式。“头痛医头脚痛医脚”式大气污染治理成本较高、治理效率较低，难以经济有效地实现污染治理目标。由于不少发达国家的中心城市也曾发生过严重的大气污染事件，比如伦敦、洛杉矶、巴黎等。本章对大气污染理的文献进行梳理，将其归纳为四种类型。通过梳理英国、美国以及欧盟的大气污染治理模式，深入探讨国际大气污染治理的经验借鉴与政策启示，分析我国大气污染成因的特殊性及治理过程中所面临的挑战，反思中国发展模式的转型机遇。立足秋冬治霾的瓶颈期，从外部防范转型、工业模式转型、能源体制转型、发展模式转型四个层面出发，整合与大气污染相关的产业政策、科技政策、财政政策、能源政策、交通政策，探索充分发挥政府主导、市场调节、公众参与的多主体功能，实现源头管控、全过程治理与末端减排相结合的精准化、系统化内生治理之路。

污染天气问题背后暴露的是发展模式的不可持续性，尤其在碳达峰和碳中和目标下，要求中国必须加快转变现有能源体制与发展模式，实现经济社会的可持续发展。从长期区域协同治理来看，中国应当采取外部污染防范与内生结构转型相结合的治理模式。

#### 6.2.3.1　从源头减排发力，构建区域联动技术体系

区域重污染天气应急技术体系的构建包括预警发布、应急响应、跟踪评估的全流程技术体系。这一体系的实现需要国家层面的技术研发支撑，可大幅提升区域大气重污染应急管理能力。应加大力度研发区域智能除霾抑尘设备，以高层建筑为据点，依托高压射流技术，借助远程网络控制技术，实现面源性的降霾除尘，构建立体网点，达到区域整体优化的降霾除尘功效，以此作为应急管理的事后技术举措。细颗粒物污染指数在不同阶段、不同驱动因素指标范围内具有不同的变化规律，应结合动态门限效应，对全区间预报模式予以改进。非线性预测模式更适用于细颗粒物污染预警，探索与门限效应相匹配的预测预警模式，可较好实现驱动因素指标的定量管控。预

测预警技术的动态性体现在预测预警系统的自我学习校正与智能更新能力，可通过系统开源、数据架构全方位共享等，以提升新技术、新算法的高效整合能力。

由于我国工业模式特点和大气污染特殊性，“谁污染，谁治理”的原则在很长时间内未得到有效落实，造成大气污染治理成本主要以外化为主。污染排放企业的治理惰性，导致治理成本转嫁给整个社会，政府必须花费大量人力、物力资源通过立法、建设、管理制度等消除违规排放带来的重污染。工业模式转型是以技术渗透为主导的内生治理之道。当前，中小企业前端、中端、末端环保技术的应用难点是居高不下的引入、运行成本。关键着力点在于治污减排设施的标准化，标准化后的生产工艺带来的规模化生产可大幅降低企业的排污成本。制造业是带动经济健康发展的根本，工业模式的高级化本质上是物质循环的高效化。所以，一方面做好全过程监管，确保每个环节的达标排放；另一方面应重视生产生活中的资源再利用、再循环、再回收、再制造，确保相应产业园区形成长期稳定的闭环物质流动。

#### 6.2.3.2 强化区域能源精细化管理，构建区域能源互联网

强化能源精细化管理、高效助力碳减排，应以深入燃煤污染治理为重点，改造提升传统重工业产业、制造生产企业，实施工业污染排放深度治理工程，尤其是燃煤电厂的深度治理。严控油气污染是能源精细化管理的先决条件，可首先推进主城区能源精细管理，探索建立较成熟的模式后向城乡接合部、县域、乡镇推广。应尽快设置与能源精细化管理配套的执法监管、监测监控、科技支撑举措，建立能源精细化管理大数据平台，建立开发区能源利用效率监测体系。对暂时不具备可替代清洁能源的区域，可采取优质煤、无烟煤替换，配套应用节能减排的过渡性措施。结合各省市区的能源需求情况，制定能源中长期供应计划，推进能源产业降耗有序发展。完善强化能源利用效率政策，加强需求侧管理，建立能源智能互联网系统，提高清洁能源区域传输能力，提高电网系统可再生能源发电能力，优化能源布局。

#### 6.2.3.3 减污降碳协同增效

在碳中和情景下，到 2060 年我国将基本完成低碳能源转型，可再生能源发电占比将达到 70%以上，工业部门终端煤炭消费比例低于 15%，新能源车占比达到 60%以上，民用部门能源全面清洁化。一方面加大源头治理力度，提升可再生能源比例，推动钢铁、水泥等高耗能产品产量尽早达峰，加快散煤清洁化替代进程，同时持续推进非电行业、柴油机和 VOCs 重点行业污染治理工作，则在 2030 年实现碳达峰目标的同时，全国绝大部分地区 $PM_{2.5}$年均浓度可达到 35 $\mu g/m^3$ 的现行环境空气质量标准，全国人群 $PM_{2.5}$年均暴露水平可从 2015 年的 55 $\mu g/m^3$ 下降到 28 $\mu g/m^3$，实现“减污降碳”的协同效应。预计 2060 年全国碳排放总量约为 6.8 亿 t 左右，在当前排放水平基础上减少 90%以上；与此同时，全国人群 $PM_{2.5}$年均暴露水平达到 8 $\mu g/m^3$

左右，78%的人群 $PM_{2.5}$ 年均暴露水平低于 WHO（世界卫生组织）指导值，空气污染问题得到根本解决。

下一步应当以“减污降碳协同增效”为总抓手，把降碳作为源头治理的“牛鼻子”，推动碳达峰与碳中和目标下的 $PM_{2.5}$ 与臭氧污染协同治理，深入发挥和提升结构调整在污染减排中的作用，加快能源清洁低碳转型，逐步构建零碳能源体系；强化科技引领和机制创新，构建碳中和与清洁空气协同的新一代大气复合污染防治技术体系；将保护人民群众健康作为气候变化与空气污染协同治理的出发点，在 2030 年之后加严空气质量标准并逐步与 WHO 相关标准接轨，引导空气质量根本改善。

## 6.3 碳捕集利用与封存技术

为实现 2030 年碳达峰和 2060 年碳中和的目标愿景，不仅需要能源结构变化，还需要有对现有传统化石能源利用技术的突破，实现化石能源的低碳高质利用，大力推进能源技术革命。二氧化碳捕集、利用与封存（carbon capture，utilization and storage，CCUS）技术是指将 $CO_2$ 从排放源中分离后或直接加以利用或封存，以实现 $CO_2$ 减排的技术过程（图 6.8）。根据 IEA（国际能源署）数据研究预测，2050 年我国化石能源依旧占能源消费比例 10%以上，CCUS 将为实现该部分化石能源近零排放利用提供重要支撑。作为目前唯一能够实现化石能源大规模低碳化利用的减排技术，CCUS 是我国实现 2060 年碳中和目标技术组合的重要构成部分。近年来，我国在碳

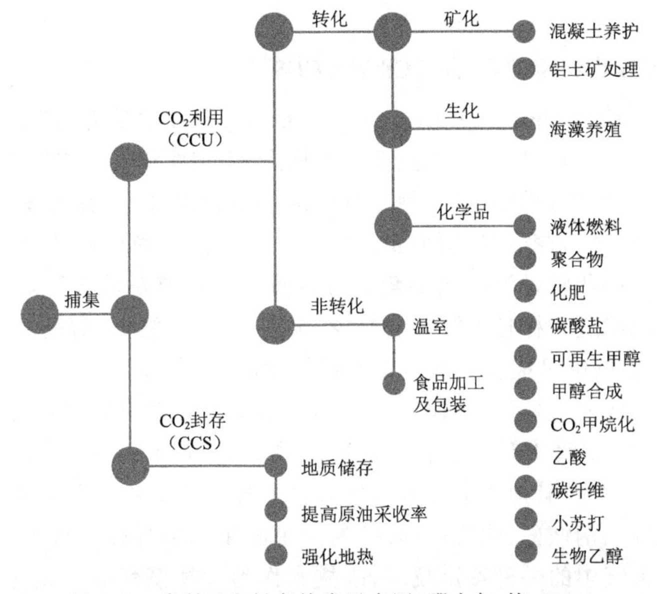


图 6.8　碳利用和封存技术示意图（邢力仁 等，2021）

捕集、输送、利用及封存多个技术环节均取得显著进展，已经具备 CCUS 技术工业化应用能力；但 CCUS 商业化一直面临高成本、高能耗的挑战，相关激励政策、产业部署及管理体系有待完善。未来，应加快开展 CCUS 大规模全链条集成示范，科学制定 CCUS 技术发展规划和激励政策，为实现碳中和目标、保障能源安全、促进经济社会可持续发展提供技术支撑。

我国二氧化碳产区主要分布在长岭、普光、元坝、建南等气田及松南火山岩气藏中，其中中国石油、中国石化采出的二氧化碳主要利用方式是回注驱油，而中国海油采出的二氧化碳主要是销售。在二氧化碳综合利用率方面，截至 2018 年，我国二氧化碳探明地质储量 1692.35 亿 $m^3$，技术可采储量 1035.61 亿 $m^3$，经济可采储量 724.6 亿 $m^3$。其中，中国石油探明二氧化碳地质储量 533.42 亿 $m^3$，占比 31.52%；年产量 12.03 亿 $m^3$，占比 42.3%；综合利用率 6.86%。中国石化探明二氧化碳地质储量 567.46 亿 $m^3$，占比 34.53%；年产量 9.3 亿 $m^3$，占比 32.9%；综合利用率 2.65%。中国海油探明二氧化碳地质储量 601.32 亿 $m^3$，占比 51.23%；年产量 6.6 亿 $m^3$，占比 23.7%；综合利用率 5.87%。

未来中国 CCUS 技术的发展，挑战和机遇并存，问题与支撑并进。未来煤基能源产业是中国发展 CCUS 技术的重要机遇。煤化工的高浓度 $CO_2$ 排放源具有低成本捕集的潜力，对于推进中国 CCUS 技术发展进程、加快技术学习曲线以及培育 CCUS 产业链具有重要意义。煤基能源产业是目前国内 CCUS 技术应用的主要领域，推动 CCUS 技术创新和产业化发展，需要煤基能源行业在 CCUS 方面协同推进和耦合发展。

### 6.3.1 $CO_2$ 资源化利用破题：从 CCS 到 CCUS

碳捕集与封存(carbon capture and storage，CCS)技术是为实现二氧化碳排放量规制、同时对其进一步加以利用的全新技术概念，将主要用于大规模产业生产与其他可能性气体排放活动过程中，是一种二氧化碳捕集存储技术，具有发展时间较短、前景广阔、技术门槛高、效益产出周期长等特点。尽管技术尚不成熟，但研究人员对其在未来环境规制中所将扮演的重要角色毋庸置疑。本节对前人针对 CCS 技术的定义界定与发展现状进行梳理，并对该技术在国内外的发展进行对比性探讨，同时也对现有 CCS 技术发展中可能存在的潜在问题与障碍进行分析。

为了减排工作的有效进行，IPCC 于 2005 年特别针对温室气体排放问题推荐了全新的 CCS 技术，尽管当时它已有十余年发展历史，但作为一项全新技术仍不为环境研究者、环保人士及其他工业排放管理人员所知。CCS 技术是将碳化物从大型工业设备(如发电厂、钢铁厂、化工厂等)排放源中收集起来并输送到特定封存地点，以避免其排放到大气中的一种特定技术，该技术作为大规模削减二氧化碳排放的有效途径之一，同时在减排过程中还能够产生一定的经济、商业效益。CCS 技术的开发与实施，有望实现温室气体排放的有效遏制并同时提高对化石能源的低碳利用。

目前，关于 CCS 学界有很多新的认识，尤其是国内学者根据我国国情，认为在 CCS 过程中应该进行商业化利用，为此提出一个新的概念，即二氧化碳的捕集、利用与封存(CCUS)。谢和平等(2012)指出，全球碳减排应该是 CCU 而不是 CCS，在减排的同时将二氧化碳作为一种资源，提高二氧化碳的利用效率。目前无论是 CCUS 还是 CCS，作为全球碳减排的重要战略选择，大多数学者认为 CCS 在一定程度上具有可行性，并能有效减缓大气中的二氧化碳排放量。聂立功和姜大霖等(2015)通过分析我国煤基能源现状，认为 CCUS 技术在碳减排以及保障我国煤基能源低碳可持续发展方面具有无限潜力。而在朱发根和陈磊(2011)所开展的研究中，他们认为 CCS 是相当符合中国国情的技术，并且长期来看对我国碳减排具有一定的贡献。米剑锋和马晓芳(2019)也指出 CCUS 减排潜力巨大，可以实现零排放甚至是负排放，二氧化碳的工业化利用也极具前景。

作为新兴技术的典型代表，据统计，截至 2019 年 1 月，国际大规模 CCS 项目(指燃煤电厂一年实现捕集和封存 $80\times10^4$ t 二氧化碳，工业生产和燃气电厂每年捕集、封存 $40\times10^4$ t 二氧化碳)一共有 4 个。其中北美处于领先地位，一共 12 个正在运行的大规模 CCS 项目，欧洲有 2 个正在运行的大型项目，而其他国家的 CCS 项目发展相对落后。从项目概况、建设年份、发展规模、关键技术应用、融资方式与政策支持等六个方面进行比较，可以看出：第一，CCS 作为新兴发展技术，其商业应用也属于初探模式，除挪威的 Sleipner 项目以外，其他三国的 CCS 项目基本都是近 8 年来才初具规模(其中澳大利亚的 CanbonNet 与 Callide 项目还处于建设中)，历史较短而且收益尚不能预见。第二，CCS 技术应用规模尚不成熟，温室气体采集较少，尚处于初级阶段。大多数 CCS 项目的年二氧化碳捕集量不超过 $500\times10^4$ t，其中绝大部分项目甚至处于 $300\times10^4$ t 以下，这对于限制全球二氧化碳排放规模，降低大气中的温室气体含量是远远不够的。第三，从二氧化碳捕集技术层面分析可以看出，现有 CCS 商业应用技术主要是围绕富氧燃烧、气体分离和提高采收率(enhanced oil recovery，EOR)三项展开的。富氧燃烧捕集指的是通过对化石燃料燃烧所产生最大限度的二氧化碳进行捕捉的概念总称，通过对大型工厂生产中所释放的二氧化碳进行捕捉，以此达到降低二氧化碳排放总量的目的。气体分离技术则是指在工业生产中通过从其他必要排放气体中分离出二氧化碳，进而进行捕捉与采集的过程，目前可行的气体分离技术主要有通过固、液体吸收剂溶液进行气体分离和构造单相液体穿透薄膜技术进行分离。提高采收率(EOR)技术是目前应用范围最广、最成熟的技术之一，它是指在三次采油中将高压液态或超临界二氧化碳注入含油层，一方面能够储藏二氧化碳，另一方面也能提高原油采收率。最后，主要通过 CCS 融资与政策支持对现有商业应用项目进行分析。可以看出，现有 CCS 项目主要采取的是公私合营的方式，由政府与私人共同建设从而实现商用目的。究其原因,一是 CCS 作为一项新兴且尚未成熟的技术,商业利益难以凸显且回报率具有长期性;二是现有投资和建设成本巨大,耗资水平难以由商业公司一家承担;三是作为一项控制二氧化碳排放的碳捕集与封存技术,CCS 具有典型的公共产品性质,因而私人公司不具备推动其长期建设发展的动力。通过以上总结可以看出,CCS 技术虽然已在个别发达国家开始实施,但仍处于初期阶段,目前作为一项新兴技术其发展前景与空间仍然广阔,发展模式与未来规模值得期待。

与国外应用现状相比,中国的 CCS 技术也逐步兴起,并涉及到与之相关的诸如技术、社会、环境、经济与政治等各方面。同时,相对于 CCS 技术而言,中国更重视二氧化碳资源的利用技术开发,即从 CCS 模式转化为 CCUS 模式。《中国应对气候变化科技专项行动》中也明确提出,将 CCUS 技术作为一项减排二氧化碳气体、控制温室效应的重要手段,要作为如今环境规制技术发展中的主要任务。根据史利沙和陈红(2015)的研究统计,从研究角度而言,我国针对 CCS 研究的相关政策主要出自于《中华人民共和国对外合作开采陆上石油资源条例》《中国应对气候变化国家方案》以及《中华人民共和国石油天然气管道保护法》,尚无有关 CCS 技术开发的专项管理办法或条例。从商例角度而言,中国首个 CCS 全流程项目于 2010 年 9 月 17 日在内蒙古自治区鄂尔多斯市启动,随后又在华能集团、中电投重庆双槐电厂以及华中科技大学富氧燃烧技术研发与中试等项目中相继开展,同时,也有一定的国家合作与交流。根据中国二氧化碳捕集、利用与封存(CCUS)报告(2019),截至 2019 年底,中国共开展了 9 个捕集示范项目,12 个地质利用与封存项目,其中有 10 个全流程示范项目,正在逐步引领亚太地区 CCS 技术发展。但从另一方面也可以看出,我国 CCUS 技术起步较晚,虽然取得了一定的效果,但是与欧美发达国家相比依然存在较大差距。仅以我国首个 CCS 全流程项目与位于挪威的世界首个 CCS 项目 Sleipner 相比,后者年捕集量达 $100\times10^4$ t,而我国的 CCS 项目年捕集量只有 $10\times10^4$ t(相当于新增 277 $hm^2$ 森林面积)。所以未来应加大政策实施与商业实践力度,提高我国 CCS 技术的发展水平。

从 CCS 到 CCUS,多了一个“U”,也就是利用,确切来说,“U”被定义为对二氧化碳的资源化利用,包含地质资源利用、化工利用、生物利用等,这是当前 CCUS 技术发展的方向和前沿课题。其中,化工利用是以化学转化为主要手段,将二氧化碳和共反应物转化成目标产物,不仅能实现二氧化碳减排,还可以创造收益,对传统产业的转型升级具有重要作用;生物利用是以生物转化为主要手段,将二氧化碳用于生物质合成,主要产品有食品和饲料、生物肥料、化学品与生物燃料及气肥等。地质资源利用主要是利用二氧化碳驱油、驱水,增加原油产量,充分利用地下水资源。截至 2020 年底,全球正在运行的大型 CCUS 示范项目超过 30 个,每年可捕集和封存 4000 万 t

二氧化碳，其中美国驱油利用二氧化碳已达1000万t以上。CCS核心是碳封存，但CCS存在的最大问题是建设和运行成本较高。据已运行项目分析，全球商业化运营的CCS项目成本为60～90美元/吨碳，因此，直接封存将付出巨大经济代价。我国一次能源结构中化石能源消费占比高，如果不采用CCUS技术，要实现长期气候目标需要完全关闭燃煤及天然气发电，而我国经济正处在发展阶段，这将给经济社会发展造成更加巨大影响。

目前，CCUS技术及产业发展正处于研发和示范阶段，存在捕集能耗高、成本高，源一汇匹配性差、产业模式不成熟，资源化利用转化效率低，大规模推广还面临诸多挑战。

### 6.3.2　CCUS技术的研究现状

#### 6.3.2.1　碳捕集技术

碳捕集技术通过将$CO_2$富集、压缩纯化得到高浓度$CO_2$。目前常见有3种碳捕集技术，分别为燃烧前捕集、燃烧中捕集和燃烧后捕集。

(1)燃烧前捕集主要运用于整体煤气化联合循环发电系统(IGCC)中，将化石燃料气化成煤气，再经过水煤气反应得到$H_2$和$CO_2$。$CO_2$、$H_2$混合气经碳分离获得高纯氢气用于燃烧发电、冶金等，高浓度$CO_2$则被压缩纯化进行后续利用或封存。该技术在效率以及污染控制方面有一定潜力，但其工艺路线复杂，投资成本高，可靠性待提高，且与传统燃煤电厂无法兼容，不适用于现有电厂的改造。

(2)燃烧中捕集技术主要有富氧燃烧技术和化学链燃烧技术。富氧燃烧技术采用传统燃煤电站的技术流程，通过空分制氧获得高纯$O_2$代替空气进行燃烧，通过大比例(约70%)烟气再循环以调控炉膛燃烧和传热特性，直接获得高浓度$CO_2$的烟气($CO_2$体积分数>80%)。富氧燃烧碳捕集技术具有相对成本低、易规模化、适于存量机组改造等诸多优势，被认为是最可能大规模推广和商业化应用的CCUS技术之一。如图6.9所示，目前国内富氧燃烧技术研发方面，华中科技大学主导实施了中国富氧燃烧“0.3 MWth—3 MWth—35 MWth—200 MW”的研发和示范路线。经历由小型实验台架发展至国内唯一、规模最大的35 MWth富氧燃烧示范平台，发展了富氧燃烧系统的集成设计、运行控制和性能试验方法，工程示范和放大应用成果引领了国内富氧燃烧技术的发展。对比国际同类富氧燃烧装置，我国富氧燃烧装置具有空气/富氧燃烧兼容运行、干/湿双循环设计、低能耗三塔空分流程、烟气中高达827%体积分数$CO_2$浓度富集等特点，目前该技术最大难题主要在于制氧投资大和能耗问题。

化学链燃烧碳捕集技术是将传统的燃料与空气直接接触反应的燃烧借助氧载体(MeO)的作用分解为两个气固反应，即空气反应和燃料反应。空气反应器中，金属(Me)与空气反应将空气中的氧传递到氧载体中，燃料反应器中，燃料与氧载体反应生成$CO_2$、水和金属，固相金属进入空气反应器循环，气相经冷凝获得高纯$CO_2$。该

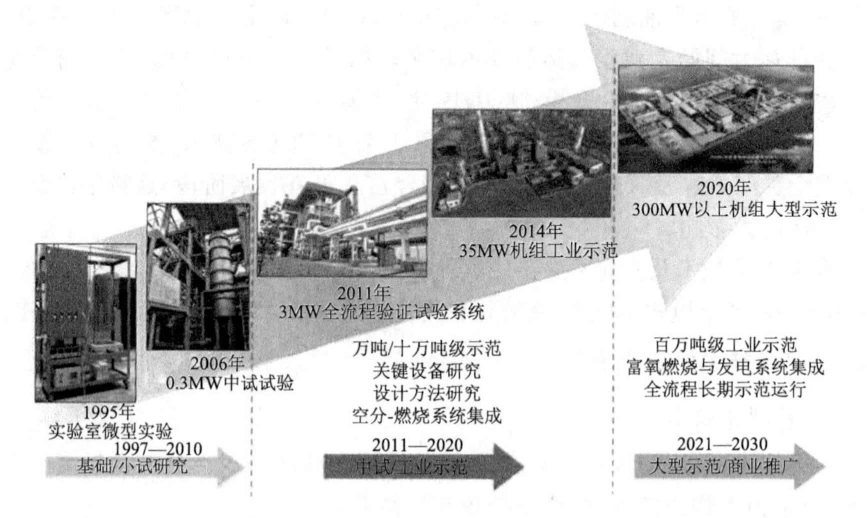


图 6.9　中国富氧燃烧“0.3MW—3MW—35MW—200MW”的研发和示范路线(鲁博文 等,2021)

技术通过化学反应过程有序解耦实现燃料化学能高效梯级利用,无火焰以及相对低温条件降低了 $NO_x$ 排放,同时可实现 $CO_2$ 源头捕集。但该技术的缺点在于装置投入大,无法适用于现有火电机组改造。目前国际上化学链燃烧技术已经实现了 MW 级中试应用,研究表明,化学链燃烧碳捕集技术可实现低成本(10～15 美元/吨 $CO_2$)、低能耗脱碳(能效降低 2%～3%)。

(3)燃烧后捕集技术是指从燃烧排放的烟气中分离 $CO_2$。常用的 $CO_2$ 分离技术主要有化学吸收法、物理吸收法以及膜分离技术等。该技术工艺成熟,但因烟气中 $CO_2$ 体积分数低(一般为 13%～15%),分离解析的能耗较高(供电效率降低 10%～15%),且捕集系统往往较为庞大。燃烧后捕集技术的关键在吸收剂的研发。20 世纪 30 年代开始研发的第 1 代吸收剂,如烷醇胺(MEA、DEA)、三级胺 MDEA、空间位阻胺 AMP 以及后续的氨水氨基酸盐等,其吸收容量小、反应速率低、再生能耗高(3.5～4.5 GJ/吨 $CO_2$)。随后,研究者们对胺吸收剂进行改进形成了第 2 代吸收剂,如混合胺吸收剂 MEA＋MDEA、MDEA＋PZ、KS 系列、DS 系列、M 系列等,第 2 代吸收剂的再生能耗已降低至 3～3.5 GJ(每吨 $CO_2$)。2010 年后研究者又研发出多种新型吸收剂,如相变吸收剂、纳米流体、离子液体、$CO_2$ 触发型吸收剂、封装液体吸收剂、非水吸收剂等为主的第 3 代吸收剂,其容量大、反应速率快、环境友好,再生能耗已大幅降至每吨 $CO_2$ 3GJ 以下。2021 年 1 月国华锦界电厂采用化学吸收法建成了一套 15 万吨燃后碳捕集示范工程,其再生能耗小于 23 GJ/吨 $CO_2$,该装置是目前国内最大规模的燃后碳捕集装置。国际上建成的燃后碳捕集装置有加拿大萨斯喀彻温省的“边界大坝”工程,每年可捕捉并向 Cenovus 能源石油公司出售约 100 万吨 $CO_2$,

美国德州 Petra Nova 装置碳捕集能力达到 160 万 t/a。相比于燃烧后碳捕集技术（$CO_2$ 末端分离）会使供电效率降低 10%～15%，供电成本增加约 60%，富氧燃烧技术可实现供电效率下降约 6%～9%，供电成本增加约 30%～40%，化学链燃烧技术可实现供电效率下降约 2%～3%，供电成本增加约 10%～20%。因此，目前碳捕集技术与高效清洁并不兼容，需要大力发展低成本的碳捕集技术。

#### 6.3.2.2 碳利用技术

目前 $CO_2$ 利用技术主要有化学利用、生物利用、矿化利用、地质利用等。

(1)化学利用主要是指通过热催化、电催化和光催化等将 $CO_2$ 转化为高价值的化学品或燃料。如图 6.10 所示，热催化主要涉及加氢反应，生成 $CH_4$、CO 和 $CH_3OH$ 等，热催化可以实现 $CO_2$ 的大规模利用，难点在于如何获得大量低成本 $H_2$ 进行加氢反应。电催化的优点在于可使用水作为氢源，但目前电催化还原效率较低还无法在工业中进行大规模应用，且产物收率较低。光催化技术的最大障碍是 $CO_2$ 的吸附和转换效率较低，高性能光催化剂的设计和合成是这项技术的关键。

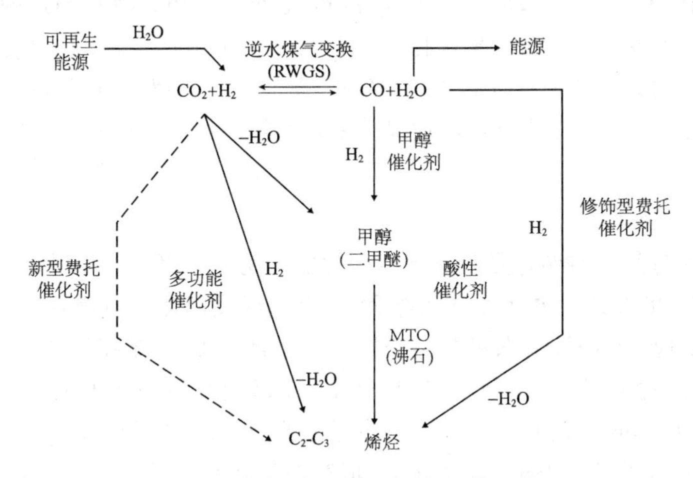


图 6.10 化学利用途径(鲁博文 等，2021)

(2)生物利用主要是生物固碳，通过微藻、农作物等进行光合作用将 $CO_2$ 吸收。微藻具有生长速度快、对土地要求低、含油量高(是大豆的 90 倍)、吸碳能力强(约为林木的 5～8 倍)等优势，在生物固碳方面具有广阔前景；而农作物则作为经济作物，在高 $CO_2$ 气候环境条件下可以一定程度上促进生长(如美国 FACE 计划)。

(3)矿化利用是利用天然矿石与 $CO_2$ 矿化反应形成碳酸盐将 $CO_2$ 固定，如 1 t 蛇纹石(含 MgO 质量分数约 38%～45%、氧化铁约 5%～8%)可处理 0.5 t $CO_2$；1 吨镁橄榄石(含 MgO 质量分数约 45%～50%、氧化铁约 6%～10%)可处理 2/3 t $CO_2$。

(4)$CO_2$ 地质利用又称为 $CO_2$ 驱替，包括利用 $CO_2$ 来提高石油采收率(Enhanced

Oil Recovery，$CO_2$-EOR）、强化煤层甲烷回收（Enhanced Coal Bed Methane，$CO_2$-ECBM）等。临界状态的 $CO_2$ 是一种很好的溶剂，其溶解性、穿透性均超过乙醇、乙醚等有机溶剂，将其注入油田，可膨胀原油体积，降低原油黏度，从而提高原油采收率。所注入的 $CO_2$ 体积分数约 50%～60%被矿化封存于地下，剩余部分会随油气产出返回地面，分离这部分 $CO_2$ 可实现循环利用。这种循环驱油过程，既能有效封存 $CO_2$，又能提高油气产量。另外，$CO_2$ 在煤层中的吸附能力大约是甲烷的 2 倍，$CO_2$ 注入煤层后将被优先吸附，而甲烷则从吸附态转化为游离态，最终被采出地面，从而实现甲烷的增产回收。与传统煤层甲烷开采相比，注入 $CO_2$ 使甲烷回收率增加约 75%。

国外 $CO_2$ 驱替技术研究起步较早，美国于 1958 年进行了 $CO_2$ 混相驱矿场实验，并很快投入商业化应用。如美国北达科他州煤气化站将其产生的 $CO_2$ 作为气源，通过 320 km 管线输送到加拿大 Weyburn 油田，每天注入 5000 t $CO_2$，可储存 2200 万 t $CO_2$，同时石油产量从 1 万桶/d 增长至 3 万桶/d，采收率提高 9.8%。我国从 2008 年底开始在吉林油田进行 $CO_2$-EOR 的先导试验，$CO_2$ 累计封存量已达到 150 万 t，采收率可提高 10%～25%，实现了 $CO_2$-EOR 工业化应用。$CO_2$ 利用的技术挑战与难点在于如何实现 $CO_2$ 高效、高选择性转化为高附加值产物，如何大规模利用是未来碳中和世界的关键瓶颈。通过 $CO_2$ 光/电/热催化转化为高值燃料或化工品实现高价值的碳循环，以及利用 $CO_2$ 驱油提高采收率等多途径并举有望达到 $CO_2$ 减排目标。

#### 6.3.2.3　碳封存技术

$CO_2$ 的深海及地质储存是目前碳封存的主要途径。$CO_2$ 的临界温度为31.2 ℃，临界压力是 7.38 MPa。在深海压力条件下 $CO_2$ 形成固体深沉海底，并与海水发生缓慢的化学反应，使 $CO_2$ 永久的封存于海底。可用于 $CO_2$ 储存的地质结构包括：枯竭油气田、深层盐水库、煤层等。根据 IPCC 全球升温 1.5℃内的目标，全世界到 2050 年只能排放 8000 亿 t $CO_2$，我国按占世界排放量的 20%计算，到 2050 年只能排放 1600 亿 t $CO_2$ 埋存。因此，储存 $CO_2$ 埋存对于碳减排十分必要。$CO_2$ 地质封存和利用过程中，在深地工程极端复杂条件下安全性和有效性是根本保障。目前该技术难点在于对深部地下资源开采与地下空间利用的基础规律认识不足。深部地层条件、地质结构复杂，长期监测可靠性低，现场实验投入大，重复实验和校核困难等，均是碳封存技术将面临的挑战。

通过碳捕集、碳利用、碳封存技术共同推动国家经济工业变革进而达到碳减排、碳中和的目标。CCUS 是目前实现大规模化石能源零排放利用的唯一技术选择；CCUS 技术不仅可作为碳中和目标下保持电力系统灵活性的主要技术手段，还可以作为钢铁水泥等难以减排行业深度脱碳的可行技术方案；另外，CCUS 与新能源耦合的负排放技术是实现碳中和目标的托底技术保障，因此 CCUS 是实现碳中和的战略性支撑技术。

### 6.3.3　CCUS工业示范发展现状及前景

如表6.2中所示，我国已将CCUS纳入国家重大科技基础设施建设中长期规划（2012—2030年），在能源领域化石能源方向优先发展探索预研$CO_2$捕获、利用和封存研究设施建设。2020年5月发布的《绿色债券支持目录》征求意见稿中，首次纳入CCUS，大力支持对化石能源燃烧和工业过程排放$CO_2$进行捕集、利用或封存的减排项目建设和运营。截至2020年，我国现有35个CCUS示范项目。近年来，CCUS日益受到世界各国的高度重视，一些发达国家已进行了大规模部署。目前全球已有98个CCS大型示范项目和9个测试中心开始立项和施工，全球工业CCUS项目已投运/将投运达23项，封存量4000万t/a，资金投入达300亿美元。2019年12月美国国家石油委员会发布受美国DOE委托完成的《迎接双重挑战：碳捕集、利用和封存规模化部署路线图》，指出CCUS技术是提供可负担、可靠的能源并同时解决气候变化风险双重挑战的关键技术。美国已颁布多项Form45Q税收补贴，如提高石油采收率途径给予每吨$CO_2$补贴35美元，CCUS咸水层封存途径给予每吨$CO_2$补贴50美元补贴，燃煤电厂600MW锅炉增加CCUS将给予年化减税1亿美元。

**表6.2　我国商业化$CO_2$捕集、利用与封存技术(CCUS)示范项目**

| 项目名称 | 地点 | $CO_2$捕集规模(t/a) | 运输方式 | 捕集与利用技术 | 投运时间 |
| --- | --- | --- | --- | --- | --- |
| 华能集团北京热电厂碳捕集示范项目 | 北京 | 3000 | 罐车 | 燃烧后捕集＋$CO_2$食品级利用 | 2008年 |
| 华能集团上海石洞口碳捕集示范项目 | 上海 | 12万 | 罐车 | 燃烧后捕集＋$CO_2$食品级和工业利用 | 2009年 |
| 神华集团鄂尔多斯CCS示范项目 | 内蒙古 | 10万 | 罐车 | 燃烧前捕集＋咸水层封存 | 2010年 |
| 中电投重庆双槐电厂项目 | 重庆 | 1万 | 无 | 本厂焊接保护、电厂发电机氢冷置换等 | 2010年 |
| 石化胜利油田$CO_2$捕集与驱油示范项目 | 山东 | 4万 | 管道 | 燃烧前捕集＋$CO_2$驱油 | 2010年 |
| 天津北塘电厂CCUS项目 | 天津 | 2万 | 罐车 | 燃烧后捕集＋$CO_2$食品加工 | 2012年 |
| 中石油吉林油田EOR研究示范 | 吉林 | 一阶段：15万<br>二阶段：50万 | 管道 | 一阶段：电厂、燃前捕集<br>二阶段：煤化工、燃前捕集、$CO_2$驱油 | 一阶段：2017年；<br>二阶段：2017年 |

目前整体 CCUS 技术仍处于示范验证的关键阶段，存在捕集的经济性、利用的有效性和封存的安全性等难题，部分 CCUS 的前沿技术尚处于基础研究阶段。面对 CCUS 项目创新性强、建设周期长、投资大等现实问题，应从政策层面鼓励支持国家绿色发展基金投入 CCUS 项目，优先在源汇匹配良好的区域建设区域性 CCUS 示范，将新能源制氢、富氧燃烧碳捕集、$CO_2$ 加氢利用制甲醇、生物质利用等多过程耦合(图 6.11)。同时配套布局及建设二氧化碳输送管网，加快 CCUS 技术研发与推广。此外，可以通过税收补贴吸引社会资本投资，形成合理收益模式，进而实现二氧化碳的资源化、规模化、产业化应用，在提高能源采收率、合成高附加值化学产品、增产农林产品等方面，形成技术耦合、源汇匹配的跨行业 CCUS 战略性新兴产业集群等。

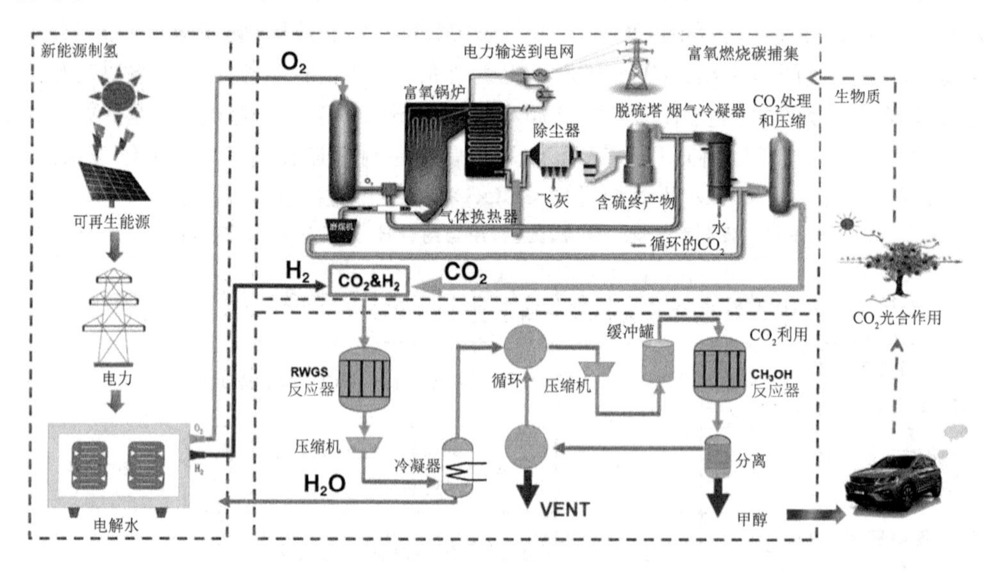


图 6.11　利用新能源制氢耦合富氧燃烧碳捕获利用系统(鲁博文 等,2021)

现阶段中国应对气候变化行动将从弱减排逐步向强减排过渡，CCUS 技术的总体定位应是“利用带动封存，政策驱动商业；技术研发做储备，运输网络是基础”。短期内(至 2030 年)CCUS 的商业化主要以市场驱动为主，通过 $CO_2$ 资源化利用的经济收益抵消部分增量成本，通过技术研发提高效益，降低成本。2030 年前，CCUS 技术处于研发示范阶段，是中国减少 $CO_2$ 排放的重要战略储备技术，目前碳减排主要依靠大力发展节能增效和可再生能源技术。随着技术逐渐成熟和成本的不断下降，CCUS 有望在 2030 年后成为中国向低碳能源系统平稳转型的重要战略储备技术，为构建化石能源与可再生能源协同互补的多元供能体系发挥重要作用。预计至 2050 年，构建低成本、低能耗、安全可靠的 CCUS 技术体系和产业集群，实现 CCUS 的广泛部署和区域新业态。CCUS 技术能耗和成本问题得到根本改善，在涉及化石能源使用的各行业得到大规模应用，并与生物质能源结合实现负排放，成为中国建设绿色低碳多元能源体系的关键技术。预计至 2060 年，BECCS(生物能与碳捕集和封存)等负减排技术将突破“能源不可能三角”制约，助力碳中和目标实现。BECCS 和 DACCS(直接空气捕集)等负减排技术将会实现有效应对气候变化(环保性)、保障能源安全稳定供应(安全性)和低廉的经济成本(经济性)的三重目标，并为钢铁、水泥等难以达到净零排放的行业提供负排放支撑，最终达到全社会 $CO_2$ 的净零排放。

### 6.3.4　CCUS 对中国实现“碳中和”的重要性

CCUS 技术是煤基能源产业低碳绿色发展的重要选择。一方面，CCUS 技术为煤基能源产业避免“碳锁定”制约提供了重要的技术保障，能够支撑相关产业继续有效使用已经是沉没成本的基础设施并以低碳和环境友好的方式发展，一定程度上避免因减排而造成的化石能源资产“贬值”。另一方面，CCUS 技术与煤电、煤化工等传统煤基能源产业具有巨大的耦合潜力和应用空间。

目前中国 $CO_2$ 捕集主要集中在煤化工行业，其次为煤电行业等。无论从捕集份额、难度、成本等各维度来看，煤基能源都是 CCUS 技术最主要的应用领域。适合碳捕集的大规模集中煤基排放源为数众多、分布广泛、类型多样，完备的煤基能源产业链也为 $CO_2$ 利用技术发展提供了多种选择。CCUS 技术与煤基能源体系呈现出相互契合、协同互补的耦合发展态势。一方面，CCUS 技术的应用，有利于中国煤基能源体系实现西部化、集中化、规模化的发展，进而保障煤炭资源的低碳、高效地合理开发利用。另一方面，中国重点建设的大型煤炭能源基地大多位于西北部，煤炭开发利用向西部集中的趋势明显。大型和集中化的煤炭能源基地的西移有利于 CCUS 区域管网布局建设，有利于 CCUS 发挥规模效应和集聚效应。由于咸水层地质构造、石油资源在中国西北部也分布广泛。$CO_2$ 排放源和封存地在地域上的重合为实现源汇匹配、缩短输送距离，减少运输成本、低成本运行 CCUS 提供了更加便利的条件。

煤化工是中国煤基能源体系的特色产业，煤制油、煤制气等战略新兴产业未来将成为减少油气对外依存度，保障能源安全稳定供应的重要方向之一。煤化工行业尾气中 $CO_2$ 的浓度较高，对于实施碳捕集而言具有明显的成本优势，已经成为中国发展 CCUS 技术的早期优先领域，低成本的碳源对于推动 $CO_2$ 利用技术的规模化和产业化具有显著的提升作用。此外，CCUS 技术还有利于保障可再生能源大规模接入电网后的电力稳定持续供应。碳中和目标的实现依赖于风、光等可再生能源电力对传统化石能源电力的替代。经济可靠的低排放电力系统应包含高渗透率的间断性可再生发电系统和以化石燃料为基础并部署 CCUS 技术的可调度电力。可调度电力不会增加额外的并网成本或风险，在低风速和弱阳光以及用电高峰时段，可以保障电力稳定持续供应，降低电力维护成本。未来，CCUS 的发展，我国将着力注重政府引导、市场主导、企业参与、示范先行的工作格局，从以下几个方面强化 CCUS 布局工作。

一是，国家发展和改革委员会组织制定了我国“十四五”二氧化碳化学资源化发展规划，明确指导思想、基本原则、主要目标和主要任务与措施，加强对我国二氧化碳资源化利用产业发展的顶层设计和政策的引领。

二是，将组织开展二氧化碳资源化利用专项行动。选择社会影响大、带动作用强的企业开展二氧化碳资源化利用试点，探索我国二氧化碳资源化利用产业化发展路径。

三是，将重点支持二氧化碳资源化利用技术创新项目建设。充分发挥国家科技成果转化引导基金作用，布局一批前瞻性、战略性、颠覆性的二氧化碳资源化科技攻关项目，建设一批二氧化碳资源化利用国家技术创新中心平台和技术应用转化基地，强化以企业为主体、市场为导向、产学研深度融合和国际开放合作的绿色技术创新联合体建设，积极利用首台(套)重大技术装备政策，重点支持一批二氧化碳资源化利用的技术成果转移转化项目。

四是，将加大财税对二氧化碳资源化利用产业的扶持力度。设立专项财政资金和预算内投资支持二氧化碳资源化利用项目建设，研究并出台相关方面的所得税、增值税等优惠政策；积极发展和引导绿色金融支持二氧化碳资源化利用产业的发展，积极鼓励和支持符合条件的二氧化碳资源化利用的企业上市融资，支持相关企业在国际市场开展绿色融资。

五是，积极引导和支持二氧化碳资源化利用的企业，充分借助《碳排放权交易管理办法(试行)》等相关政策，将超标准消耗的二氧化碳指标在市场上进行交易，有效降低二氧化碳资源化的成本，积极扩大二氧化碳资源化利用的产业规模，为企业营造一个更公平的二氧化碳资源化利用的法制环境。

## 本章小结

我国“30·60 目标”的落实，有望成为推动《巴黎协定》实质性落地的最关键力量，也将显著加快未来我国绿色低碳转型的进程，助力社会主义现代化国家之建设。与此同时，“30·60 目标”无论对于实体经济还是虚拟经济，无论对于企业还是个人，都既是机遇也是挑战。由外借鉴国际经验，由内把握两个阶段，由表从点到面，由里改革创新，碳中和蓝图的实现并不遥远。“碳达峰”和“碳中和”，是一场广泛而深刻的经济社会系统性变革，也是进入新发展阶段、实现高质量发展的内在需要。我国力争 2030 年前实现“碳达峰”，2060 年前实现“碳中和”，是党中央经过深思熟虑作出的重大战略决策，事关中华民族永续发展和构建人类命运共同体。实现“双碳”目标是一项复杂、长期和系统性的工程，坚持实施能源安全新战略，推进能源消费、供给、技术、体制革命，切实推进能源转型。处理好经济发展与生态环境保护、宏观政策力度的关系，加强宏观政策协调，推动结构性改革，培育和壮大新动能。加快推动产业结构优化升级，严控高耗能、高排放行业产能规模，大力发展节能环保产业，为经济社会发展注入新动力。坚持全国一盘棋，统筹有序、科学“减碳”、依法治污，就一定能够打赢“碳达峰”“碳中和”这场硬仗，“碳达峰”“碳中和”目标就一定能够如期实现。

## 本章习题

1. 温室气体影响地球辐射平衡的原理。
2. 简述“双碳”目标。
3. 简述 CCS 与 CCUS 技术的主要区别。

# 第7章　大气细颗粒物与人体健康

近些年来，随着我国经济的快速发展和城市化进程的加快，我国面临着严峻的大气环境问题。空气污染问题被认为是威胁健康的主要环境危险因素，世界卫生组织(World Health Organization，WHO)于2016年的统计结果显示，全球有十分之九的人所呼吸的空气质量超过WHO推荐的标准。细颗粒物($PM_{2.5}$)，指空气动力学直径小于2.5 μm的颗粒物，是影响我国大气环境问题的主要因素，引起了政府和公众的广泛关注。2010年全球疾病负担研究评估结果表明，$PM_{2.5}$室外空气污染居全球20个首要致死风险因子第九位，在我国更是排在第四位，仅次于饮食结构不合理、高血压、吸烟的风险。国际癌症研究机构(International Agency for Research on Cancer，IARC)于2013年，将空气污染列为一类致癌物质，同时也将大气颗粒物列为一类致癌物质。2017年世界上最悠久及最受重视的同行评审性质的著名医学期刊之一《柳叶刀》(*The Lancet*)杂志报道，根据全球疾病负担研究的估计，2015年由$PM_{2.5}$导致的过早死亡人数约420万，占总死亡人数的7.6%，其中以中国和印度空气污染较为严重，对全球空气污染造成的死亡人数贡献约50%。若没有新的污染控制措施，到2050年预计由空气污染造成的过早死亡人数将达到660万(Cohen et al.，2017)。

现代科技、工业的快速发展，环境污染问题不可避免，随着环境问题的日益加重，人们的健康和生活也逐渐受到威胁，在20世纪发生了多起极其严重的环境灾难，给人们留下了惨痛的教训，即著名的“八大公害事件”。(1)比利时马斯河谷烟雾事件(1930年12月，工厂排放烟尘致数千人患病，60余人死亡)；(2)美国多诺拉镇烟雾事件(1948年10月，工业和汽车排放污染致近6000人患病，17人死亡)；(3)伦敦烟雾事件(1952年12月，燃煤酸雾在四天内致4000余人死亡，污染后两个月内又死亡8000多人)；(4)美国洛杉矶光化学烟雾事件(1950—1960年，光化学烟雾多次在短日内致数百人死亡)；(5)日本水俣病事件(1953—1956年，含汞污水引发水俣病，致283人汞中毒，60人死亡)；(6)日本富山骨痛病事件(1955—1977年，含镉废水引发骨痛病，确诊258人，死亡207人)；(7)日本四日市喘病事件(1961—1972年，工业废气引发哮喘，致6000多人患病，10人死亡)；

(8)日本米糠油事件(1968 年 3 月，多氯联苯混入食用米糠油，致 16 人死亡，5000 多人患病，13000 多人受害)。由此可见，环境污染对人体能造成非常严重的健康危害，更值得注意的是，这 8 起环境公害事件中，有 5 起事件由大气污染导致。

$PM_{2.5}$已经被证实是导致过早死亡、全球疾病负担的主要风险因素之一，Liu 等(2016)对中国地区 2001—2017 年 $PM_{2.5}$导致的过早死亡进行评估，结果发现，自国家颁发“大气污染防治计划”后，2014—2017 年间由 $PM_{2.5}$导致的过早死亡人数从 107.88 万人下降到 96.29 万人。流行病学的研究亦证实了 $PM_{2.5}$污染与诸多不良疾病息息相关，如呼吸系统疾病(慢性阻塞性肺病、哮喘、呼吸炎症、肺癌等)、心血管系统疾病(冠心病、脑中风、缺血性心脏病等)、神经系统等疾病。在本章中，我们将重点介绍大气细颗粒物的毒性组分、暴露研究、流行病学研究以及毒理学研究。

## 7.1　大气细颗粒物毒性组分确定

$PM_{2.5}$是一种复杂的混合物，其化学组成受季节、地区、排放源、粒径等多种因素影响，导致 $PM_{2.5}$的健康效应存在时间和空间上的差异，颗粒物的化学组成主要可分为水溶性离子组分、无机元素组分(地壳元素、痕量金属等)和碳质组分等。水溶性离子是 $PM_{2.5}$中占比最多的组分，但其毒性效应较低，对人体造成的危害较小。无机元素组分主要包括地壳元素(Si，Fe，Al 等)、重金属(Zn，Cd，Pb 等)、类金属(As，Se 等)，其中重金属、类金属元素具有较大毒性，并且易在人体器官内富集，可对人体健康造成重大危害。颗粒物的碳质组分主要由有机碳(OC)和元素碳(EC)组成。有机碳是指以有机物形式存在颗粒物中的碳，如酸类、脂肪类、烷烃类、芳香族类等，由于其种类繁多、结构复杂，对人体健康效应的影响也更为复杂。元素碳主要来自于化石燃料的不完全燃烧，其具有稳定的理化特性，且可以吸附各类有毒有害物质，从而对人体健康产生影响。

$PM_{2.5}$不同化学组分的健康效应差异已通过大量流行病学研究得以证实。水溶性离子是 $PM_{2.5}$的重要组分，大部分水溶性离子本身不具备毒性，但部分离子可作为二次反应的标识物，其与健康效应的相关性可能反映二次气溶胶的健康效应，如 Lin 等(2016)对广州地区颗粒物组分与缺血性和出血性中风死亡率的关系进行了研究，结果发现，颗粒物中的有机碳(OC)、元素碳(EC)、硫酸盐、硝酸盐和铵盐与脑卒中死亡率有显著相关性，暗示了广州地区颗粒物的有害组成主要来自于燃烧和二次气溶胶。Rohr 等(2012)回顾了 48 项流行病学的研究，在不同 PM 组分的研究发现，含碳气溶胶与健康效应的负相关最为突出，研究还发现颗粒物的组分对心血管疾病的影响更大。钒(V)、镍(Ni)与心血管和呼吸系统健康效应都存在负相关，而铝(Al)和硅

(Si)仅与呼吸系统效应存在相关性。Cakmak 等(2014)报道发现,心血管系统和呼吸系统生理学的急性变化与 $PM_{2.5}$ 中的金属有关,$PM_{2.5}$ 中的钙、镉、锶、锡和钒的增加会导致心率和血压的增加以及肺功能的下降。Greene 等(2006)发现肺癌的患病率增加与 $PM_{2.5}$ 中的铬和砷相关。Raaschou-Nielsen 等(2016)研究了颗粒物中的元素与肺癌发病率的关系,发现颗粒物中的铜(Cu)、锌(Zn)、镍(Ni)、硫(S)和钾(K)均存在相关性,$PM_{2.5}$ 中 Cu 元素增加 5 $ng/m^3$,肺癌的发病率风险将增加到 1.25[95% CI(confidence interval,置信区间):1.01～1.53],$PM_{10}$ 中 Zn 元素增加 20 $ng/m^3$,肺癌的发病率风险将增加到 1.28(95% CI:1.02～1.59),$PM_{10}$ 中 S 元素增加 200 $ng/m^3$,肺癌的发病率风险将增加到 1.58(95% CI:1.03～2.44),$PM_{10}$ 中 Ni 元素增加 2 $ng/m^3$,肺癌的发病率风险将增加到 1.59(95% CI:1.12～2.26),$PM_{10}$ 中 K 元素增加 100 $ng/m^3$,肺癌的发病率风险将增加到 1.17(95% CI:1.02～1.33),表明了含 S 和含 Ni 的颗粒物其健康效应更为重要。Hvidtfeldt 等(2019)长期暴露研究发现,$PM_{2.5}$、BC/OC、SOA 与总死亡存在正相关,其含量每增加一个四分位数,总死亡的相对风险分别为 1.03(95% CI:1.01～1.05)、1.06(95% CI:1.03～1.09)和 1.08(95% CI:1.03～1.13)。对于心血管疾病,暴露于高浓度的 $PM_{2.5}$、BC/OC 和 SIA 环境下,死亡风险显著上升。Ye 等(2018)对 $PM_{2.5}$ 化学组分与心血管疾病急诊进行流行病学分析,研究发现,水溶性铁、钒与心血管疾病急诊率存在较为显著正相关关系。

毒理学(Toxicology)是一门研究外源因素(化学、物理、生物因素)对生物系统的有害作用的应用学科;是一门研究化学物质对生物体的毒性反应、严重程度、发生频率和毒性作用机制的科学;也是对毒性作用进行定性和定量评价的科学;是预测其对人体和生态环境的危害,为确定安全限值和采取防治措施提供科学依据的一门学科。毒理学研究可以为流行病学提供解释机理,明确关键的毒性组分以及制毒机理。通过体内(*in vivo*)体外(*in vitro*)暴露揭示 $PM_{2.5}$ 各化学组分的不同健康效应。

### 7.1.1 大气颗粒物水溶性组分

水溶性离子是 $PM_{2.5}$ 的重要组成部分,是 $PM_{2.5}$ 中占比最多的组分,主要包括 $Na^+$、$NH_4^+$、$K^+$、$Ca^{2+}$、$Mg^{2+}$、$F^-$、$Cl^-$、$SO_4^{2-}$、$NO_3^-$ 等离子,其中二次无机离子($SO_4^{2-}$、$NO_3^-$、$NH_4^+$)贡献了水溶性组分的 50%～80%。大部分情况下水溶性离子不具备毒性,但由于其溶解性,可以随血液循环遍布全身,进而对人体造成不利健康效应。Qiao 等(2019)研究发现,孕晚期母体暴露在 $PM_{2.5}$ 环境下,影响双胞胎体重差异,硫酸盐、铵盐的含量与双胞胎体重差值及不一致性显著相关,硫酸盐、铵盐每增加一个四分位数,出生体重增加 19.2 g(95% CI:0.2～38.1)以及 33.2 g(95% CI:7.9～58.6),表明 $PM_{2.5}$ 对双胞胎出生差异产生影响,水溶性离子硫酸盐、铵盐起着重要作用。

### 7.1.2 大气颗粒物金属组分

重金属(类金属)元素多为生物毒性显著的元素,其生物降解困难,易于富集,通过食物链的积累、放大,最后进入人体,造成慢性中毒。其亦可与人体内多种蛋白质、酶等发生强烈的相互作用,使它们失去活性,引起不良健康效应。

Xia 等(2019)研究发现,孕早期 $PM_{2.5}$ 暴露会引起收缩压、舒张压、平均动脉压显著升高,并且在排除质量浓度的影响下,铅元素(Pb)的含量与舒张压、平均动脉压的升高显著相关。Pan 等(2019)以碳纳米材料加合重金属及有机物,模拟 $PM_{2.5}$ 诱导炎症的机理,结果发现,仅在碳纳米材料加合铅离子($Pb^{2+}$)情况下,是通过抑制长非编码 RNA(lnc-PCK1-2:1)导致人支气管细胞炎症效应,阐明了 $PM_{2.5}$ 诱导炎症的一种新机制:抑制长非编码 RNA,其中 $Pb^{2+}$ 起重要作用。Jiang 等(2018)采用黑碳和 Pb 复合材料模拟颗粒物暴露,研究发现复合了 Pb 的黑碳材料在低剂量下毒性效应显著提升,表明 Pb 在诱导细胞毒性中起着重要作用,后续的活体暴露实验发现,Pb 复合的黑碳材料能明显导致炎症和肺功能损伤,表明了黑碳与 Pb 在诱导毒性效应中的协同作用。Lu 等(2017)采用纳米二氧化硅和醋酸铅复合暴露研究颗粒物毒性效应,结果表明单独暴露 Pb 会引起 A549 细胞线粒体依赖性凋亡,单独暴露于二氧化硅不引起细胞凋亡,复合暴露下,细胞凋亡显著增加,表明了二氧化硅和醋酸铅的协同毒性效应。Huang 等(2018)对 $PM_{2.5}$ 暴露下儿童平均肺活量变化情况进行研究,结果表明 Cr,Cd,Ni,Cu 和 Zn 均会对影响儿童的肺活量。Cakmak 等(2019)研究发现,颗粒物中重金属组分(Fe,Cu,Ba,Mn,Co,Ni)与 DNA 损伤存在较好相关性,表明颗粒物中金属元素具有一定的遗传毒性。Miyata 等(2017)研究发现铁、钒、镍、锌等主要可溶金属是导致活性氧(ROS)增加的主要组分。Palleschi 等(2018)对 $PM_{2.5}$ 水溶性组分毒性效应研究发现,低分子量水溶性溶质(<3 kDa)主要导致细胞氧化应激增加,而大分子或不溶解部分主要贡献颗粒物的氧化潜能及同型半胱氨酸的增加,夏季样品中的水溶性 Cu 和 Ni 表现为促进氧化效应。

### 7.1.3 大气颗粒物有机组分

有机物是 $PM_{2.5}$ 中重要组分,且具有一定的脂溶性,使其更容易透过人体屏障,对人体健康造成危害。同时有机物的一次排放和之后的二次反应更为复杂,使其种类繁多,进而导致确定其毒性效应更为困难。

Bae 等(2017)对水溶性组分与细胞活性氧相关性研究发现,水溶性有机碳(WSOC)以及某些特殊水溶性物质与氧化潜能存在较好相关性,并且发现二次有机气溶胶与氧化潜能具有更高的相关性。Song 等(2019)研究发现,$PM_{2.5}$ 暴露下 BEAS-2B 细胞的代谢组学发生显著改变,活性氧、丙二醛(MDA)和促炎因子(TNF-α、IL-6、IL-1β)上升,进而影响嘌呤、氨基酸、谷胱甘肽等的代谢以及三羧酸的循环及糖类的分解，其中有机提取部分的贡献显著高于水溶液提取部分，暗示了有机物在$PM_{2.5}$代谢毒性中的重要作用。Qi等(2019)对$PM_{2.5}$水溶性组分及非水溶组分的毒性效应研究发现，鼠心肌细胞暴露于50 μg/mL的$PM_{2.5}$及$PM_{2.5}$非水溶性组分，细胞存活率显著下降，细胞膜损伤明显，活性氧显著增加。而水溶性组分的细胞毒性直到高浓度(75 μg/mL)才有所体现，暗示了$PM_{2.5}$心脏毒性主要由$PM_{2.5}$非水溶性组分的贡献。Chen等(2019)研究发现$PM_{2.5}$中有机组分与细胞存活率、细胞膜通透性、炎症损伤存在相关性，并且呈现季节差异，在冷季节(冬季和春季)，有机组分(PAHs和正构烷烃)影响细胞的细胞膜、氧化应激和炎症损伤，而在暖季节(夏天和秋天)有机物主要影响细胞存活率。Zhang H H等(2018)研究发现$PM_{2.5}$环境暴露下，小白鼠的代谢发生改变，$PM_{2.5}$全组分的暴露，影响氨基酸、蛋白质、能量、辅助因子及维生素的代谢，$PM_{2.5}$水溶性组分影响脂质和糖类代谢，非水溶性组分主要影响氨基酸和能量代谢。Pardo等(2018)研究发现$PM_{2.5}$有机提取组分比水溶提取组分导致的肺细胞/肝细胞的炎症损伤增加，而在氧化应激方面却存在差异，有机提取物暴露于肺细胞，抗氧化效应下降，氧化应激、脂质过氧化水平上升，然而当暴露于肝细胞抗氧化效应增加，同时氧化应激、脂质过氧化亦水平上升，表明了有机物(PAHs)暴露于不同器官下健康效应存在差异。Kim等(2018)研究发现$PM_{2.5}$水提取部分和有机物提取部分均导致A549细胞存活率下降，ROS含量的增加以及DNA损伤。

Breysse等(2013)研究发现BC，OC，SVOC，Ni和V是颗粒物中重要毒性成分，并且二次生成的气溶胶可以增加颗粒物毒性。Zhang Y等(2018)研究同样发现$PM_{2.5}$的细胞毒性主要与重金属和有机污染物相关。Islam等(2020)研究发现，$PM_{2.5}$中的重金属及多环芳烃类物质可以导致细胞毒性，并且还能产生基因毒性。Jin等(2019)对北京和广州两个地区$PM_{2.5}$组分及细胞毒性特征进行研究，结果发现单位质量$PM_{2.5}$中北京地区样品金属和PAHs的含量更高，其细胞毒性更强，PAHs的毒性效应强于金属的毒性效应，其中Fe，Cu，Mn贡献了80%的金属毒性，二苯并[a,l]芘贡献了PAHs毒性的约65%，然而金属和PAHs的毒性贡献仅占$PM_{2.5}$总毒性效应的40%左右，仍有60%的毒性效应无法解释，暗示了仍有某些含量很少但毒性效应很强的组分未被我们认知。de Kok等(2006)研究发现在颗粒物中PAHs对氧化能力的增加效应要大于金属部分的贡献。

Niu等(2020)研究发现，机动车尾气排放的颗粒物具有较强的细胞毒性，尤其是多环芳烃类(芴、蒽、苯并[a]芘等)与细胞释放的LDH、IL-6具有较好的相关性，暗示了不完全燃烧产生的PAHs对细胞膜损伤、炎症效应具有重要贡献。有研究发现，在去除重金属元素的影响下，细颗粒物仍可以对细胞造成毒性。Tong等(2019)研究发现，$PM_{2.5}$暴露下，细胞的存活率与$PM_{2.5}$中OC的含量存在较强负相关($r$=−0.8)，与PAHs亦存在较好相关性($r$=−0.7)，LDH、8−异前列腺素均与OC和

PAHs存在较好相关性，表明了颗粒物的有机组分，尤其是PAHs对细胞毒性的重要贡献。Niu等(2017)研究发现，$PM_{2.5}$中PAHs和OPAHs物质能导致细胞损伤，引起细胞毒性，以及促炎症效应，苯并[a]蒽-7,12-二酮与NO生成具有高度相关性，二苯并[a,h]蒽和1,4-二苯醌与TNF-α的产生密切相关，1-萘甲醛与IL-6的产生显著相关。Melki等(2017)研究发现暴露于颗粒物环境下会导致基于突变和遗传毒性，并且致突变性和遗传毒性与颗粒物中有机物相关。

## 7.2　大气颗粒物的暴露及流行病学研究

大气污染和人体健康效应之间的因果和关系一直以来都是科研和医疗工作者们关注的热点。随着我国经济发展及城市化进程的加快，空气污染也日趋严重，特别以大气颗粒物污染问题最为严峻。$PM_{2.5}$因其颗粒小、比表面积大，吸附的重金属和有毒物质较多，在大气中的停留时间长、输送距离远，且可直接到达肺泡，在呼吸系统中易于溶解吸收等特点，使其对大气环境质量和人体健康的影响更为严重。因此，有必要厘清大气颗粒物污染和健康效应之间的关系，探索大气颗粒物的致毒、致病机理，有助于准确的进行区域风险评价，以及有针对性地进行污染防控和健康防护措施。

### 7.2.1　大气颗粒物的暴露研究

早有研究表明，人体健康状态由遗传因素和环境因素共同影响决定。北欧的一项双生子队列研究发现，遗传因素对肿瘤的贡献率仅占10%左右，而环境因素贡献率却高达80%以上。还有多项流行病学研究结果也显示，在慢性疾病的影响因素中，遗传因素贡献率在20%左右，更多的还是受环境因素所影响。然而在以往的很多疾病健康研究中，大家的重点都放在了遗传因素上，对于环境因素的贡献未能予以重视。

随着环境问题被广泛认知，环境对人体健康影响逐渐受到了人们的重视，越来越多的人开始关注这一研究领域，一些新的方法和概念也逐渐被人们所认识。外部环境是一个时间和空间维度上的复杂整体，包含了人体所在区域中的各种风险因素以及各个因素之间的共同作用。暴露是环境作用于人体的途径，是导致损伤的起点，只有经过环境的暴露，才能产生所在环境带来的影响。2005年，Wild首次提出了暴露组(exposome)的概念，提出在疾病健康的研究中应该更加关注环境因素的评价。

暴露组是对人体全部生命阶段，即从受精卵开始到人体死亡的全过程中，全部环境暴露因素的评价。人类一生都暴露在复杂的环境中，各种有害重金属和有机化合物等成千上万种化学物质组成的化学环境，各种噪声、振动和辐射交织的物理环境，此外身体和心理还要受到来自社会环境的各种影响。从人的一生来看，幼儿时期的主要暴露来源是母乳以及室内玩具、家居，成年后进入社会，职业所处环境成了关键的暴露场所,到了老年时期居家生活环境则是主要的影响因素。暴露可以分为外暴露和内暴露。外暴露是指人体直接接触的外环境污染物的水平,可通过测定空气、水、土壤或食品等环境样品,或用模型预测等手段确定人体接触到的外环境污染物的浓度。内暴露是指外环境污染物通过各界面被人体吸收后在体内的实际接触水平,可通过检测人的血液、汗液、尿液、毛发、脂肪等生物样品和代谢产物来确定。

此前,由于技术条件的限制,人们对环境因素的评价不够全面、不够准确,不能认识到环境中同时存在的多种因素的共同作用,甚至对已经确定的污染物都无法进行全面系统的研究,但随着现代检测技术的高速发展以及人群对环境暴露因素的重视度日益提高,为暴露组这一概念的推广和实施提供了科学支撑和技术可行性。

#### 7.2.1.1 暴露组研究方法

环境暴露复杂多样,人类经过环境暴露所产生的反应也复杂多变,为了研究全生命过程、全环境因素暴露对人的健康、疾病的影响,人们提出了“自下而上和“自上而下”的研究方法。

“自下而上”方法是通过研究外环境污染物,对环境中的空气、水、土壤和食品等外部环境介质进行定量分析,确定每类暴露因素的水平,结合暴露结果分析污染和疾病等健康结局发生的相关性。“自上而下”方法是通过高通量组学和生物监测技术,分析比对病例和对照健康人群血液、体液中的基因表达、蛋白质加合物和代谢产物等,以确定生物样本中各种外来有害物质的种类和水平,从而确定这些有害物质与疾病发生的关系,揭示导致疾病损伤的有害因子。

这两种方法各有优点和不足。“自下而上”方法可以检测外部环境中各种污染物的浓度,有利于长期进行个体暴露,从而更好地研究和认识个体暴露过程;也可以在较为复杂的环境中进行大规模的人群研究,通过环境监测技术分析各种污染物的来源,但是难以定量外部环境进入体内有害物质,缺少内暴露的准确信息,也就不能得到有害物质和疾病损伤之间的关系,此外由于该方法基于环境监测资料,因此需要花费大量的精力和成本来检测各种环境污染物,同时也可能会因监测技术水平不足、检测项目不完全等原因遗漏部分未知的污染物。而“自上而下”方法可以定量外部环境进入体内的有害因子,可以在大量的环境污染物中确定关键污染物,指出优先关注和优先控制的有害因子,确定有害因子和疾病损伤之间的关系;然而这种方法依赖于高通量组学和生物监测技术,生物样本采集和分析具有一定操作难度,因此难以进行大规模的人群研究,同时由于暴露个体之间具有差异,且内暴露标志物的动态多变也限制了该方法的应用;虽然该方法能为确定致病的有害因子提供有力证据,但是却不能指出有害因子的来源。通过分析对比两种方法的优缺点,将这两种策略相结合,各取优点,互补不足,才是更科学的研究方法,但在实际应用中还应考虑实施的可行性。

7.2.1.2　生物标志物

在人体经过外部污染环境暴露之后，在不同生物学水平上会产生因为环境污染物导致的异常变化，这些异常化的信号就是生物标志物，会在机体受到严重损伤前提供一些警报。生物标志物广泛应用于大气颗粒物污染与疾病健康的研究中。通过暴露组和对照组的各种生物材料基因组、转录组、蛋白组和代谢组等一系列组学研究，可以在 DNA、RNA、蛋白大分子和代谢小分子水平上筛选多个与环境暴露以及疾病相关的生物标志物用于环境与健康研究，以解释环境因素与疾病的关系。

生物标志物一般可分为暴露标志物、效应标志物和易感性标志物这三大类。暴露标志物指机体内可测量的外源性物质、代谢产物、外源性物质或其代谢产物与靶分子或靶细胞相互作用的产物。通过测定暴露组和对照组生物材料中的暴露标志物，可以提高暴露评价的精度，从而更准确地测算出从呼吸道、消化道、皮肤等多种途径进入体内的污染物的剂量。效应标志物指机体内可测量的生化、生理、行为或其他改变，这些改变可引起确定的或潜在的健康损害或疾病。通过定量测定效应标志物，可以帮助研究疾病的发生、发展，有助于理解环境因子的致病机制，比仅观测疾病终点需要的时间短、样本量少、更全面，提高了研究的效率。易感性标志物指能使个体易于受化学、物理等有害因素影响的一些改变，是由于其先天遗传性或后天获得性缺陷而对外源性物质产生反应能力的一类标志物。通过研究易感性标志物，可筛选出环境暴露的敏感人群，加以针对和精准保护。

在经过污染环境暴露之后，一般需要数月甚至数年才可能发展成疾病状态，因此，研究者们提出以生物标志物为中介，联系环境因子和疾病，构建环境暴露—内暴露标志物—效应标志物—疾病结局的框架，即应用不同阶段的生物标志物的信息和毒理学机制，研究暴露—生物标志物—疾病的关系。

大气污染暴露可通过扰动遗传、免疫和氧化应激等毒性通路产生健康损伤效应。在人群水平上测定这些毒性通路上关键节点的生物标志物，对于认识早期效应和致病过程有重要价值。在遗传毒性通路上，常用的生物标志物有染色体畸变、微核、彗星实验、端粒 DNA 长度和线粒体 DNA 拷贝数等。染色体畸变和微核可反映可遗传染色体的损伤和基因组的不稳定性，常发生于癌症早期，与癌症风险密切相关。大气颗粒物暴露能够增高染色体和 DNA 损伤水平，多项研究证明端粒 DNA 长度和 DNA 拷贝数水平等生物标志物的异常改变与人体健康状况相关(Pedersen et al.，2009；Rossnerova et al.，2011；Hou et al.，2013；Zhang et al.，2015；Duan et al.，2016)。免疫系统是大气颗粒物毒性作用的靶器官之一，$PM_{2.5}$ 对免疫系统的破坏与各种疾病的发生密切相关。在免疫毒性通路上，常用的生物标志物有 Clara 细胞分泌蛋白-16(CC16)、血清淀粉样蛋白和炎性细胞因子等。Clara 细胞主要分布于终末细支气管和呼吸性细支气管上皮，其分泌的 CC16 是评价呼吸道上皮屏障功能的早期敏感指标。大气颗粒物暴露能够导致血清淀粉样蛋白的升高，并且对血液淋巴细胞的免疫表型分布、细胞百分比和免疫因子的改变有一定的影响(Herr et al.,2010;Ostro et al.,2014;Dobreva et al.,2015;Dai et al.,2016;Bassig et al.,2017;Wang et al.,2018)。在氧化应激通路上，大气颗粒物可以刺激靶细胞或炎性细胞，产生活性氧(Reactive Oxygen Species,ROS)，继而产生8-羟基脱氧鸟苷(8-OHDG)，导致基因突变、细胞癌变及个体衰老等现象，8-OHDG也是研究氧化损伤最常用的生物标志物之一，研究表明大气颗粒物暴露与尿中的8-OHDG水平有关，并且与肺癌的发生风险高度相关。短期暴露于$PM_{2.5}$和超细颗粒物会增加哮喘患者的氧化应激负担，柴油机尾气暴露还会导致脂质氧化水平的增高(Cooke et al.,2008;Bin et al.,2016;Shen et al.,2016;Dai et al.,2018)。

大气污染物的组分复杂多变，可导致急性、慢性多器官系统的损害，因此，在大气污染与人群健康研究中，应用暴露组技术方法，系统分析环境暴露因素的种类并进行定量评价，可以在对环境因素和暴露特征进行充分解析与分析的基础上，全面系统地探索大气污染与疾病的关系。

有专家提出，对人体生物样本中污染物的检测是评价环境暴露水平的重中之重，所以研究者们致力于探索测定人体生物材料中的污染水平的指标和方法，寻找反映个体的颗粒物暴露水平的标志物是大气污染与健康研究的难点之一，而精确的暴露评价是研究剂量-效应关系的关键之一(Leng et al.,2017)。针对这个难点，研究者们在大气颗粒物暴露与健康影响的新型生物标志物方面进行了深入探索。

研究人员发展了肺内巨噬细胞碳载荷测定和分析方法，应用于颗粒物暴露的有效剂量生物标志物。颗粒物被吸入支气管后，可以经过支气管纤毛的摆动，随痰液排出体外，但肺泡内缺乏黏液纤毛清除系统，进入肺泡内的颗粒物的清除主要通过巨噬细胞的吞噬和转移，但是肺清除不溶的颗粒异物的速度很慢，有的可达数周甚至数月，使得肺内的颗粒物能够长时间与肺内细胞相互作用，被肺内巨噬细胞吞噬后可以启动并诱发一系列生物效应，并损伤肺组织和其他脏器。由于哺乳动物细胞内没有元素碳的聚集，并且含碳颗粒物在光学显微镜下呈黑色颗粒，因此收集支气管和肺泡内巨噬细胞并测定其中碳含量，可以作为评价颗粒物暴露的靶剂量标志物(Bai et al.,2015)。

在队列研究中可以应用肺发育轨迹标志物，研究暴露大气颗粒物对儿童肺发育轨迹的影响。肺的发育从胚胎期开始，幼儿期肺发育主要表现在呼吸性细支气管和肺泡数量增多，从儿童期到青年期，肺从结构到功能都经历高速发育的过程，在20岁左右达到高峰，随着年龄的增长，肺功能进入一个持续下降的过程。除了遗传因素外，肺部后天感染疾病和环境污染因素也会导致肺功能发育迟缓(Castillejos et al.,1992)。儿童期肺功能发育迟缓和成年期肺功能的快速下降，都对老年时期感染肺部疾病有促进作用(Redline et al.,1989)。因此儿童期肺功能增长和成年期肺功能下降这一发育轨迹可以作为反映环境暴露和肺部疾病的标志物,可以预测肺部疾病的状态。

另外,利用高分辨率胸部 CT 扫描技术,结合肺功能测定能更加准确地发现颗粒物暴露导致的早期肺损伤的部位和特征,作为疾病诊断的影像学生物标志物,有助于肺损伤部位的确定的诊治,以及疾病的早期发现和预警。近年来,还有不少研究都表明 $PM_{2.5}$ 暴露和人血液、痰液 DNA 甲基化有显著性关联,DNA 甲基化定量方法较为标准化,且在一定时间内相对稳定,适合作为环境暴露和预测疾病风险的生物标志物。

### 7.2.2　大气颗粒物的流行病学研究

大气颗粒物作为我国主要环境污染因素之一,其与健康的关系一直是环境科学和公共卫生研究的热点,其中以 $PM_{2.5}$ 为主的大气颗粒物污染给人们的健康带来了很大的威胁。著名医学杂志《柳叶刀》2013 年发布的全球疾病负担报告中称,在我国的致死风险因子中,大气细颗粒物排名第四,仅次于饮食结构不合理、高血压和吸烟。2015 年发布的全球疾病负担报告显示,随着颗粒物浓度的提高,各项疾病的发病率均明显提高,1990—2015 年,由于 $PM_{2.5}$ 造成的死亡人数逐年提高。大气颗粒物污染与疾病健康的研究逐渐受到了科研人员和广大民众的关注,近年来,我国在大气污染流行病学的研究方法和成果上都取得了显著的进步,为研究大气污染和区域人群健康之间的关系,以及开展污染防治工作提供了重要的科学依据。

#### 7.2.2.1　流行病学研究方法

流行病学是研究特定人群中疾病、健康状况的分布及其决定因素,并研究防治疾病及促进健康的策略和措施的科学,大致可以分为观察流行病学、实验流行病学和理论流行病学这三类。观察流行病学方法又分为描述性研究和分析性研究。其中描述性研究是通过对研究人群的观察和记载,准确描述其健康、疾病情况的时间,空间,人群特征等分布特点,以期找到某些因素与疾病健康状况之间的关系。描述性研究是流行病学工作的起点,也是其他流行病学研究方法的基础,包括横断面研究、生态学研究等。分析性研究进一步在有选择的人群中观察可疑病因与疾病健康状况之间的关联,以验证假设病因,并研究其作用水平,常用的方法有队列研究和病例对照研究。实验流行病学方法将人群随机分为实验组和对照组,对各组进行前瞻性的随访,观察比较各组的结局和差异,从而判断实验组附加因素的作用。实验流行病学方法包括干预研究、临床试验、现场试验等。理论流行病学则是应用数学模型的方法,将其他流行病学获得的数据建立成相关的数学模型,用公式明确、定量的描述环境因子和人群疾病健康状况之间的关系。近年来,我国的流行病学研究也取得了一些显著的进展，从简单的横断面研究、生态学研究到后来的队列研究，病例对照研究、干预研究等，研究的设计更加的严谨、全面。在大气颗粒物方面，从最初的 $PM_{10}$ 研究，逐渐发展到 $PM_{2.5}$，再延伸到如今的超细颗粒物的一系列研究，大气污染作用靶器官研究从呼吸系统到心血管系统，再到神经系统、生殖系统，我国的大气颗粒物流行病学研究越来越成熟、越来越全面。

横断面研究，指在某一特定时点或某一较短时间区间内，收集调查某一人群的疾病健康状况的现况资料，描述暴露因素与疾病健康状况之间的关系，又称现况研究。根据研究目的，研究的调查方式可以选择普查，也可以抽样调查。横断面调查可以描述疾病健康状况在时间、空间和人群中的分布情况，为致病机制和疾病防治研究提供线索，是流行病学中应用最为广泛的方法。生态学研究是在人群水平上收集分析资料，描述不同人群中的人群特征、环境暴露水平和疾病健康状况的分布情况，分析暴露因素和疾病之间的关系，包括生态比较研究和生态趋势研究。

队列研究，是将人群按某一因素的不同暴露水平分成不同组，追踪观察一段时间，比较不同组之间疾病的发病率和致死率的差异，从而判断暴露因子和结局之间有无因果关联和关联大小的一种观察性研究方法。根据特定条件的选择，可以分为出生队列研究和暴露对列研究；根据研究对象进入队列时间和观察终止时间不同，可以分为前瞻性队列研究、回顾性队列研究和双向性队列研究；根据队列中研究对象是否变动，又可以分为固定人群队列研究和动态人群队列研究。队列研究的暴露因素和疾病都是客观存在的，所以可以通过研究检验一种暴露因素与一种或多种疾病的关联，观察疾病的自然史，确定主要的暴露因素，为疾病预防提供依据。病例对照研究，是一种回顾性研究，是选取现有确诊某一疾病的病人作为病例，和不患有该疾病且具有可比性的人作为对照，通过询问、诊断、复查病史等手段，收集和比较某个有害因素或多个因素对病例组和对照组的暴露情况，分析这些因素与疾病发生之间的关联。

#### 7.2.2.2　大气颗粒物对呼吸系统影响流行病学研究

大气颗粒物对呼吸系统的影响与颗粒物浓度、组分、来源和粒径相关，颗粒物的粒径决定了其在呼吸系统中的沉积状态。有研究表明，粒径小于 10 μm 的大气颗粒物即可进入人体呼吸道，但部分大粒径颗粒物会被鼻毛截留或随鼻涕、痰液排出体外，因此对人体的影响有限；粒径为 1～2.5 μm 的大气颗粒物可进入肺泡和支气管部，且大多沉积于肺部深层，通过肺部产生氧化应激，引发炎症反应，诱发呼吸系统疾病；而粒径在 1 μm 以下的颗粒物则可以穿过气血屏障直接进入到血液中，产生更大的危害(图 7.1)(Pinkerton et al.，2000；Valavanids et al.，2008；Agudelo-Castaneda et al.，2017)。目前，常用横断面研究、队列研究、病例对照研究和干预研究等方法研究大气颗粒物对呼吸系统的健康影响。

研究发现，$PM_{2.5}$ 浓度每升高 10 $\mu g/m^3$ 呼吸系统疾病的死亡风险增加 5%

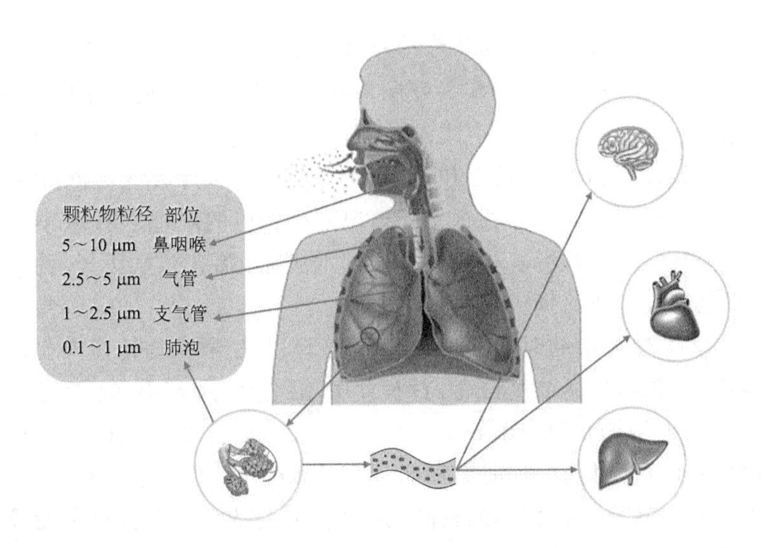


[彩]图 7.1　(1)不同粒径的大气颗粒物在人呼吸系统的沉积情况；(2)小粒径的颗粒物可以通过气血屏障，随血液流经全身多个系统

(Wong et al.,2015)。大量时间序列研究和病例对照研究发现，经过 $PM_{2.5}$ 短期暴露后，会导致医院日均门诊量和住院人次会有所提高，人群呼吸系统疾病发生风险、日呼吸疾病死亡率升高。广州一项横断面研究结果显示，大气污染水平与儿童呼吸系统健康状况显著相关，高污染区儿童患哮喘、支气管炎等呼吸系统疾病的风险高于低污染区的儿童(吴家刚 等,2012)。波兰一项十三四岁健康儿童的定组研究发现，随着颗粒物暴露浓度的升高，儿童的用力肺活量和最大呼气峰流速均会降低(Zwozdziak et al.,2016)。2012—2014 年我国进行了一次规模达 5 万人次的成人肺部健康队列，研究结果表明，除了吸烟外，$PM_{2.5}$ 年平均暴露浓度达到 50 $\mu g/m^3$ 以上，也是引起慢阻肺的主要因素之一，$PM_{2.5}$ 暴露浓度升高，40 岁以下的成年人慢阻肺患病风险升高，这个结果在非吸烟人群中尤为显著。

2008 年，北京举办了空前盛大的奥运会，在奥运会举办期间开展了一系列干预研究。在奥运会举办前，国家采取各种措施严格控制了污染物的排放，使得北京奥运会期间的 $PM_{2.5}$ 浓度降低了近 50%，期间北京市居民哮喘发病风险下降了约 50%，日均门诊量较对照期下降了约 40%，各种亚临床健康指标也有了明显改善。在 2014 年南京青奥会期间也开展了相关的干预研究，得到了相似的结果。秋冬季节重污染天气期间，人们选择空气净化器和口罩等措施保护自己，减少了颗粒物的暴露，降低了呼吸疾病发生的风险，也是一种干预手段，也说明了 $PM_{2.5}$ 短期暴露会引起呼吸系统的疾病和损伤。

#### 7.2.2.3　大气颗粒物对心血管系统影响流行病学研究

大气颗粒物污染与人心血管疾病发病率和死亡率关系也是全球环境健康流行病学研究的热点之一。国外多项研究发现，大气颗粒物的暴露会增加心血管疾病的发病风险。心血管疾病是我国人群首位死因，由于我国较国外大气颗粒物浓度较高，颗粒物组分也有所差异，因此需要根据实际情况开展相应的病理学研究，探索我国大气颗粒物污染和心血管疾病发病率、死亡率之间的关系，筛选致病因子，为大气颗粒物污染防治、心血管疾病防治提供科学依据。

我国一项272个城市的时间序列研究证实了，大气颗粒物的短期暴露会增加居民的死亡风险，颗粒物暴露浓度升高，心血管病、冠心病、脑卒中和呼吸道疾病等心肺疾病导致的死亡率均增加(Chen et al.，2017)。20世纪90年代以来，我国北京、上海、沈阳等城市进行了时间序列研究和病例交叉研究，发现短期接触高浓度大气颗粒物会导致人群心血管疾病死亡率的提高，其中老年人是大气颗粒物暴露导致心血管疾病死亡的高危人群(高军 等，1993；阚海东 等，2003；王慧文 等，2003)。欧洲、美国、韩国以及我国台湾的研究表明，大气颗粒物暴露水平与缺血性心脏病和中风的发病率、死亡率相关(Schwartz et al.，1996；Ibald-Mullia et al.，2001；Hong et al.，2002；Tsai et al.，2003)。Pope 等(1995)对美国90名老人进行了固定群组追踪研究，发现大气颗粒物的暴露会增高心率，会显著增加心脏病患者心脏的负担，进而导致心血管疾病死亡的发生。

美国哈佛六城市队列研究和美国癌症协会队列研究都指出，长期暴露于大气颗粒物，会导致人群心血管疾病死亡率升高(Dockery et al.，1994；Pope et al.，1995)。我国辽宁一项横断面研究的结果显示，高污染区心脑血管的发病率明显高于低污染区(徐肇翊 等，1996)。从北京奥运会和南京青奥会期间进行的干预研究也可以看出，大气颗粒物对心血管疾病存在着慢性影响。

#### 7.2.2.4　大气颗粒物对其他系统影响流行病学研究

$PM_1$ 以及粒径更小的大气颗粒物能够穿过气血屏障进入血液，随血液流经全身各个系统，甚至可以通过血脑屏障进入大脑，部分组分可以沉积在体内，对人体甚至后代造成不良影响。因此，除了呼吸系统和心血管系统以外，大气颗粒物还会对神经系统、生殖系统和消化系统等产生危害。

在马德里针对60岁以上的居民的一项现况调查发现，大气颗粒物暴露能够诱发和加剧阿尔茨海默症(Culqui et al.，2017)。美国多项横断面研究的结果显示，$PM_{2.5}$浓度升高，人群嗅功能、语言学习能力、老年人的认知功能均下降(Ailshire et al.，2014；Gatto et al.，2014；Ajmani et al.，2016)。乳腺癌、宫颈癌和卵巢癌是女性最常见的癌症，国内外多项流行病学研究发现 $PM_{2.5}$ 具有类雌激素作用，$PM_{2.5}$ 暴露和乳腺癌、宫颈癌发病率高度相关,卵巢癌病死率与机动车尾气暴露相关(Wernli et al.,2008;Moktar et al.,2011;Hu et al.,2013;Huo et al.,2013)。国外研究团队进行了一项出生队列研究,研究大气颗粒物的暴露会增加孕妇早产的发生风险,高污染地区孕妇早产风险比低污染地区高出36%(Atkinson et al.,2011)。武汉地区一项出生队列研究也发现大气颗粒物会显著增加早产的发生风险,但危害的窗口期有所差别(Qian et al.,2016)。另外,高浓度$PM_{2.5}$的暴露还可能会导致孕妇孕期体重增加,对子代产生不良影响(Liao et al.,2018)。近年来,医学研究成果也显示,大气颗粒物的暴露对肝纤维化的发生有明显促进作用。

## 7.3 大气颗粒物健康危害及毒理机制

近年来,我国多个地区频繁出现以大气颗粒物,尤其是$PM_{2.5}$为特征污染物的灰霾天气,其中京津冀、珠三角、长三角等经济、工业发达的地区都是雾霾频发地区。$PM_{2.5}$因其粒径小,比表面积大,容易吸附空气中多种有毒有害物质,沉降速度慢,在大气中滞留时间长,可以通过呼吸道、消化道和皮肤等途径进入人体,通过呼吸和血液循环对人体各个系统产生不良影响,进而引发呼吸系统疾病、心脑血管疾病、癌症等。通过大量的流行病学研究已经发现,大气颗粒物暴露和人体健康状况密切相关,大气颗粒物的健康效应和致毒机制也成为了环境健康的研究热点之一。目前,大气颗粒物毒理效应的研究方法多种多样,按研究手段分主要有流行病学研究和毒理学研究。大气颗粒物的流行病学研究在前一节已经进行了详细的介绍,所以下面主要从毒理学研究的角度,探讨大气颗粒物的健康效应和致毒机理。

### 7.3.1 毒理学研究方法

毒理学(Toxicology)是研究外源性化学、物理、生物等环境因素对生物系统的有害作用,研究外源性物质对生物体的毒性反应、作用水平及致毒机制的科学。毒理学研究可以将环境因素对人体的毒性作用进行定性和定量评价,建立污染物和毒性作用之间的剂量-效应关系,以预测环境污染物对人体的危害,为实施区域污染防治和环境暴露风险评价提供科学依据。大气颗粒物的毒理学研究可以分为体内暴露试验和体外暴露试验。体内暴露试验是通过模拟人体真实暴露途径建立动物模型,对动物进行颗粒物的暴露,因此又称为动物实验。体外暴露试验主要是将大气颗粒物暴露于体外培养的细胞中,借助流式细胞仪或酶标仪等实验仪器分析检测颗粒物引起的细胞毒性指标或者生物标识物,从而判断大气颗粒物的细胞毒性效应。

### 7.3.2 动物实验研究

动物实验需要根据研究目的和实验要求选择适合的实验动物,实验动物需要满足容易获得和饲养、遗传稳定性、个体均一性等特点,另外,实验动物还需要与人类有疾病共性。一般使用的实验动物有大鼠、小鼠、豚鼠、猫、狗等，具体实验中会根据研究目的选择培养具有相应特征的动物，如疾病模式小鼠和特定基因敲除小鼠。在动物实验中，大气颗粒物一般经呼吸道对动物进行染毒，常用的染毒途径有：全身吸入染毒、口鼻吸入染毒和气管滴注染毒。全身吸入染毒方式是将实验动物置于大气颗粒物暴露仓中，留有一定的空间可供自由活动，适合长期暴露研究，但成本较高。口鼻吸入染毒方式是将实验动物口鼻置于狭小的暴露管腔，通过口鼻吸入准备的大气颗粒物样品，和全身吸入染毒方式相比，口鼻吸入染毒方式减少了大气颗粒物在动物其他器官的沉积，且耗费的实验材料更少。和吸入式染毒的方式不同，气管滴注染毒方式是将大气颗粒物混匀于生理盐水中，制成一定剂量的染毒液，再通过口腔或皮肤插入气管中，滴注准备好的染毒液，进一步的减少了大气颗粒物在身体其他部位的沉积，能够快速、定剂量、高剂量的将大气颗粒物暴露于肺部，但由于暴露过程较快，也可能会导致肺部颗粒物分布不均匀，且染毒前需要对动物进行麻醉，对实验人员有较高的技术要求。大气颗粒物染毒动物后，主要会引起靶器官氧化应激、炎症反应、代谢紊乱和功能改变，还会导致遗传损伤，造成肺部炎症、心血管系统功能紊乱、神经系统损伤、肾脏损伤等疾病损伤情况，可以针对大气颗粒物作用的靶器官和毒性通路等方面展开致病机制研究。

Ku 等(2017)在小鼠发育的窗口期，使用燃煤型城市的大气细颗粒物进行暴露，结果显示大部分的细颗粒物聚集在小鼠肺部，其次是肝、心脏和大脑，其中大气颗粒物中 Pb，Mn，Cd，As 的浓度越高，小鼠肺部、肝、心脏和大脑中的胆固醇水平越高，且有显著相关性。Liu 等(2014)对小鼠进行 $PM_{2.5}$ 暴露，研究发现与对照组相比，暴露组小鼠胰岛素敏感性明显降低，影响随 $PM_{2.5}$ 暴露时间延长而加重，说明 $PM_{2.5}$ 暴露会导致胰岛素抵抗。Blum 等(2017)的研究发现，小鼠孕期 $PM_{2.5}$ 暴露会导致早产，且对仔鼠造成出生体重降低、成年后呼吸系统、心血管系统、神经系统功能异常等不良影响。Chao 等(2017)还发现小鼠孕期 $PM_{2.5}$ 暴露会导致仔鼠海马基因表达下降，抑制神经细胞分裂、迁移和分化，进而对神经系统产生有害影响。还有研究发现，小鼠幼年经过 $PM_{2.5}$ 暴露，会增加成年后心血管疾病的病死率。

基因敲除是一种通过生物学方法使机体特定的基因失活或缺失的技术，通过敲除动物的一个基因，并观察对动物的影响，以此来推测研究该基因的功能作用。美国的 Mario R. Capecchi，Oliver Smithies 和英国的 Martin J. Evans 也因改进基因敲除技术和培育出了基因敲除小鼠，而获得了 2007 年的诺贝尔生理学或医学奖。目前，$PM_{2.5}$ 相关动物实验研究中，基因敲除小鼠应用非常广泛，常用的基因敲除模型有 TLR，CARD9，ApoE，Nrf2 等。利用基因敲除小鼠，国内外在 $PM_{2.5}$ 致毒机理研究方面也收获颇丰。Toll 样受体(Toll-like receptors，TLR)能识别入侵病原体，激活天然免疫，过度的 TLR 信号能反映免疫疾病的发生。He 等(2017)在 TLR 基因敲除

小鼠暴露 $PM_{2.5}$ 的研究中发现，$PM_{2.5}$ 可以通过 TLR/MyD88 通路加剧小鼠的过敏性肺炎。胱天蛋白酶募集域蛋白 9(CARD9)是一种重要的衔接蛋白，通过蛋白-蛋白相互作用调节细胞内的信号传导，能高效整合多种固有免疫受体的信号，因此在固有免疫中扮演着重要的角色。Jiang 等(2017)发现 CARD9 基因敲除小鼠暴露 $PM_{2.5}$ 后，肺部出现炎症损伤，脾脏内调节 T 细胞和效应 T 细胞发生失衡。载脂蛋白 E (ApoE)在循环系统中的主要作用是与乳糜微粒和极低密度脂蛋白代谢的残余物结合后转入肝脏进行代谢，缺少 ApoE 会导致血液循环中的胆固醇积聚，容易引发动脉粥样硬化。在 ApoE 基因敲除小鼠的 $PM_{2.5}$ 暴露研究中，Harrigan 等(2017)对孕期小鼠进行了柴油机尾气暴露，发现小鼠产仔数减少，且仔鼠出生后死亡率升高；Sun 等(2005)发现长期低剂量的 $PM_{2.5}$ 暴露会影响血管的紧张感，引发血管炎症和动脉粥样硬化。核因子 E2 相关因子 2(Nrf2)是调节机体氧化应激的重要转录因子，可以促进多种抗氧化酶和解毒酶的表达，起到抗氧化的作用。Xu 等(2017)在 $PM_{2.5}$ 对 Nrf2 基因敲除小鼠的暴露研究中发现，$PM_{2.5}$ 暴露能够提高肝脏氧化应激水平、加速肝脏胰岛素抵抗的发生。

动物实验直观地反映了 $PM_{2.5}$ 在动物体内的吸收、沉积、分布、代谢和排泄的整个过程，确定了大气颗粒物作用的靶器官和毒性通道，通过动物的生理反应、生物学指标、生物标志物可以评价大气颗粒物对动物产生的毒性水平，探索关键的作用因子，建立起剂量-效应关系。对于特殊疾病，还可以选用特殊处理的实验动物进行有针对性的研究，可以看出，动物实验对于生物医疗、生命科学都有着重大的意义，也为我们探索大气颗粒物的毒性效益和致毒机制提供了技术支持。但是由于大气颗粒物的浓度、组分等特征在不同时间、不同空间会有所差异，要开展长期低剂量的动物实验难度较大，因此难以预测大气颗粒物长期暴露的健康效应。另外，实验动物和人的体格、生存环境都有很大差异，有时动物实验的结果不能准确地反映外源污染物对人或是人群的毒性效应，加之动物实验的伦理要求，都反映了动物实验预测人体影响的局限性。

### 7.3.3　体外暴露实验研究

动物实验一直以来都坚持“3R”原则，即 reduction(减少)、replacement(替代)和 refinement(优化)。reduction(减少)是指在保证获取一定数量和精确度的数据的前提下，通过优化实验设计、规范实验操作、筛选优质动物等手段，使实验动物的使用数量减少或最少。replacement(代替)是倡导使用其他材料替代有知觉动物，或使用动物实验外的其他实验方法进行研究，以达到同样的研究目的，如使用低等动物、体外实验和模型模拟等方法。refinement(优化)是指在符合科学标准的前提下，尽量优化饲养、善待动物，通过改进实验、优化操作等方式，避免或减少对动物造成与实验目的无关的伤害。出于“3R”原则和动物实验的种种局限性，以及细胞技术的快速发展，体外暴露研究成为了毒理学研究发展的重要方向之一。

目前，体外毒性实验主要对细胞进行暴露，常见的细胞株有人肺腺癌细胞 A549、人正常肺上皮细胞 BEAS-2B、人支气管上皮样细胞 HBE、人单核巨噬细胞 THP-1、小鼠单核巨噬细胞 RAW264.7、人肝癌细胞 HepG2、人乳腺癌细胞 MCF-7 和血管内皮细胞等，此外，还有肿瘤细胞和巨噬细胞共培养模型。暴露使用的大气颗粒物一般是通过采样器从大气中采集实验所需时间、地点的大气颗粒物，按实验要求提取出 $PM_{2.5}$ 总颗粒物、水溶性组分、金属萃取物和有机萃取物等组分，再配制成一定剂量的染毒液对细胞进行染毒。目前最常用的暴露方式还是浸没式体外暴露染毒，即将提取的颗粒物样品用磷酸缓冲盐溶液配制成母液，再根据实验要求使用无血清的培养基与颗粒物母液按一定比例混合，配制成实验所需的染毒液直接添加到细胞培养皿中。体外毒性试验多为短期急性暴露，染毒时间根据实验设计从数小时至数日不等，一般不超过 72 h。待细胞染毒结束，再使用相关试剂盒对细胞或上清液进行处理，通过光学显微镜观察，或使用流式细胞仪、酶标仪等仪器对实验所需细胞毒性指标进行检测。细胞毒性实验通过进行细胞膜、DNA、RNA、细胞因子、活性氧、钙稳态、受体-配体和基因转录等一系列分子水平上的研究，可以观察到细胞毒性、氧化应激、氧化损伤、细胞凋亡、遗传损伤、线粒体毒性等效应终点，以此来揭示大气颗粒物对细胞的毒性作用及致毒机制。利用离子色谱仪（IC）、电感耦合等离子体质谱（ICP-MS）、气质联用仪（GC-MS）等现代分析仪器对大气颗粒物进行组分分析，得到大气颗粒物暴露组分的浓度，结合细胞毒性实验得到的各种毒性效应水平，便可以建立大气颗粒物和细胞毒性作用的剂量-效应关系，为区域健康风险评价、落实防控措施提供科学依据和数据支撑。

在这里，简单介绍几个常见的体外细胞毒性实验。

暴露后的细胞存活率是反映颗粒物毒性的最直观的指标，可以使用 Cell Counting Kit-8（CCK-8）试剂盒进行检测。CCK-8 试剂中含有 WST-8（2-（2-甲氧基-4-硝基苯基）-3-（4-硝基苯基）-5-（2，4-二磺酸苯）-2H-四唑单钠盐），该物质在电子耦合试剂存在的情况下，可以被线粒体内的脱氢酶还原生成橙黄色的甲瓒（Formazan）。颜色的深浅和细胞数量呈线性关系，细胞数量越多，则颜色越深；细胞毒性越大，则颜色越浅。实验步骤为：首先取对数生长期的细胞，计数后接种到 96 孔板内，每孔 8000 个细胞（100 μL），然后放入细胞培养箱中孵育贴壁，24 h 后弃去上清液进行染毒，设立一组只含无血清培养基的空白组和一组只含无血清培养基和细胞的对照组，其余每孔加 100 μL 染毒液，可按实验需要设立浓度梯度或不同分组，每组设 6 个复孔，随后放入培养箱再培养 24 h，之后在避光条件下每孔加 10 μL CCK-8 试剂，继续放回培养箱孵育 2 h，最后用多功能酶标仪在 450 nm 测定吸光度 OD（optical density）。

细胞内的氧化应激水平可通过细胞内活性氧簇（ROS）的表达量来体现，可以使用活性氧荧光探针(2,7-Dichlorodihydrofluorescein diacetate,DCFH-DA)检测。该探针本身不具有荧光性,但是能够穿过细胞膜到达胞内,被细胞内脂酶水解生成无法透过细胞膜的 DCFH,进而被细胞内的 ROS 快速氧化成强荧光物质 DCF,荧光强度和活性氧的水平成正比。实验步骤为:首先取对数生长期的细胞,计数后接种到 6 孔板内,每孔 $10^5$ 个细胞(2 mL),然后放入培养箱中孵育贴壁,24 h 后弃去上清液进行染毒,设定一组只含无血清培养基和细胞的对照组,其余每孔加 2 mL 染毒液,可按实验需要设立浓度梯度或不同分组,每组设 3 个重复,随后放入培养箱再培养 24 h,去除染毒液后使用 PBS 溶液洗涤一次,之后每孔加入 1 mL 10 uM 的 DCFH-DA 探针溶液,放回培养箱避光孵育 30 min,取出去除探针溶液,并用 PBS 溶液洗涤 3 次,将探针清洗干净后,加入不含 EDTA 的胰酶使细胞脱壁,随后去除胰酶,加入 1 mL PBS 溶液将细胞收集至流式管内混匀制成悬浮液,用流式细胞仪测定荧光强度。

张凯(2019)进行了夏冬两季 $PM_{2.5}$ 环境样品对 A549 细胞染毒的对比试验,不同颗粒物浓度下的细胞存活率和 ROS 水平如图 7.2 所示。随着颗粒物浓度的升高,细胞存活率降低,细胞氧化应激水平提升,呈现明显的剂量-效应关系,且夏冬两季 $PM_{2.5}$ 对细胞活性的影响存在一定的差异。

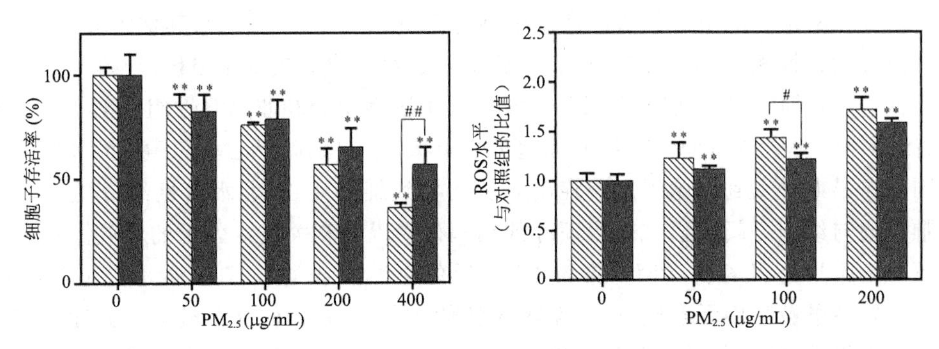


图 7.2　南京 2016 年夏、冬两季 $PM_{2.5}$ 对 A549 细胞存活率和 ROS 产生量的影响(引自张凯,2019)(阴影代表夏季样品染毒数据,灰色代表冬季样品数据。与对照组相比,* 为 $P<0.05$,** 为 $P<0.01$;同浓度下组间比较,# $P<0.05$,## $P<0.01$)

细胞炎症因子一般采用酶联免疫吸附测定(enzyme linked immunosorbent assay,ELISA)方法。常选取的炎症因子有肿瘤坏死因子-α(TNF-α)、白介素-1β(IL-1β)和白介素-6(IL-6)。由于实验原理及方法比较类似,这里以 TNF-α 为例。该试剂盒应用双抗体夹心法测定 TNF-α 水平,用纯化的 TNF-α 抗体包被微孔板,制成固相抗体,当包被单抗的微孔中加入了 TNF-α,再与 HRP 标记的 TNF-α 抗体结合,形成抗体—抗原—酶标抗体复合物,经过彻底洗涤后加底物 TMB 显色,TMB 在 HRP 酶的催化下转化成蓝色,并在酸的作用下转化为黄色,颜色的深浅和 TNF-α 水平呈正相关。实验步骤为：首先取对数生长期的细胞，计数后接种到 6 孔板内，每孔 $10^5$ 个细胞(2 mL)，然后放入培养箱中孵育贴壁，24 h 后弃去上清液进行染毒，设定一组只含无血清培养基和细胞的对照组，其余每孔加 2 mL 染毒液，可按实验需要设立浓度梯度或不同分组，每组设 3 个重复，随后放入培养箱再培养 24 h，收集细胞上清，离心 20 min(3000 r/min)，仔细收集上清液待测。在酶标包被板上设标准品孔、不加样品和酶标试剂的空白孔和待测样品孔，标准品孔中每孔加入 50 μL 标准品溶液，待测样品孔中每孔加入 50 μL 细胞上清，放回培养箱孵育 30 min，随后取出弃去液体，使用洗涤液洗涤 5 次，然后除空白孔外每孔加入 50 μL 酶标试剂，再放回培养箱孵育 30 min，随后取出弃去液体，使用洗涤液洗涤 5 次，每孔依次加入两种显色剂各 50 μL，放回培养箱避光孵育 15 min，随后取出每孔加入 50 μL 终止液终止反应，此时蓝色溶液立刻变成黄色，最后用多功能酶标仪在 450 nm 测定吸光度 OD。以空白组的 OD 值调零，根据标准品组的浓度和 OD 值建立标准曲线，再根据标准曲线计算出待测样品的 TNF-α 水平。

大气颗粒物组分复杂，不同组分对细胞的毒性效应也有所差异，主要表现在氧化应激、炎症反应、遗传损伤等方面。目前普遍认为多环芳烃(PAHs)等有机物组分和 Pb，Cr 等金属组分能更为显著的产生细胞毒性，引起细胞损伤。与其他组分相比，水溶性组分的毒性相对不大，难溶性碳组分主要会对细胞造成机械损伤，导致细胞活性的降低。Zou 等(2016)研究了 $PM_{2.5}$全组分、水溶性组分和非水溶性组分对 A549 细胞毒性贡献，得出全组分颗粒物的细胞毒性最大，引起细胞死亡率最高，而水溶性组分则是在早期进入到细胞引发炎症反应从而导致细胞死亡，非水溶性组分更多是通过颗粒物与细胞之间的机械磨损而导致细胞死亡以及相关炎症因子的释放。正常状态下的细胞形态及经过 $PM_{2.5}$染毒 24 h 后的细胞形态如图 7.3 所示。Nobels 等(2012)发现颗粒物中元素碳(EC)含量与细胞内的 DNA 损伤存在显著相关性。有机组分中有机碳(OC)主要会引起炎症反应，而 PAHs 和金属组分主要会增加细胞内活性氧(ROS)水平，产生氧化应激，并且会造成遗传损伤。通过目前的机制研究结果来看，PAHs 可以在细胞色素 P450 的作用下生成活性代谢产物，进而与细胞内大分子物质结合，产生细胞毒性效应。正常状态下的细胞形态及经过 $PM_{2.5}$染毒 24 h 后的细胞形态如图 7.3 所示。Abbas 等(2009)研究发现，PAHs 可以激活多种转化酶和芳香烃受体(AhR)，诱发炎症反应，造成氧化损伤。在 A549 和巨噬细胞共培养模型的 $PM_{2.5}$暴露实验中发现效应更加明显，说明了巨噬细胞在 $PM_{2.5}$产生毒性效应的过程中起到了一定作用。苯并芘(B[a]P)是一种强致癌性多环芳烃，被国际癌症机构列为Ⅰ级致癌物，Goulaouic 等(2008)将 B[a]P 装载在碳核上染毒 THP-1 细胞，发现细胞炎症因子表达升高。综合这些研究发现，大气细颗粒物可以作用于人支气管、肺泡上皮细胞，增加活性氧的产生，诱发炎症因子的生成，从而引起氧化应激和各种炎症反应，进而导致呼吸系统疾病的发生。

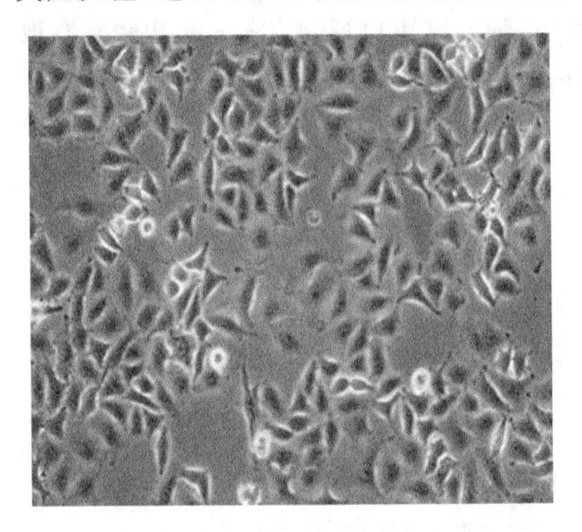
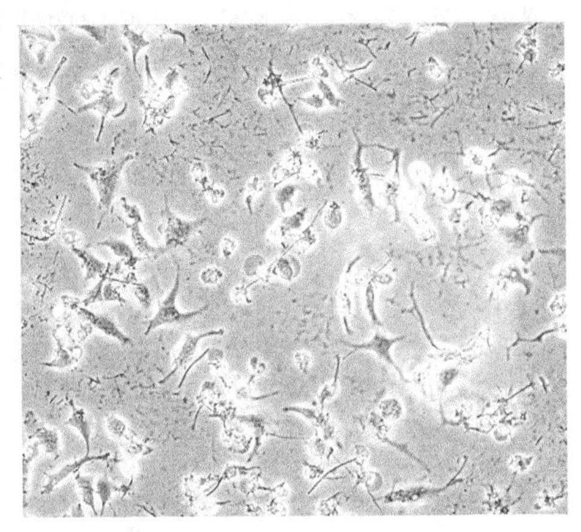

图 7.3　正常状态下的 A549 细胞（左）和经 $PM_{2.5}$ 染毒 24 h 后的 A549 细胞（右）

体外暴露研究法方法的发展给大气颗粒物的毒理学研究带来了新的手段和思路，体外细胞实验正在逐渐取代动物实验，广泛应用于大气颗粒物和健康效应的研究工作中。利用细胞实验，可以严格控制实验条件，针对毒作用靶器官选择细胞，排除其他系统的混杂干扰，更方便的研究分子水平上的致毒机制。但是细胞体外培养和动物体内培养终究存在区别，体外培养模型不能完全替代动物体内模型，所以体外暴露研究的方法也存在着一些局限性。细胞暴露一般都是短期高剂量的急性毒性试验，和人群实际暴露的大气颗粒物水平存在差异，也不能评估大气颗粒物的长期低剂量毒性效应，因此细胞实验的结果无法准确外推至人群水平。

### 7.3.4　新型毒理学研究

随着大气污染的威胁日益加剧、科学技术的飞速发展，细胞毒性试验的方法也在一直更新，各种体外培养模型已经被用来进行大气颗粒物的急性毒性评价与研究。传统浸没式体外暴露染毒技术，是最简单有效的一种体外暴露染毒研究方法，到目前为止，仍有许多实验室正在使用。该方法首先是把细胞进行浸没式培养，然后把需要暴露的气溶胶物质需溶于培养液后到达细胞表面，通过细胞与培养液相互作用的方式进行染毒实验。但是对于人肺上皮细胞而言，这种途径与人体真实情况还是存在一定区别，由于浸没式染毒是染毒液和培养基与细胞一起混合，可能有潜在的协同或拮抗反应，同时固体颗粒物在液体染毒液中的分布随时间推移分布均匀性和移动速度均会略微降低。但是由于社会伦理道德的原因，在人体内开展肺毒性的研究是不可行的，因此毒理学实验开始使用动物吸入暴露实验，然而动物模型也具有其局限性，因此需要更加合理、更加先进的研究方法。近年来，不少人提出一种在气液界面

(air-liquid interface,ALI),大气气溶胶与细胞直接接触的实验方法,即气液界面体外暴露染毒,如图 7.4 所示。在特定的装置中,细胞既可以通过 Transwell 底膜获取培养基,保证了细胞的体外存活率,又可实现与顶部含实验物质的气溶胶直接暴露。

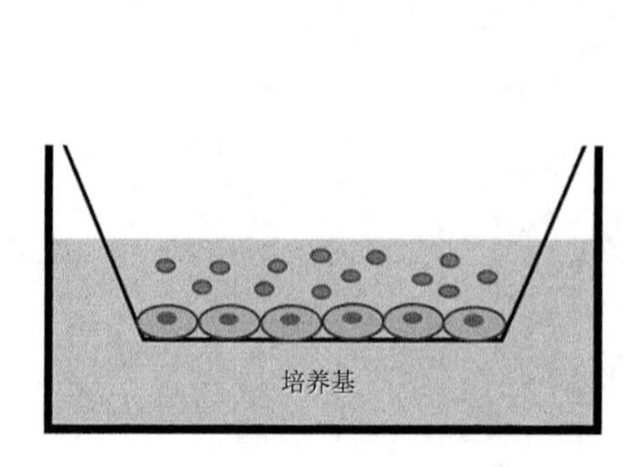


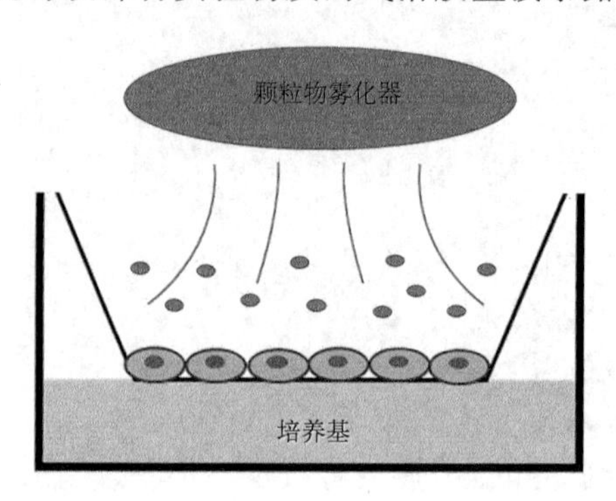


图 7.4 浸没式染毒(左)和气液界面暴露(右)

早期研究主要利用人工合成模拟 $PM_{2.5}$ 的细颗粒物对体外细胞进行染毒研究,随后逐渐发展到真实的大气细颗粒物暴露研究。Wang 等(2019)用二羟基丙酮通过气液界面暴露装置对 A549 细胞进行暴露染毒,发现细胞纤毛跳动频率、黏蛋白黏液素和金属蛋白酶的分泌均暂时减少,经多次暴露后又回到水平基线。Seraina 等(2018)利用气液暴露界面模拟了人支气管上皮细胞对多壁碳纳米管的急性吸入,与正常细胞相比,多壁碳纳米管不会引起乳酸脱氢酶(LDH)释放的增加,也不会改变炎症反应,甚至不会引起细胞死亡率和细胞凋亡率的增加。Savvina 等(2015)通过气液暴露界面,进行了类似的实验,也得到的相近的结果,这与传统浸没式染毒途径下的毒性试验的结果产生了明显分歧(甘俊英 等,2019)。此外,Savvina 等(2017)又分别模拟了健康细胞和哮喘细胞对多壁碳纳米管材料的亚慢性吸入,两种细胞纤毛跳动频率均升高,但未发现细胞毒性反应和形态变化,随着暴露时间推移,发现哮喘细胞表现出更明显的氧化应激和炎症反应。Savvina 等(2018)还进行了聚合物包裹的金纳米颗粒在气液界面的细胞暴露,纳米金的反复雾化导致了巨噬细胞和上皮细胞中纳米金的累积,早期未观察到细胞毒性和炎症反应,但 96 h 后,聚合物涂层引起了明显的细胞凋亡。Durantie 等(2017)进行了单个纳米金颗粒和聚合纳米金颗粒在气液暴露界面的对比实验,发现单个纳米金颗粒不会引起细胞毒性,甚至没有破坏细胞层的完整性,但聚合纳米金颗粒物能同样引起了明显的细胞凋亡。通过一系列相关实验研究可以发现,通过气液暴露界面进行染毒和传统浸没式染毒产生的后续细胞毒性有明显区别,不同的颗粒物或颗粒物不同组分所产生的细胞毒性也存在显著差异。Dong 等(2019)用环境 $PM_{2.5}$ 在气液界面染毒 BEAS-2B 细胞,与对照组相比发现,$PM_{2.5}$ 暴露能诱导炎症因子的产生和增加,激活细胞凋亡相关信号通路,进而导致细胞凋亡。Wang 等(2019)通过气液暴露装置,用硫酸盐气溶胶暴露 BEAS-2B 细胞,发现细胞活性显著降低,气溶胶导致了过渡的氧化应激,造成了线粒体损伤和细胞凋亡。

### 7.3.5　大气颗粒物致毒机制研究

大量的流行病学和毒理学研究结果显示,大气颗粒物能够对人体呼吸系统、心血管系统、神经系统、消化系统和生殖系统等多系统、多器官造成健康危害,诱发各种疾病甚至癌症的发生。近年来,大气颗粒物的毒性效应研究已经取得了不少进展,还需要弄清大气颗粒物的致毒机制,才能确定关键的致毒因子和作用途径,从源头和路径上减轻大气颗粒物对人群的暴露危害。目前,主要从大气颗粒物作用靶器官和毒性通路这两个方面开展致毒机制的研究。

根据流行病学和动物实验的成果分析,大气颗粒物的作用靶器官主要包括肺、心血管和肝脏。肺是 $PM_{2.5}$ 最主要的靶器官,人体暴露于 $PM_{2.5}$ 时,呼吸系统首当其冲。$PM_{2.5}$ 可随着人的呼吸进入气管、支气管,进入肺泡并沉积在肺部,引起肺部炎症损伤,造成肺炎、哮喘、慢阻肺等呼吸系统疾病。从目前的动物实验和体外细胞实验结果来看,$PM_{2.5}$ 进入肺部后,对肺部巨噬细胞、支气管上皮细胞、肺泡细胞等产生毒性作用,肺部细胞受到外源刺激后释放炎症因子,引发氧化应激,从而损伤肺部组织,并诱发肺部疾病。心血管也是 $PM_{2.5}$ 重要的靶器官之一,心血管疾病死亡率排在我国居民疾病病死率第一,研究表明大气颗粒物的暴露会增加心血管病、冠心病、脑卒中等心血管疾病的发病率和死亡率。小粒径的颗粒物进入肺部后,可以通过气血屏障进入血液,从而影响心血管系统。多项动物实验发现,暴露 $PM_{2.5}$ 会影响呼吸功能,导致血压、心率上升,其中重金属组分相关性最为显著。还有体外细胞实验也发现大气颗粒物暴露会降低人血管内皮细胞的细胞活性,可能与心血管疾病存在关联。肝脏是人体重要的代谢器官,也是 $PM_{2.5}$ 的作用靶器官之一。通过动物实验发现,$PM_{2.5}$ 可以引发肝脏炎症反应,产生氧化应激,使肝细胞受损引起血清转氨酶增加,另外还会导致空腹血糖、胰岛素水平升高。研究发现大气颗粒物能够干扰肝脏的代谢功能,影响肝脏解毒作用,导致肥胖、肝脏胰岛素抵抗、糖尿病等不良健康效应。除了肺、心血管和肝脏,大气颗粒物还能对神经系统、生殖系统、免疫系统等多个系统、多种器官产生毒性作用,造成遗传损伤。通过大量的流行病学人群研究和动物实验研究,我们知道大气颗粒物能够对人体多个系统、多种器官都产生毒性效应,明确了大气颗粒物的作用靶器官,但是具体的致毒机制还未能完全解释清楚,因此还需要进行进一步的探索,主要从氧化应激、炎症反应、钙稳态失衡、免疫应答、DNA 损伤和表观遗传调节等方面展开研究。

氧化应激是自由基在体内产生的一种负面作用,是大气颗粒物造成氧化损伤的重要机制,而氧化损伤是大气颗粒物产生毒性效应的最主要原因之一,大气颗粒物中的重金属和有机物组分是诱导细胞活性氧生成、造成氧化损伤的主要物质。大气颗粒物进入人体后，刺激人体细胞产生活性氧，引起细胞内氧化—抗氧化失衡，损伤细胞线粒体、溶酶体，影响细胞正常正常代谢功能。8-羟化脱氧鸟苷(8-OHdG)、血红素加氧酶-1(OH-1)和硫氧还原蛋白(TRX)是氧化应激常用的生物标志物。研究发现大气颗粒物的暴露可以增加 RAW264.7 和 THP-1 细胞中 HO-1 的表达，增加 BEAS-2B 细胞中 ROS 的生成，且存在剂量-效应关系。多项研究指出，Nrf2 是激活氧化应激的关键信号通路，大气颗粒物及其组分可以激活 Nrf2 信号通路，参与大气颗粒物对人体的氧化损伤。大气颗粒物暴露可以改变 A549 细胞中超氧化物歧化酶(SOD)和过氧化氢酶(CAT)的活性，其他学者在动物实验中也发现 $PM_{2.5}$ 的暴露使小鼠组织细胞中 SOD 和 CAT 水平显著提高，Nrf2 参与大气颗粒物激活 JNK 和 ASK1 信号通路，降低了机体的氧化防御能力。

炎症反应是氧化应激引发的后续级联反应，是大气颗粒物对机体造成损伤的关键。核因子 κB(NF-κB)是一种重要的核内可诱导转录因子，在受到外源物刺激后，可激活 NF-κB 信号通路，促进白细胞介素 IL-1、IL-6、-IL-8 和肿瘤坏死因子 TNF-α 等炎症因子和细胞因子的释放，加重炎症细胞对机体的损伤，而 NF-κB 通路的激活，可能与大气颗粒物的氧化损伤作用有关。用 $PM_{2.5}$ 对小鼠进行暴露，发现小鼠肺部组织炎症细胞数量增加，TNF-α、IL-1 和 IL-18 等炎症因子表达上升，细胞内 SOD 含量增加。长期暴露 $PM_{2.5}$ 还会增加 NLRP3 炎症小体的表达，NLRP3 炎症小体在疾病发生和机体免疫过程中发挥着重要的作用。

细胞内钙稳态失衡也是细胞损伤的重要机制之一。大气细颗粒物引发的氧化应激和炎症反应会导致细胞内 $Ca^{2+}$ 浓度升高甚至是 $Ca^{2+}$ 超载，$Ca^{2+}$ 超载则会破坏线粒体结构和功能，造成 DNA 降解，促使自由基生成，激活蛋白激酶而再次导致细胞内 $Ca^{2+}$ 超载，引起更严重的氧化损伤和细胞凋亡。研究发现，大气颗粒物能够刺激支气管、肺泡上皮细胞，增加细胞膜的通透性，导致 $Ca^{2+}$ 流入胞内，使细胞内 $Ca^{2+}$ 浓度升高。钙调神经磷酸酶(CaN)参与多种 $Ca^{2+}$ 调节的信号通路，作用于不同的底物产生不同的生物效应，细胞内 $Ca^{2+}$ 浓度增加会诱导细胞内 CaN 信号通路因子 T 细胞核因子激活，导致细胞凋亡，影响机体免疫功能，有研究发现心房颤动与 CaN 表达水平有关。

免疫应答，即在机体受到病原体刺激后，免疫细胞精准识别抗原，通过细胞活化、增殖、分化，产生效应细胞、效应分子等满意物质清除抗原的过程。Toll 样受体(Toll-like receptors，TLR)能识别入侵病原体，激活天然免疫，过度的 TLR 信号能反映免疫疾病的发生，因此在免疫反应中起到了重要的作用。研究发现，大气颗粒物暴露会降低体内巨噬细胞、淋巴细胞的细胞活性，降低机体的免疫能力。小鼠动物实验发现，经大气颗粒物暴露后，小鼠肺部出现炎症损伤，调节 T 细胞和效应 T 细胞发生失衡，导致免疫功能下降。长期暴露 $PM_{2.5}$，能够激活 TLR2、TLR4 信号通路，通过 TLR/MyD88 通路促进炎性小体 NLRP3 的表达，引发过敏性炎症反应。

大气颗粒物进入人体后，还能干扰组织细胞的修复功能，主要表现在抑制 DNA 修复、提高 DNA 复制错误率和突变率、降低线粒体 DNA 拷贝数等方面，使 DNA 表达紊乱，造成 DNA 损伤和细胞凋亡，产生遗传毒性。大气颗粒物中的 PAHs 等有机物组分是造成 DNA 损伤的主要物质。研究发现，B[a]P 等多环芳烃除了能造成 DNA 错配、突变等直接损伤外，还能够与 DNA 结合形成加合物，影响 DNA 正常功能。

表观遗传调节，是指不改变 DNA 序列，调节基因表达的过程，表观遗传调节的失误会造成细胞或机体损伤，引发疾病或癌变。表观遗传调节可以反映环境因素对人体的影响，是环境污染诱发人体疾病的重要机制之一。大气颗粒物暴露能够引起 DNA 甲基化、组蛋白修饰和非编码 RNA 等表观遗传调节的改变。研究表明，慢阻肺患者肺部炎症与大气颗粒物的暴露有关，而一氧化氮合成酶 2A(NOS2A)基因的 DNA 甲基化水平可以反映炎症水平，说明大气颗粒物暴露可以影响 DNA 甲基化。此外，多项研究都发现，大气颗粒物中的金属、有机物组分浓度与 DNA 甲基化水平有关，且存在剂量-效应关系。研究 PAHs 等致癌物染毒后 HBE 细胞，发现组蛋白 H3ser10 磷酸化水平升高，通过减弱磷酸化修饰，可以发现细胞恶性转化能力降低，说明了组蛋白 H3ser10 磷酸化修饰在细胞转化的过程中起到了重要的调控作用。组蛋白去乙酰化酶 3(HDAC3)可以参与染色体结构修饰和基因表达调控，采用 HDAC3 基因敲除小鼠暴露于 $PM_{2.5}$ 中，发现颗粒物可以通过激活 TGF-β/Smad 信号通路，引发炎症反应。在大气颗粒物暴露体外细胞实验中，利用高通量基因测序技术，从非编码 RNA(ncRNA)中筛选异常表达的基因，通过干扰筛选出的基因表达进行对照研究，可以发现目标基因在大气颗粒物细胞毒性效应中的作用，研究发现 ncRNA 在大气颗粒物诱导的炎症反应中能起到调控的作用。

此外，线粒体损伤、自噬、基因表达调控和蛋白质硝基化等也是大气颗粒物健康效应的重要致毒机制。大量的研究、数据都证明了，大气颗粒物可以通过多种方式和通路对人体多个系统产生毒性效应，大气颗粒物作用靶器官和致毒机理的研究工作也取得了一定的进展，但是仍有很多疾病危害的原因和机制尚未明确，因此还需开展进一步研究工作。

## 7.4　生物气溶胶及其健康效应

生物气溶胶(bioaerosol)指悬浮在空气中的生物成分，即含有生物性粒子的气溶胶，包括细菌、真菌、病毒、花粉、生物活动代谢物、内毒素、霉菌毒素和生物聚合物等，除具有一般气溶胶的特性以外，还具有传染性、致敏性等特点。自然排放和人类活动都会产生生物气溶胶，无论是室内环境还是室外环境中，都存在着大量粒径不同、成分各异的生物气溶胶。大部分生物气溶胶的粒径为 10～100 μm，由于其体积小、重量轻，很容易在环境中转移，与其他小粒径颗粒物一样，生物气溶胶可以通过呼吸系统进入人体，对人体造成不同程度的健康损伤。

在自然环境中，动物、植物、土壤和水都是生物气溶胶的常见来源。海浪气泡破裂是海洋生物气溶胶的重要来源，研究数据表明，海洋气泡从水面以下到升到海洋表面，再到进入空气，细菌和病毒的含量增加了约 20 倍。降雨时，水滴溅到地面，形成无数的小气泡，携带了大量地面土壤中的细菌形成生物气溶胶，细菌外圈的水层降低了紫外线的杀菌作用，使得细菌在空气中存活时间延长。气候干燥时，主要由地面植物释放生物性物质，如花粉和孢子，它们在空气中的浓度很大程度上取决于风速、风向等气象因素。此外，野外鸟类和啮齿类动物的粪便也是常见的微生物来源。相比之下，人类活动产生生物气溶胶的来源就更加复杂多样。常规的人类活动，如咳嗽、说话、打喷嚏、扫地、洗脸、冲厕所、甚至走路，都会产生生物气溶胶。人类活动会大大增加室内细菌和真菌的水平，研究表明，人类占用教室会导致室内空气中人类相关细菌数量升高；实验室等人类活动较为频繁的室内生物气溶胶水平，相比办公室要高出数倍；同样地，有人居住的宿舍中细菌浓度比起无人居住的宿舍要高得多。木材、纸张、布料和皮革等表面是细菌、真菌和霉菌等生物颗粒的主要扩增点，这些微生物可以产生过敏原、毒素和挥发性有机物 VOCs 等，从而影响使用者的健康。此外，加湿器、空调、水管、潮湿的天花板和地板都是真菌和细菌容易集中的地方。在农场中，畜禽、粪便、饲料都是生物气溶胶的主要来源，这些气溶胶可以长时间悬浮在大气中，并传输到各个地区，对社区居民的健康造成影响。农业灌溉、农田施肥等行为将农场污水和畜禽粪便混合，在喷洒的过程中部分雾化进入空气中，也是形成生物气溶胶的一个重要途径。污水处理厂中的曝气池与海洋气泡有些类似，活性污泥在池底产生气泡，增加了废水的处理效率，但是气泡上升至水面后，可破裂成含有大量微生物的小水滴。曝气方式对生物气溶胶的浓度亦有影响，相比空气扩散曝气，机械搅拌系统被证实能产生更高浓度的生物气溶胶。

### 7.4.1　生物气溶胶的健康效应

生物气溶胶存在于人类生活的每个角落，由于其组分的特殊性，能够对人类健康产生重大影响。生物气溶胶引起的疾病一般分为两类：传染性疾病和非传染性疾病。

传染性疾病是通过直接或间接的接触细菌、真菌和病毒等生物性物质而产生的，生物气溶胶被认为是传染性疾病的主要传播途径之一。细菌感染引起的传染性疾病有军团病、肺结核和炭疽热等。军团菌是军团病的病原体，一旦吸入含军团菌的生物气溶胶，便会感染军团病，病情轻微的发热，严重的可能会诱发致命程度的肺炎。当吸入结核分枝杆菌后，细菌能够到达肺部，从而导致结核病，肺结核患者可在说话、咳嗽和打喷嚏时通过飞沫再次传播结核分枝杆菌。炭疽热由炭疽杆菌引起，可通过食物摄入、呼吸和皮肤接触感染，接触感染的牲畜是炭疽热的主要感染途径。此外，"寇热"(Query fever)、"鹦鹉热""百日咳"等传染病也是严重的细菌传染病。2007—2009 年，由于工人在山羊养殖场感染了贝纳柯克斯体病原体，荷兰爆发了长达三年的"寇热"疫情。鹦鹉衣原体细菌广泛存在于鹦鹉和鸽子等鸟类中，人们吸入含菌生物气溶胶或接触被感染的鸟类则会感染"鹦鹉热"。常见的真菌感染有曲霉病、念珠菌病、隐球菌病、毛球菌病、肺孢子菌病、球孢子菌病、青霉菌病等，这些传染病都可以通过孢子气溶胶进行传播。而容易通过气溶胶传播的病毒包括冠状病毒、呼吸道合胞病毒、腺病毒、水痘带状疱疹病毒、风疹病毒和流感病毒等，这些病毒可通过接触或飞沫进行传播。

生物气溶胶还会引起过敏、哮喘、鼻炎和支气管炎等非传染性疾病，长期暴露于生物气溶胶中还可能会导致职业病。不抽烟的情况下，肉类和家禽加工厂的工人的患肺癌风险仍高出很多，可能是由于厂房中的粪便和羽毛等排放了高浓度的生物气溶胶。还有几项家禽工厂的研究表明，家禽工人患胰腺癌、肝癌和脑癌的风险比没接触这些工作的人高出数倍。过敏性肺炎可能与生物气溶胶的暴露有关，吸入内毒素和花粉暴露会降低肺活动性，增加肺部炎症，内毒素还是导致肠道炎症的常见原因。霉菌毒素是真菌的次级代谢产物，会导致免疫系统减弱、过敏、各种疾病甚至死亡，具体影响取决于霉菌毒素的类型、暴露时间、浓度水平和暴露个体情况。微生物挥发性有机物(microbial volatile organic compounds，MVOCs)是真菌和细菌的次级代谢物，暴露其中会刺激眼睛和上呼吸道，研究证明 MVOCs 与儿童哮喘、过敏存在联系。过敏原可以是任何物质，被对应人群吸入或摄入，会引起异常的免疫反应而导致过敏，研究结果表明过敏原对哮喘患者的影响更大，哮喘患者对各类过敏原的致敏概率都高于健康人群。

### 7.4.2　生物气溶胶的研究方法

生物气溶胶在大气中无处不在，对公众健康产生了重大的影响，因此亟需对生物气溶胶的健康效应进行评估。采样技术和量化方法对测量结果都有相当大的影响。常规的采样方法多为现场采样，大多数采样器通过重力、离心力、过滤、静电除尘器或热除尘器将颗粒从空气中分离出来。沉淀采样器可以分为被动采样的重力沉淀、静电沉淀和热沉淀，其他类型的采样器主要是惯性和旋风采样器。以往，对于生物气溶胶中的活微生物，常使用培养技术、显微镜检查和计数等经典方法。定量聚合酶链反应(quantitative polymerase chain reaction，qPCR)和高通量测序(high-throughput sequencing，HTS)等分子方法能够对生物气溶胶中的微生物提供更精确的描述。鲎试验(LAL)是最常用于内毒素定量的技术。而气相色谱联用质谱(Gas Chromatography-Mass Spectrometer，GC-MS)和高效液相色谱(High Performance Liquid

Chromatography，HPLC)是表征气溶胶样品中霉菌毒素的权威方法。酶联免疫吸附测定(Enzyme Linked Immunosorbent Assay，ELISA)检测暴露人员的尿液样品，也可用于量化霉菌毒素。随着分析技术的发展，已经开发出可针对无法存活或不可培养的微生物的分析方法，如光谱技术和流式细胞技术。如今，实时监测生物气溶胶的方法越来越受欢迎，主要是由于这种方法操作快捷、采样充分、对微生物样品无损、且对耗材、技术和操作要求较低。通过结合传统 PCR、终点 PCR 和荧光检测，开发出实时 PCR 的方法，更加的灵敏和快速，效率高于显微镜法和培养法。此外，还有实时荧光技术、实时光谱技术和分子示踪法等新型的分析监测方法。医院临床数据也有助于生物气溶胶的健康效应研究，收集并梳理暴露数据，关联患者的工作环境，以确定特定症状与患者接触的气溶胶类型之间的联系，可以判断类似工作环境的安全级别，预防暴露人群的不利健康影响。

## 本章小结

本章介绍了大气颗粒物与人体健康之间的关系，主要从大气颗粒物毒性组分、大气颗粒物暴露组研究、流行病学研究和毒理学研究几个方面进行了讨论。我国是发展中国家，由于城市化进程的加快和经济的高速发展，环境问题自然随之而来，虽然近年来的防控减排工作也取得了一定的成果，但是大气污染等环境问题依旧严峻。

大气颗粒物粒径小，比表面积大，组分复杂，包括水溶性离子、难溶性碳组分、金属组分以及有机物组分，其中金属和有机物组分毒性相对较高，能够对人体产生更严重的健康危害。大气颗粒物主要随着人的呼吸，经呼吸道进入体内，$PM_{2.5}$进入并沉积在支气管和肺泡中，产生氧化应激，引发肺部炎症反应，诱发一系列呼吸系统疾病。粒径更小的颗粒物可以通过气血屏障进入血液，流经身体各个系统，对心血管系统、消化系统、神经系统和生殖系统等多个系统，多种脏器造成毒性效应。通过一系列流行病学研究和毒理学研究，人们已经大致了解了大气颗粒物的作用靶器官及其致毒机制，但是动物实验和体外毒性研究方法都存在着一些不足，使得不少问题不能得到解答或是准确的解答，比如大气颗粒物长期暴露对人体的影响及作用机制，大气颗粒物不同组分之间可能存在的相互作用与健康效应的关系，以及大气颗粒物和人群的时空动态性也限制了现有方法预测大气颗粒物健康效应的准确性。

随着智能手机的普及和现代信息技术的发展，科研人员提出了一种由便携式 $PM_{2.5}$检测仪、智能手环和智能手机 APP 组成的颗粒物暴露检测和健康状态分析系统，为大气颗粒物长期个体暴露研究提供了全新的方法。这个系统既可以通过便携式 $PM_{2.5}$检测仪对个体 $PM_{2.5}$暴露水平进行测量，还可以通过智能手环和手机 APP 监测暴露下的个体的运动状态和身体健康状况，通过服务器将实时数据反馈给研究人员进行分析，但是这种方法也存在局限性，如检测仪器的维护、巨大的人力财力投入以及研究对象的遵从性都大大地限制了这个方法的实际实施，因此还需要改进或寻求新的方向。

为了解决这些科学问题，为了进行更准确的环境风险评估，为了减轻大气污染对人体健康的危害，还需要找到更加科学、合理的研究方法，开展更全面、更系统的研究工作，探索大气颗粒物与人体健康之间的毒性效应和致毒机制，为人类的未来做出贡献。

## 本章习题

1. 大气颗粒物的毒性组分主要包括哪几种？
2. 大气颗粒物的粒径对其健康效应有何影响？
3. 从流行病学的角度简述大气颗粒物对人体的健康危害。
4. 简述动物实验和体外实验的优缺点。
5. 简述大气颗粒物的致毒机制。

# 参考文献

陈碧辉,李跃清,何光碧,等,2006.温室气体源汇及其对气候影响的研究进展[J].成都信息工程学院学报,21(1):123-127.

陈德钧,1988.大气污染化学[M].北京:机械工业出版社.

陈姝芮,2017.华北平原冬季常见灰霾中有机气溶胶单颗粒的研究[D].济南:山东大学环境研究院.

陈衍婷,杜文娇,陈进生,等,2016.厦门地区大气降水氢氧同位素组成特征及水汽来源探讨[J].环境科学学报,36(2):667-674.

迟建伟,李传金,孙俊英,等,2017.南半球海洋大气气溶胶单颗粒的理化特性分析[J].环境科学,38(3):903-910.

范辞冬,王幸锐,王玉瑶,等,2012.中国人类活动源非甲烷挥发性有机物 NMVOC 排放总量及分布[J].四川环境,31(1):82-87.

冯银厂,2017.我国大气颗粒物来源解析研究工作的进展[J].环境保护(21):21-24.

甘俊英,苏雪荣,薛玉英,等,2019.碳纳米管生殖毒性及其毒作用机制研究进展[J].生态毒理学报(2):12-20.

高军,徐希平,1993.北京市东、西城区空气污染与居民死亡情况的分析[J].中华预防医学杂志,27(6):340-343.

高执棣,2006.化学热力学基础[M].北京:北京大学出版社.

葛茂发,刘泽,王炜罡,2009.二次光化学氧化剂与气溶胶间的非均相过程[J].地球科学进展,24(4):351-362.

郭东林,杨梅学,屈鹏,等,2009.能量和水分循环过程研究:回顾与探讨[J].冰川冻土,31(6):1116-1126.

郭李萍,林而达,李少杰,1999.大气氮化物的源汇及气候与环境效应[J].农业环境保护,18(5):193-199.

胡清静,2015.大气中氨气、铵盐和有机胺盐的研究[D].青岛:中国海洋大学:126.

黄震,谢晓敏,2021.碳中和愿景下的能源变革[J].中国科学院院刊,36(9):1010-1018.

江桂斌,王春霞,张爱茜,2020.大气细颗粒物的毒理与健康效应[M].北京:科学出版社.

金心,石广玉,2001.生物泵在海洋碳循环中的作用[J].大气科学,25(5):683-688.

阚海东,陈秉衡,贾健,2003.上海市大气污染与居民每日死亡关系的病例交叉研究[J].中华流行病学杂志,24(10):11-15.

李红军,唐俊红,2014.大气甲烷排放源研究进展[J].杭州电子科技大学学报,34(2):52-55.

李佩霖,傅平青,康世昌,等,2016.大气气溶胶中的氮:化学形态与同位素特征研究进展[J].环境化学,35(1):1-10.

李以圭,陆九芳,2005.电解质溶液理论[M].北京:清华大学出版社.

李轶涛,2014.北京山区典型森林生态系统土壤—植物—大气连续体水分传输与机制研究[D].北京:北京林业大学:143.

刘昌明,1997.土壤—植物—大气系统水分运行的界面过程研究[J].地理学报,52(4):366-373.

柳景峰,丁明虎,效存德,2015.大气水汽氢氧同位素观测研究进展——理论基础、观测方法和模拟[J].地球科学进展,34(3):340-353.

芦亚玲,贾铭鑫,李文凯,等,2014.北极夏季大气气溶胶单颗粒研究[J].中国环境科学,34(7):1642-1648.

鲁博文,张立麒,徐勇庆,等,2021.碳捕集、利用与封存(CCUS)技术助力碳中和实现[J].工业安全与环保,47(S1):30-34.

米剑锋,马晓芳,2019.中国CCUS技术发展趋势分析[J].中国电机工程学报,39(9):2537-2544.

聂立功,姜大霖,李小春,2015.CCUS技术与中国煤基能源低碳发展的关系[J].煤炭经济研究,35(3):16-20.

全球能源互联网发展合作组织,2021.中国2060年前碳中和研究报告[R].

任凯锋,李建军,王文丽,等,2005.学烟雾模拟实验系统[J].环境科学学报,25(11):1431-1435.

任信荣,OTTING M,邵可声,等,1999.气体扩散激光诱导荧光技术测量氢氧自由基[J].现代科学仪器(9):11-13.

邵龙义,王文华,幸娇萍,等,2018.大气颗粒物理化特征和影响效应的研究进展及展望[J].地球科学,43(5):1691-1708.

史利沙,陈红,2015.CCS技术发展现状及驱动政策述评——以中、美、英、澳为例[J].环保科技,21(4):60-64.

苏雷燕,2012.上海市城区大气VOCs的变化特征及反应活性的初步研究[D].上海:华东理工大学.

苏榕,2017.我国典型城市群大气$O_3$-$NO_x$-VOCs敏感性研究[D].北京:北京大学.

谭娟,沈新勇,李清泉,2009.海洋碳循环与全球气候变化相互反馈的研究进展[J].气象研究与应用,30(1):33-36.

唐孝炎,毕木天,李金龙,等.1982.光化学烟雾箱的试制和性能实验[J].环境化学,1(5):344-351.

唐孝炎,等,2006.大气环境化学[M].北京:高等教育出版社.

陶波,葛全胜,李克让,等,2001.陆地生态系统碳循环研究进展[J].地理研究,20(5):564-575.

王慧文,林刚,潘秀丹,2003.沈阳市大气悬浮颗粒物与心血管疾病死亡率[J].环境与健康杂志,20(1):13-15.

王凯雄,姚铭,许利君,2001.全球变化研究热点——碳循环[J].浙江大学学报,27(5):473-478.

王明星,1999.大气化学[M].北京:气象出版社.

王天华,孟素昕,崔桂善,2019.气候变化对全球生态系统碳循环的影响[J].中国资源综合利用(37):105-108.

王雪松,2002.区域大气中臭氧和二次气溶胶的数值模拟研究[D].北京:北京大学.

王自发,谢付莹,王喜全,等,2006.嵌套网格空气质量预报模式系统的发展与应用[J].大气科学,

30(5):778-790.

吴家刚,何启强,杜琳,等,2012.空气污染与广州市儿童呼吸系统健康关联的横断面研究[J].华南预防医学(1):1-5.

吴蓬萍,2008.硫酸盐气溶胶对全球水循环因子影响的模拟研究[D].北京:中国气象科学研究院:71.

谢和平,谢凌志,王昱飞,等,2012.全球二氧化碳减排不应是CCS,应是CCU[J].四川大学学报(工程科学版),44(4):1-5.

邢力仁,武正弯,张若玉,2021.CCUS产业发展现状与前景分析[J].国际石油经济,29(8):99-105.

徐力刚,许加星,董磊,等,2013.土壤—植物—大气界面中水分迁移过程及模拟研究进展[J].干旱地区农业研究,31(1):242-248.

徐永福,贾龙,葛茂发,等.大气条件下臭氧与乙烯反应的动力学研究[J].科学通报,2006,51(16):1881-1884.

徐肇翊,刘允清,俞大乾,等,1996.沈阳市大气污染对死亡率的影响[J].中国公共卫生学报,15(1):61-64.

严国安,刘永定,2001.水生生态系统的碳循环及对大气 $CO_2$ 的汇[J].生态学报,21(5):827-833.

杨书申,邵龙义,2007.大气细颗粒物的透射电子显微镜研究[J].环境科学学报,27(2):185-189.

叶招莲,瞿珍秀,马帅帅,等,2018.气溶胶水相反应生成二次有机气溶胶研究进展[J].环境科学,39(8):3954-3964.

张朝晖,吕锡武,齐玉平,2005.$N_2O$ 大气污染演变及源汇分布[J].电力环境保,21(1):24-26.

张含,2018.大气二氧化碳、全球变暖、海洋酸化与海洋碳循环相互作用的模拟研究[D].杭州:浙江大学.

张凯,2019.南京夏冬季节 $PM_{2.5}$ 化学特征及对三种人体细胞系毒性效应[D].南京:南京信息工程大学.

张丽萍,2012.全球变暖背景下水循环变化对海洋环流及气候的影响[D].青岛:中国海洋大学.

张麇鸣,陈立奇,汪建君,2013.大洋二甲基硫海-气交换过程研究进展[J].地球科学进展,28(9):1015-1024.

张苗云,王世杰,马国强,等,2011.大气环境的硫同位素组成及示踪研究[J].中国科学:地球科学,41(2):216-224.

张秀君,2004.大气甲烷源和汇的研究[J].沈阳教育学院学报(6):132-134.

张远航,邵可声,唐孝炎,等,1998.中国城市光化学烟雾污染研究[J].北京大学学报(自然科学版),34(Z1):392-400.

张运涛,崔凤,2011.植物源挥发性有机物的生态意义[J].世界农业(40):81-86.

赵保振,2014.黄渤海一氧化碳的分布及源汇研究[D].青岛:中国海洋大学.

中国环境状况公报,2006.http://www.mee.gov.cn/hjzl/sthjzk/zghjzkgb/.

中国气象局气候变化中心,2019.中国气候变化蓝皮书(2019)[R].

中国气象局气候变化中心,2021.中国气候变化蓝皮书(2021)[M].北京:科学出版社.

中国生态环境状况公报,2010,2015,2020.http://www.mee.gov.cn/hjzl/sthjzk/zghjzkgb/.

中华人民共和国国务院. 大气污染防治行动计划[EB/OL]. 2013. http://www.jingbian.gov.cn/gk/zfwj/gwywj/41211.htm? tdsourcetag=s_pcqq_aiomsg.

周存宇,2006. 大气主要温室气体源汇及其研究进展[J]. 生态环境,15(6):1397-1402.

周涛,蒋壮,耿雷,2019. 大气氧化态活性氮循环与稳定同位素过程——问题与展望[J]. 地球科学进展,34(9):922-935.

周秀骥. 1996. 中国地区大气臭氧变化及其对气候环境的影响[M]. 北京:气象出版社.

朱彬,孙照渤,安俊岭,2002. 对流层氮氧化物光化学转化特征研究[J]. 大气科学,26(4):487-495.

朱发根,陈磊,2011. 我国 CCS 发展的现状、前景及障碍[J]. 能源技术经济,23(1):46-49.

ABBAS I, SAINT-GEORGES F, BILLET S, et al, 2009. Air pollution particulate matter($PM_{2.5}$)-induced gene expression of volatile organic compound and/or polycyclic aromatic hydrocarbon-metabolizing enzymes in an in vitro coculture lung model[J]. Toxicol In Vitro, 23(1): 37-46.

ADACHI K, CHUNG S H, BUSECK P R, 2010. Shapes of soot aerosol particles and implications for their effects on climate[J]. J Geophys Res Atmos, 115:D15206.

AGUDELO-CASTANEDA D M, TEIXEIRA E C, SCHNEIDER I L, et al, 2017. Exposure to polycyclic aromatic hydrocarbons in atmospheric $PM_{1.0}$ of urban environments: Carcinogenic and mutagenic respiratory health risk by age groups[J]. Environ Pollut, 224: 158-170.

AILSHIRE J A, CRIMMINS E M, 2014. Fine particulate matter air pollution and cognitive function among older us adults[J]. Am J Epidemiol, 180(4): 359-66.

AJMANI G S, SUH H H, WROBLEWSKI K E, et al, 2016. Fine particulate matter exposure and olfactory dysfunction among urban-dwelling older us adults[J]. Environ Res, 151: 797-803.

ALBRECHT B A, 1989. Aerosols, cloud microphysics, and fractional cloudiness[J]. Science, 245(4923): 1227-1230.

ANDERSON J G, BRUNE W H, LLOYD S A, et al, 1989. Kinetics of $O_3$ destruction by ClO and BrO within the Antarctic vortex: An analysis based on in situ ER-2 data[J]. Journal of Geophysical Research, 94(D9):11480.

ATKINSON R W, COHEN A, MEHTA S, et al, 2011. Systematic review and meta-analysis of epidemiological time-series studies on outdoor air pollution and health in Asia[J]. Air Qual, Atmos Health, 5(4): 383-391.

BADR O, PROBERT S D, 1994. Atmospheric sulphur: Trends, sources, sinks and environmental impacts[J]. Applied Energy, 47(1):1-67.

BAE M S, SCHAUER J J, LEE T, et al, 2017. Relationship between reactive oxygen species and water-soluble organic compounds: Time-resolved benzene carboxylic acids measurement in the coastal area during the korus-aq campaign[J]. Environ Pollut, 231: 1-12.

BAI Y, BRUGHA R E, JACOBS L, et al, 2015. Carbon loading in airway macrophages as a biomarker for individual exposure to particulate matter air pollution-a critical review[J]. Environ Int, 74: 32-41.

BARTH M C, RASCH P J, KIEHL J T, et al, 2000. Sulfur chemistry in the National Center for

Atmospheric Research Community Climate Model: Description, evaluation, features, and sensitivity to aqueous chemistry[J]. J Geophys Res Atmos, 105:1387-1415.

BASSETT M E, SEINFELD J H, 1983. Atmospheric equilibrium model of sulfate and nitrate aerosols[J]. Atmos Environ, 17:2237-2252.

BASSIG B A, DAI Y, VERMEULEN R, et al, 2017. Occupational exposure to diesel engine exhaust and alterations in immune/inflammatory markers: A cross-sectional molecular epidemiology study in China[J]. Carcinogenesis, 38(11): 1104-1111.

BATES D R, NICOLET M, 1950, The photochemistry of atmospheric water vapor[J]. Journal of Geophysical Research, 55:301-327.

BETTERTON E A, HOFFMANN M R, 1988. Oxidation of aqueous $SO_2$ by peroxymonosulfate [J]. J Phys Chem 92:5962-5965.

BIN P, SHEN M, LI H, et al, 2016. Increased levels of urinary biomarkers of lipid peroxidation products among workers occupationally exposed to diesel engine exhaust[J]. Free Radic Res, 50(8): 20-30.

BLANDO J D, TURPIN B J, 2000. Secondary organic aerosol formation in cloud and fog droplets: a literature evaluation of plausibility[J]. Atmos Environ, 34:1623-1632.

BLUM J L, CHEN L C, ZELIKOFF J T, 2017. Exposure to ambient particulate matter during specific gestational periods produces adverse obstetric consequences in mice[J]. Environ Health Perspect, 125(7): 077020.

BOWMAN K P, 1993. Barotropic simulation of large-scale mixing in the Antarctic polar vortex [J]. J Atmos Sci, 50:2901-2914.

BRAATHEN G O, RUMMUKAINEN M, et al, 1994. Temporal development of ozone within the Arctic vortex during the winter of 1991—1992[J]. Geophys Res Lett, 21:1407-1410.

BREYSSE P N, DELFIN R J, Dominici F, et al, 2013. Us epa particulate matter research centers: Summary of research results for 2005—2011[J]. Air Qual Atmos Health, 6(2): 333-355.

CAKMAK G, ARI P E, EMERCE E, et al, 2019. Investigation of spatial and temporal variation of particulate matter in vitro genotoxicity and cytotoxicity in relation to the elemental composition[J]. Mutat Res-Genet Toxicol Environ Mutagen, 842: 22-34.

CAKMAK S, DALES R, KAURI L M, et al, 2014. Metal composition of fine particulate air pollution and acute changes in cardiorespiratory physiology[J]. Environ Pollut, 189: 208-214.

CALLIS L B, NATARAJAN M. The Antarctic ozone minimum: Relationship to odd nitrogen, odd chlorine, the final warming, and the 11-year solar-cycle[J]. J. Geophys. Res. 91:771-796.

CAO G, ZHANG X, ZHENG F, 2006. Inventory of black carbon and organic carbon emissions from China[J]. Atmos Environ, 40:6516-6527.

CARLTON A G, CHRISTIANSEN A E, FLESCH M M, et al, 2020. Multiphase Atmospheric Chemistry in Liquid Water: Impacts and Controllability of Organic Aerosol[J]. Accounts of Chemical Research, 53(9):1715-1723.

CASTILLEJOS M, GOLD D R, DOCKERY D W, et al, 1992. Effects of ambient ozone on respiratory function and symptoms in Mexico City schoolchildren[J]. Am Rev Respir Dis, 145(2 Pt 1): 276-82.

CHAMEIDES W L, DEMERJIAN K, ALBRITTON D, et al, 2000. An assessment of tropospheric ozone pollution: A North American perspective[M]. Washington: National Academy Press.

CHAMEIDES W L, DEMERJIAN K, ALBRITTON D, et al, 2000. An assessment of tropospheric ozone pollution: A North American perspective[R]. National Research Council.

CHAN M N, CHOI M Y, NG N L, et al, 2005. Hygroscopicity of water-soluble organic compounds in atmospheric aerosols: Amino acids and biomass burning derived organic species[J]. Environ Sci Technol, 39:1555-1562.

CHAO M W, YANG C H, LIN P T, et al, 2017. Exposure to $PM_{2.5}$ causes genetic changes in fetal rat cerebral cortex and hippocampus[J]. Environ Toxicol, 32(4): 1412-1425.

CHAPMAN S, 1930. A theory of upper atmospheric ozone[J]. Mem Roy Meteorol Soc, 3: 103-125.

CHEN H, LASKIN A, BALTRUSAITIS J, et al, 2012. Coal fly ash as a source of iron in atmospheric dust[J]. Environ Sci Technol, 46:2112-2120.

CHEN Q, LUO X S, CHEN Y, et al, 2017. Seasonally varied cytotoxicity of organic components in $PM_{2.5}$ from urban and industrial areas of a Chinese megacity[J]. Chemosphere, 230: 424-431.

CHEN R J, Yin P, Meng X, et al, 2017. Fine particulate air pollution and daily mortality: A nationwide analysis in 272 Chinese cities[J]. Am J Respir Crit Care Med, 196(1): 73.

CHEN S, XU L, ZHANG Y, et al, 2017. Direct observations of organic aerosols in common wintertime hazes in North China: insights into direct emissions from Chinese residential stoves[J]. Atmos Chem Phys, 17:1259-1270.

CHEN X, LIU Q, SHENG T, et al, 2019. A high temporal-spatial emission inventory and updated emission factors for coal-fired power plants in Shanghai, China[J]. Sci Total Environ, 688:94-102.

CHENG Y, ZHENG G, WEI C, et al, 2016. Reactive nitrogen chemistry in aerosol water as a source of sulfate during haze events in China[J]. Sci Adv, 2:e1601530.

CHI J W, LI W J, ZHANG D Z, et al, 2015. Sea salt aerosols as a reactive surface for inorganic and organic acidic gases in the Arctic troposphere[J]. Atmos Chem Phys, 15:11341-11353.

CHIN M, GINOUX P, KINNE S, et al, 2002. Tropospheric aerosol optical thickness from the GOCART model and comparisons with satellite and sun photometer measurements[J]. J Atmos Sci, 59: 461-483.

CHINA S, MAZZOLENI C, GORKOWSKI K, et al, 2013. Morphology and mixing state of individual freshly emitted wildfire carbonaceous particles[J]. Nature Communications, 4:2122.

CHIPPERFEILD M P, CARIOLLE D, SIMON P, et al, 1993. A 3-dimensional modeling study of trace species in the Arctic lower stratosphere during winter 1989—1990[J]. J Geophys Res, 98:7199-7218.

CHIPPERFEILD M P, DHOMSE S S, et al, 2015. Quantifying the ozone and ultraviolet benefits already achieved by the Montreal Protocol[J]. Nat Commun, 6: 7233.

CHOI M Y, CHAN C K, 2002. The effects of organic species on the hygroscopic behaviors of inorganic aerosols[J]. Environ Sci Technol, 36:2422-2428.

CICERONE R J, STOLARSKI R S, WALTERS S, 1974. Stratospheric ozone destruction by man-made chlorofluoromethanes[J]. Science, 185. 1165-1167.

CLEGG S L, KLEEMAN M J, GRIFFIN R J, et al, 2008. Effects of uncertainties in the thermodynamic properties of aerosol components in an air quality model—Part 1: Treatment of inorganic electrolytes and organic compounds in the condensed phase[J]. Atmos Chem Phys, 8: 1057-1085.

CLEGG S L, PITZER K S, 1992. Thermodynamics of multicomponent, miscible, ionic-solutions—generalized equations for symmetrical electrolytes[J]. J Phys Chem 96:3513-3520.

CLEGG S L, PITZER K S, BRIMBLECOMBE P, 1992. Thermodynamics of multicomponent, miscible, ionic-solutions. 2. Mixtures including unsymmetrical electrolytes[J]. J Phys Chem, 96:9470-9479.

CLEGG S L, SEINFELD J H, 2004. Improvement of the Zdanovskii-Stokes-Robinson model for mixtures containing solutes of different charge types[J]. J Phys Chem 108:1008-1017.

CLEGG S L, SEINFELD J H, 2006. Thermodynamic models of aqueous solution containing inorganic electrolytes and dicarboxylic acids at 298. 15 K. 1. The acids as nondissociating components[J]. J Phys Chem A, 110:5692-5717.

COCKER D R, CLEGG S L, FLAGAN R C, et al, 2001. The effect of water on gas-particle partitioning of secondary organic aerosol. Part I: alpha-pinene/ozone system[J]. Atmos Environ, 35:6049-6072.

COHEN A J, BRAUER M, BURNETT R, et al, 2017. Estimates and 25-year trends of the global burden of disease attributable to ambient air pollution: An analysis of data from the global burden of diseases study 2015[J]. Lancet, 389(10082): 1907-1918.

COHEN M D, FLAGAN R C, SEINFELD J H, 1987. Studies of concentrated electrolyte solutions using the electrodynamic balance. 2. Water activities for mixed-electrolyte solutions[J]. J Phys Chem, 91:4575-4582.

CONANT W C, SEINFELD J H, WANG J, et al, 2003. A model for the radiative forcing during ACE-Asia derived from CIRPAS Twin Otter and R/V Ronald H. Brown data and comparison with observations[J]. J Geophys Res, 108.

COOKE M S, OLINSKI R, LOFT S, et al, 2008. Measurement and meaning of oxidatively modified DNA lesions in urine[J]. Cancer Epidemiol Biomarkers Prev, 17(1): 3-14.

COUNCIL N, 1969. The Atmospheric Effects of Stratospheric Aircraft Project: An Interim Review of Science and Progress[M]. Washington DC: The National Academies Press.

CRUTZEN P J, 1970. The influence of nitrogen oxides on the atmospheric ozone content[J]. Q J Roy Meteorol Soc, 96, 320-325.

CRUTZEN P J, 1971. Ozone production rates in an oxygen hydrogen nitrogen oxide atmosphere [J]. J Geophys Res,76:7311-7327.

CRUTZEN P J, ARNOLD F, 1986. Nitric-acid cloud formation in the cold Antarctic stratosphere: A major cause for the springtime ozone hole[J]. Nature, 324: 651-655.

CULQUI D R, LINARES C, ORTIZ C, et al, 2017. Association between environmental factors and emergency hospital admissions due to alzheimer's disease in madrid[J]. Sci Total Environ, 592: 451-457.

DAI Y, NIU Y, DUAN H, et al, 2018. Effects of occupational exposure to carbon black on peripheral white blood cell counts and lymphocyte subsets[J]. Environ Mol Mutagen, 57(8): 615-622.

DAI Y, REN D, BASSIG B A, et al, 2018. Occupational exposure to diesel engine exhaust and serum cytokine levels[J]. Environ Mol Mutagen, 59(2): 144-150.

DAI Y, ZHANG X, ZHANG R, et al, 2016. Long-term exposure to diesel engine exhaust affects cytokine expression among occupational population[J]. Toxicol Res(Camb), 5(2): 674-681.

DARE A I, COLE-FILIPIAK N C, O'CONNOR AE, et al, 2011. Formation and stability of atmospherically relevant isoprene-derived organosulfates and organonitrates[J]. Environ Sci Technol, 45:1895-1902.

DE GOUW J, JIMENEZ J L, 2009. Organic aerosols in the earth's atmosphere[J]. Environ Sci Technol, 43:7614-7618.

DE KOK T M, DRIECE H A, HOGERVORST J, et al, 2006. Toxicological assessment of ambient and traffic-related particulate matter: A review of recent studies[J]. Mutat Res/Rev Mutat Res, 613(2): 103-122.

DEMORE W B, SANDER S, GOLDEN D, et al, 1997. Chemical kinetics and photochemical data for use in stratospheric modelling[J]. JPL Publ, 97-101.

DENBIGH K, 1981. The Principles of Chemical Equilibrium[M]. 4th ed. Cambridge UK: Cambridge Univ Press.

DOBREVA Z G, KOSTADINOVA G S, POPOV B N, et al, 2015. Proinflammatory and anti-inflammatory cytokines in adolescents from southeast bulgarian cities with different levels of air pollution[J]. Toxicol Ind Health, 31(12): 1210-7.

DOBSON G M B, 1966. Annual variation of ozone in Antarctica[J]. Q J Royal Meteorol Soc, 92: 549-552.

DOBSON G M B, 1968. Forty years' research on atmospheric ozone at Oxford: A history[J]. Appl Optics, 7:387-405.

DOCKERY D W, POPE C A, XU X, et al, 1994. An association between air pollution and mortality in six U. S. Cities[J]. New Engl J Med, 329(24): 1753-1759.

DOMORE W B, 1992. Relative rate constants for the reactions of OH with methane and methyl chloroform[J]. Geophys Res Lett, 19:1367-1370.

DONAHUE N M, ROBINSON A L, STANIER C O, et al, 2006. Coupled partitioning, dilution, and chemical aging of semivolatile organics[J]. Environ Sci Technol, 40:2635-2643.

DONG H, ZHENG L, DUAN X, et al, 2019. Cytotoxicity analysis of ambient fine particle in beas-2b cells on an air-liquid interface(ali) microfluidics system[J]. Sci Total Environ, 677: 108-119.

DOUGLASS A R, SCHOEBERL M R, STOLARSKI R S, et al, 1995. Interhemispheric differences in springtime production of HCl and $ClONO_2$ in the polar vortices[J]. J Geophys Res, 100:13967-13978.

DUAN H, JIA X, ZHAI Q, et al, 2016. Long-term exposure to diesel engine exhaust induces primary DNA damage: A population-based study[J]. Occup Environ Med, 73(2): 83-90.

DURANTIE E, VANHECKE D, RODRIGUEZ-LORENZO L, et al, 2017. Biodistribution of single and aggregated gold nanoparticles exposed to the human lung epithelial tissue barrier at the air-liquid interface[J]. Part Fibre Toxicol, 14(1), 49.

DUTCHER C S, GE X, WEXLER A S, et al, 2011. Statistical Mechanics of Multilayer Sorption: Extension of the Brunauer-Emmett-Teller(BET) and Guggenheim-Anderson-de Boer(GAB) Adsorption Isotherms[J]. J Phys Chem C, 115:16474-16487.

DUTCHER C S, GE X, WEXLER A S, et al, 2012. Statistical mechanics of multilayer sorption: 2. Systems containing multiple Solutes[J]. J Phys Chem C, 116:1850-1864.

DUTCHER C S, GE X, WEXLER A S, et al, 2013. An isotherm-based thermodynamic model of multicomponent aqueous solutions, applicable over the entire concentration range[J]. J Phys Chem A,117:3198-3213.

EEA(European Environment Agency), 2005. The European Environment: State and Outlook[M]. Copenhagen: European Environment Agency.

ELLIOTT E M, YU Z, COLE A S, et al, 2019. Isotopic advances in understanding reactive nitrogen deposition and atmospheric processing[J]. The Science of the Total Environment, 662 (APR. 20):393-403.

ENVIRON, 2006. User's Guide to the Comprehensive Air Quality Model with Extensions(CAMx) Version 4. 40[R]. ENVIRON International Corporation.

ERVENS B, FEINGOLD G, FROST G J, et al, 2004. A modeling study of aqueous production of dicarboxylic acids: 1. Chemical pathways and speciated organic mass production[J]. J Geophys Res Atmos, 109:D15205.

FALOONA I, 2009. Sulfur processing in the marine atmospheric boundary layer: A review and critical assessment of modeling uncertainties[J]. Atmos Environ, 43(18):2841-2854.

FARMAN J C, GARDINER B G, SHANKIN J D, 1985. Large losses of total ozone in Antarctica reveal $ClO_x/NO_x$ interaction[J]. Nature, 315: 207-210.

FARMER D K, CAPPA C D, KREIDENWEIS S M, 2015. Atmospheric processes and their controlling influence on cloud condensation nuclei activity[J]. Chem Rev, 115:4199-4217.

FELTHAM E J, ALMOND M J, MARSTON G, et al, 2000. Reactions of alkenes with ozone in the gas phase: a matrix-isolation study of secondary ozonides and carbonyl-containing reaction products[J]. Spectrochim Acta A, 56: 2605-2616.

FINLAYSON B J, PITTS J N J R, 1977. The chemical basis of air quality: kinetics and mechanisms of photochemical air pollution and application to control strategies[J]. Environmental Science Technology,7: 76-162.

FINLAYSON-PITTS B J,PITTS J N Jr, 1999. Chemistry of the Upper and Lower Atmosphere: Theory, Experiments, and Applications[M]. 1st Edition. The National Academic Press, USA.

FOUNTOUKIS C, NENS A, 2007. ISORROPIA II A computationally efficient aerosol thermodynamic equilibrium model for $K^+$, $Ca^{2+}$, $Mg^{2+}$, $NH_4^+$, $Na^+$, $SO_4^{2-}$, $NO_3^-$, $Cl^-$, $H_2O$ aerosols[J]. Atmos Chem Phys, 7:4639-4659.

FU X, WANG S, ZHAO B, et al, 2013. Emission inventory of primary pollutants and chemical speciation in 2010 for the Yangtze River Delta region, China[J]. Atmos Environ, 70:39-50.

GAI Y, GE M, WANG W, 2009. Kinetic studies of $O_3$ reactions with 3-bromopropene and 3-iodopropene in the temperature range 288—328 K[J]. Atmos Environ, 43: 3467-3471.

GATTO N M, HENDERSON V W, HODIS H N, et al, 2014. Components of air pollution and cognitive function in middle-aged and older adults in Los Angeles[J]. Neurotoxicology, 40: 1-7.

GE X, HE Y, SUN Y, et al, 2017. Characteristics and formation mechanisms of fine particulate nitrate in typical Urban Areas in China[J]. Atmosphere, 8:62.

GE X, WANG J, ZHANG Z, et al, 2015. , Thermodynamic modeling of electrolyte solutions by a hybrid ion-interaction and solvation(HIS)model[J]. CALPHAD, 48:79-88.

GE X, WANG X, 2011. Estimation of freezing point depression, boiling point elevation, and vaporization enthalpies of electrolyte solutions[J]. Ind Eng Chem Res, 48:2229-2235.

GE X, WANG X, ZHANG M, et al, 2007. A new three-particle-interaction model to predict the thermodynamic properties of different electrolytes[J]. J Chem Thermodyn, 39:602-612.

GE X, WEXLER A S, CLEGG S L, 2011a. Atmospheric amines-Part I. A review[J]. Atmos Environ, 45:524-546.

GE X, WEXLER A S, CLEGG S L, 2011b. Atmospheric amines-Part II. Thermodynamic Properties and gas/particle partitioning[J]. Atmos Environ, 45:561-577.

GEBEL M E, FINLAYSON-PITTS B J, GANSKE J A, 2000. The uptake of $SO_2$ on synthetic sea salt and some of its components[J]. Geophys Res Lett, 27:GL011152.

GEN M, ZHANG R, HUANG D D, et al, 2019a. Heterogeneous oxidation of $SO_2$ in sulfate production during nitrate photolysis at 300 nm: Effect of pH, relative humidity, irradiation intensity, and the presence of organic compounds[J]. Environ Sci Technol, 53:8757-8766.

GEN M, ZHANG R, HUANG D D, et al, 2019b. Heterogeneous $SO_2$ Oxidation in Sulfate Formation by Photolysis of Particulate Nitrate[J]. Environ Sci Technol Lett, 6:86-91.

GEYER A, ALICKE B, KONRAD S, et al, 2001. Chemistry and oxidation capacity of the nitrate radical in the continental boundary layer near Berlin [J]. J Geophys Res Atmos, 106: 8013-8025.

GILARDONI S, MASSOLI P, PAGLIONE M, et al, 2016. Direct observation of aqueous secondary organic aerosol from biomass-burning emissions[J]. P Natl Acad Sci USA, 113(36): 10013-10018.

GOLARDONI S, MASSOLI P, PAGLIONE M, et al, 2016. Direct observation of aqueous secondary organic aerosol from biomass-burning emissions[J]. P Nat Acad Sci, 113:10013-10018.

GOLUBYATNIKOV L L, MOKHOV I I, ELISEEV A V, 2013. Nitrogen cycle in the earth climatic system and its modeling[J]. Izvestiya, Atmospheric & Oceanic Physics,49(3):229-243.

GOULAOUIC S, FOUCAUD L, BENNASROUNE A, et al, 2008. Effect of polycyclic aromatic hydrocarbons and carbon black particles on pro-inflammatory cytokine secretion: Impact of pah coating onto particles[J]. J Immunotoxicol, 5(3): 337-45.

GUO H, WEBER R J, NENES A, 2017. High levels of ammonia do not raise fine particle pH sufficiently to yield nitrogen oxide-dominated sulfate production[J]. Sci Rep, 7:12109.

HAAGEN-SMIT A J, 1952. Chemistry and physiology of Los Angeles smog[J]. Industrial and Engineering Chemistry. 44(6):1342-1346.

HARRIGAN J, RAVI D, RICKS J, et al, 2017. In utero exposure of hyperlipidemic mice to diesel exhaust: Lack of effects on atherosclerosis in adult offspring fed a regular chow diet[J]. Cardiovasc Toxicol, 17(4): 417-425.

HE H, WANG Y, MA Q, et al, 2014. Mineral dust and $NO_x$ promote the conversion of $SO_2$ to sulfate in heavy pollution days[J]. Sci Rep, 4:4172.

HE M, ICHINOSE T, YOSHIDA Y, et al, 2017. Urban $PM_{2.5}$ exacerbates allergic inflammation in the murine lung via a tlr2/tlr4/myd88-signaling pathway[J]. Sci Rep, 7(1): 11027.

HEALD C L, JACOB D J, PARK R J, et al, 2005. A large organic aerosol source in the free troposphere missing from current models[J]. Geophys Res Lett, 32:109-127.

HERR C E, DOSTAL M, GHOSH R, et al, 2010. Air pollution exposure during critical time periods in gestation and alterations in cord blood lymphocyte distribution: A cohort of livebirths[J]. Environ Health, 9(1): 46.

HERRMANN H, 2003. Kinetics of aqueous phase reactions relevant for atmospheric chemistry [J]. Cheminform, 103:4691-4716.

HERRMANN H, SCHAEFER T, TILGNER A, et al, 2015. Tropospheric aqueous-phase chemistry: Kinetics, mechanisms, and its coupling to a changing gas phase[J]. Chem Rev, 115: 4259-4334.

HINDS W C, 2012. Aerosol Technology: Properties, Behavior, and Measurement of Airborne Particles[M]. Los Angeles: John Wiley & Sons.

HOFMANN D J, DESHLER T, 1989. Comparison of stratospheric clouds in the Antarctic and Arctic[J]. Geophys Res Lett, 16:1429-1432.

HONG Y C, LEE J T, KIM H, et al, 2002. Air pollution: A new risk factor in ischemic stroke mortality[J]. Stroke, 33(9): 2165-9.

HOPKE P K, 2016. Review of receptor modeling methods for source apportionment[J]. J. Air Waste Manag Assoc, 66:237-259.

HOU L F, ZHANG X, DIONI L, et al, 2013. Inhalable particulate matter and mitochondrial DNA copy number in highly exposed individuals in Beijing, China: A repeated-measure study[J]. Part Fibre Toxicol(1): 17.

HU H, DAILEY A B, KAN H, et al, 2013. The effect of atmospheric particulate matter on survival of breast cancer among us females[J]. Breast Cancer Res Treat, 139(1): 217-26.

HU J L, HUANG L, CHEN M D, et al, 2017. Premature mortality attributable to particulate matter in China: Source contributions and responses to reductions[J]. Environmental Science & Technology, 51(17), 9950-9959.

HU J, CHEN J, YING Q, et al, 2016. One-year simulation of ozone and particulate matter in China using WRF/CMAQ modeling system[J]. Atmos Chem Phys, 16:10333-10350.

HUANG B F, CHANG Y C, HAN A L, et al, 2018. Metal composition of ambient $PM_{2.5}$ influences the pulmonary function of schoolchildren: A case study of school located nearby of an electric arc furnace factory[J]. Toxicol Ind Health, 34(4): 253-261.

HUANG C, WANG H L, LI L, et al, 2015. VOC species and emission inventory from vehicles and their SOA formation potentials estimation in Shanghai, China[J]. Atmos Chem Phys, 15: 11081-11096.

HUANG R J, ZHANG Y, BOZZETTI C, et al, 2014. High secondary aerosol contribution to particulate pollution during haze events in China[J]. Nature, 514:218-222.

HUO Q, ZHANG N, WANG X, et al, 2013. Effects of ambient particulate matter on human breast cancer: Is xenogenesis responsible? [J]. PLoS One, 8(10): e76609.

HUSSEIN T, DAL MASO, PETAJA M, et al, 2005a. Evaluation of an automatic algorithm for fitting the particle number size distributions[J]. Boreal Environ Res, 10:337-355.

HUSSEIN T, HAMERI K, HEIKKINEN M S A, et al, 2005b. Indoor and outdoor particle size characterization at a family house in Espoo-Finland[J]. Atmos Environ, 39:3697-3709.

HVIDTFELDT U A, GEELS C, SORENSEN M, et al, 2019. Long-term residential exposure to $PM_{2.5}$ constituents and mortality in a danish cohort[J]. Environ Int, 133.

IBALD-MULLI A, STIEBER J, WICHMANN H E, et al, 2001. Effects of air pollution on blood pressure: A population-based approach[J]. Am J Public Health, 91(4): 571-577.

Intergovernmental Panel on Climate Change, 2013. Climate Change 2013: The Physical Science Basis[R].

IPCC, 2005. Ozone and Climate[R]. IPCC/TEAP Special Report: Safeguarding the Ozone Layer and the Global Climate System.

ISLAM N, DIHINGIA A, KHARE P, et al, 2020. Atmospheric particulate matters in an indian urban area: Health implications from potentially hazardous elements, cytotoxicity, and genotoxicity studies[J]. J Hazard Mater, 384.

JACOB D J, 1999. Introduction to Atmospheric Chemistry[M]. Princeton: Princeton University Press.

JACOBSON M Z, 1999. Studying the effects of calcium and magnesium on size-distributed nitrate and ammonium with EQUISOLV II[J]. Atmos Environ, 33:3635-3649.

JEFFRIES H E, 1990. Scientific and technical issues related to the application of incremental reactivity[D]. North Carolina: University of North Carolina, Chapel Hill.

JIANG S, BO L, DU X, et al, 2017. Card9-mediated ambient $PM_{2.5}$-induced pulmonary injury is associated with th17 cell[J]. Toxicol Lett, 273: 36-43.

JIANG S, SHANG M, MU K, et al, 2018. In vitro and in vivo toxic effects and inflammatory responses induced by carboxylated black carbon-lead complex exposure[J]. Ecotox Environ Safe, 165: 484-494.

JIMENEZ J L, CANAGARATNA M R, DONAHUE N M, et al, 2009. Evolution of organic aerosols in the atmosphere[J]. Science, 326:1525-1529.

JIN G B, WU L, MAO H, et al, 2016. Development of a vehicle emission inventory with high temporal-spatial resolution based on NRT traffic data and its impact on air pollution in Beijing—Part 1: Development and evaluation of vehicle emission inventory[J]. Atmos Chem Phys, 16:3161-3170.

JIN L, XIE J, WONG C, et al, 2019. Contributions of city-specific fine particulate matter $PM_{2.5}$ to differential in vitro oxidative stress and toxicity implications between Beijing and Guangzhou of China[J]. Environ Sci Technol, 53(5): 2881-2891.

KEYWOOD M D, AYERS G P, GRAS J L, et al, 1999. Relationships between size segregated mass concentration data and ultrafine particle number concentrations in urban areas[J]. Atmos Environ, 33:2907-2913.

KIM W, JEONG S C, SHIN C, et al, 2018. A study of cytotoxicity and genotoxicity of particulate matter $PM_{2.5}$ in human lung epithelial cells(A549)[J]. Mol Cell Toxicol, 14(2): 163-172.

KIM Y P, SEINFELD J H, SAXENA P, 1993. Atmospheric gas-aerosol equilibrium: I. Thermodynamic model[J]. Aerosol Sci Technol, 19:157-181.

KINNISON D, JOHNSTON H, WUEBBLES D, 1988. Ozone calculations with large nitrous oxide and chlorine changes[J]. J Geophys Res, 93, 14165-14175.

KU T, ZHANG Y, JI X, et al, 2017. $PM_{2.5}$-bound metal metabolic distribution and coupled lipid abnormality at different developmental windows[J]. Environ Pollut, 228: 354-362.

KULMALA M, KONTKANE J, JUNNINEN H, 2013. Direct Observations of Atmospheric Aerosol Nucleation[J]. Science, 339:943-946.

LASKIN A, LASKIN J, NIZKOROKOV S A, 2015. Chemistry of Atmospheric Brown Carbon [J]. Chem Rev, 115:4335-4382.

LE HENAFF P, 1968. Methodes d'etude et proprietes des hydrates, hemiacetals et hemiacetals derives des aldehydes et des cetones[J]. Bull Soc Chim Fr, 4687-4700.

LENG S, WU G, KLINGE D M, et al, 2017. Gene methylation biomarkers in sputum as a classifier for lung cancer risk[J]. Oncotarget, 8(38).

LI J, ZHANG Y L, CAO F, et al, 2020. Stable sulfur isotopes revealed a major role of transition-metal ion-catalyzed $SO_2$ oxidation in haze episodes[J]. Environ Sci Technol, 54:2626-2634.

LI L, CHEN Z M, ZHANG Y H, et al, 2006. Kinetics and mechanism of heterogeneous oxidation of sulfur dioxide by ozone on surface of calcium carbonate[J]. Atmos Chem Phys, 6: 2453-2464.

LI W, SHAO L, ZHANG D, et al, 2016a. A review of single aerosol particle studies in the atmosphere of East Asia: morphology, mixing state, source, and heterogeneous reactions[J]. J Clean Prod, 112:1330-1349.

LI W, SUN J, XU L, et al, 2016b. A conceptual framework for mixing structures in individual aerosol particles[J]. J Geophys Res-Atmos, 121:784-713,798.

LI W, ZHOU S, WANG X, et al, 2011. Integrated evaluation of aerosols from regional brown hazes over northern China in winter: Concentrations, sources, transformation, and mixing states [J]. J Geophys Res-Atmos, 116:D09301.

LIAO J, YU H, XIA W, et al, 2018. Exposure to ambient fine particulate matter during pregnancy and gestational weight gain[J]. Environ Int, 119: 407-412.

LIN H, TAO J, DU Y, et al, 2016. Differentiating the effects of characteristics of PM pollution on mortality from ischemic and hemorrhagic strokes[J]. Int J Hyg Environ Health, 219(2): 204-211.

LIU C, MA Q, LIU Y, et al, 2012a. Synergistic reaction between $SO_2$ and $NO_2$ on mineral oxides: a potential formation pathway of sulfate aerosol[J]. Phys Chem Chem Phys, 14:1668-1676.

LIU C, XU X, BAI Y, et al, 2014. Air pollution-mediated susceptibility to inflammation and insulin resistance: Influence of CCR2 pathways in mice[J]. Environ Health Perspect, 122(1): 17-26.

LIU F, ZHANG Q, TONG D, et al, 2015. High-resolution inventory of technologies, activities, and emissions of coal-fired power plants in China from 1990 to 2010[J]. Atmos Chem Phys, 15:13299-13317.

LIU J, FAN S, HOROWITZ L W, et al, 2011. Evaluation of factors controlling long - range transport of black carbon to the Arctic[J]. J Geophys Res-Atmos, 116, D04307.

LIU J, HAN Y, TANG X, et al, 2016. Estimating adult mortality attributable to $PM_{2.5}$ exposure in China with assimilated $PM_{2.5}$ concentrations based on a ground monitoring network[J]. Sci Total Environ, 568: 1253-1262.

LIU L, KONG S, ZHANG Y, et al, 2017a. Morphology, composition, and mixing state of primary particles from combustion sources—crop residue, wood, and solid waste[J]. Sci Rep, 7:5047.

LIU M, SONG Y, ZHOU T, et al, 2017b. Fine particle pH during severe haze episodes in northern China[J]. Geophys Res Lett, 44:5213-5221.

LIU T, ABBATT J P D, 2021. Oxidation of sulfur dioxide by nitrogen dioxide accelerated at the interface of deliquesced aerosol particles[J]. Nature Chemistry, 13, 1173-1177.

LIU T, WANG X, DENG W, et al, 2015. Secondary organic aerosol formation from photochemical aging of light-duty gasoline vehicle exhausts in a smog chamber[J]. Atmos Chem Phys, 15: 9049-9062.

LIU Y, MONOD A, TRITSCHER T, et al, 2012b. Aqueous phase processing of secondary organic aerosol from isoprene photooxidation[J]. Atmos Chem Phys, 12:5879-5895.

LIU Z, WANG Y, HU B, et al, 2021. Elucidating the quantitative characterization of atmospheric oxidation capacity in Beijing, China[J]. Science of the Total Environment, 771(D3):145306.

LU C F, LI L Z, ZHOU W, et al, 2017. Silica nanoparticles and lead acetate co-exposure triggered synergistic cytotoxicity in A549 cells through potentiation of mitochondria-dependent apoptosis induction[J]. Environ Toxicol Phar, 52: 114-120.

LU K, ZHANG Y, 2010. Observations of $HO_x$ radical in field studies and the analysis of its chemical mechanism[J]. Prog Chem, 22: 500-514.

LU Z, HAO J, TAKEKAWA H, et al, 2009. Effect of high concentrations of inorganic seed aerosols on secondary organic aerosol formation in the m-xylene/$NO_x$ photooxidation system[J]. Atmos Environ, 43: 897-904.

MA J, CHU B, LIU J, et al, 2018. $NO_x$ promotion of $SO_2$ conversion to sulfate: An important mechanism for the occurrence of heavy haze during winter in Beijing[J]. Environ Pollut, 233: 662-669.

MA Q, LIU Y, HE H, 2008. Synergistic Effect between $NO_2$ and $SO_2$ in Their Adsorption and Reaction on $\gamma$-Alumina[J]. J Phys Chem A112:6630-6635.

MALHI Y, 2002. Carbon in the atmosphere and terrestrial biosphere in the 21st century[J]. Philos Trans A Math Phys Eng, 360(1801):2925-2945.

MANNEY G L, FROIDEVANUX L, WATERS J W, et al, 1996. Arctic ozone depletion observed by UARS MLS during the 1994-95 winter[J]. Geophys Res Lett, 23:85-88.

MARTIN S T, 2000. Phase transitions of aqueous atmospheric particles[J]. Chem Rev, 100:3403-3453.

MARTIN S T, SCHLENKER J C, MALINOWSKI A, et al, 2003. Crystallization of atmospheric sulfate-nitrate-ammonium particles[J]. Geophys Res Lett, 30(21):1-6.

MAULDIN I, BERNDT R L, SIPILA T, et al, 2012. A new atmospherically relevant oxidant of sulphur dioxide[J]. Nature, 488:193-196.

MCFIGGANS G, MENTEL T F, WILDT J, et al, 2019. Secondary organic aerosol reduced by mixture of atmospheric vapours[J]. Nature, 565(7741):587-593.

MCNEILL V F, 2015. Aqueous organic chemistry in the atmosphere: sources and chemical processing of organic aerosols[J]. Environ Sci Technol, 49:1237-1244.

MELKI P N, LEDOUX F, AOUAD S, et al, 2017. Physicochemical characteristics, mutagenicity and genotoxicity of airborne particles under industrial and rural influences in northern Lebanon [J]. Environ Sci Pollut Res, 24(23): 18782-18797.

MENTEL T F, BLEIEBENS D, WAHNER A, 1996. A study of nighttime nitrogen oxide oxidation in a large reaction chamber—the fate of $NO_2$, $N_2O_5$, $HNO_3$, and $O_3$ at different humidities[J]. Atmos Environ, 30:4007-4020.

MICHAUD V, HADDAD EL, LIU Y, et al, 2009. In-cloud processes of methacrolein under simulated conditions-Part 3: Hygroscopic and volatility properties of the formed secondary organic aerosol[J]. Atmos Chem Phys, 9:5119-5130.

MIYATA Y, MATSUO T, SAGARA Y, et al, 2017. A mini-review of reactive oxygen species in urological cancer: correlation with NADPH oxidases, angiogenesis, and apoptosis[J]. Int J Mol Sci, 18(10): 2214.

MOKTAR A, SINGH R, VADHANAM M V, et al, 2011. Cigarette smoke condensate-induced oxidative DNA damage and its removal in human cervical cancer cells[J]. Int J Oncol, 39(4): 941-947.

NAKAYAMA T, SATO K, IMAMURA T, et al, 2018. Effect of oxidation process on complex refractive index of secondary organic aerosol generated from isoprene[J]. Environ Sci Technol, 5:2566-2574.

NASA Earth, 2021. Antarctic Ozone Hole 13th-Largest, Will Persist into November[R].

NATASHA G, VERNON M, 2006. Assessment of public health risks associated with atmospheric exposure to $PM_{2.5}$ in Washington, DC, USA[J]. Int J Environ Res Public Health, 2006, 3 (1): 86-97.

NENES A, PANDIS S N, PILINIS C, 1998. ISORROPIA: A new thermodynamic model for multiphase multicomponent inorganic aerosols[J]. Aquatic Geochem, 4:123-152.

NENES A, PANDIS S N, PILINIS C, 1999. Continued development and testing of a new thermodynamic aerosol module for urban and regional air quality models[J]. Atmos Environ, 33: 1553-1560.

NGUYEN T, ZHANG Q, JIMENEZ J L, et al, 2016. Liquid water: Ubiquitous contributor to aerosol mass[J]. Environmental Science & Technology Letters, 3(7):257-263.

NIU X, CHUANG H C, WANG X, et al, 2020. Cytotoxicity of $PM_{2.5}$ vehicular emissions in the shing mun tunnel, Hong Kong[J]. Environ Pollut, 263 :9-15.

NIU X, HO S, HO K, et al, 2017. Atmospheric levels and cytotoxicity of polycyclic aromatic hydrocarbons and oxygenated-pahs in $PM_{2.5}$ in the Beijing-Tianjin-Hebei region[J]. Environ Pollut, 231: 1075-1084.

NOBELS I, VANPARYS C, VAN DEN HEUVEL R, et al, 2012. Added value of stress related gene inductions in HepG2 cells as effect measurement in monitoring of air pollution[J]. Atmos Environ, 55: 154-163.

NOZIERE B, KALLBEREE M, CLAEYS M, et al, 2015. The Molecular Identification of Organic Compounds in the Atmosphere: State of the Art and Challenges[J]. Chem Rev, 115: 3919-3983.

OSTRO B, MALIG B, BROADWIN R, et al, 2014. Chronic $PM_{2.5}$ exposure and inflammation: Determining sensitive subgroups in mid-life women[J]. Environ Res, 132: 168-75.

PALLESCHI S, ROSSI B, ARMIENTO G, et al, 2018. Toxicity of the readily leachable fraction of urban $PM_{2.5}$ to human lung epithelial cells: Role of soluble metals[J]. Chemosphere, 196: 35-44.

PAN X, YUAN X, LI X, et al, 2019. Induction of inflammatory responses in human bronchial epithelial cells by $Pb^{2+}$ —containing model $PM_{2.5}$ particles via downregulation of a novel long noncoding rna inc-pck1-2:1[J]. Environ Sci Technol, 53(8): 4566-4578.

PARDO M, XU F, QIU X, et al, 2018. Seasonal variations in fine particle composition from Beijing prompt oxidative stress response in mouse lung and liver[J]. Sci Total Environ, 626: 147-155.

PEDERSEN M, WICHMANN J, AUTRUP H, et al, 2009. Increased micronuclei and bulky DNA adducts in cord blood after maternal exposures to traffic-related air pollution[J]. Environ Res, 109(8): 1012-20.

PERRI M J, LIM Y B, SEITZINGER S P, et al, 2010. Organosulfates from glycolaldehyde in aqueous aerosols and clouds: Laboratory studies[J]. Atmos Environ, 44:2658-2664.

PERRIN D D, 1982. Ionization Constants of Inorganic Acids and Bases in Aqueous Solution[M]. 2nd ed. New York: Pergamon Press.

PILINIS C, SEINFELD J H, 1987. Continued development of a general equilibrium model for inorganic multicomponent atmospheric aerosols[J]. Atmos Environ, 21:2453-2466.

PILINIS C, SEINFELD J H, GROSJEAN D, 1989. Water content of atmospheric aerosols[J]. Atmos Environ, 23:1601-1606.

PINKERTON K E, GREEN F H, SAIKI C, et al, 2000. Distribution of particulate matter and tissue remodeling in the human lung[J]. Enviro Health Persp, 108(11): 1063-1063.

PITTS J N, DOYLE G J, LLOYD A C, et al, 1975. Chemical transformations in photochemical smog and their applications to air pollution control strategies: Third annual progress report, Oct. 1, 1975-Dec. 31 1976[R]. California: University of California, Statewide Air Pollution

Research Center.

POPE C A, Dockery D W, Kanner R E, et al, 1999. Oxygen saturation, pulse rate, and particulate air pollution: A daily time-series panel study[J]. Am J Respir Crit Care Med, 159(2): 365-372.

POPE C A, THUN M J, NAMBOODIRI M M, et al, 1995. Particulate air pollution as a predictor of mortality in a prospective study of U. S. adults[J]. Am J Respir Crit Care Med, 151 (3pt1): 669-674.

POTUKUCHI S, WEXLER A S, 1995a. Identifying solid-aqueous phase transitions in atmospheric aerosols. I. Neutral acidity solutions[J]. Atmos Environ, 29:1663-1676.

POTUKUCHI S, WEXLER A S, 1995b. Identifying solid-aqueous phase transitions in atmospheric aerosols. II. Acidic solutions[J]. Atmos Environ, 29:3357-3364.

PYE H O T, NENES A, ALEXANDER B, et al, 2020. The acidity of atmospheric particles and clouds[J]. Atmos Chem Phys, 20:4809-4888.

QI J, ZHENG B, LI M, et al, 2017. A high-resolution air pollutants emission inventory in 2013 for the Beijing-Tianjin-Hebei region, China[J]. Atmos Environ, 170:156-168.

QI Z, SONG Y, DING Q, et al, 2019. Water soluble and insoluble components of $PM_{2.5}$ and their functional cardiotoxicities on neonatal rat cardiomyocytes in vitro[J]. Ecotox Environ Safe, 168: 378-387.

QIAN Z, LIANG S, YANG S, et al, 2016. Ambient air pollution and preterm birth: A prospective birth cohort study in Wuhan, China[J]. Int J Hyg Environ Health, 219(2): 195-203.

QIAO P, ZHAO Y, CAI J, et al, 2019. Twin growth discordance in association with maternal exposure to fine particulate matter and its chemical constituents during late pregnancy[J]. Environ Int, 133(Part A): 105148-105148.

RAASCHOU-NIELSEN O, BEELEN R, WANG M, et al, 2016. Particulate matter air pollution components and risk for lung cancer[J]. Environ Int, 87: 66-73.

REDLINE S, TAGER I B, SPEIZER F E, et al, 1989. Longitudinal variability in airway responsiveness in a population-based sample of children and young adults. Intrinsic and extrinsic contributing factors[J]. Am Rev Respir Dis, 140(1): 172-8.

RICHARDSON C B, SPANN J F, 1984. Measurement of the water cycle in a levitated ammonium sulfate particle[J]. J Aerosol Sci, 15:563-571.

RIEMER N, VOGEL H, VOGEL B, et al, 2003. Impact of the heterogeneous hydrolysis of $N_2O_5$ on chemistry and nitrate aerosol formation in the lower troposphere under photosmog conditions[J]. J Geophys Res-Atmos, 108:4144.

ROBERTS J M, OSTHOFF H D, BROWN S S, et al, 2009. Laboratory studies of products of $N_2O_5$ uptake on Cl- containing substrates[J]. Geophys Res Lett, 36:L20808.

ROHR A C, WYZGA R E, 2012. Attributing health effects to individual particulate matter constituents[J]. Atmos Environ, 62: 130-152.

ROMOMNOSKY D E, LI Y, SHIRAIWA M, et al, 2017. Aqueous Photochemistry of Secondary Organic Aerosol of α-Pinene and α-Humulene Oxidized with Ozone, Hydroxyl Radical, and Nitrate Radical[J]. J Phys Chem A, 121:1298-1309.

ROSSNEROVA A, SPATOVA M, PASTORKOVA A, et al, 2011. Micronuclei levels in mothers and their newborns from regions with different types of air pollution[J]. Mutat Res, 715(1-2): 72-8.

SANDER R, 2015. Compilation of Henry's law constants(version 4.0) for water as solvent[J]. Atmos Chem Phys, 15:4399-4981.

SAUERWEIN M, CLEGG S L, CHAN C K, 2015. Water Activities and Osmotic Coefficients of Aqueous Solutions of Five Alkyl-Aminium Sulfates and Their Mixtures with $H_2SO_4$ at 25 ℃ [J]. Aerosol Sci Tech, 49:566-579.

SAVVINA C, HANA B, MARTIN J D C, et al, 2017. Human asthmatic bronchial cells are more susceptible to subchronic repeated exposures of aerosolized carbon nanotubes at occupationally relevant doses than healthy cells[J]. ACS Nano, 11(8): 7615-7625.

SAVVINA C, KLEANTHIS F, LAURA R L, et al, 2018. Distribution of polymer-coated gold nanoparticles in a 3d lung model and indication of apoptosis after repeated exposure[J]. Nanomedicine, 2018, 13(10):1169-1185.

SAVVINA C, MARTIN J D C, DIMITRI V, et al, 2015. Repeated exposure to carbon nanotube-based aerosols does not affect the functional properties of a 3D human epithelial airway model [J]. Nanotoxicology, 9(8): 983-93.

SAXENA P, HUDISCHEWSKYJ A B, SEIGNEUR C, et al, 1986. A comparative study of equilibrium approaches to the chemical characterization of secondary aerosols[J]. Atmos Environ, 20:1471-1484.

SCHWARTZ J, DOCKERY D W, NEAS L M, 1996. Is daily mortality associated specifically with fine particles? [J]. J Air Waste Manag Assoc, 46(10): 927-939.

SEINFELD J H, PANDIS S N, 2006. Atmospheric Chemistry and Physics: from Air Pollution to Climate Change[M]. New Jersey Hoboken: John Wiley & Sons.

SERAINA B, SAVVINA C, BARBARA R, et al, 2018. Acute effects of multi-walled carbon nanotubes on primary bronchial epithelial cells from COPD patients[J]. Nanotoxicology, 12 (7): 699-711.

SEROJI A R, WEBB A R, COE H, et al, 2004. Derivation and validation of photolysis rates of $O_3$, $NO_2$, and $CH_2O$ from a GUV-541 radiometer[J]. J Geophys Res, 109, D21307.

SHAO J, CHEN Q, WANG Y, et al, 2019. Heterogeneous sulfate aerosol formation mechanisms during wintertime Chinese haze events: air quality model assessment using observations of sulfate oxygen isotopes in Beijing[J]. Atmos Chem Phys, 19:6107-6123.

SHAO M, TANG X, et al, 2006. City clusters in China: Air and surface water pollution[J]. Frontiers in Ecology and the Environment, 4(7):353-361.

SHAW M A, ROOD M J, 1990. Measurement of the crystallization humidities of ambient aerosol particles[J]. Atmos Environ, 24A:1837-1841.

SHEN M, BIN P, LI H, et al, 2016. Increased levels of etheno-DNA adducts and genotoxicity biomarkers of long-term exposure to pure diesel engine exhaust[J]. Sci Total Environ, 543 (Part A): 267-273.

SOFEN E D, ALEXANDER B, STEIG E J, et al, 2014. WAIS Divide ice core suggests sustained changes in the atmospheric formation pathways of sulfate and nitrate since the 19th century in the extratropical Southern Hemisphere[J]. Atmos Chem Phys, 14:5749-5769.

SOLOMON S, GARCIA R R, ROWLAND F S, et al, 1986. On the depletion of Antarctic ozone [J]. Nature, 321:755-758.

SONG Y, LI R, ZHANG Y, et al, 2019. Mass spectrometry-based metabolomics reveals the mechanism of ambient fine particulate matter and its components on energy metabolic reprogramming in Beas-2B cells[J]. Sci Total Environ, 651: 3139-3150.

SPRACKLEN D V, JIMENEZ J L, CARSLAW K S, et al, 2011. Aerosol mass spectrometer constraint on the global secondary organic aerosol budget[J]. Atmos Chem Phys, 11:5699-5755.

STEWART D J, GRIFFITHS P T, COX R A, 2004. Reactive uptake coefficients for heterogeneous reaction of $N_2O_5$ with submicron aerosols of NaCl and natural sea salt[J]. Atmos Chem Phys, 4:1381-1388.

STOLARSKI R S, CICERONE R J, 1974. Stratospheric Chlorine: A Possible Sink for Ozone[J]. Can J Chem, 52, 1610-1615.

SULLIVAN A P, HODAS N, TURPIN B J, et al, 2016. Evidence for ambient dark aqueous SOA formation in the Po Valley, Italy[J]. Atmos Chem Phys, 16:8095-8108.

SUN Q H, WANG A X, JIN X M, et al, 2005. Long-term air pollution exposure and acceleration of atherosclerosis and vascular inflammation in an animal model[J]. Jam J Am Med Assoc, 294 (23): 3003.

TANG I N, MUNKELWITZ H R, 1993. Composition and temperature dependence of the deliquescence properties of hygroscopic aerosols[J]. Atmos Environ, 27A:467-473.

TESCHE T W, MORRIS R, TONNESEN G, et al, 2006. CMAQ/CAMx annual 2002 performance evaluation over the eastern US[J]. Atmos Environ, 40:4906-4919.

TONG X, CHEN X C, CHUANG H C, et al, 2019. Characteristics and cytotoxicity of indoor fine particulate matter($PM_{2.5}$)and $PM_{2.5}$-bound polycyclic aromatic hydrocarbons(PAHs)in Hong Kong[J]. Air Qual Atmos Health, 12(12): 1459-1468.

TOON O B, TURON R P, JRODAN J, GOODMAN J, et al, 1989. Physical processes in polar stratospheric ice clouds[J]. J Geophys Res, 94:11359-11380.

TRENBERTH K E, 2009. An imperative for climate change planning: tracking Earth's global energy[J]. Curr Opin Env Sust, 1 (1):19-23.

TSAI S S, GOGGINS W B, CHIU H F, et al, 2003. Evidence for an association between air pollution and daily stroke admissions in Kaohsiung, Taiwan[J]. Stroke, 34(11): 2612-2616.

TUNG KK, RODRIGUEZ J M, 1986. Are Antarctic ozone variations a manifestation of dynamics or chemistry? [J]. Nature, 322: 811-814.

TWOMEY S, 1974. Pollution and the planetary albedo[J]. Atmos Environ, 8(12): 1251-1256.

VALAVANIDIS A, FIOTAKIS K, VLACHOGIANNI T, 2008. Airborne particulate matter and human health: Toxicological assessment and importance of size and composition of particles for oxidative damage and carcinogenic mechanisms[J]. J Environ Sci Health C Environ Carcinog Ecotoxicol Rev, 26(4): 339-62.

WAGMAN J, 1966. Current problems in atmospheric aerosol research[J]. Air & Water Poll, 10 (11): 777-782.

WANG G, ZHANG F, PENG J, et al, 2018. Particle acidity and sulfate production during severe haze events in China cannot be reliably inferred by assuming a mixture of inorganic salts[J]. Atmos Chem Phys, 18:10123-10132.

WANG G, ZHANG R, GOMES M E, et al, 2016. Persistent sulfate formation from London Fog to Chinese haze[J]. P Nat Acad Sci, 113:201616540.

WANG J, LI J, YE J, et al 2020. Fast sulfate formation from oxidation of $SO_2$ by $NO_2$ and HONO observed in Beijing haze[J]. Nat Commun, 11:2844.

WANG J, YE J, ZHANG Q, et al, 2021. Aqueous production of secondary organic aerosol from fossil-fuel emissions in winter Beijing haze[J]. P Nat Acad Sci, 118:e2022179118.

WANG M, SHAO M, CHEN W, et al, 2014. A temporally and spatially resolved validation of emission inventories by measurements of ambient volatile organic compounds in Beijing, China [J]. Atmos Chem Phys, 14:5871-5891.

WANG R, CHEN R, WANG Y, et al, 2019. Complex to simple: In vitro exposure of particulate matter simulated at the air-liquid interface discloses the health impacts of major air pollutants [J]. Chemosphere, 223: 263-274.

WANG T, GAO T, ZHANG H, et al, 2019. Atmospheric science study in China in recent 70 years: Atmospheric physics and atmospheric environment[J]. Science China Earth Science, 62:13.

WANG W, LIU M, WANG T, et al, 2021. Sulfate formation is dominated by manganese-catalyzed oxidation of $SO_2$ on aerosol surfaces during haze events [J]. Nat Commun, 12: 1993-1998.

WANG X, LIU T, BERNARD F, et al, 2014. Design and characterization of a smog chamber for studying gas-phase chemical mechanisms and aerosol formation[J]. Atmos Meas Tech, 7: 301-313.

WANG Y, DUAN H, MENG T, et al, 2018. Reduced serum club cell protein as a pulmonary damage marker for chronic fine particulate matter exposure in Chinese population[J]. Environ Int, 112: 207-217.

WANG Y, WU Q, MUSKHELISHVILI L, et al, 2019. Assessing the respiratory toxicity of dihydroxyacetone using an in vitro human airway epithelial tissue model[J]. Toxicol In Vitro, 59: 78-86.

WATNE A K, WESTERLUND J, HALLQUIST, A M, et al, 2017. Ozone and OH-induced oxidation of monoterpenes: Changes in the thermal properties of secondary organic aerosol(SOA)[J]. J Aerosol Sci, 114:31-41.

WEBB A R, 2002. Measuring spectral actinic flux and irradiance: Experimental results from the Actinic Flux Determination from Measurements of Irradiance(ADMIRA) project[J]. J Atmos Oceanic Technol, 19, 1049-1062.

WEI L F, DUAN J C, TAN J H, et al, 2015. Gas-to-particle conversion of atmospheric ammonia and sampling artifacts of ammonium in spring of Beijing[J]. Scientia Sinica Terrae, 45(2): 216-222.

WERNLI K J, RAY R M, GAO D L, et al, 2008. Occupational exposures and ovarian cancer in textile workers[J]. Epidemiology, 19(2): 244-250.

WEXLER A S, 2019. Raoult Was Right After All[J]. ACS Omega, 4:12848-12852.

WEXLER A S, 2021. Raoult was right after all: Statistical mechanics derivation and volumetric validation[J]. Fluid Phase Equilibria, 531:112899.

WEXLER A S, CLEGG S L, 2002. Atmospheric aerosol models for systems including ions $H^+$, $Na^+$, $SO_4^{2-}$, $NO_3^-$, $Cl^-$, $Br^-$, and $H_2O$[J]. J Geophys Res, 107:4207.

WEXLER A S, SEINFELD J H, 1991. Second-generation inorganic aerosol model[J]. Atmos Environ, 25A:2731-2748.

WHITBY K T, 1978. The physical characteristics of sulfur aerosols[J]. Atmos Environ, 12:135-159.

WMO(World Meteorological Organization). Report of the Tenth Meeting of the Ozone Research Managers of the Parties to the Vienna Convention for the Protection of the Ozone Layer[R].

WMO, 2018. Scientific Assessment of Ozone Depletion: 2018[R].

WONG C M, LAI H K, TSANG H, et al, 2015. Satellite-based estimates of long-term exposure to fine particles and association with mortality in elderly Hong Kong residents[J]. Environ Health Perspect, 123(11): 1167-72.

World Meteorological Organization, 2002. Scientific Assessment of Ozone Depletion [R].

World Meteorological Organization. Twenty Questions and Answers About the Ozone Layer: 2014 Update. Scientific Assessment of Ozone Depletion: 2014[R].

XIA B, ZHOU Y, ZHU Q, et al, 2019. Personal exposure to $PM_{2.5}$ constituents associated with gestational blood pressure and endothelial dysfunction[J]. Environ Pollut, 250: 346-356.

XU J, ZHANG W, LU Z, et al, 2017. Airborne $PM_{2.5}$-induced hepatic insulin resistance by Nrf2/jnk-mediated signaling pathway[J]. Int J Environ Res Public Health, 14(7). DOI: 10.3390/ijerph14070787.

YADVINDER M, 2002. Carbon in the atmosphere and terrestrial biosphere in the 21st century[J]. Philos Trans A Math Phys Eng, 360:2925-2945.

YAO L, GARMASH O, BIANCHI F, et al, 2018, Atmospheric new particle formation from sulfuric acid and amines in a Chinese megacity[J]. Science, 361:278-281.

YAO L, HADDAD I E, SCARFOGLIERO M, et al, 2009. In-cloud processes of methacrolein under simulated conditions-Part 1: Aqueous phase photooxidation[J]. Atmos Chem Phys, 9: 5093-5105.

YE D, KLEIN M, MULHOLLAND J A, et al, 2018. Estimating acute cardiovascular effects of ambient $PM_{2.5}$ metals [J]. Environ Health Persp, 126 (2). https://doi. org/10. 1289/EHP2182.

YU X, SHEN L, HOU X, et al, 2020. High-resolution anthropogenic ammonia emission inventory for the Yangtze River Delta, China[J]. Chemosphere, 251:126342.

ZAVERI R A, EASTER R C, PETERS L K, 2005b. A computationally efficient multicomponent equilibrium solver for aerosols(MESA)[J]. J Geophys Res, 110:D24203.

ZAVERI R A, EASTER R C, WEXLER A S, 2005a. A new method for multicomponent activity coefficients of electrolytes in aqueous atmospheric aerosols[J]. J Geophys Res, 110:D02201.

ZHANG F, WANG Y, PENG J, et al, 2020. An unexpected catalyst dominates formation and radiative forcing of regional haze[J]. P Nat Acad Sci, 117:3960-3966.

ZHANG H H, LI Z, LIU Y, et al, 2018. Physical and chemical characteristics of $PM_{2.5}$ and its toxicity to human bronchial cells BEAS-2B in the winter and summer[J]. J Zhejiang Univ-Sci B, 19(4): 317-326.

ZHANG M Y, WANG S J, MA G Q, et al, 2010. Sulfur isotopic composition and source identification of atmospheric environment in central Zhejiang, China[J]. Science China Earth Sciences, 53: 1717-1725.

ZHANG Q, JIMENEZ J L, CANAGARATNA M R, et al, 2007. Ubiquity and dominance of oxygenated species in organic aerosols in anthropogenically-influenced Northern Hemisphere midlatitudes[J]. Geophys Res Lett, 34, L13801.

ZHANG R, KHALIZOV A F, PAGELS J, et al, 2008. Variability in morphology, hygroscopicity, and optical properties of soot aerosols during atmospheric processing[J]. P Nat Acad Sci, 105:10291-10296.

ZHANG X, DUAN H, GAO F, et al, 2015. Increased micronucleus, nucleoplasmic bridge, and nuclear bud frequencies in the peripheral blood lymphocytes of diesel engine exhaust-exposed workers[J]. Toxicol Sci, 143(2): 408-17.

ZHANG Y, LI Y, SHI Z, et al, 2018. Metabolic impact induced by total, water soluble and insoluble components of $PM_{2.5}$ acute exposure in mice[J]. Chemosphere, 207: 337-346.

ZHENG B, HUO H, ZHANG Q, et al, 2014. High-resolution mapping of vehicle emissions in China in 2008[J]. Atmos Chem Phys, 14:9787-9805.

ZHENG H, SONG S, SARWAR G, et al, 2020. Contribution of Particulate Nitrate Photolysis to Heterogeneous Sulfate Formation for Winter Haze in China[J]. Environ Sci Technol Lett, 7: 632-638.

ZHENG J, ZHANG L, CHE W, et al, 2009. A highly resolved temporal and spatial air pollutant emission inventory for the Pearl River Delta region, China and its uncertainty assessment[J]. Atmos Environ, 43: 5112-5122.

ZOU Y, JIN C, SU Y, et al, 2016. Water soluble and insoluble components of urban $PM_{2.5}$ and their cytotoxic effects on epithelial cells(A549)in vitro[J]. Environ Pollut, 212: 627-635.

ZUEND A, MARCOLLI C, BOOTH A M, 2011. New and extended parameterization of the thermodynamic model AIOMFAC: Calculation of activity coefficients for organic-inorganic mixtures containing carboxyl, hydroxyl, carbonyl, ether, ester, alkenyl, alkyl, and aromatic functional groups[J]. Atmos Chem Phys, 11:9155-9206.

ZUEND A, MARCOLLI C, LUO B, 2008. A thermodynamic model of mixed organic-inorganic aerosols to predict activity coefficients[J]. Atmos Chem Phys, 8:4559-4593.

ZWOZDZIAK A, SOWKA I, WILLAK-JANC E, et al, 2016. Influence of $PM_1$ and $PM_{2.5}$ on lung function parameters in healthy schoolchildren-a panel study[J]. Environ Sci Pollut Res Int, 23: 23892-23901.

# 附录 A　专有名词

| 中文名称 | 英文名称 | 英文缩写 |
| --- | --- | --- |
| 爱根核模态 | Aitken mode | |
| 采用酶联免疫吸附测定 | Enzyme Linked Immunosorbent Assay | ELISA |
| 超音速民用运输飞行器 | High-Speed Civil Transport | HSCT |
| 潮解相对湿度 | deliquescence RH | DRH |
| 臭氧监测仪 | Ozne Monitoring Instrument | OMI |
| 臭氧消耗潜势 | ozone depletion potential | ODP |
| 臭氧总量测绘光谱仪 | Total Ozne Monitoring Spectroscope | TOMS |
| 粗粒子模态 | coarse mode | |
| 大气层顶 | top of the atmosphere | TOA |
| 大气效应 | atmospheric effects of stratospheric aircraft | AESA |
| 大气制图扫描成像吸收光谱仪 | Scanning Imaging Absorption SpectroMeter for Atmospheric Chartoghraphy | SCIAMACHY |
| 单分子反应 | unimolecular | |
| 电动力学天平 | electrodynamic balance | EDB |
| 电子捕获器 | Electron Capture Detector | ECD |
| 定量聚合酶链反应 | quantitative Polymerase Chain Reaction | qPCR |
| 毒理学 | Toxicology | |
| 短寿命卤素化合物 | very short-lived substances | VSLSs |
| EKMA 方法 | empirical kinetic modeling approach | |
| 二次有机气溶胶 | secondary organic aerosols | SOA |
| 二氧化碳捕集、利用与封存技术 | carbon capture, utilization and storage | CCUS |
| 二氧化碳净零排放 | net zero $CO_2$ emissions | |
| 反应分子数 | molecularity | |
| 非甲烷挥发性有机物 | none-methane volatile organic compounds | NMVOCs |
| 富集因子法 | enrichment factor | EF |

续表

| 中文名称 | 英文名称 | 英文缩写 |
| --- | --- | --- |
| 高通量测序 | high-throughput sequencing | HTS |
| 光化辐射 | actinic radiation | |
| 国际癌症研究机构 | International Agency for Research on Cancer | IARC |
| 过渡态理论 | Transition State Theory | |
| 含氧挥发性有机物 | oxygenated volatile organic compounds | OVOCs |
| 核模态 | nucleation mode | |
| 黑碳 | black carbon | BC |
| 化学电离质谱 | chemical ionization mass spectrometry | CIMS |
| 化学质量平衡模型法 | chemical mass balance | CMB |
| 挥发性有机物 | volatile organic compounds | VOCs |
| 活化能 | activation energy | |
| 活性氧 | reactive oxygen species | ROS |
| 活性氧荧光探针 | 2,7-Dichlorodihydrofluorescein diacetate | DCFH-DA |
| 积聚模态 | accumulation mode | |
| 激光诱导荧光 | laser-induced fluorescence | LIF |
| 激光诱导荧光检测器 | Laser Induced Fluorescence Detector | LIF |
| 假二级反应 | pseudo second order | |
| 净零排放 | net zero emissions | |
| 雷顿循环 | Leighton cycle | |
| 煤层甲烷回收 | Enhanced Coal Bed Methane | $CO_2$-ECBM |
| 酶联免疫吸附测定 | Enzyme-Linked Immuno Sorbent Assay | ELISA |
| 排放指数 | emission index | EI |
| 碰撞理论 | Collision Theory | |
| 平流层-对流层交换过程 | stratospheric-tropospheric exchange | STE |
| 平流层飞机的大气效应 | atmospheric effects of stratospheric aircraft | AESA |
| 气候中性 | climate neutrality | |
| 气溶胶飞行时间质谱仪 | Aerosol Time-of-Flight Mass Spectrometer | ATOFMS |
| 气溶胶液态水 | aerosol liquid water | ALW |
| 气溶胶质谱仪 | Aerosol Mass Spectrometer | AMS |
| 气相色谱-火焰离子化检测器 | Gas Chromatography-Flame Ionization Detector | GC-FID |
| 气液界面 | Air-liquid interface | ALI |

续表

| 中文名称 | 英文名称 | 英文缩写 |
| --- | --- | --- |
| 区域多尺度空气质量模拟系统 | Community Multiscale Air Quality Modeling System | CMAQ |
| 全球变暖潜势值 | global warming potential | |
| 全球臭氧监测实验 | Global Ozone Monitoring Experiment | GOME |
| 醛酮硝酸酯 | carbonyl nitrate | |
| 三分子反应 | termolecular | |
| 散射相函数 | scattering phase function | |
| 生物地球物理效应 | biogeophysical effects | |
| 生物气溶胶 | bioaerosol | |
| 湿气溶胶 | aqueous SOA | aqSOA |
| 石油采收率 | enhanced oil recovery | $CO_2$-EOR |
| 世界卫生组织 | World Health Organization | WHO |
| 双分子反应 | bimolecular | |
| 水溶性有机碳 | water-soluble organic carbon | WSOC |
| 太阳后向散射紫外仪 | Solar Backscatter Ultraviolet | SBUV |
| 碳捕集与封存技术 | carbon capture and storage | CCS |
| 碳中和 | carbon neutrality | |
| 羰基硝酸酯 | carbonyl nitrate | |
| 体内 | in vivo | |
| 体外 | in vitro | |
| 天气研究和预报模型 | Weather Research & Forecasting Model | WRF |
| 烷基硝酸酯 | alkyl nitrate | |
| 稳态 SOA | stabilized SOA | SSOA |
| 吸湿性串联差分迁移率分析仪 | Hygroscopicity Tandemdifferential Mobility Analyzer | HTDMA |
| 相对湿度 | relative humidity | RH |
| 行星边界层 | planetary boundary layer | PBL |
| 因子分析法 | factor analysis | FA |
| 有机气溶胶 | organic aerosol | OA |
| 云凝结核 | cloud condensation nuclei | CCN |
| 增量反应活性 | incremental reactivity | IR |
| 正定矩阵因子分解法 | positive matrix factorization | PMF |
| 植物源挥发性有机物 | biogenic volatile organic compounds | BVOCs |
| 主成分分析法 | principal component analysis | PCA |
| 综合空气质量模型 | Comprehensive Air quality Model with extensions | CAMx |
| 最大 $O_3$ 反应活性 | maximum ozone reactivity | MOR |

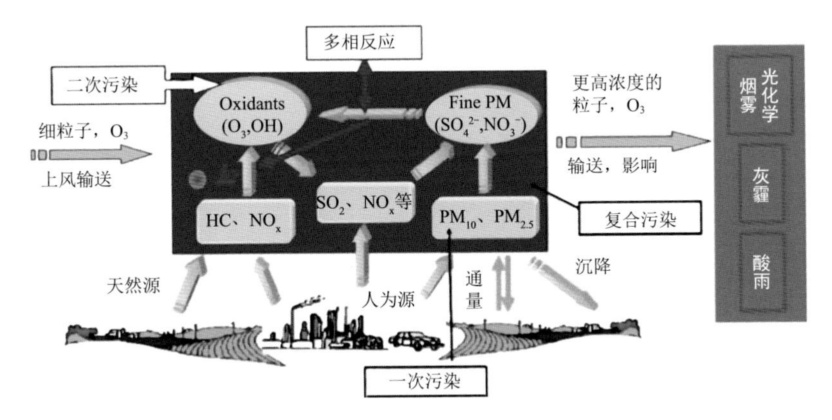


图 1.1　大气复合污染机制示意图(引自 Shao et al.,2006)

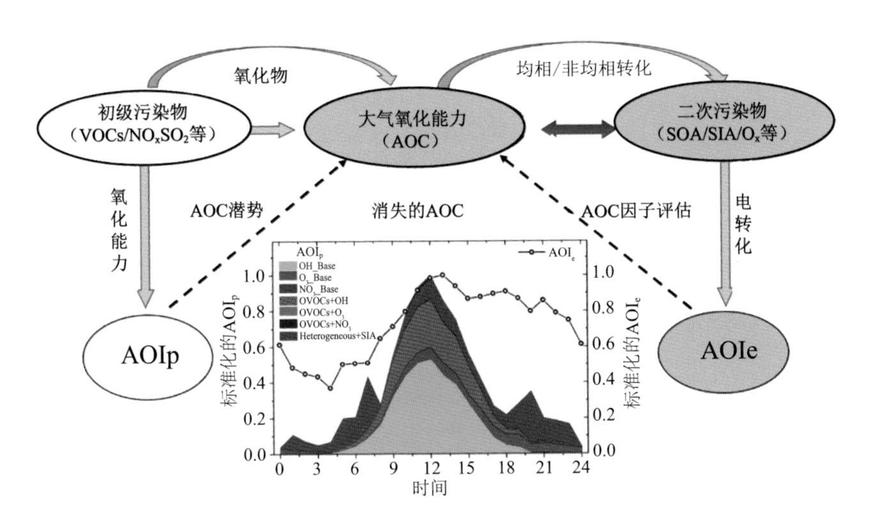


图 1.3　大气氧化性的定量特征(引自 Liu et al.,2021)

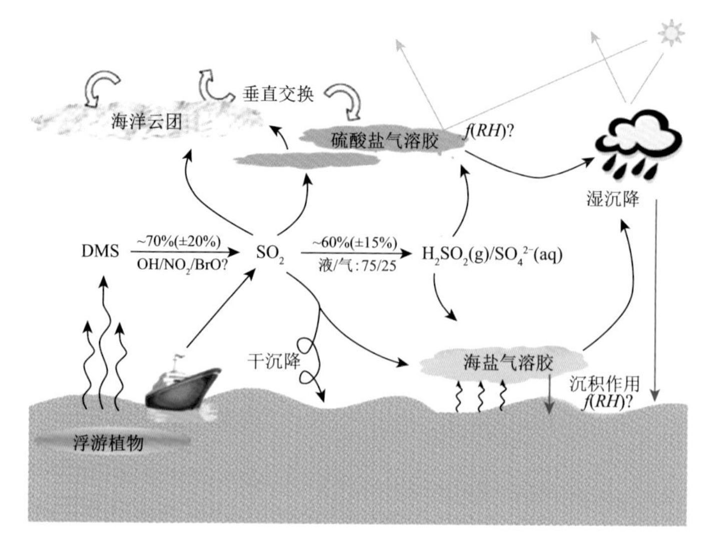


图 2.5　海洋大气边界层中硫循环的重要过程(引自 Faloona,2009)

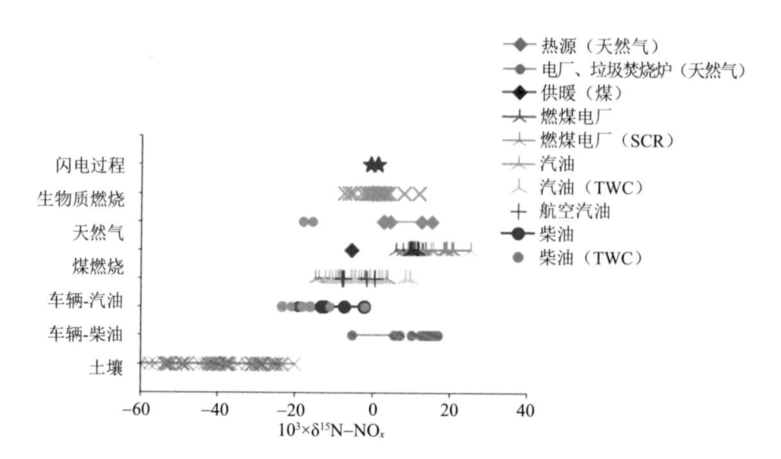


图 2.6　不同污染源排放的 $NO_x$ 的 $\delta^{15}N$ 值(引自周涛 等,2019)

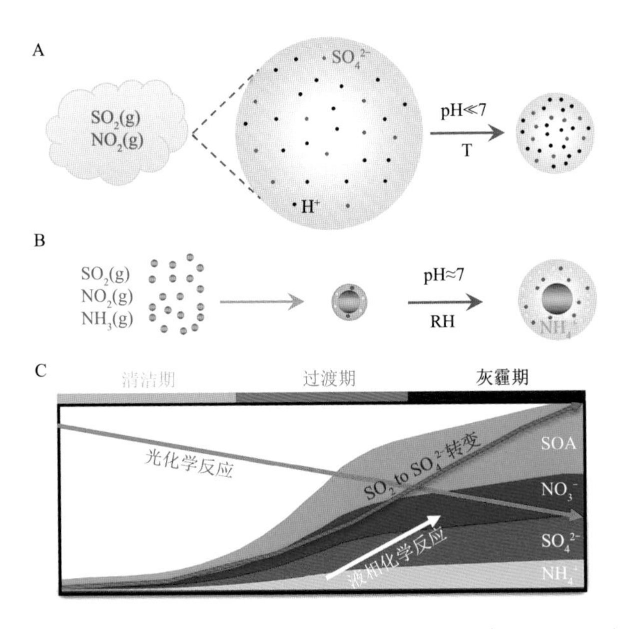


图 2.8 大气氮氧化物与硫氧化物的交互反应机制(引自 Wang et al.,2016)

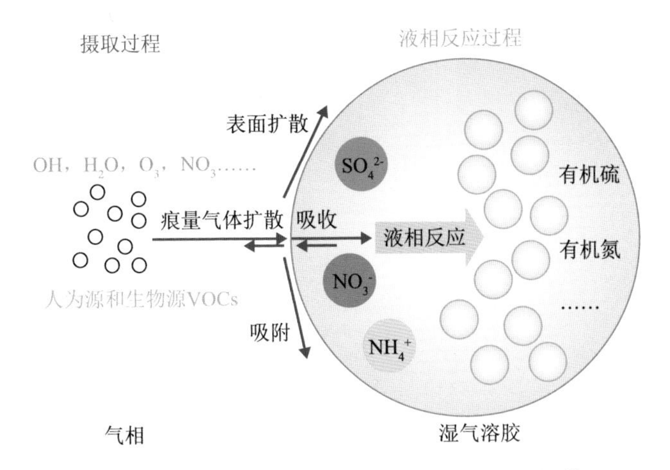


图 2.11 大气多相液态水界面化学反应(引自严国安 等,2000)

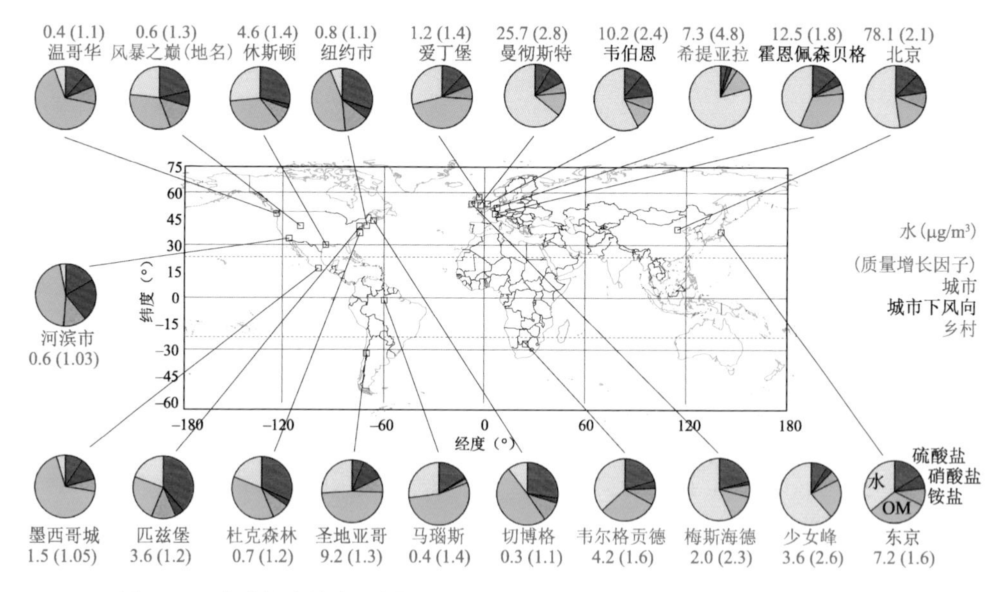


图 2.12　全球尺度城市、城市下风向及农村地区气溶胶液态水质量浓度对比
(引自 Nguyen et al.,2016)

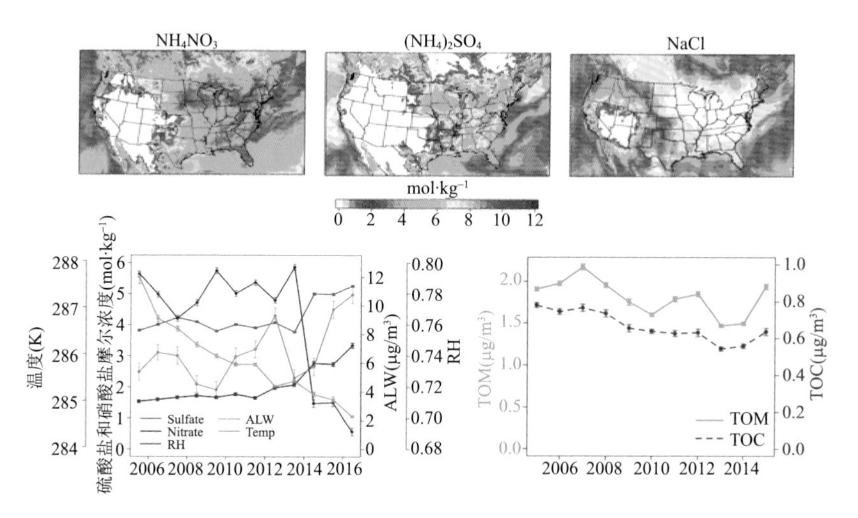


图 2.13　美国西部大气气溶胶液态水中三种主要大气无机盐平均摩尔浓度([盐]/[ALW])
(引自 Carlton et al.,2020)

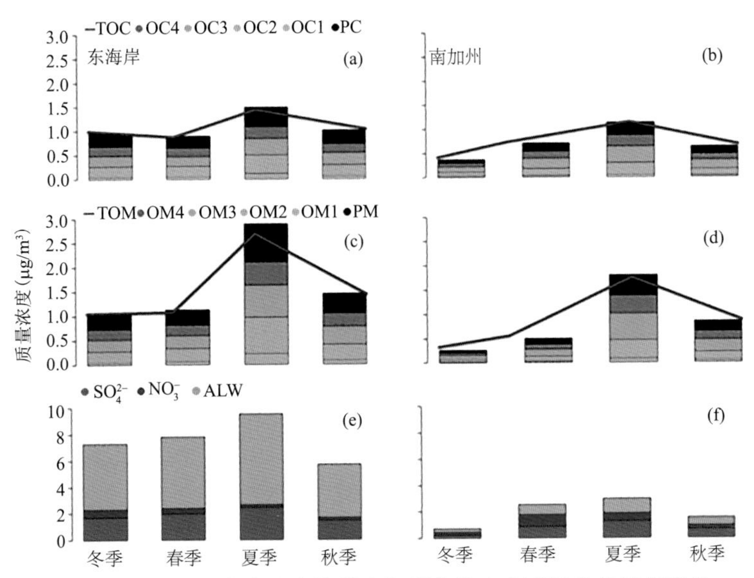


图 2.14　美国西海岸和东海岸大气颗粒物中主要组分的季节变化（引自 Carlton et al.，2020）

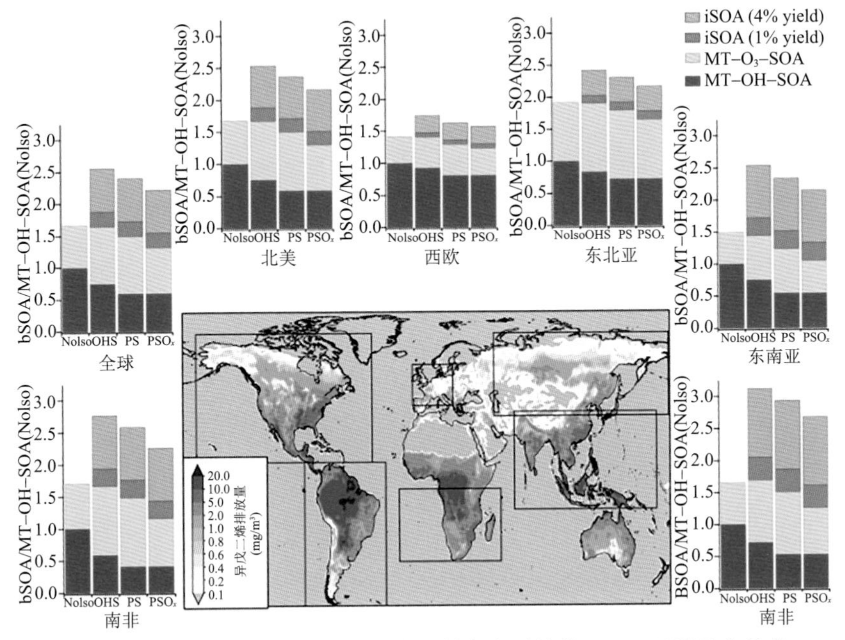


图 2.15　全球模型计算表明在异戊二烯存在下捕获 OH·(OHS)和异戊二烯光化学产物(PS)抑制单萜烯光化学反应形成的 MT-OH-SOA (photochemically generated from monoterpenes)浓度(引自 McFiggans et al.,2019)

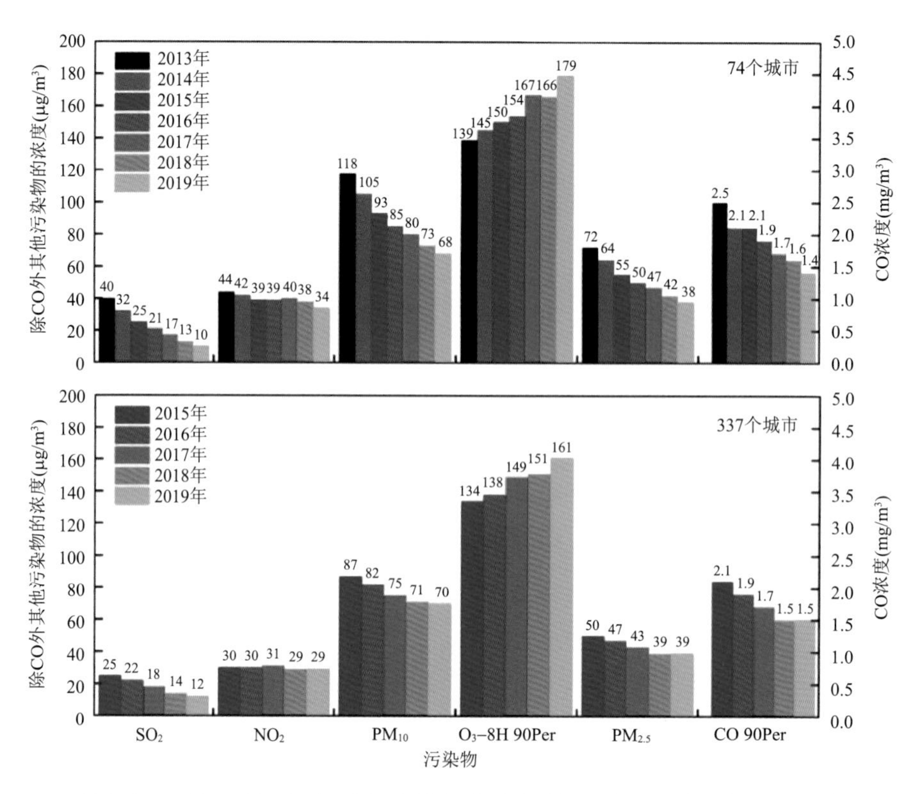


图 3.9　2013—2019 年重点城市污染物浓度年际变化(引自张远航 等,2020)

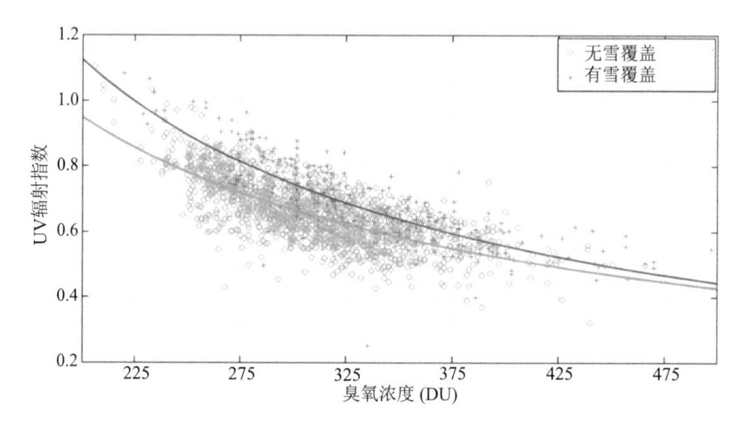


图 3.15　臭氧柱浓度与辐射指数关系(引自 WMO,2017)

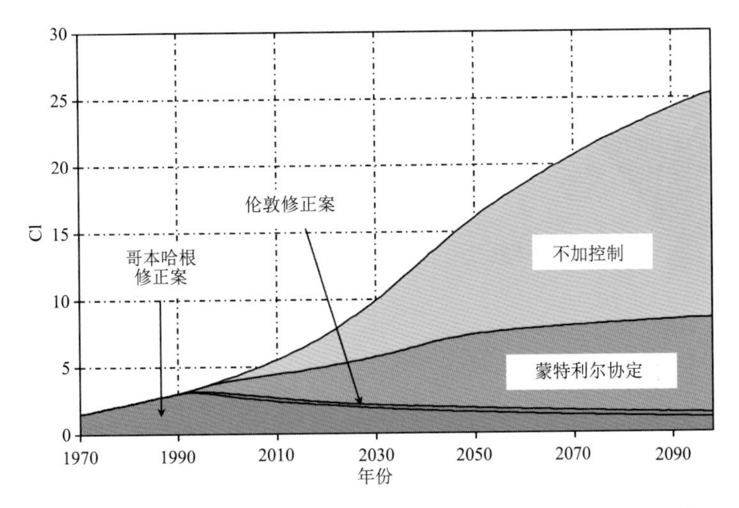


图 3.23 根据每一项国际 CFCs 协定对大气氯浓度的长期预测

(http://www.ccpo.odu.edu/SEES/ozone/oz_class.htm)

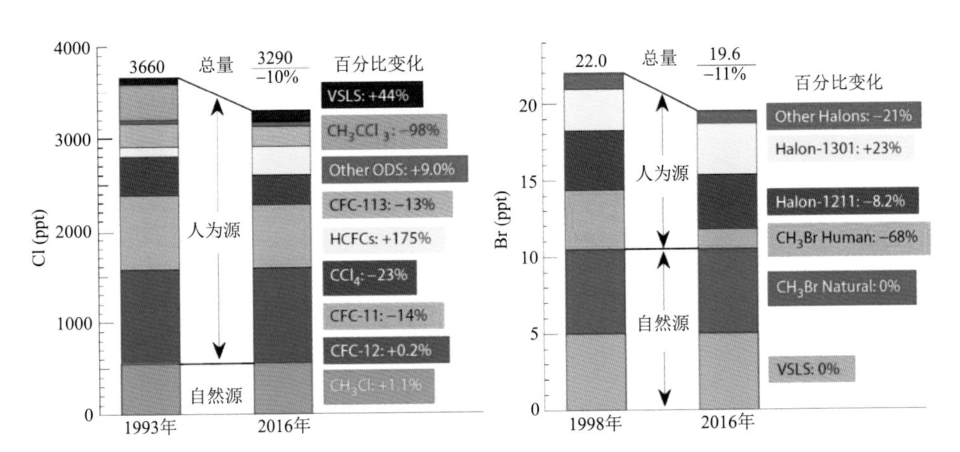


图 3.24 进入平流层的含氯含溴气体构成(WMO,2018)

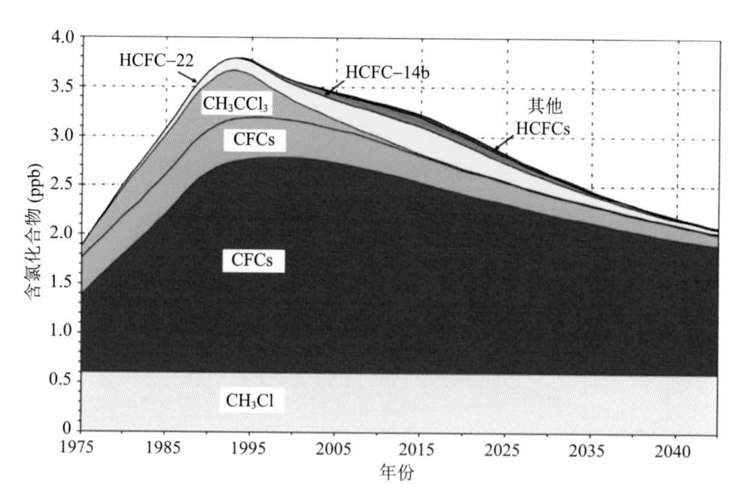


图 3.25　过去以及未来的氯总量的估计

(http://www.ccpo.odu.edu/SEES/ozone/oz_class.htm)

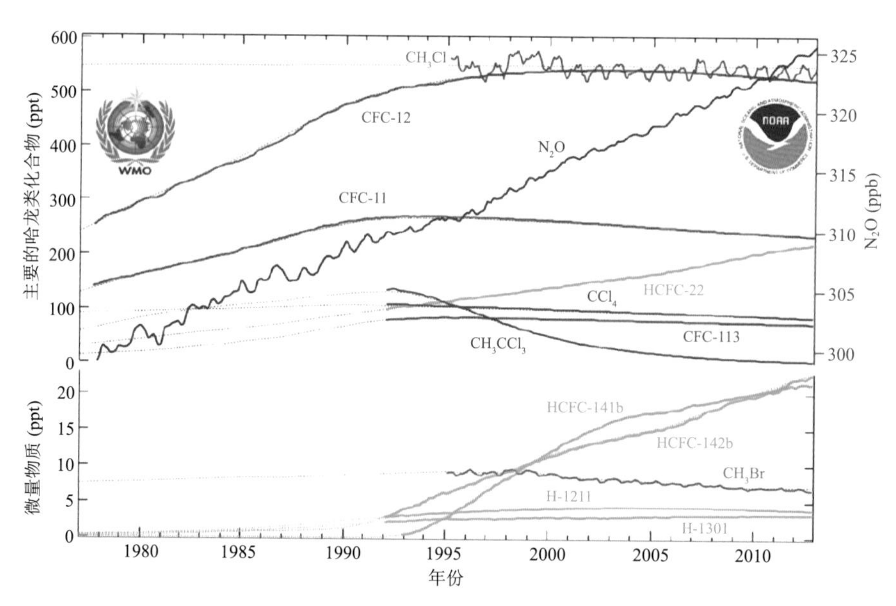


图 3.26　1970 年后卤素化合物及 $N_2O$ 的浓度变化

(引自 NOAA,https://www.esrl.noaa.gov/gmd/hats/)

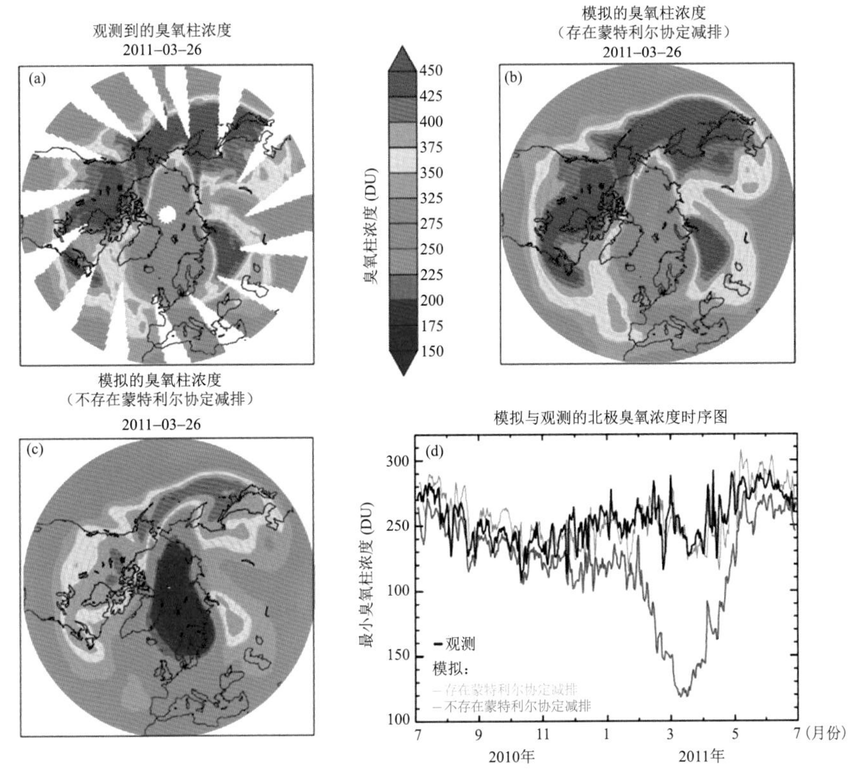

图 3.28　北极观测与模拟得到的臭氧柱浓度(引自 WMO,2018)

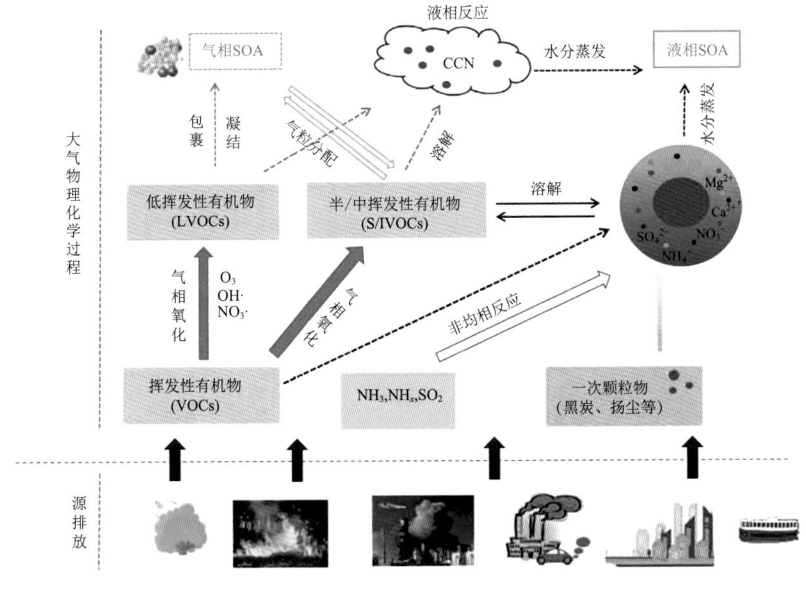

图 4.5　大气中二次有机气溶胶生成路径(叶招莲 等,2018)

图 6.1　温室气体的来源(引自周存宇,2006)

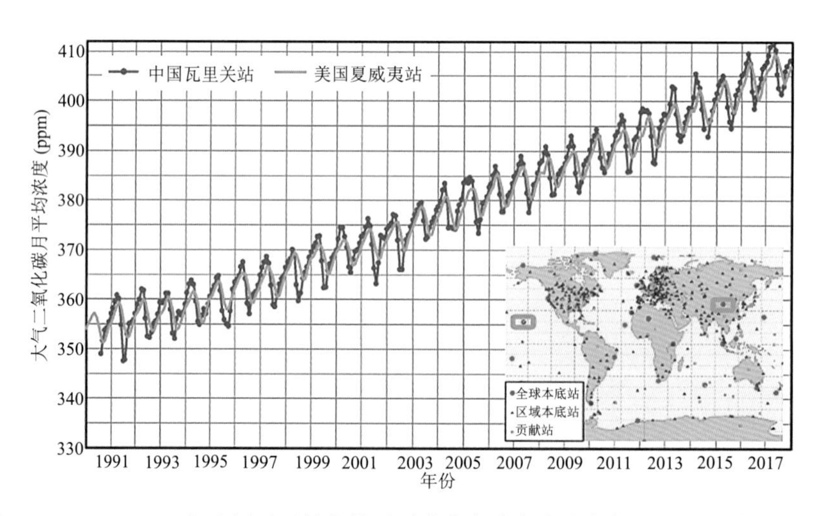


图 6.2　1990—2017 年中国瓦里关和美国夏威夷全球本底站大气 $CO_2$ 月平均浓度变化(引自中国气候变化蓝皮书,2019)

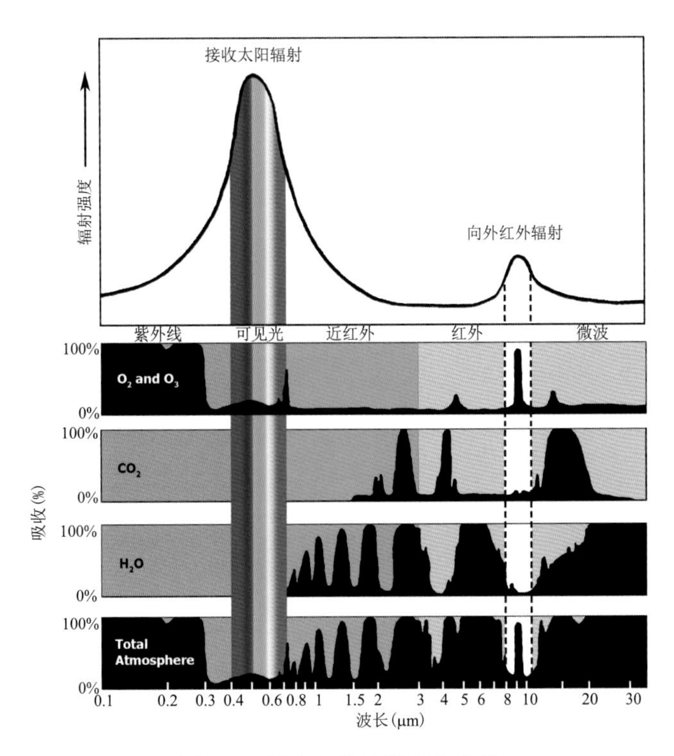


图 6.3　温室气体分子吸收光谱

(http://www.ces.fau.edu/nasa/module-2/how-greenhouse-effect-works.php)

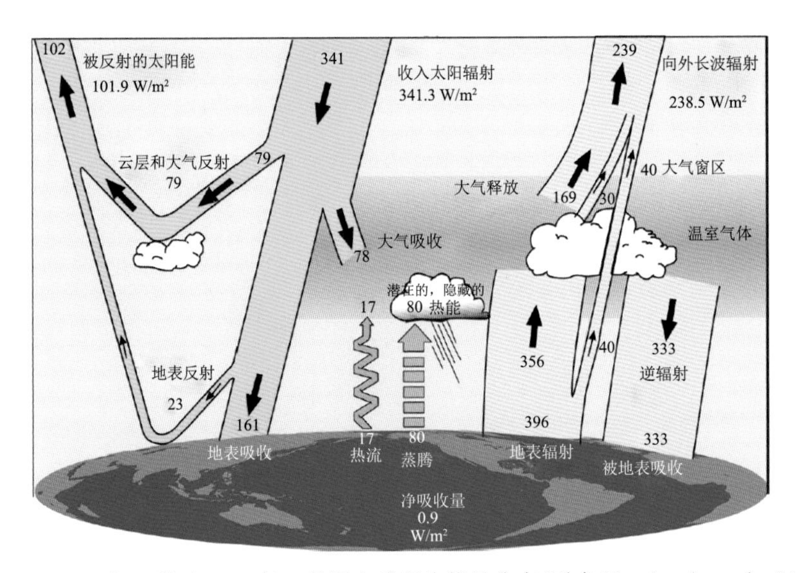


图 6.4　2000 年 3 月至 2004 年 5 月间全球平均能量收支(引自 Trenberth et al.,2009)

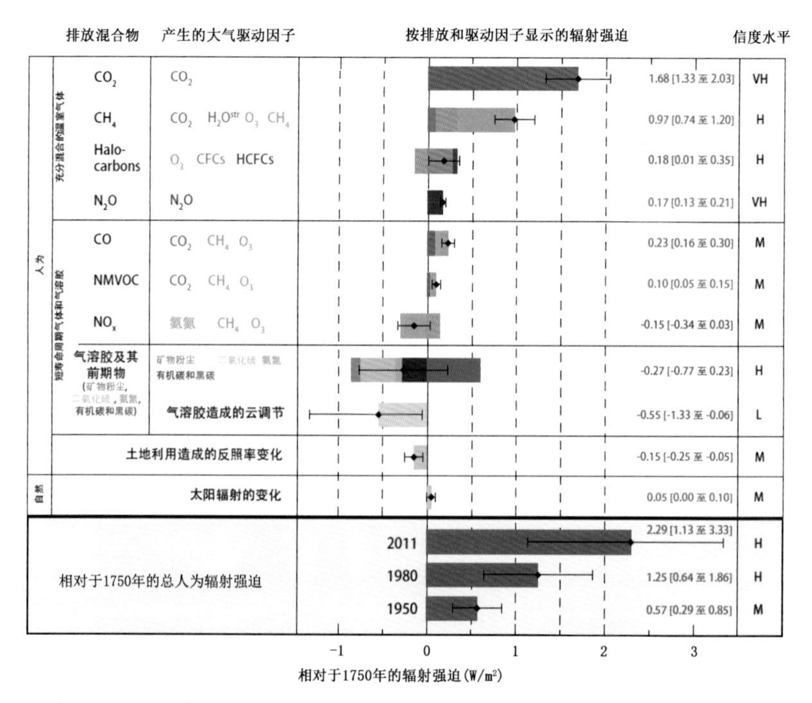


图 6.5 相对于 1750 年,2011 年的气候变化主要驱动因子的辐射强迫估计值和总的不确定性(净辐射强迫的最佳估计值用黑色菱形表示,并给出了相应的不确定性区间;在本图的右侧给出了各数值,包括净辐射强迫的信度水平,VH——很高,H——高,M——中等,L——低,VL——很低。可以通过合计同色柱状图的数值获得各种气体基于浓度的辐射强迫。本图还给出了相对于 1750 年的三个不同年份的人为辐射强迫总值。)(引自 IPCC,2013)

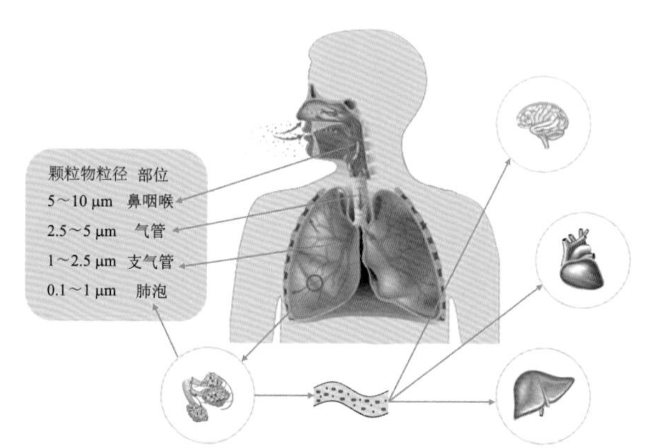


图 7.1 (1)不同粒径的大气颗粒物在人呼吸系统的沉积情况;(2)小粒径的颗粒物可以通过气血屏障,随血液流经全身多个系统